XIANJIN TANSUANGAI WEIFEN
ZHIBEI JISHU YU YINGYONG

先进碳酸钙微粉制备技术与应用

蒋久信　张高文　朱　彦　编著

化学工业出版社

·北京·

碳酸钙在工业上用途甚广。碳酸钙微粉作为碳酸钙系列产品中的高端产品，将逐渐替代普通碳酸钙，有较好的市场前景。本书综合了近年来碳酸钙微粉制备的新理论和先进技术成果以及编著者多年的科研实践经验，系统介绍了碳酸钙粉体的分类、性质及应用，重质碳酸钙的制备以及轻质碳酸钙的碳化法制备、复分解法制备、微乳液法制备、生物矿化法制备和热分解法制备的研究进展与新型制备技术等内容。

　　本书语言精练、通俗易懂，内容翔实、数据准确，既具有一定的理论创新，又具有较强的实用价值。本书可供从事无机材料、粉体材料以及碳酸钙生产等领域的工程技术人员、科研人员及相关专业在校师生阅读和参考。

图书在版编目（CIP）数据

先进碳酸钙微粉制备技术与应用/蒋久信，张高文，朱彦编著.
—北京：化学工业出版社，2018.11
ISBN 978-7-122-33014-7

Ⅰ.①先…　Ⅱ.①蒋…②张…③朱…　Ⅲ.①碳酸钙-生产工艺　Ⅳ.①TQ127.1

中国版本图书馆 CIP 数据核字（2018）第 214066 号

责任编辑：朱　彤　　　　　　　　　　　　文字编辑：孙凤英
责任校对：边　涛　　　　　　　　　　　　装帧设计：刘丽华

出版发行：化学工业出版社（北京市东城区青年湖南街 13 号　邮政编码 100011）
印　　刷：三河市航远印刷有限公司
装　　订：三河市宇新装订厂
787mm×1092mm　1/16　印张 18　字数 486 千字　2019 年 7 月北京第 1 版第 1 次印刷

购书咨询：010-64518888　　售后服务：010-64518899
网　　址：http://www.cip.com.cn
凡购买本书，如有缺损质量问题，本社销售中心负责调换。

定　　价：98.00 元

前言
FOREWORD

由于碳酸钙具有丰富的自然资源，其工业化的成本低廉；同时，因其无毒、无味、加工工艺简单、便于合成等优良特性，使得碳酸钙微粒可作为低碳、环保、功能性体质填料，广泛应用于塑料、橡胶、涂料、油墨、造纸、无纺布、人造石等众多工业领域，进而改善制品的强度、韧性、稳定性、透气性、遮盖率、耐水性等多种性能。

近年来，随着人工合成技术的进一步完善，碳酸钙微粒更被广泛应用于食品、医疗和生物医药等新的领域。这也对碳酸钙微粒产品指标提出了更高要求，从早期的白度、细度、杂质含量等扩展到粒度分布、颗粒形态、吸油值、晶型结构、活化率、分散性能等指标。因此，如何有效控制碳酸钙颗粒的形成，使之具备所需的晶型、形貌与尺寸，目前已成为科学界与工业界普遍关注的问题。然而，值得注意的是，近年来对于重质碳酸钙粉体以及轻质碳酸钙粉体的制备方法与研究进展尚缺乏较为系统的介绍，因此，也使作者有兴趣撰写这本《先进碳酸钙微粉制备技术与应用》，以满足该领域读者的更新需要。

全书一共分为 8 章，系统介绍了碳酸钙粉体的分类、性质及应用，重质碳酸钙微粉的制备以及碳酸钙粉体的碳化法制备、复分解法制备、微乳液法制备、生物矿化法制备和热分解法制备的研究进展等内容。在本书的编著中，不但总结了作者所在课题组对碳酸钙微粒研究的部分成果，还引用了国内外其他科研工作者一些重要研究成果，希望能为读者提供更多的借鉴和参考。

本书的撰写得到国家自然学基金项目（NSFC.11174075）、湖北省教育厅科学技术研究计划重点项目（D20151405）和绿色轻工材料湖北省重点实验室开放基金面上项目（201806B06）的资助。本书由蒋久信、张高文、朱彦编著。此外，刘嘉宁、许冬东、陈传杰、吴月、何瑶、陈诗怡、张晨、邓哲哲、涂晓诗、沈彤、高松和肖博文也为本书的编写提供了宝贵支持和帮助；还得到了业内一些科研人员的大力支持，在此谨向他们致以谢忱。

由于该领域研究的不断发展，新的成果不断涌现，本书不可能囊括各个方面，再加上作者时间和水平有限，疏漏之处在所难免，敬请各位同行和读者批评、指正。

编著者
2018 年 6 月

目录
CONTENTS

第5章　碳酸钙粉体的复分解法制备及其进展

第6章　碳酸钙粉体的微乳液法制备

第7章　碳酸钙粉体的生物矿化法制备

第8章　碳酸钙粉体的热分解法制备

第❶章

绪 论

1.1 碳酸钙简介

碳酸钙是一种无毒、无臭、无味的无机化合物，由地球上极为重要的碳、氧、钙三种元素组成，其分子式为 $CaCO_3$。目前 $CaCO_3$ 就其密度的差别主要分为重钙和轻钙两大类。前者是经过机械破碎、粉碎甚至超微粉碎等物理工艺制得的产品，主要以方解石（calcite）晶体的形式存在于石灰石（chalk）、灰石（limestone）、大理石（marble）等地质矿物质中。而后者主要是通过化学方法合成，其晶体类型不但有方解石，还包括球霰石（vaterite）、文石（aragonite）及无定形态（amorphous state）。重钙和轻钙在颗粒形貌、粒径大小及分布、密度和表面性质方面均有着很大区别，两者的应用领域也因此各自不同。通过机械法制备的重钙，其粒径大都在微米级以上，颗粒形状为多棱角状，表面粗糙。其主要用途是作为填料应用于橡胶、塑料、胶黏剂、造纸、涂料和油墨中，从而增加材料的体积，降低生产成本、改善材料的性能、改进生产工艺、提高产品质量等。基于 $CaCO_3$ 来源丰富、价格低廉、无毒、无刺激性以及良好的加工性，它已经成为工业上用量最大、用途最广泛的矿物填料之一[1]。此外，重钙还可作为生产无水 $CaCl_2$ 的主要原料以及制造玻璃、水泥和重铬酸钾的辅助原料。通过化学法制备的轻钙，其粒径从纳米级到微米级不等，颗粒形状也包括无规则形、球形、立方形、针状、纺锤形、锁链形和多级结构等多种形貌，且表面较光滑。相比之下，轻钙比重钙具有更广泛的用途。

就轻钙的小尺度的角度来说，因其尺度可低至纳米级别，这使得该尺度的轻钙（纳米 $CaCO_3$）不但具备 $CaCO_3$ 的公共特性，同时还具备了量子尺寸效应、小尺寸效应、表面效应和宏观量子效应，除了作为填料广泛用于橡胶、塑料、胶黏剂、造纸、涂料、油墨等领域外，还广泛应用于食品、医疗和生物医药等行业。如其作为填充材料加入橡胶中，不仅可以提高橡胶的强度，增加橡胶的耐磨性，延长橡胶的使用寿命，还可以大幅度降低产品的成本。而将其填充在聚氯乙烯塑料中，可以起增韧、阻燃、抑烟和降低成本的作用，填充在聚丙烯塑料中可以提高聚合物的韧性和加工流动性，增加复合材料的拉伸强度、断裂伸长率、杨氏模量、冲击强度，改善抗老化性能和流变性能[2]。目前，在大幅度降低胶黏剂成本的前提下，纳米 $CaCO_3$ 可降低其固化时的收缩率和热膨胀系数，增加热导率，提高耐热性能和黏着力，提高机械强度和耐腐蚀性能，已经成为反应型胶黏剂、热熔性胶黏剂、氯丁橡胶胶黏剂、水基胶黏剂及密封胶的主要原料。纳米 $CaCO_3$ 作为造纸的填料可以改进纸制品的白度和蔽光性，使纸制品更加均匀、平整，还可以提高彩色纸的颜料牢固性，而且还可以减少纸浆用量，降低成本[3]。而采用树脂酸改性的纳米 $CaCO_3$ 作为油墨的填料可以使油墨的印刷细腻，提高油墨的稳定性、光泽度和亮度，还有助于改善油墨的快干性能[4]。在医用方面，纳米 $CaCO_3$ 作为人体补钙的新型钙剂已于 1997 年投放市场；同时医用纳米 $CaCO_3$ 还可添加于一些胃、肠溃疡药品以及一些外敷药中。在一些食品加工中，食品纳米 $CaCO_3$[5,6] 可以起到疏松膨化作用。

从另一个角度来说，轻钙的颗粒还因其形状的不同使其具有特殊的功能化应用。如锁链状和针状（长度为 200～400nm，直径为 30～50nm）纳米 $CaCO_3$ 在橡胶中具有较高的补强性能[7]。菱形或纺锤形的纳米 $CaCO_3$ 加入涂料中，使涂料均匀、快干、光学性能好，涂层表面光滑细腻、色彩艳丽、质感好，可大量取代价格昂贵的钛白粉，进而大幅降低涂料成本[8]。食品纳米 $CaCO_3$ 具有纺锤形，硬度较低，白度和纯度高，重金属含量低，正逐步替代在牙膏中作为填充剂的重钙产品。另外，化学法制备的亚稳态球霰石相 $CaCO_3$ 还具有比表面积高、溶解度大、分散性良好和密度小等优良性质，使其具有更加广泛的用途，特别是在生物学和医学方面，比如通常作为蛋白质[9,10]、DNA[11,12]、生物酶[13,14]和药物[15,16]的载体。因此，如何有效制备不同尺度、不同形貌与晶型的 $CaCO_3$ 粉体，是实现上述功能化应用的关键所在。

1.2 碳酸钙粉体的制备

$CaCO_3$ 粉体的制备方法很多，就其基本原理而言分为 Ca^{2+}-CO_2 和 Ca^{2+}-CO_3^{2-} 两大反应体系；前者称为碳化法，后者称为复分解法。

碳化体系是制备轻钙的两大基础体系之一，是将 CO_2 气体通入含有 Ca^{2+} 的溶液或悬浊液中，称为碳化法。在一定温度（低温）下向 $Ca(OH)_2$ 悬浊液中通入 CO_2 气体是工业化制备 $CaCO_3$ 粉体的方法，称为低温鼓泡碳化法。这是制备 $CaCO_3$ 粉体的传统工艺，在此基础上发展了喷雾碳化工艺、超重力碳化工艺和超声空化碳化工艺。$Ca(OH)_2$ 悬浊液的碳化体系制得的 $CaCO_3$ 粉体通常为纯净的方解石相。向用氨水调节 pH 值的碱性 $CaCl_2$ 溶液中通入 CO_2 气体也可以制备 $CaCO_3$ 粉体。虽然该碳化体系可以制备以球霰石为主晶相甚至纯净的球霰石相 $CaCO_3$ 粉体，但是目前该方法并未进入工业化生产。

复分解体系是制备轻钙的另一基础体系，是将含有 Ca^{2+} 和 CO_3^{2-} 的两种盐溶液混合发生复分解反应。提供 Ca^{2+} 的盐通常为可溶性盐，包括 $CaCl_2$、$Ca(NO_3)_2$、$Ca(Ac)_2$；为达特殊目的，也有的使用 $CaSO_4$、CaF_2、$Ca(IO_3)_2$ 和 $Ca(OH)_2$；提供 CO_3^{2-} 的可以是无机盐，如 Na_2CO_3、$NaHCO_3$、$(NH_4)_2CO_3$、NH_4HCO_3、K_2CO_3、$KHCO_3$ 等，还可以通过有机物水解释放出 CO_3^{2-}，比如碳酸酯和尿素。复分解体系制备 $CaCO_3$ 粉体可以得到包含方解石、球霰石甚至文石的产物。

基于这两种基础反应体系并结合各自特殊制备方法的特点，衍生出了微乳液法和仿生矿化法等制备 $CaCO_3$ 的方法。虽然早在 1943 年就发现了微乳液[17]，但是采用微乳液体系制备材料却是在 40 年后[18]。随着对微乳液体系研究的不断深入，该体系逐渐被用来制备包括有机物、金属纳米粒子和无机纳米粒子在内的各种材料。微乳液法制备 $CaCO_3$ 是指以 Ca^{2+}-R-CO_3^{2-} 为反应体系的制备工艺，是通过有机介质 R 来调节 Ca^{2+} 和 CO_3^{2-} 之间的传质，从而达到控制晶核生长的目的。生物矿化是指在生物体体内有机基质的调控下，形成具有特殊的高级结构和组装方式的生物矿物的过程。$CaCO_3$ 的仿生矿化法是在不同的反应体系中加入从天然生物中提取并分离出来的有机质，研究在不同体外模拟条件下生物矿化的过程、有机基质的功能以及产物的晶相组成和微观形貌。

此外，当一定硬度的水加热到一定温度后，就会有水垢形成，其实质为水中可溶性钙镁化合物的分解。$Ca(HCO_3)_2$ 是硬水的主要成分，如果将其溶液蒸发，$Ca(HCO_3)_2$ 在析出的同时会分解生成 $CaCO_3$ 固体，这个性质为 $CaCO_3$ 的制备提供了一个新的途径。近年来我们课题组对这种方法进行了系统研究，称之为热分解法制备 $CaCO_3$[19~24]。该方法可以制备包括方解石、球霰石和文石在内的多相 $CaCO_3$ 粉体。

$CaCO_3$ 的晶体类型通常与制备方法有关。已有研究表明：通过碳化 $Ca(OH)_2$ 乳浊液工艺得到的 $CaCO_3$ 通常为方解石，只有极少数生成球霰石的文献报道[25]；而在 $CaCl_2$ 溶液的碳化体系中得到的 $CaCO_3$ 通常为以球霰石为主晶相的多相粉体[26~28]；在 $CaCl_2$ 和 Na_2CO_3 反应体系中，无论是采用两种溶液的简单混合还是采用注射合成，通常情况下可得到纯方解石或者以方解石为主晶相的 $CaCO_3$ 粉体，室温下球霰石作为次晶相出现[29,30]，而稍高温度下次晶相为文石[31]，只有在特殊的条件下，才能形成以球霰石为主晶相的 $CaCO_3$ 粉体[32~34]；而以尿素或一些弱酸形成的盐为原料的复分解反应体系也可以制备以球霰石为主晶相甚至纯净的球霰石相 $CaCO_3$[35~38]；微乳液体系也可以制备以方解石为主晶相或以球霰石为主晶相甚至单相的 $CaCO_3$ 粉体[39~41]。另外，通过生物矿化也可以实现具有多级结构球霰石相 $CaCO_3$ 的制备[42~46]。

在 $CaCO_3$ 颗粒的形貌调控方面，由于菱方体是方解石的典型形貌，文石的典型形貌是棒状或针状，球霰石通常表现为球形。所以，在一定程度上决定着产物晶体类型的制备方法在一定程度上也决定了产物的颗粒形貌。此外，改变一些反应参数也可以调控 $CaCO_3$ 的颗粒形貌。比如在 $CaCl_2$ 溶液的碳化体系中得到的球霰石通常为实心球形[27,28]，但是改变反应条件可以制备出空心球形球霰石[26]和花状球霰石[35]。而在复分解反应体系中通常得到的球霰石也是实心的球形，但是通过改变反应条件可以使纳米尺度的球霰石晶粒聚集成微米级的链条状[29]、片状[35]或雪花状结构[32]等。通过微乳液体系可以得到针状球霰石颗粒[39]、棒状甚至针状方解石颗粒[40,41]。另外，在生物矿化过程中，通过改变大分子的种类、分子量、加入量、矿化温度和时间等参数，制备出的球霰石相 $CaCO_3$ 矿物的多级结构形貌也可以得到调控，比如粒径高度均匀的球形球霰石[42]、圆环状球霰石、棱镜状球霰石和六边形板状球霰石[43]、六角片状组装而成的球霰石球体[44]、扁的六角形球霰石晶体、六角星状球霰石晶体以及六角柱状球霰石晶体[45]、球霰石相-方解石相的核壳结构[46]等。

参 考 文 献

[1] 袁继祖. 非金属矿物填料与加工技术. 北京：化学工业出版社，2007.
[2] 张亨. 碳酸钙的生产及其在塑料中的应用研究. 橡塑资源利用，2010，3：16-20.
[3] 张博，吴桐，赵富华，等. 纳米碳酸钙的制备及在造纸中的应用. 天津造纸，2010，3：19-22.
[4] 熙隆. 纳米级碳酸钙在油墨中的应用. 中国包装，2006，26（5）：64-66.
[5] 陈建兵. 碳酸钙在补钙食品中的利用和开发. 资源与环境，2007，23（9）：847-848.
[6] 于霞飞，高学云. 纳米超微在保健食品中的应用. 纳米技术产业，2000，6：35.
[7] 冀冰，郭万涛，吴医博，等. 纳米碳酸钙在橡胶中的应用和研究进展. 材料开发与应用，2008，23（5）：85-88.
[8] 曾晋. 碳酸钙的性能特点及其在涂料中的应用. 上海涂料，2010，48（6）：49-51.
[9] Volodkin D V, Larionova N I, Sukhorukov G B. Protein encapsulation via porous $CaCO_3$ microparticles templating. Biomacromolecules，2004，5：1962-1972.
[10] De Temmerman M L, Demeester J, De Vos F, et al. Encapsulation performance of layer-by-layer microcapsules for proteins. Biomacromolecules，2011，12：1283-1289.

[11] Fujiwara M，Shiokawa K，Morigaki K，et al. Calcium carbonate microcapsules encapsulating biomacromolecules. Chemical Engineering Journal，2008，137：14-22.

[12] Zhao D，Zhuo R X，Cheng S X. Alginate modified nanostructured calcium carbonate with enhanced delivery efficiency for gene and drug delivery. Molecular Biosystems，2012，8：753-759.

[13] Marchenko I，Yashchenok A，Borodina T，et al. Controlled enzyme-catalyzed degradation of polymeric capsules templated on $CaCO_3$：Influence of the number of LbL layers，conditions of degradation，and disassembly of multicompartments. Journal of Controlled Release，2012，162：599-605.

[14] Wang X H，Schröder H C，Müller W E G. Enzyme-based biosilica and biocalcite：biomaterials for the future in regenerative medicine. Trends Biotechnology，2014，32：441-447.

[15] Ikoma T，Tonegawa T，Watanaba H，et al. Drug-supported microparticles of calcium carbonate nanocrystals and its covering with hydroxyapatite. Journal of Nanoscience & Nanotechnology，2007，7：822-827.

[16] Lucas-Girot A，Verdier M C，Tribut O，et al. Gentamicin-loaded calcium carbonate materials：comparison of two drug-loading modes. Journal of Biomedical Materials Research Part B Applied Biomaterials，2005，73B：164-170.

[17] Hoar T P，Schulman J H. Transparent water-in-oil dispersions：the oleopathic hydro-micelle. Nature，1943，152：102-103.

[18] Stoffer J O，Bone T. Polymerization in water-in-oil microemulsion systems Ⅱ：SEM investigation of structure. Journal of Dispersion Science and Technology，1980，18（4）：2641-2648.

[19] Jiang J X，Ye J Z，Zhang G W，et al. Polymorph and morphology control of $CaCO_3$ via temperature and PEG during the decomposition of $Ca(HCO_3)_2$. Journal of the American Ceramics Society，2012，95（12）：3735-3738.

[20] 蒋久信，许冬东，张盈，等. 一种不同结构和形貌碳酸钙粉体的制备方法. 中国发明专利，ZL 201210161303.2. 2014.

[21] Jiang J X，Zhang Y，Xu D D，et al. Can agitation determine the polymorphs of calcium carbonate during the decomposition of calcium bicarbonate?. CrystEngComm，2014，16：5221-5226.

[22] 张盈. 微纳米碳酸钙粉体的制备及晶型与形貌的调控. 武汉：湖北工业大学，2015.

[23] 许冬东. 热分解制备 $CaCO_3$ 粉体及其晶体生长机理研究. 武汉：湖北工业大学，2016.

[24] Zeng H Y，Yan Z L，Jiao M R，et al. A novel preparation method of calcium carbonate particles：thermal decomposition from calcium hydrogen carbonate solution. Key Engineering Materials，2016，697：113-118.

[25] Matsushita I，Hamada Y，Moriga T，et al. Synthesis of vaterite by carbonation process in aqueous system. Journal of the Ceramic Society of Japan，1996，104：1081-1084.

[26] Hadiko G，Han Y S，Fuji M，et al. Synthesis of hollow calcium carbonate particles by the bubble templating method. Materials Letters，2005，59：2519-2522.

[27] Watanabe H，Mizuno Y，Endo T，et al. Effect of initial pH on formation of hollow calcium carbonate particles by continuous CO_2 gas bubbling into $CaCl_2$ aqueous solution. Advanced Powder Technology，2009，20：89-93.

[28] Han Y S，Hadiko G，Fuji M，et al. Factors affecting the phase and morphology of $CaCO_3$ prepared by a bubbling method. Journal of the European Ceramic Society，2006，26：843-847.

[29] Chen Y X，Ji X B，Wang X B. Facile synthesis and characterization of hydrophobic vaterite $CaCO_3$ with novel spike-like morphology via a solution route. Materials Letters，2010，64：2184-2187.

[30] Yu J G，Lei M，Cheng B. Facile preparation of monodispersed calcium carbonate spherical articles via a simple precipitation reaction. Materials Chemistry and Physics，2004，88：1-4.

[31] Wang C Y，Xu Y，Liu Y L，et al. Synthesis and characterization of lamellar aragonite with hydrophobic property. Materials Science & Engineering C，2009，29：843-846.

[32] Wang H，Han Y S，Li J H. Dominant role of compromise between diffusion and reaction in the formation of snow-shaped vaterite. Crystal Growth & Design，2013，13：1820-1825.

[33] Wang C Y，Zhao X，Zhao J Z，et al. Biomimetic nucleation and groeth of hydrophobic vaterite nanoparticles with oleic acid in methanol solution. Applied Surface Science，2007，253：4768-4772.

[34] Wang C Y，Piao C，Zhai X L，et al. Synthesis and character of super-hydrophobic $CaCO_3$ powder in situ. Powder Technology，2010，200：84-86.

[35] Wang L F，Sondi I，Matijevic E. Preparation of uniform needle-like aragonite particles by homogeneous precipitation. Journal of Colloid and Interface Science，1999，218：545-553.

[36] Naka K，Huang S C，Chujo Y. Formation of stable vaterite with poly（acrylic acid）by the delayed addition method. Langmuir，2006，22：7760-7767.

[37] Chen J，Xiang L. Controllable synthesis of calcium carbonate polymorphs at different temperatures. Powder Technology，2009，189：64-69.

[38] Zhao D Z，Jiang J H，Xu J N，et al. Synthesis of template-free hollow vaterite $CaCO_3$ microspheres in the H_2O/EG system. Materials Letters，2013，104：28-30.

[39] Wu Q S，Sun D M，Liu H J，et al. Abnormal polymorph conversion of calcium carbonate and nano-self-assembly of vaterite by a supported liquid membrane system. Crystal Growth & Design，2004，4（4）：717-720.

[40] Liu L P，Fan D W，Mao H Z，et al. Multi-phase equilibrium microemulsions and synthesis of hierarchically structured calcium carbonate through microemulsion-based routes. Journal of Colloid and Interface Science，2007，306：154-160.

[41] Jiang J Z，Ma Y X，Zhang T，et al. Morphology and size control of calcium carbonate crystallised in reverse micelle system with switchable surfactants. RSC Advances，2015，5：80216-80219.

[42] Guo X H，Yu S H，Cai G B. Crystallization in a mixture of solvents by using a crystal modifier：morphology control in the synthesis of highly monodisperse $CaCO_3$ microspheres. Angewandte Chemie International Edition，2006，45：

3977-3981.

[43] Gao Y Y, Yu S H, Cong H P, et al. Block-copolymer-controlled growth of CaCO₃ microrings. Journal of Physical Chemistry B, 2006, 110: 6432-6436.

[44] Wang X Q, Sun H L, Xia Y Q, et al. Lysozyme mediated calcium carbonate mineralization. Journal of Colloid and Interface Science, 2009, 332: 96-103.

[45] Yang B, Nan Z D. Abnormal polymorph conversion of calcium carbonate from calcite to vaterite. Materials Research Bulletin, 2012, 47: 521-526.

[46] Zhang X L, Fan Z H, Lu Q, et al. Hierarchical biomineralization of calcium carbonate regulated by silk microspheres. Acta Biomaterialia, 2013, 9: 6974-6980.

第❷章

碳酸钙粉体的分类、性质及应用

2.1 碳酸钙的分类

碳酸钙的分类方法很多，包括按制备方法、晶体类型、粉体微观形貌、粉体粒径大小、表面改性与否、粉体用途以及工业化的碳化工艺等来分类。

2.1.1 按制备方法分类

2.1.1.1 重质 $CaCO_3$（重钙，GCC）

重质 $CaCO_3$ 的英文名称为 ground calcium carbonate，简称 GCC，又称 heavy calcium carbonate。

（1）物理性质

分子式为 $CaCO_3$，分子量是 100.09，颗粒真密度约为 $2.6 \sim 2.9 g \cdot cm^{-3}$，堆积密度为 $0.9 \sim 1.2 g \cdot cm^{-3}$。是一种无色、无臭的白色粉末，难溶于水，溶于含有 Fe_2O_3 或铵盐的水，不溶于醇。

（2）化学性质

重质 $CaCO_3$ 可以稳定存在于空气和水中，但是与稀 HAc、稀 HCl、稀 HNO_3 发生反应。在一个大气压下加热至约 900℃ 分解生成 CaO 和 CO_2。

（3）制备过程

重质 $CaCO_3$ 是通过物理方法制备的，该方法也称为粉碎法、研磨法。重质 $CaCO_3$ 是将主要成分为 $CaCO_3$ 的天然矿物经过机械破碎、粉碎等物理工艺而制得的产品。因其密度大于化学法制备的 $CaCO_3$，故称为重钙。

2.1.1.2 轻质 $CaCO_3$（轻钙，PCC）

轻质 $CaCO_3$ 又称沉淀 $CaCO_3$，英文名称为 precipitated calcium carbonate，简称 PCC。

（1）物理性质

分子式为 $CaCO_3$，分子量是 100.09，颗粒真密度约为 $2.4 \sim 2.6 g \cdot cm^{-3}$，堆积密度为 $0.7 \sim 0.9 g \cdot cm^{-3}$。是一种无色、无臭的白色粉末。难溶于水和醇，溶于含有 Fe_2O_3 或铵盐的水。

（2）化学性质

可以稳定存在于空气和水中，但是与稀 HAc、稀 HCl、稀 HNO_3 发生反应。根据粒径的不同，轻钙分解生成 CaO 和 CO_2 的温度在 $600\sim900℃$ 之间。

（3）制备过程

轻质 $CaCO_3$ 是通过化学方法制备的，该方法也称为沉淀法。主要制备方法包含两大体系：Ca^{2+}-CO_3^{2-} 和 Ca^{2+}-CO_2。前者是将含有 Ca^{2+} 和 CO_3^{2-} 的两种盐混合发生复分解反应，称为复分解法；后者是将 CO_2 气体通入含有 Ca^{2+} 的溶液或悬浊液中，称为碳化法。因其密度小于物理法制备的 $CaCO_3$，故称为轻钙。

2.1.2 按晶体类型分类

目前的研究结果表明，常温常压下 $CaCO_3$ 存在六种不同结构的矿物：无定形 $CaCO_3$、六水 $CaCO_3$、单水 $CaCO_3$、球霰石、文石和方解石。这六种 $CaCO_3$ 的热力学稳定性依次增加。除了无定形 $CaCO_3$ 为非晶态以外，其他五种结构都是晶态的。由于结构的不同，这些形态在物理性质上表现出较大差异，这些差异主要体现在溶解度及稳定性方面（见表 2.1）。

表 2.1　25℃下 $CaCO_3$ 各形态的溶度积和溶解度

形态	$-\lg K_{sp}$	溶度积 K_{sp}	溶解度/mol·L^{-1}
方解石	$-171.9065-0.077993T+2839.319/T+71.595\lg(T)$ $(273\text{K}<T<363\text{K})$[1]	3.31×10^{-9}	5.75×10^{-5}
文石	$-171.9773-0.077993T+2903.293/T+71.595\lg(T)$ $(273\text{K}<T<363\text{K})$[1]	4.67×10^{-9}	6.84×10^{-5}
球霰石	$-172.1295-0.077993T+3074.688/T+71.595\lg(T)$ $(273\text{K}<T<363\text{K})$[1]	1.23×10^{-8}	1.11×10^{-4}
单水 $CaCO_3$	$7.050+0.000159t^2(15℃<t<50℃)$[2]	7.08×10^{-8}	2.66×10^{-4}
六水 $CaCO_3$	$2011.1/T-0.1598(273\text{K}<T<298\text{K})$[3]	2.57×10^{-7}	5.07×10^{-4}
无定形 $CaCO_3$	$6.1987+0.00053369t+0.0001096t^2(10℃<t<55℃)$[4]	4.00×10^{-7}	6.32×10^{-4}

2.1.2.1 无定形 $CaCO_3$（ACC）

无定形 $CaCO_3$（amorphous calcium carbonate），简称 ACC。无定形 $CaCO_3$ 是 $CaCO_3$ 六种结构中唯一的非晶态结构，是 $CaCO_3$ 在生物体中重要的存在形式[5]。通过 X 射线吸收精细结构（extended X-ray absorption fine structure，EXAFS）对多种生物体内提取的无定形 $CaCO_3$ 研究发现，虽然无定形 $CaCO_3$ 长程无序，但其结构也并非完全无规则排列，而是具有某种程度的短程有序[6,7]。其短程有序的种类类似于它将要转化成的晶态 $CaCO_3$ 结构，例如有些无定形 $CaCO_3$ 的结构接近于方解石，有些则接近于文石[8,9]。

无定形 $CaCO_3$ 是所有形态 $CaCO_3$ 中热力学最不稳定的形态，在水溶液中会自发向更稳定的结晶 $CaCO_3$（如球霰石、文石、方解石）转化，但是可以稳定存在于生物矿物中，一般认为这是由于一些物质如生物大分子在固体表面的吸附造成的。无定形 $CaCO_3$ 密度是 $CaCO_3$ 所有形态中最低的，约为 $1.5\text{g}\cdot\text{cm}^{-3}$，相对其他形态更难沉积。25℃时无定形 $CaCO_3$ 的溶度积约为 4.0×10^{-7}，是晶态球霰石的 $30\sim40$ 倍[4]。

Addadi 等[8]将生物体内无定形 $CaCO_3$ 分成两种：稳定的无定形 $CaCO_3$ 和不稳定的无定形 $CaCO_3$。稳定的无定形 $CaCO_3$ 含一定量的水，而不稳定的无定形 $CaCO_3$ 则几乎不含水，并且稳定的无定形 $CaCO_3$ 中一般包含对其起稳定作用的蛋白质、镁离子或者含磷化合物等。因此，我们认为，无定形 $CaCO_3$ 是一些具有长程无序，但短程有序结构可以互不相同的 $CaCO_3$ 的总称。无定形 $CaCO_3$ 的主要作用是储存钙和作为一种制备其他类型 $CaCO_3$ 的前驱体。

　　由于热力学不稳定性，无定形 $CaCO_3$ 的制备是最困难的。目前其合成方法主要有以下几种：

　　① 采用钙盐和碳酸盐碱性水溶液在低温下直接混合，然后快速分离、干燥。Koga 等[10] 在 5℃ 下，将 $CaCl_2$ 溶液和 Na_2CO_3 以及 NaOH 溶液直接混合，经快速过滤，用丙酮洗涤合成了无定形 $CaCO_3$，如图 2.1 所示。

　　② 通过碳酸酯在碱作用下水解来制备无定形 $CaCO_3$。Faatz 等[11] 在室温下，通过碳酸二甲酯在 NaOH 作用下水解产生的 CO_2 与 $CaCl_2$ 作用约 5min，通过离心分离和无水乙醇、丙酮分别洗涤合成了无定形 $CaCO_3$，如图 2.2 所示。

图 2.1　在 pH 值为 12.7 时合成的无定形 $CaCO_3$

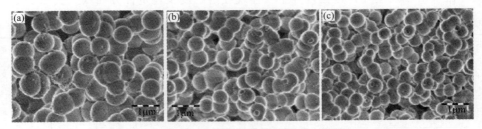

图 2.2　$CaCl_2$ 溶液中碳酸二甲酯在不同温度下缓慢水解制得的无定形 $CaCO_3$

(a) 15℃；(b) 20℃；(c) 30℃

　　③ 通过 $(NH_4)_2CO_3$ 分解来制备无定形 $CaCO_3$，通常称为 CO_2 气体扩散法。Lee 等[12] 将 $CaCl_2$ 的乙醇溶液和 $(NH_4)_2CO_3$ 固体放在密闭的容器中，在 20℃ 下反应 24h，得到胶状沉淀，过滤后在 N_2 气氛下于 100℃ 干燥 24h 后得到无定形 $CaCO_3$，如图 2.3 所示。

图 2.3　CO_2 气体扩散法合成的无定形 $CaCO_3$

　　④ 在低温条件下将二氧化碳通入饱和石灰水中来制备无定形 $CaCO_3$。Günthera 等[13] 在低温（0℃）下把二氧化碳气体通入饱和石灰水中，当 pH 值降低到 8 时停止反应，过滤，用丙酮洗涤沉淀，干燥后得到无定形 $CaCO_3$，如图 2.4(a) 所示。

　　另外，在镁离子[13,14] [图 2.4(b)]、树枝状高分子[15] 和磷酸酯[16] 等稳定剂的作用下也可以制备得到无定形 $CaCO_3$。

2.1.2.2　六水 $CaCO_3$（$CaCO_3 \cdot 6H_2O$）

　　六水 $CaCO_3$，英文名称 calcium carbonate hexahydrate 或 ikaite，分子式为 $CaCO_3 \cdot 6H_2O$。$CaCO_3 \cdot 6H_2O$ 是含有六个结晶水的 $CaCO_3$，其热力学稳定性仅高于无定形 $CaCO_3$。

　　Johnston 等[17] 早在 1916 年就证实了 $CaCO_3 \cdot 6H_2O$ 是 $CaCO_3$ 形态中的一种，但是直到

图 2.4 无定形 CaCO$_3$
(a) 鼓泡法制备的无定形 CaCO$_3$；(b) 镁离子参与下制备的无定形 CaCO$_3$

1963 年 Pauly[18]才发现自然条件下形成的 CaCO$_3$·6H$_2$O。CaCO$_3$·6H$_2$O 主要形成在低温（低于 5℃）、高 pH 值、高碱度、缺氧、富含有机质并伴有较高含量磷酸根离子的环境中[18~22]。其中，高 pH 值、高碱度、缺氧、富含有机质这些环境因素提高了碳酸根离子的浓度，从而使得 CaCO$_3$·6H$_2$O 达到饱和而发生沉降。低温与磷酸根离子的存在起到稳定这种物质的作用，从而使得 CaCO$_3$·6H$_2$O 能在自然界中得以发现。

CaCO$_3$·6H$_2$O 非常不稳定，常温环境下会迅速转变成稳定的无水 CaCO$_3$。因此，CaCO$_3$·6H$_2$O 被认为是 CaCO$_3$ 稳定形态的前驱体。目前的研究表明，海洋环境中的 CaCO$_3$·6H$_2$O 倾向于转变成文石[23,24]，而非海洋环境中的 CaCO$_3$·6H$_2$O 倾向于转变成球霰石[25]，即使是低温环境下，一段时间后它也将完全转变成方解石[26]。

2.1.2.3 单水 CaCO$_3$（CaCO$_3$·H$_2$O）

单水 CaCO$_3$，英文名称 calcium carbonate monohydrate 或 monohydrocalcite，分子式为 CaCO$_3$·H$_2$O。CaCO$_3$·H$_2$O 是含有一个结晶水的 CaCO$_3$，其热力学稳定性仅高于无定形 CaCO$_3$ 和 CaCO$_3$·6H$_2$O。

1930 年，Kraus 等[27]在六水 CaCO$_3$ 的脱水过程中观测到了 CaCO$_3$·H$_2$O。1959 年，Sapozhnikov 等[28]在海底沉积物的自然环境中观察到了 CaCO$_3$·H$_2$O。与无定形和 CaCO$_3$·6H$_2$O 一样，CaCO$_3$·H$_2$O 也是很不稳定的，很容易转变成更稳定的其他形态 CaCO$_3$。

2007 年，Neuman 等[29]报道了利用人工海水制备得到纯的 CaCO$_3$·H$_2$O 并研究了其在生物体中和无定形 CaCO$_3$ 的晶相关联。CaCO$_3$·H$_2$O 中的结晶水和 CaCO$_3$ 之间具有很强的作用力。

2.1.2.4 球霰石（vaterite）

球霰石，英文名称 vaterite，是 CaCO$_3$ 三种无水结晶相中稳定性最差的结构形态。Vater 于 1897 年发现了伴有少量棱形和六边形的球状 CaCO$_3$ 晶体，他认为这些球状晶体是除方解石和文石之外的第三种形态[30]。Meigen 将这种新的 CaCO$_3$ 形态以 Vater 的名字命名为 vaterite。但是，Johnston 等[17]的研究表明球形晶体与那些棱形和六边形晶体并不相同；Gibson 等运用 X 射线衍射方法指出球形形状晶体与方解石具有相同的晶体结构，相反那些棱形和六边形晶体则具有与方解石和文石不同的晶体结构[31]。

球霰石最被广泛接受的结构是六方晶体对称结构，属于 P63/mmc 空间群[32,33]。Kamhi 提出的结构中，CaCO$_3$ 单元的伪晶胞参数为 $a'=4.13$Å（1Å=0.1nm，下同）和 $c'=8.49$Å，密度测量结果表明该晶胞含有两个 CaCO$_3$ 分子（$Z'=2$）。但是由于真正的晶胞沿 c 轴旋转 30°，晶胞参数变成 $a=7.16$Å，$c=2c'=16.98$Å，$Z=12$[32]，如图 2.5 所示。Meyer 提出了另外一种结构模型，其基本结构单元在本质上和 Kamhi 提出的模型是相同的，只是 CO$_3^{2-}$ 的位置对称不同。根据衍射中观察到的光谱特征，认为垂直于 c 轴的方向出现了堆垛层错，这导致 c 轴的晶胞参数增大 2 倍或 3 倍，如图 2.6 所示[33]。

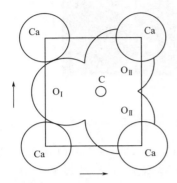

图 2.5　球霰石中碳酸根与钙原子位置的垂直投影

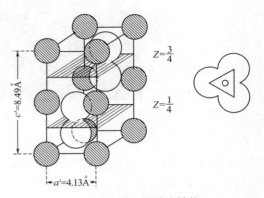

图 2.6　球霰石的晶胞结构

球霰石在自然界地质中的含量极少，比如矿泉里，通常存在于生物体中[34]。球霰石通常是人工合成的，由于形成条件的不同，球霰石相的颗粒形貌多种多样。最典型的形貌是如图 2.7(a) 所示的球形晶体[35]。这种球形也被称为微球团[35]或覆盆子（译自法语"la framboise"）[36]。对颗粒表面更详细的研究表明球体是由更小的单晶按照一定的角度排列而成 [图 2.7(b)]。这

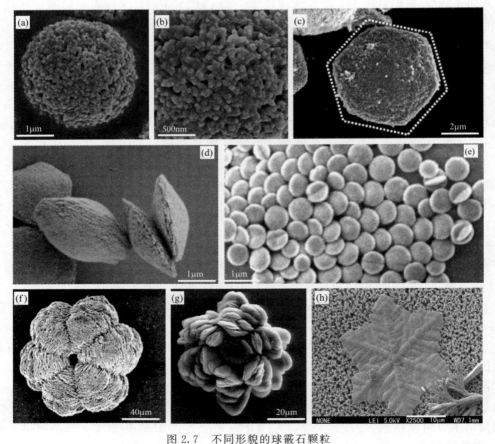

图 2.7　不同形貌的球霰石颗粒

(a) 球状晶体；(b) 球状晶体表面；(c) 六边形晶体；(d) 棱镜状晶体；(e) 盘状晶体；

(f) 花状晶体；(g) 莲花座状晶体；(h) 雪花状晶体

些小单晶在一定条件下还可以组装成更加复杂的多级结构，比如六边形颗粒[37]、棱镜状[38]、盘状[39]、分层的花状[40]、六重对称构成的莲座形[41]以及雪花状结构[42]等，如图 2.7 所示。

　　球霰石是 $CaCO_3$ 三种无水结晶相中稳定性最差的，在有水存在的情况下，通常会迅速转变成文石或方解石，因此其制备的条件非常苛刻。钙离子和碳酸根离子的来源对 $CaCO_3$ 颗粒的形貌和相组成有很显著的影响。目前钙离子的最主要来源是 $CaCl_2$，其次是 $Ca(NO_3)_2$；碳酸根离子最普遍的来源是 Na_2CO_3，其他来源有 $NaHCO_3$、$(NH_4)_2CO_3$ 和 NH_4HCO_3 等。目前的研究表明，氨基酸（赖氨酸，甘氨酸，丙氨酸，谷氨基酸，亮氨酸）[43~45]、蛋白质（比如牛血清白蛋白，卵白蛋白，明胶，酪蛋白，聚甘氨酸，纤维蛋白）[46~48]、聚合物[49~51]、双亲嵌段共聚物（DHBCs）[39,52,53]、树枝状大分子[54,55]、醇类[56~58]、微生物[59,60]和一些无机物（氨水、铵根离子、硝酸）[38,40,61]对球霰石的生成有促进作用，并能使生成的球霰石稳定存在。

2.1.2.5　文石（aragonite）

　　文石，又称霰石，英文名称 aragonite，是以其发现地 "Molina de Aragon"（Guadalajara，西班牙）命名的[62]。文石的稳定性比球霰石高得多，甚至被认为热力学上是稳定的。但是由于其形成条件的特殊性，比如可以在温泉的沉淀物中发现文石[63]，自然界地质中文石的含量也是极少的。文石主要作为生物化学作用的产物存在于生物体中，比如软体动物的贝壳或骨骼以及珍珠中，如图 2.8(a)、(b) 所示[64,65]。

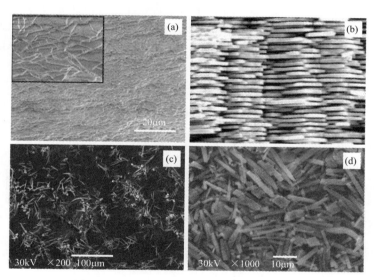

图 2.8　贝壳珍珠层及文石（棒状）的形貌
(a) 贝壳珍珠层 SEM 形貌；(b) 贝壳珍珠层横截面 TEM 形貌；
(c)、(d) $Ca(HCO_3)_2$ 热分解制备的文石（棒状）SEM 形貌

　　文石属于斜方晶系，晶格参数 $a=4.962$Å，$b=7.967$Å，$c=5.740$Å。文石的密度和硬度都是 $CaCO_3$ 所有形态中最大的，密度为 2.94g·cm^{-3}，莫氏硬度为 $3.5\sim4$。文石的典型形貌是针状或棒状，如图 2.8(c)、(d) 所示[66]。对贝壳珍珠层中文石的研究认为，文石的结构属于砖块-水泥结构，如图 2.8(b) 所示[65]。这种在生物体内由于生物作用形成的有机-无机复合的材料比实验室制备的文石具有更好的力学性能。

2.1.2.6　方解石（calcite）

　　方解石，英文名称 calcite，是所有 $CaCO_3$ 形态中最稳定的一种结构，在自然界地质中最常见的一种形态，在自然界的分布最广。生物体内的方解石通常是含镁方解石。

方解石的密度仅次于文石，约为 2.71g·cm^{-3}。方解石的溶解度也是最低的。方解石属于六方晶系，晶格常数为 $a=4.989\text{Å}$，$b=4.989\text{Å}$，$c=17.06\text{Å}$。方解石的典型形貌为立方体或者斜方体，如图 2.9 所示[66,67]。但是在某些特殊的合成条件下，也可以得到其他形貌的方解石，详见 2.1.6。

图 2.9　方解石的典型形貌

2.1.2.7　各晶型之间的转化

根据 Ostwald 定律，在液相成核结晶过程中，在足够高的超饱和度时，溶解度最高、最不稳定的相首先结晶[68]。由于所有形态 $CaCO_3$ 的溶解度都很小，一般实验室合成条件下，体系都是超饱和的。因此，最不稳定、能量最高的无定形 $CaCO_3$ 首先成核结晶。由于无定形 $CaCO_3$ 非常不稳定，一般条件下会向更稳定的形态转变，转变的过程和方式如图 2.10 所示[69]。

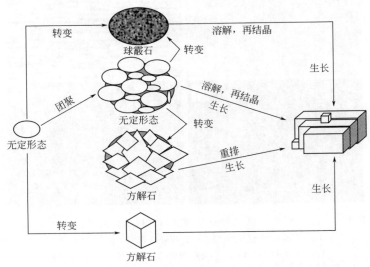

图 2.10　$CaCO_3$ 球晶的形成以及无定形相向晶态相的转变示意图

2.1.3　按粉体微观形貌分类

在电子显微镜下观察到的 $CaCO_3$ 粉体中的颗粒可能是由单个分散的颗粒组成，这些小颗粒称为一次颗粒；也可能是这些小颗粒先团聚成一定形状的大颗粒，这些大颗粒称为二次颗粒；甚至由小颗粒组成一定形状的大颗粒再规则地组装成另外形状的颗粒，这种最终形成的结构称为多级结构或超结构。按照形状，$CaCO_3$ 分成无规则形、纺锤形、立方形、针状形、锁链形、球形和多级结构 $CaCO_3$。

2.1.3.1 无规则形 CaCO₃

形状为无规则形的 CaCO₃ 一般包括重质 CaCO₃ 和无定形 CaCO₃。通过机械粉磨制备的重质 CaCO₃ 的颗粒形状都是无规则的，有一定的棱角，并且颗粒大小和形状差别较大，如图 2.11 所示[70]。此外，重质 CaCO₃ 还具有表面粗糙、粒径分布较宽、密度大、比表面积小、吸油值低等特点。

图 2.11 重质 CaCO₃ 颗粒的微观形貌

(a) 未改性；(b) 0.85% 硬脂酸改性

无定形 CaCO₃ 是非晶态 CaCO₃，其形状通常也是无规则的，如图 2.1～图 2.4 所示。与无规则重质 CaCO₃ 相比，无定形 CaCO₃ 颗粒极小，为纳米级；比表面积大可以达到 $600m^2 \cdot g^{-1}$，为重质 CaCO₃（通常为 $1\sim5m^2 \cdot g^{-1}$）的几十甚至上百倍。此外，无定形 CaCO₃ 还具有密度小、粒径分布窄，溶解度大等特点。

2.1.3.2 球形 CaCO₃

由于球霰石相的典型形貌是球形，所以球形 CaCO₃ 中最常见的就是球霰石，如图 2.7(a) 和图 2.12(a) 所示[71]。无定形 CaCO₃ 在一定的条件下也可以生长成为球形，如图 2.2 所示。此外，方解石在一定条件下也可以形成，或由小晶粒团聚成球形或类球形颗粒 [图 2.12(b)[72] 和图 2.12(c)[73]]。

图 2.12 球形 CaCO₃

(a) 球形球霰石；(b)、(c) 球形方解石

2.1.3.3 针状和棒状 CaCO₃

针状和棒状是文石的典型形貌，所以针状和棒状 CaCO₃ 中最常见的就是文石，如图 2.13 所示[74,75]。

此外，方解石和球霰石颗粒在一定条件下也可以形成针状或棒状，或由针状或棒状团聚或组装成其他形状，如图 2.14 所示[76,77]。

2.1.3.4 立方形 CaCO₃

立方形是方解石的典型形貌，因此立方形 CaCO₃ 主要是方解石，如图 2.9 所示。

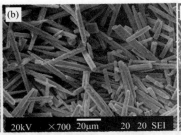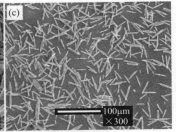

图 2.13 针状和棒状文石 CaCO₃

图 2.14 针状和棒状方解石相 CaCO₃

2.1.3.5 纺锤形 CaCO₃

纺锤形 CaCO₃ 通常是由方解石纳米颗粒团聚而成的，如图 2.15(a)、(b)[78] 和图 2.15(c) 所示[79]。

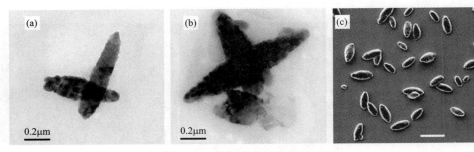

图 2.15 纺锤形方解石相 CaCO₃

2.1.3.6 多级结构 CaCO₃

球霰石的典型结构为球形，最容易形成各种形式的多级结构，如图 2.7 所示。在特殊反应条件下，文石和方解石晶粒也可以形成多级结构，如图 2.8(a)、(b)，图 2.14(a)、(b) 和图 2.16(a)、(b) 所示[80,81]。

2.1.4 按粉体粒径大小分类

目前国内外 CaCO₃ 行业尚未从粒径大小方面对所有 CaCO₃ 粉体做一个详细具体的分类，只是分别对重质 CaCO₃ 和轻质 CaCO₃ 做了大致分类。

图 2.16 方解石相多级结构 CaCO₃

对于轻质 $CaCO_3$ 按照粒径的分类比较统一，一般分为微粒 $CaCO_3$（粒径>$5\mu m$）、微粉 $CaCO_3$（粒径范围 $1\sim5\mu m$）、微细 $CaCO_3$（粒径范围 $0.1\sim1\mu m$）、超细 $CaCO_3$（粒径范围 $0.02\sim0.1\mu m$）和超微细 $CaCO_3$（粒径范围<$0.02\mu m$）五种类型[82]。此外，从不同应用领域角度，还可以将轻质纳米 $CaCO_3$ 分成 $100\sim600nm$、$60\sim100nm$、$40\sim60nm$ 和 $20\sim40nm$ 四种类型[83]。

对于重质 $CaCO_3$，早期受粉磨机械的影响，只有单飞粉、双飞粉、三飞粉和四飞粉几种规格。而随着超细粉碎机械的问世，重质 $CaCO_3$ 的细度发展到 600 目（$23\mu m$）、800 目（$18\mu m$）、1250 目（$10\mu m$）、2500 目（$5\mu m$）、6250 目（$2\mu m$）甚至 12500 目（$1\mu m$），比有些轻质 $CaCO_3$ 的粒径还要小。因此，本书将重质 $CaCO_3$ 分为单飞粉、双飞粉、三飞粉、四飞粉、微细重质 $CaCO_3$ 和超细重质 $CaCO_3$。

单飞粉：95%通过 200 目（$74\mu m$）的重质 $CaCO_3$。

双飞粉：99%通过 325 目（$44\mu m$）的重质 $CaCO_3$。

三飞粉：99.9%通过 325 目的重质 $CaCO_3$。

四飞粉：99.95%通过 400 目（$37\mu m$）的重质 $CaCO_3$。

微细重质 $CaCO_3$：细度在 $400\sim1250$ 目（$10\sim37\mu m$）范围的重质 $CaCO_3$。

超细重质 $CaCO_3$：粒度在 $10\mu m$ 以下的重质 $CaCO_3$。

与轻质 $CaCO_3$ 中的超细 $CaCO_3$ 相比，虽然超细重质 $CaCO_3$ 的粒径及粒径范围大得多，但是将粒径小于 $10\mu m$ 的重质 $CaCO_3$ 称为超细重质 $CaCO_3$ 也符合行业习惯。

2.1.5 按表面改性与否分类

当一种无机物作为填料加入有机物中进行混合时，由于两类物质表面性质的不同，无机物的分散均匀度很差，对无机物进行表面改性是解决这一问题的有效途径。按照表面改性与否，将 $CaCO_3$ 粉体分成普通 $CaCO_3$ 和活性 $CaCO_3$ 两种类型。

2.1.5.1 普通 CaCO₃

没有经过表面改性的 $CaCO_3$ 粉体称为普通 $CaCO_3$。

粒径比较大的重质 $CaCO_3$ 粉体，表面的纳米特性不能显现出来，在使用过程中通常不需要进行表面改性，或者使用的环境不需要改性。普通 $CaCO_3$ 还包括部分轻质 $CaCO_3$。在轻质 $CaCO_3$ 的制备过程中如果不加入表面改性剂，那么制备出的 $CaCO_3$ 粉体也称为普通 $CaCO_3$。

2.1.5.2 活性 CaCO₃

经过表面改性的 $CaCO_3$ 粉体称为活性 $CaCO_3$（activated calcium carbonate，简称活性钙），活性 $CaCO_3$ 又称为改性 $CaCO_3$、表面处理 $CaCO_3$、胶质 $CaCO_3$ 或白艳华。

随着超细粉碎机械的问世，重质 $CaCO_3$ 的粒径可达几个微米，在与有机物进行混合时，较差的分散性使之不能均匀混合，需要进行表面改性。重质 $CaCO_3$ 的表面改性分为干法改性和湿法改性两种。干法改性是指颗粒在干态下在表面改性设备中首先进行分散，然后通过喷洒合适的改性剂或改性剂溶液，在一定温度下使改性剂作用于颗粒材料表面，形成一层改性剂包覆层，达到对颗粒进行表面改性处理的方法。湿法改性是指颗粒在一定浓度的改性剂水或有机溶液中，在搅拌分散和一定温度条件下，通过颗粒表面的物理作用或化学作用而使改性剂分子吸附于颗粒表面，达到对颗粒进行表面改性处理的方法。而轻质 $CaCO_3$ 的表面改性与制备是一体化的，即在制备过程中同时进行改性。

经过表面改性的 $CaCO_3$ 粉体，表面呈非极性，类似于有机物的表面性质，有机物与其混合起来相容性就得到大大改善。

2.1.6 按用途分类

不同应用领域对 $CaCO_3$ 粉体的性能有不同要求，比如晶体类型、颗粒形状、粒径大小、粒径分布范围、白度、密度、表面性质和吸油值等。按照用途，$CaCO_3$ 可分为橡胶用 $CaCO_3$、塑料用 $CaCO_3$、涂料用 $CaCO_3$、油墨用 $CaCO_3$、造纸用 $CaCO_3$、食品用 $CaCO_3$、生物医药用 $CaCO_3$ 等。

2.1.6.1 橡胶用 $CaCO_3$

$CaCO_3$ 在橡胶中的主要作用有两点，增韧补强和填充。增韧补强在显著提高橡胶的拉伸强度、撕裂强度和耐磨损性的同时，还可以提高橡胶的其他性能。作为填料填充到橡胶中，不但可以增加橡胶的体积，降低成本，还可以改善其加工工艺性能。在橡胶中使用的 $CaCO_3$ 称为橡胶用 $CaCO_3$，包括重质 $CaCO_3$ 和轻质 $CaCO_3$。

2.1.6.2 塑料用 $CaCO_3$

$CaCO_3$ 在塑料中的作用也可以总结为两点，即填充和改善性能；作为填料填充到塑料中，可以增加塑料的体积，降低成本。对塑料性能的改善包括提高塑料制品的热稳定性、硬度、刚度，改进塑料的散光性、起到遮光和消光作用，减小制品的收缩率，提高尺寸稳定性等。在塑料制品中使用的 $CaCO_3$ 称为塑料用 $CaCO_3$，包括重质 $CaCO_3$ 和轻质 $CaCO_3$。

2.1.6.3 涂料用 $CaCO_3$

$CaCO_3$ 加入涂料中具有耐候、保色、防霉等作用，可以改善涂料的悬浮性、平滑性，提高产品的光泽度、干燥性、遮光力，同时还具有一定的补强作用。在涂料中使用的 $CaCO_3$ 称为涂料用 $CaCO_3$。涂料用 $CaCO_3$ 包括重质 $CaCO_3$ 和轻质 $CaCO_3$。

2.1.6.4 油墨用 $CaCO_3$

$CaCO_3$ 作为填料加入油墨中，不但可以减少颜料用量，降低成本，还可以调节油墨的使用性能，防止油墨胶化和返粗现象，提高油墨的稳定性和光泽度。在油墨中使用的 $CaCO_3$ 称为油墨用 $CaCO_3$。油墨用 $CaCO_3$ 多采用轻质纳米 $CaCO_3$。

2.1.6.5 造纸用 $CaCO_3$

$CaCO_3$ 是目前国内造纸业消耗量最大的白色颜料之一，其价格更低廉、白度更高、油墨吸收性和通气性更好，使得 $CaCO_3$ 在造纸业逐渐代替高岭土和滑石。$CaCO_3$ 加入纸浆中，不但可以降低成本，更主要的是可以提高纸张的油墨吸收性、白度与不透明性、强度与柔韧性、抗腐性与耐久性。在造纸中使用的 $CaCO_3$ 称为造纸用 $CaCO_3$。造纸用 $CaCO_3$ 包括重质 $CaCO_3$ 和轻质 $CaCO_3$。

2.1.6.6 食品用 $CaCO_3$

$CaCO_3$ 添加到食品中，一般可以起到增白和膨松的效果。此外，$CaCO_3$ 可以促进发酵的进行，减少发酵时间，改善发酵效果。另外，$CaCO_3$ 还可以作为营养增补剂、固化剂、抗结块剂、补钙剂和改性剂等加入食品中。在食品中使用的 $CaCO_3$ 称为食品用 $CaCO_3$。作为食品添加剂，对 $CaCO_3$ 粉体的要求非常严格。

2.1.6.7 生物医药用 $CaCO_3$

$CaCO_3$ 添加到钙剂药物中，可以起补充钙元素的作用。在制药过程中，$CaCO_3$ 是微生物发酵的缓冲剂。$CaCO_3$ 填充在止酸片中可以发挥一定的药效。另外，球霰石相 $CaCO_3$ 可以作为蛋白质、DNA、生物酶和药物的载体实现药物的输送。在生物、医药领域应用的 $CaCO_3$ 称为生物医药用 $CaCO_3$。生物医药用 $CaCO_3$ 包括重质 $CaCO_3$ 和轻质 $CaCO_3$。

2.1.7 按碳化工艺分类

碳化法是工业上最早制备轻质 $CaCO_3$ 的方法，主要工艺流程为煅烧—消化—碳化—过滤—干燥—表面处理。首先将精选的石灰石进行预处理和煅烧，得到氧化钙和窑气，氧化钙经过过筛和消化生成氢氧化钙，将生成的悬浮氢氧化钙在高剪切力作用下进行粉碎，然后除去颗粒及杂质，得到精制的氢氧化钙悬浮液；然后加入适当的表面活性剂，通入二氧化碳气体，反应至终点，即可得到晶型符合要求的 $CaCO_3$ 浆液，再进行脱水、干燥、表面处理等一系列步骤，即可得到纳米 $CaCO_3$ 产品。传统的碳化工艺是将二氧化碳以气泡的形式鼓入氢氧化钙悬浮液，故称鼓泡碳化法。在鼓泡碳化工艺的基础上，后来又发展了一些新的碳化工艺，主要有喷雾碳化法、超重力碳化法和超声空化碳化法等。

2.1.7.1 鼓泡碳化

鼓泡碳化是传统的碳化工艺，设备简单、产量大、能耗低、投资少，但是多为间歇鼓泡碳化工艺，反应过程难以控制，产品质量无法精确控制。根据对结晶理论的深入研究，鼓泡碳化工艺由最初的单级鼓泡碳化工艺发展出两级鼓泡碳化工艺和三级鼓泡碳化工艺。

（1）单级鼓泡碳化工艺

单级鼓泡碳化工艺是整个碳化反应在一个碳化反应容器中一次性完成。在反应过程中加入晶型控制剂并施以搅拌。反应过程中通过反应温度、浆液浓度、添加剂的种类和数量来控制碳化速度、$CaCO_3$ 晶型、颗粒形状和尺寸等。一般来说，反应容器越小，反应过程越容易控制，产品结晶、粒度和分散性越好；搅拌强度越大，体系的均化程度越高，粒径分布范围越窄，分散性越好。目前实际的工艺参数为：搅拌速度超过 $900r \cdot min^{-1}$、碳化温度在 $15 \sim 25 \, ^\circ\!C$ 之间。

（2）两级鼓泡碳化工艺

两级鼓泡碳化工艺是将碳化过程分解成两个阶段来完成。一级碳化在碳化塔内完成，然后浆液移入一个较大的容器进行陈化；二级碳化是将陈化完成后的浆液移入一个更大的容器进行碳化和均化。一级碳化阶段主要控制碳化起始温度和碳化速度，当 pH 值下降到 9.0（此时碳化反应完成接近 90%）时，停止碳化并移入大容器中进行陈化，陈化过程可以看成 $CaCO_3$ 颗粒表面的规整修复，从而降低颗粒比表面积，降低表面能，降低颗粒的粒径分布范围，提高颗粒的分散性。将陈化 $3 \sim 5d$ 的浆液移入更大容器内进行二级碳化，pH 值降低至 7.0 以下，完成全部碳化过程。

（3）三级鼓泡碳化工艺

三级鼓泡碳化工艺是在两级鼓泡碳化工艺之前增加了一次碳化过程。这次碳化过程是在小的碳化容器（$3m^3$）中通入大气量二氧化碳（$36m^3 \cdot min^{-1}$），该碳化过程形成大量晶核，可以看成是晶核的培育过程。

2.1.7.2 喷雾碳化

喷雾碳化法一般采用三级串联碳化工艺。将氢氧化钙浆液喷雾成 $0.01 \sim 0.1mm$ 大小的液滴从第一级塔顶喷入，将二氧化碳气体从塔底喷入，气液逆流接触发生碳化反应，碳化后的浆液从塔底流出进入浆液槽，添加适当的分散剂处理后，喷雾进入第二级碳化塔继续碳化，再经表面活性剂处理，喷雾进入第三级碳化塔碳化制得最终产品。上述喷雾碳化与后续的喷雾干燥合称"双喷工艺"。

2.1.7.3 超重力碳化

超重力碳化是利用填充床高速旋转产生的几十倍到几百倍重力加速度，获得超重力场环境。在超重力场环境中，氢氧化钙浆液在高分散、高湍动、强混合以及界面急速更新的情况下，巨大的剪切力将浆液撕裂成纳米级的膜、丝、滴，与二氧化碳气体以极大的相对速度在弯曲孔道中逆流接触发生碳化反应而制备 $CaCO_3$ 粉体。该工艺可以制备出粒径达 $15 \sim 30nm$ 的纳米级 $CaCO_3$。产品还具有纯度高、平均粒径小、粒径分布均匀等优点。

2.1.7.4 超声空化碳化

超声空化碳化是将超声空化物理粉碎效应与化学反应工程技术相结合的超声空化技术生产纳米 $CaCO_3$ 的方法。该工艺解决了单一的化学法和利用超声波的振荡技术生产纳米 $CaCO_3$ 存在的气、液、固相间的传质速度较慢的缺陷。在石灰石煅烧后进行的氧化钙消化、氢氧化钙制浆和碳化的同时进行超声空化处理，最终制得粒径为 $20 \sim 100nm$ 的纳米 $CaCO_3$，且颗粒尺寸分布均匀。

2.2 碳酸钙的性质

$CaCO_3$ 粉体的一些性质，特别是物理性质，与粉体的粒径有密切关系。

2.2.1 碳酸钙粉体的物理性质

2.2.1.1 表观形状

自然界地质中 $CaCO_3$ 矿物的颜色从白色到乳白色、淡黄色甚至褐色，以这些矿物为原料制备的重质 $CaCO_3$ 粉体的颜色也有所不同。通过化学方法制备的轻质 $CaCO_3$ 一般为白色粉末，无臭、无味。

2.2.1.2 分解温度和熔点

常压下 $CaCO_3$ 没有熔点，加热到一定温度下分解生成氧化钙和二氧化碳。不同晶型的 $CaCO_3$ 分解温度也不同，方解石相 $CaCO_3$ 加热到898℃开始分解，而文石相 $CaCO_3$ 的分解温度是825℃。不同方法制备的不同粒径的 $CaCO_3$ 分解温度也不同，普通轻质 $CaCO_3$ 的分解温度比上述分解温度低很多，加热到550℃就会分解；而粒径更小的纳米 $CaCO_3$ 的分解温度更低，加热到528℃就会分解。

在高压下可以测出 $CaCO_3$ 的熔点，在 $10.39MPa$ 下其熔点为1339℃，$10.70MPa$ 下熔点为1289℃。

2.2.1.3 密度

$CaCO_3$ 的密度在 $1.50 \sim 2.94g \cdot cm^{-3}$ 之间，不同晶型、不同方法制备的 $CaCO_3$ 密度有所差异。文石的密度是 $CaCO_3$ 所有晶体类型中最大的，密度为 $2.94g \cdot cm^{-3}$；方解石的密度次之，约为 $2.71g \cdot cm^{-3}$；球霰石的密度比方解石的密度还要小，约为 $2.54g \cdot cm^{-3}$；无定形 $CaCO_3$ 密度是 $CaCO_3$ 所有形态中最低的，约为 $1.5g \cdot cm^{-3}$。

2.2.1.4 硬度

在 $CaCO_3$ 所有晶体类型中，文石的硬度是最大的，莫氏硬度约为 $3.5 \sim 4.0$，其他晶型的莫氏硬度约为3.0。

2.2.1.5 溶解度和溶度积

不同 $CaCO_3$ 晶体类型在水中的溶度积差别很大，溶度积（K_{sp}）越小的晶型溶解度就越小，如表 2.1 所示。

2.2.1.6 比热容

$CaCO_3$ 所有晶体类型的比热容大致相同，1473K 以下的平均定压比热容为 $C_p = 0.8257 + 0.000762T (kJ \cdot kg^{-1} \cdot K^{-1})$。

2.2.1.7 热膨胀系数

不同晶体类型 $CaCO_3$ 的热膨胀系数也是不同的，同一种晶型在不同方向上的热膨胀系数也是不同的。方解石在 a、b、c 三个方向的热膨胀系数分别为 $5 \times 10^{-6}°C^{-1}$、$11 \times 10^{-6}°C^{-1}$ 和 $2.5 \times 10^{-6}°C^{-1}$。文石在 a、b、c 三个方向的热膨胀系数分别为 $10 \times 10^{-6}°C^{-1}$、$16 \times 10^{-6}°C^{-1}$ 和 $32 \times 10^{-6}°C^{-1}$。

2.2.1.8 热导率

研究表明，方解石相 $CaCO_3$ 的热导率随着温度的升高而降低，并且平行于 c 轴方向的热导率稍大于垂直于 c 轴方向的热导率，如表 2.2 所示。

表 2.2 方解石相 $CaCO_3$ 的热导率

温度/℃		0	20	100	150	200	250	300	350
热导率 /W·m⁻¹·℃⁻¹	平行 c 轴	3.999	3.397	2.992	2.732	2.557	2.397	2.289	2.201
	垂直 c 轴	3.473	2.999	2.720	2.523	2.365	2.251	2.159	2.092

2.2.1.9 电导率

与热导率相似，方解石相 $CaCO_3$ 的电导率也与测量方向和温度有关。不同的是，电导率随温度的升高而增大，并且平行于 c 轴方向增大的速率更大，如表 2.3 所示。

表 2.3 方解石相 $CaCO_3$ 的电导率

温度/℃		250	300	350	400	450	500	550
电导率 (×10⁻⁴) /S·m⁻¹	平行 c 轴	3.3	3.6	20.0	42.5	80.0	130.0	190.0
	垂直 c 轴	1.4	2.9	5.8	11.0	20.0	31.0	43.0

2.2.1.10 折射率

材料的折射率是指光在真空中的传播速度与光在该材料中的传播速度之比。材料的折射率与材料的电磁性质以及入射光的频率有关。方解石的折射率在 1.49～1.74 之间，文石为 1.53～1.69，球霰石为 1.55～1.65。

双折射是指一束光照射到晶体上会产生两条折射光线的现象。由于晶体的各向异性，大多数晶体都会显示不同程度的双折射，只不过冰洲石（透明的方解石）的双折射现象非常明显。当一束光射到冰洲石上时，会产生寻常光线（O 线）和非常光线（E 线）两条折射光线，其中寻常光线的传播速度与折射方向无关；而非常光线的传播速度随折射方向而异，这就有寻常光线折射率 n_o 和非常光线折射率 n_e 两个折射率，二者之差（$n_o - n_e$）是衡量晶体双折射的尺度。当入射光的波长为 589nm 时，冰洲石的双折射率达到最大，为 0.1720（$n_e = 1.4864$，$n_o = 1.6584$）。冰洲石高的双折射率使其广泛应用于光学工业中的偏光棱镜和偏光片。

2.2.1.11 介电常数

方解石的介电常数与所用交流电源的频率以及测量的方向有关。在常温下，平行于 c 轴的介电常数在 7.5～8.8 之间，垂直于 c 轴的介电常数在 8.5～8.8 之间。

2.2.2 碳酸钙粉体的化学性质

2.2.2.1 热分解反应

$CaCO_3$ 在常温下的热稳定性非常好，普通 $CaCO_3$ 加热到 898℃时开始分解生成氧化钙和二氧化碳。普通轻质 $CaCO_3$ 加热到 550℃时开始分解，而纳米 $CaCO_3$ 加热到 528℃时就开始分解。

$$CaCO_3 \xrightarrow{\triangle} CaO + CO_2 \uparrow$$

2.2.2.2 水溶液中与 CO_2 发生反应

当水溶液中含有 CO_2 时，$CaCO_3$ 在水溶液中的溶解度会增大，这是由于 $CaCO_3$ 在水的存在下与 CO_2 发生了化学反应，生成易溶于水的碳酸氢钙。

$$CaCO_3 + H_2O + CO_2 \Longleftrightarrow Ca(HCO_3)_2$$

在碳化法制备 $CaCO_3$ 的过程中，当 pH 值下降到 7.0 时就要结束反应，否则就会发生过度碳化，生成的 $CaCO_3$ 会与 CO_2 反应生成 $Ca(HCO_3)_2$。

2.2.2.3 与无机酸发生化学反应

$CaCO_3$ 能与所有的无机稀强酸发生化学反应，生成相应的无机钙盐并释放出二氧化碳。

$$CaCO_3 + 2HCl \longrightarrow CaCl_2 + H_2O + CO_2 \uparrow$$
$$CaCO_3 + 2HNO_3 \longrightarrow Ca(NO_3)_2 + H_2O + CO_2 \uparrow$$

2.2.2.4 与有机酸发生化学反应

$CaCO_3$ 能与许多有机酸发生反应生成有机酸钙，并释放出二氧化碳。目前许多补钙剂都是有机酸钙，因为有机酸钙的溶解度比 $CaCO_3$ 的溶解度大，更容易被人体吸收。

与乳酸反应生成乳酸钙。乳酸钙主要应用于食品添加剂、饲料添加剂和医药上的补钙剂、饮料中的凝胶化剂、面团调节剂和膨松剂、食品加工过程中的缓冲剂和营养增补剂。

$$CaCO_3 + 2CH_2(OH)CH_2COOH \longrightarrow Ca(C_3H_5O_3)_2 \downarrow + H_2O + CO_2 \uparrow$$

与柠檬酸反应生成柠檬酸钙。柠檬酸钙是一种理想的钙剂，溶解度高，人体易吸收，吸收过程中不会产生不良反应，并且可以抑制肾结石的发生。

$$3CaCO_3 + 2C_6H_8O_7 \longrightarrow Ca_3(C_6H_5O_7)_2 \downarrow + 3H_2O + 3CO_2 \uparrow$$

与葡萄糖反应生成葡萄糖酸钙。葡萄糖酸钙主要用于补钙剂，特别适用于低钙血症，能促进骨骼和牙齿的发育。

$$CaCO_3 + 2C_5H_6(OH)_5COOH \longrightarrow Ca[C_5H_6(OH)_5COO]_2 \downarrow + H_2O + CO_2 \uparrow$$

与醋酸反应生成醋酸钙。醋酸钙常用于缓冲剂、稳定剂、螯合剂、抑霉剂和增香剂。

$$CaCO_3 + 2HAc \longrightarrow Ca(Ac)_2 + H_2O + CO_2 \uparrow$$

2.2.2.5 与氨发生化学反应

$CaCO_3$ 可以缓慢溶解在铵盐溶液或者氨水中，反应方程式如下：

$$CaCO_3 + 4NH_3 \longrightarrow Ca(NH_3)_4^{2+} + CO_3^{2-}$$

因此，所有钙盐都不能用来干燥氨气和铵盐。

2.3 碳酸钙的应用

$CaCO_3$ 由于资源丰富，加工工艺简单，具有化学纯度高、白度高、无毒、无臭、无味、分散性好、热稳定性高、吸油率低、价格低廉等众多优良特性，而被广泛应用于很多工业领域中。

2.3.1 重质碳酸钙的应用

早期的重质 $CaCO_3$ 根据粒径大小分为单飞粉、双飞粉、三飞粉和四飞粉，分别应用于各行业。单飞粉是生产无水 $CaCl_2$ 的主要原料，也是制造玻璃及水泥的主要原料和生产重铬酸钠的辅助原料，此外也用于建筑材料和家禽饲料等。双飞粉也可作为生产无水 $CaCl_2$ 和玻璃等的主要原料，作为填料填充到橡胶和涂料中，还用于建筑材料等。三飞粉用于塑料、涂料腻子、涂料、胶合板及涂料的填料。四飞粉用于电线绝缘层的填料、橡胶模压制品以及沥青制油毡的填料。

随着超细粉碎机械的不断问世，重质 $CaCO_3$ 的粒径越来越小，甚至小于化学法合成的轻质 $CaCO_3$，其用途也不断扩展到塑料、橡胶、涂料、油墨、造纸、食品和医药领域[84]。

2.3.1.1　在塑料中的应用

塑料是以树脂为主要成分，在一定温度和压力下塑造成一定形状，并在常温下能保持既定形状的高分子有机材料。

按照树脂受热后的性质塑料可以分为热塑性塑料和热固性塑料；从应用领域方面考虑，塑料分为通用塑料、工程塑料和高性能工程塑料三类；从组成角度考虑，常见的塑料包括聚氯乙烯（PVC）、聚苯乙烯（PS）、聚碳酸酯（PC）、聚丙烯（PP）、聚乙烯（PE）以及各种不饱和树脂。

$CaCO_3$ 粉体加入塑料中，一方面起到填充的作用，可以增加塑料的体积，降低成本；另一方面可以改善塑料的诸多性能，比如可以提高塑料制品的热稳定性，改进塑料的散光性而起到遮光和消光作用，减少制品的收缩率，提高尺寸稳定性以及改善塑料制品的电镀性能和印刷性能等。

重质 $CaCO_3$ 由于其优良的性能被广泛应用于各种塑料制品中。不同种类的塑料制品对加入重质 $CaCO_3$ 的加入数量以及粒径等性质的要求不同。一般来说，粒径大的重质 $CaCO_3$ 多用于通用塑料里，粒径小的用于工程塑料和高性能工程塑料中。粒径为 $0.5\sim3\mu m$ 的重质 $CaCO_3$ 用于塑料薄膜、PVC 管件和工程塑料中，可以提高制品的韧性、拉伸强度和冲击强度。粒径在 $1\sim3\mu m$ 的重质 $CaCO_3$ 在聚丙烯类塑料制品中加入 $20\%\sim40\%$ 可以提高塑料的弹性模量。聚酯类塑料中重质 $CaCO_3$ 的加入量通常在 $10\%\sim15\%$ 之间，要求的粒径一般为 $5\sim10\mu m$，而粒径更大的 $CaCO_3$ 用于塑料地板、塑料鞋、塑料编织袋、编织布等通用塑料中。

重质 $CaCO_3$ 在塑料制品中的加入通常是先制成 $CaCO_3$ 含量在 $80\%\sim90\%$ 的塑料母料，然后将母料与塑料原料按照一定比例混合即可。在塑料中，重质 $CaCO_3$ 有时与轻质 $CaCO_3$ 配合使用。

2013 年修订的中国化工行业标准里规定了 Ⅰ 类和 Ⅱ 类塑料产品对重质 $CaCO_3$ 的技术要求，如表 2.4 和表 2.5 所示[85]。

表 2.4　HG/T 3249.3—2013 中 Ⅰ 类塑料产品对重质 $CaCO_3$ 的技术要求

指标项目		Ⅰ型 2500目		Ⅱ型 2000目		Ⅲ型 1500目		Ⅳ型 1250目		Ⅴ型 1000目		Ⅵ型 800目	
		一等品	合格品	一等品	合格品	一等品	合格品	一等品	合格品	一等品	合格品	一等品	合格品
$CaCO_3$（以干基计，质量分数）/%	≥	96	94	96	94	96	94	96	94	96	94	96	94
白度/%	≥	94	92	94	92	93	92	93	92	93	92	92	91
粒径　$D_{50}/\mu m$	≤	2.0		2.5		3.0		3.5		4.0		4.5	
$D_{97}/\mu m$	≤	5.5		6.0		8.0		9.0		11.0		13.0	
吸油值/g·(100g)$^{-1}$	≤	40		37		35		35		33		30	
比表面积/m^2·g^{-1}	≥	5.5		5.0		3.2				2.5		2.0	
105℃挥发物（质量分数）/%	≤	0.5											
铅(Pb)（质量分数）/%	≤	0.0005											
六价铬[Cr(Ⅵ)]（质量分数）/%	≤	0.0003											
汞(Hg)（质量分数）/%	≤	0.0002											
砷(As)（质量分数）/%	≤	0.0002											
镉(Cd)（质量分数）/%	≤	0.0002											

表 2.5 HG/T 3249.3—2013 中 Ⅱ 类塑料产品对重质 $CaCO_3$ 的技术要求

指标项目		Ⅰ型 2500目		Ⅱ型 2000目		Ⅲ型 1500目		Ⅳ型 1250目		Ⅴ型 1000目		Ⅵ型 800目	
		一等品	合格品	一等品	合格品	一等品	合格品	一等品	合格品	一等品	合格品	一等品	合格品
$CaCO_3$(以干基计,质量分数)/% ≥		95	93	95	93	95	93	95	93	95	93	95	93
白度/% ≥		94	92	94	92	93	92	93	92	93	92	92	91
粒径	$D_{50}/\mu m$ ≤	2.0		2.5		3.0		3.5		4.0		4.5	
	$D_{97}/\mu m$ ≤	5.5		6.0		8.0		9.0		11.0		13.0	
活化度(质量分数)/% ≥		95	90	95	90	95	90	95	90	95	90	95	90
吸油值/g·(100g)$^{-1}$ ≤		40		37		35		35		33		30	
比表面积/m²·g^{-1} ≥		5.5		5.0		3.2		3.0		2.5		2.0	
105℃挥发物(质量分数)/% ≤		0.5											
铅(Pb)(质量分数)/% ≤		0.0005											
六价铬[Cr(Ⅵ)](质量分数)/% ≤		0.0003											
汞(Hg)(质量分数)/% ≤		0.0002											
砷(As)(质量分数)/% ≤		0.0002											
镉(Cd)(质量分数)/% ≤		0.0002											

2.3.1.2 在橡胶中的应用

橡胶是一种在室温下富有弹性,在很小的外力作用下能产生较大形变,除去外力后能恢复原状的高弹性聚合物材料。

按原材料来源,橡胶可分为天然橡胶和合成橡胶两大类;按外观形态,橡胶可分为固态橡胶(又称干胶)、乳状橡胶(简称乳胶)、液体橡胶和粉末橡胶;根据性能和用途,除天然橡胶外,合成橡胶可分为通用合成橡胶、半通用合成橡胶、专用合成橡胶和特种合成橡胶;根据物理形态,橡胶可分为硬胶和软胶,生胶和混炼胶等。

$CaCO_3$ 是橡胶制品中主要的无机非金属填料之一,其用量占无机填料的比例超过30%。重质 $CaCO_3$ 作为填料加入橡胶制品中,其增加体积、降低成本的作用是毫无疑问的,但是增韧补强的作用视其粒径大小而定。一般粒径在 $10\mu m$ 左右的重质 $CaCO_3$ 在橡胶中无法发挥增韧补强作用,粒径在 $0.5\sim6\mu m$ 之间的重质 $CaCO_3$ 只能起到半补强作用,虽然粒径在 $0.01\sim0.1\mu m$ 之间的重质 $CaCO_3$ 可以同时发挥增容和补强作用,但是能够达到如此粒径的重质 $CaCO_3$ 的制备非常难。橡胶制品对重质 $CaCO_3$ 的指标要求与塑料相似,主要是纯度、细度、白度和表面性质等。

2013 年修订的中国化工行业标准里规定了橡胶产品对重质 $CaCO_3$ 的技术要求,如表2.6所示[86]。

表 2.6 HG/T 3249.4—2013 中橡胶制品对重质 $CaCO_3$ 的技术要求

指标项目		Ⅰ型 2000目	Ⅱ型 1500目	Ⅲ型 1000目	Ⅳ型 800目	Ⅴ型 600目	Ⅵ型 400目
$CaCO_3$(以干基计,质量分数)/% ≥		95	95	95	95	95	95
白度/% ≥		94	93.5	93.5	93	93	91
粒径	$D_{50}/\mu m$ ≤	2.5	3.0	3.5	4.5	—	—
	$D_{97}/\mu m$ ≤	6.0	8.0	11.0	13.0	—	—
通过率(45μm)		—	—	—	—	97	97

续表

指标项目		Ⅰ型 2000目	Ⅱ型 1500目	Ⅲ型 1000目	Ⅳ型 800目	Ⅴ型 600目	Ⅵ型 400目
吸油值/g·(100g)$^{-1}$	≤	39	37	37	35	33	30
比表面积/m²·g^{-1}	≥	5.0	3.2	2.5	2.0	1.5	—
活化度(质量分数)/%	≥	95			90		
盐酸不溶物(质量分数)/%	≤	0.25			0.5		
105℃挥发物(质量分数)/%	≤	0.5					
铅(Pb)(质量分数)/%	≤	0.0010					
六价铬[Cr(Ⅵ)](质量分数)/%	≤	0.0005					
汞(Hg)(质量分数)/%	≤	0.0001					
砷(As)(质量分数)/%	≤	0.0002					
镉(Cd)(质量分数)/%	≤	0.0002					

注：制造高压锅或电气密封圈采用控制铅、六价铬、汞、砷、镉五项有害金属指标。

2.3.1.3　在涂料中的应用

涂料是涂覆在被保护或被装饰的物体表面，并能与被涂物体形成牢固附着的连续薄膜，通常是以树脂或油或乳液为主，添加或不添加颜料、填料，添加相应助剂，用有机溶剂或水配制而成的黏稠液体。

涂料的分类方法很多，按产品的形态涂料可分为溶剂型涂料、粉末型涂料、高固体分涂料、金属涂料、珠光涂料、无溶剂型涂料、水溶性涂料等；按用途涂料可分为建筑涂料、罐头涂料、汽车涂料、飞机涂料、家电涂料、木器涂料、桥梁涂料、塑料涂料、纸张涂料、船舶涂料、风力发电涂料、核电涂料、管道涂料、钢结构涂料、橡胶涂料、航空涂料等；按性能涂料可分为防腐蚀涂料、防锈涂料、绝缘涂料、耐高温涂料、耐老化涂料、耐酸碱涂料、耐化学介质涂料；按施工工序涂料可分为封闭漆、腻子、底漆、二道底漆、面漆、罩光漆等；按施工方法涂料可分为刷涂涂料、喷涂涂料、辊涂涂料、浸涂涂料、电泳涂料等；按功能涂料可分为不粘涂料、特氟龙涂料、装饰涂料、防腐涂料、导电涂料、防锈涂料、耐高温涂料、示温涂料、隔热涂料、防火涂料、防水涂料等；按漆膜性能涂料可分为防腐漆、绝缘漆、导电漆、耐热漆等；按成膜物质涂料可分为天然树脂类漆、酚醛类漆、醇酸类漆、氨基类漆、硝基类漆、环氧类漆、氯化橡胶类漆、丙烯酸类漆、聚氨酯类漆、有机硅树脂类漆、氟碳树脂类漆、聚硅氧烷类漆、乙烯树脂类漆等；按基料的种类涂料可分为有机涂料、无机涂料、有机-无机复合涂料；按在建筑物上的使用部位涂料可分为内墙涂料、外墙涂料、地面涂料、门窗涂料和顶棚涂料等。

重质CaCO₃在涂料中主要代替二氧化钛（TiO₂）和其他颜料，特别适用于外墙涂料，比如原漆、腻子、皱纹漆、乳胶漆等。在这些涂料中加入重质CaCO₃可以降低涂料成本、缩短分散时间，不会影响涂料质量，还具有耐候、保色和防霉等作用。

涂料的用途决定了重质CaCO₃的粒径及其加入量。例如，在无光泽和半光泽涂料中使用的是5～14μm的重质CaCO₃，其加入量在8%～10%之间。在油基腻子中，重质CaCO₃的用量可达40%～70%，在底漆中的加入量在25%～78%之间。

涂料对重质CaCO₃指标的要求主要体现在纯度、粒径和白度等方面。一般来说，CaCO₃的纯度不低于97%，粒径要求为$D_{97}<38\mu m$，并且最大粒径不超过43μm，白度不低于90%。

2013年修订的中国化工行业标准里规定了Ⅰ类和Ⅱ类涂料对重质CaCO₃的技术要求，如表2.7和表2.8所示[87]。

表 2.7　HG/T 3249.2—2013 中 Ⅰ 类涂料对重质 CaCO₃ 的技术要求

项目名称		Ⅰ型 3000目			Ⅱ型 2000目			Ⅲ型 1500目			Ⅳ型 1000目			Ⅴ型 800目	
		优等品	一等品	合格品	优等品	一等品	合格品	优等品	一等品	合格品	优等品	一等品	合格品	一等品	合格品
$CaCO_3$(以干基计,质量分数)/% ≥		98	96	94	98	96	94	98	96	94	98	96	94	98	96
白度/% ≥		96	94.5	91	96	94.5	91	95	94	91	95	94	91	93	91
比表面积/m²·g⁻¹ ≥		6.0			5.0			3.2			2.5			2.0	
粒径	$D_{50}/\mu m$ ≤	2.0			2.5			3.0			4.0			4.5	
	$D_{97}/\mu m$ ≤	5.0			6.0			8.0			11.0			13.0	
吸油值/g·(100g)⁻¹ ≤		40			37			37			35			33	
铅(Pb)(质量分数)/% ≤		0.0010													
六价铬[Cr(Ⅵ)](质量分数)/% ≤		0.0005													
汞(Hg)(质量分数)/% ≤		0.0003													
砷(As)(质量分数)/% ≤		0.0002													
镉(Cd)(质量分数)/% ≤		0.0002													

表 2.8　HG/T 3249.2—2013 中 Ⅱ 类涂料对重质 CaCO₃ 的技术要求

项目名称		Ⅰ型 3000目			Ⅱ型 2000目			Ⅲ型 1500目			Ⅳ型 1000目			Ⅴ型 800目	
		优等品	一等品	合格品	优等品	一等品	合格品	优等品	一等品	合格品	优等品	一等品	合格品	一等品	合格品
$CaCO_3$(以干基计,质量分数)/% ≥		96.5	95	93	96.5	95	93	96.5	95	93	96.5	95	93	95	93
白度/% ≥		96	94.5	91	96	94.5	91	95	94	91	95	94	91	93	91
比表面积/m²·g⁻¹ ≥		6.0			5.0			3.2			2.5			2.0	
粒径	$D_{50}/\mu m$ ≤	2.0			2.5			3.0			4.0			4.5	
	$D_{97}/\mu m$ ≤	5.0			6.0			8.0			11.0			13.0	
活化度(质量分数)/% ≥		95	93	—	95	93	—	95	93	—	95	93	—	95	93
吸油值/g·(100g)⁻¹ ≤		37			35			33			33			30	
铅(Pb)(质量分数)/% ≤		0.0010													
六价铬[Cr(Ⅵ)](质量分数)/% ≤		0.0005													
汞(Hg)(质量分数)/% ≤		0.0003													
砷(As)(质量分数)/% ≤		0.0002													
镉(Cd)(质量分数)/% ≤		0.0002													

2.3.1.4　在造纸中的应用

随着酸性造纸工艺向碱性造纸工艺的逐渐转化以及 CaCO₃ 的诸多优良特性，CaCO₃ 已经取代了高岭土和滑石成为造纸行业消耗量最大的白色颜料和最主要的无机矿物填料之一。

重质 CaCO₃ 在造纸中的应用有填料、底涂颜料和面涂颜料三种。不同类型的纸浆对重质 CaCO₃ 的粒径和加入量的要求也不同。对用于填料和底涂颜料重质 CaCO₃ 粒径的要求是 $2\mu m$ 左右的颗粒占 CaCO₃ 的 $40\%\sim70\%$，而要求用于填料的 CaCO₃ 粒径小于 $1\mu m$ 的颗粒不能超过 25% 并且粒径分布范围更窄。要求用于面涂颜料的 CaCO₃ 颗粒更细、更均匀。

不同纸种重质 $CaCO_3$ 作为填料的加入量如表 2.9 所示。不同纸种和颜料中，重质 $CaCO_3$ 颜料在颜料总量中的使用量如表 2.10 所示。2013 年修订的中国化工行业标准里规定了造纸对重质 $CaCO_3$ 的技术要求，如表 2.11 所示[88]。

表 2.9 不同纸种重质 $CaCO_3$ 填料加入量[84]

纸张种类	$CaCO_3$ 加入量/%	纸张种类	$CaCO_3$ 加入量/%
涂布原纸	10~20	书刊印刷纸	10~25
复印纸	15~30	机印纸	12~25
书写纸	10~30	杂志纸	20~30
复写传真纸	5~30	高加填超压纸	30~55
新闻纸	4~10	打字纸	8~12
字典纸	25~35	邮票纸	20~30
有光纸	20~30	图画纸	10~20
画报纸	25~35	卷烟纸	40~50

表 2.10 重质 $CaCO_3$ 颜料占涂料颜料的比例[84]

颜料涂布纸种类	$CaCO_3$ 加入量/%	颜料涂布纸种类	$CaCO_3$ 加入量/%
微量涂布纸	10~40	重涂纸	总量 40~80
轻量涂布纸	15~40	底涂料	40~100
中等涂布纸		面涂料	20~70
一次涂	15~60		
二次涂	总量 40~70	亚光(低光泽)纸	60~100

注：中等涂布纸所用颜料又分为一次涂、二次涂、重涂纸、底涂和面涂颜料。

表 2.11 HG/T 3249.1—2013 中造纸对重质 $CaCO_3$ 的技术要求

指标项目		Ⅰ型 1000 目		Ⅱ型 800 目		Ⅲ型 600 目		Ⅳ型 400 目	
		一等品	合格品	一等品	合格品	一等品	合格品	一等品	合格品
$CaCO_3$(以干基计,质量分数)/%	≥	98	96	98	96	98	96	98	96
白度/%	≥	95	92.5	94	92	93	91.5	93	91
盐酸不溶物(质量分数)/%	≤	0.25	0.50	0.25	0.50	0.25	0.50	0.25	0.50
比表面积/$m^2 \cdot g^{-1}$	≥	2.5		2.0		1.5		1.0	
吸油值/$g \cdot (100g)^{-1}$	≤	35		33		31		29	
深色异物(尘埃)/个·g^{-1}	≤	5							
粒径 $D_{50}/\mu m$	≤	4.0		4.5		—		—	
粒径 $D_{97}/\mu m$	≤	11.0		13.0		—		—	
通过率($45\mu m$)/%	≥	—		—		97		97	
磨耗率/$g \cdot m^{-2}$		供需双方协商							
铅(Pb)(质量分数)/%	≤	0.0005							
六价铬[Cr(Ⅵ)](质量分数)/%	≤	0.0003							
汞(Hg)(质量分数)/%	≤	0.0002							
砷(As)(质量分数)/%	≤	0.0002							
镉(Cd)(质量分数)/%	≤	0.0002							

2.3.1.5　在牙膏中的应用

牙膏是人们生活中不可缺少的护齿口腔卫生的保健日用品。$CaCO_3$ 在牙膏中主要用于摩擦剂。重质 $CaCO_3$ 加工过程简单，成本低，建厂投资少，价格便宜，是我国牙膏生产最主要的摩擦剂原料。重质 $CaCO_3$ 在牙膏中的用量可以占到牙膏总量的 $45\%\sim55\%$。

由于在使用过程中牙膏直接与口腔接触，所以对摩擦剂 $CaCO_3$ 的要求比其他工业更严格，主要表现为以下几个方面[89]：①硫及硫化物会使牙膏铝管腐蚀，并使牙膏中的酯类香精变质发臭，因此，要求方解石矿石中的硫化物不得检出，还原性硫控制控制在 5×10^{-6} 以下；②作为口腔用品，铅、砷的含量必须严格控制，一般铅含量控制在 20×10^{-6} 以下，砷含量控制在 5×10^{-6} 以下；③铁含量直接影响方解石矿粉和牙膏的稳定性，也必须严格控制，一般要求在 100×10^{-6} 以下；④$CaCO_3$ 含量代表方解石矿石的纯度，$CaCO_3$ 含量越高，则矿石中的杂质越少，越有利于牙膏的稳定，一般 $CaCO_3$ 含量控制在 98% 以上；⑤对镁、锰、铜、铝、氟、氯等化学成分的控制，主要是看数据上有无特别异常，同时要看能否通过牙膏试验。

2013 年修订的中国化工行业标准里规定了牙膏对重质 $CaCO_3$ 的技术要求，如表 2.12 所示[90]。

表 2.12　HG/T 4528—2013 中牙膏对重质 $CaCO_3$ 的技术要求

项目	指标	项目	指标
$CaCO_3$(以干基计,质量分数)/% ≥	98~100.5	白度/% ≥	94.0
pH 值(20g·L^{-1}悬浮液)	9.0~10.5	粒径	与用户协商
105℃挥发物(质量分数)/% ≤	0.2	铁(Fe)(质量分数)/% ≤	0.02
盐酸不溶物(质量分数)/% ≤	0.1	硫化物	不应检出
还原性硫(S)(质量分数)/% ≤	0.0005	吸水量/mL·$(20g)^{-1}$	3.8~5.0
镁及碱金属(质量分数)/% ≤	1.5	砷(As)(质量分数)/% ≤	0.0003
重金属(以 Pb 计)(质量分数)/% ≤	0.0015	粪大肠杆菌总数	不应检出
沉降体积/mL·g^{-1}	0.9~1.2	金黄色葡萄球菌	不应检出
细菌个数/个·g^{-1} ≤	100	铜绿假单细胞菌	不应检出
霉菌及酵母菌总数/个·g^{-1} ≤	100		

2.3.1.6　在油墨中的应用

油墨是用于印刷的重要材料，它通过印刷将图案、文字表现在承印物上。油墨中包括主要成分和辅助成分，它们均匀地混合并经反复轧制而成一种黏性胶状流体。

油墨的主要成分有色料和连接料，辅助成分包括填充剂、稀释剂、防结皮剂、防反印剂、增滑剂、分散剂、湿润剂、干燥剂、稳定剂等。根据印版类型，油墨可分为凸版油墨、平版油墨、凹版油墨和网孔版油墨；按照溶剂类型油墨可分为水性油墨、紫外线固化油墨和水性 UV 油墨。

$CaCO_3$ 是一种可以调节油墨浓度的填充剂，能增加油墨膜层的厚度，改善其耐磨性。印刷油墨市场要求高性能的超细重质 $CaCO_3$，对加入的重质 $CaCO_3$ 粒径和颗粒形状都有比较严格的要求。目前国内高档油墨填料大都采用超细重质 $CaCO_3$，颗粒形状为球形或立方形，而且必须经过活化处理。超细重质 $CaCO_3$ 加入油墨中表现出优异的分散性、透明性、极好的光泽和遮盖力，以及优异的油墨吸收性和干燥性。

2.3.1.7　在胶黏剂和密封剂中的应用

胶黏剂是将同质或异质物体表面粘接成为一个整体的材料，粘接后的材料具有应力分布连续、重量轻和密封工艺温度低等特点。按应用方法可分为热固型、热熔型、室温固化型、压敏型等；按应用对象分为结构型、非构型或特种胶；按形态可分为水溶型、水乳型、溶剂型、固态型；还可以将胶黏剂按化学成分分类。

密封剂是一种随密封面形状而变形，不易流淌而有一定粘接性的密封材料，是用来填充构件间隙从而起到密封作用的胶黏剂。通常以沥青、天然树脂或合成树脂、天然橡胶或合成橡胶等干性或非干性的黏稠物为基料，配合 $CaCO_3$、滑石粉、白土、炭黑或钛白粉等惰性填料，再加上增塑剂、溶剂、固化剂和促进剂等制成。按照用途分为四大类：建筑密封胶、汽车用密封胶、电器绝缘密封胶和包装用密封胶。

重质 $CaCO_3$ 多用作双组分聚硅氧烷胶的填充剂，主要目的是降低胶料使用量，从而降低成本。目前也较多地使用重质 $CaCO_3$ 与纳米级 $CaCO_3$ 级配填充到建筑用聚硅氧烷胶中，这样既可以获得较好的拉伸性能，也可以使密封胶具有良好的流动性。

一些超细重质 $CaCO_3$ 也可作为填料添加在聚氨酯类密封胶中，一方面可以增加体积，减少胶料用量，降低成本；另一方面还可以对密封胶起到补强作用，提高其力学性能，降低膨胀系数和固化收缩率等。

2.3.1.8 在食品中的应用

由于一些食品原料颜色偏暗或偏黑，导致做出的食品视觉效果不理想，需要在原料中添加能够起增白作用的添加剂。$CaCO_3$ 就是一种可以加入到食品中起增白作用的物质。在面粉中加入适量的 $CaCO_3$ 不但可以起到增白的作用，还可以起到膨松的作用。此外，$CaCO_3$ 可以促进发酵的进行，减少发酵时间，改善发酵效果。由于钙是人体必需的元素，因此 $CaCO_3$ 还可以作为营养增补剂和补钙剂。另外，$CaCO_3$ 还可以作为碱性剂、固化剂、抗结块剂、胶木糖助剂和改性剂等加入钙营养强化保健食品、面制品、谷物早餐、饼干、乳制品、豆制品、软饮料等食品中。

作为食品添加剂，对 $CaCO_3$ 粉体的要求非常严格。2016 年修订的国家标准 GB 1886.214—2016 规定了食品对 $CaCO_3$ 的技术要求，如表 2.13 所示[91]。由于普通轻质 $CaCO_3$ 也会作为食品添加剂添加到食品中，该标准也包含了对轻质 $CaCO_3$ 的指标要求。

表 2.13 GB 1886.214—2016 中食品对 $CaCO_3$ 的技术要求

项目	指标	项目	指标
$CaCO_3$ 含量(以干基计,质量分数)/%	98.0～100.5	盐酸不溶物(质量分数)/% ≤	0.20
游离碱	通过实验	镁和碱金属(质量分数)/% ≤	1
干燥减量(质量分数)/% ≤	2.0	钡(Ba)/mg·kg⁻¹ ≤	0.030
镉(Cd)/mg·kg⁻¹ ≤	0.0002	氟(F)/mg·kg⁻¹ ≤	0.005
砷(As)/mg·kg⁻¹ ≤	0.0003	铅(Pb)/mg·kg⁻¹ ≤	0.0003
汞(Hg)/mg·kg⁻¹ ≤	0.0001		

2.3.2 纳米碳酸钙粉体的纳米特性及其应用

纳米级 $CaCO_3$ 粒子的超细化，使得纳米 $CaCO_3$ 具有量子尺寸效应、小尺寸效应、表面效应和宏观量子效应，其在磁性、催化剂、光热阻与熔点等方面有比常规材料更优越的性能。

（1）量子尺寸效应

量子尺寸效应：粉体颗粒尺寸下降到某一个值时，金属费米能级附近的电子能级会从准连续转变为离散能级，能级之间的间距会变宽，使得吸收带向短波长方向移动，致使材料呈现出量子尺寸效应。纳米半导体微粒有不连续的最高被占据分子轨道及最低未被占据分子轨道能级，其能隙变宽的现象均称为量子尺寸效应。处于分立的量子化能级电子因其波动性给纳米粒子带来很多特殊性质，如特殊的催化和光催化性、较高的光学非线性、较强的氧化性和还原性等。

纳米 $CaCO_3$ 应用在橡胶中时会表现出很强的化学活性及防毒、防臭、防霉的功效；应用在乳胶漆中，因吸收的光谱发生蓝移现象，使乳胶漆可以起到屏蔽紫外线、隔热等效果；将纳米 $CaCO_3$ 应用到外墙涂料中，涂层会展现出优越的疏水性、抗裂强度以及耐污染性；应用在塑料制品中会表现出良好的绝缘性，这都是量子尺寸效应的宏观表现。

（2）表面效应

表面效应：颗粒材料的比表面积与其粒径的平方成反比，即粒径越小，比表面积越大。以立方体纳米 $CaCO_3$ 为例来阐明其颗粒边长与比表面积和总表面积的关系，见表 2.14。纳米 $CaCO_3$ 表面效应的存在，使得表面原子处于"裸露"状态，周围缺少相邻原子，有许多悬空键，产生的离域电子在表面及颗粒间重新分配，其化学键强度增大，从而导致红外光谱发生蓝移现象，容易与其他原子结合而稳定下来，具有较高的化学活性。

表 2.14 立方体 $CaCO_3$ 颗粒的边长与比表面积、总表面积的关系

粒径(a)	颗粒数(b)/个	总表面积/m^2	比表面积/$m^2 \cdot g^{-1}$	粉体分类
1mm	1	6×10^{-6}	0.00224	粗粒体
0.1mm	1×10^3	6×10^{-5}	0.0224	细粒体
0.01mm	1×10^6	6×10^{-4}	0.224	微粒体
1μm	1×10^9	6×10^{-3}	2.24	微粒体
0.1μm	1×10^{12}	6×10^{-2}	22.4	微细粉体
0.01μm	1×10^{15}	0.6	224	超细粉体
1nm	1×10^{18}	6	2240	超微细粉体

（3）小尺寸效应

小尺寸效应：随着颗粒尺寸的量变，一定条件下会引起颗粒性质质变。由于颗粒尺寸减小而引起宏观物理性质变化的现象称为小尺寸效应。对超微 $CaCO_3$ 颗粒而言，随着尺寸变小，其比表面积也会随之显著增加，会产生如下一系列性质。其特殊的光学性质表现有：①填充到橡胶制品中时，会表现出良好光泽度，透明性，可制得透明或半透明橡胶制品；②纳米 $CaCO_3$ 添加在涂料工业中，可抵抗紫外线，改善涂料光泽度；作为颜料填充剂，纳米 $CaCO_3$ 具有细腻、白度高、光学性能好等优点；③在塑料制品中，改善塑料薄膜的透明度及光泽度，赋予其细腻光滑的手感，还可以改善其散光性等；④在油墨产品中表现出优异的分散性、透明性和极好的光泽度和遮盖力等。

（4）宏观量子隧道效应

电子既具有粒子性又具有波动性，因此具有隧道效应。近年来，人们发现一些宏观物理量，如微粒的磁化强度、量子相干器件中的磁通量等也显示出隧道效应，称为宏观的量子隧道效应。

在生产过程中，量子隧道效应主要表现在纳米 $CaCO_3$ 粒子容易发生团聚现象，团聚发生的机理是 $CaCO_3$ 表面的电荷转移和界面原子之间相互耦合，使其发生相互作用或互相反应而发生团聚。

纳米 $CaCO_3$ 粉体的纳米特性使其比重质 $CaCO_3$ 在塑料、橡胶、涂料、油墨、密封胶、黏

结剂、造纸、食品和医药等行业中具有更广泛的用途。

2.3.2.1　纳米 CaCO₃ 在塑料中的应用

（1）纳米 CaCO₃ 在聚氯乙烯（PVC）塑料中的应用

纳米 $CaCO_3$ 在 PVC 塑料中的作用包括可以增加体积、降低成本，增韧、增强，改善体系的润滑性，促进物料塑化，提高材料的热稳定性，大幅度提高材料的抗冲击强度等作用。表 2.15 列出了纳米 $CaCO_3$ 对 PVC 异型材性能的改善。

表 2.15　纳米 CaCO₃ 对 PVC 异型材性能的改善[84]

测试项目	未添加 CaCO₃		添加 CaCO₃	
	一级	二级	35％沉淀 CaCO₃	55％活性 CaCO₃
密度/g·cm⁻³	1.5～2.0	1.5～2.0	1.65	1.60
拉伸强度/MPa	≥34.30	≥29.40	42.53	37.53
耐热温度/℃	≥8.6	≥8.3	9.9	9.1
冲击强度/MPa	≥0.49	≥0.44	1.52	1.41
静弯曲强度/MPa	≥78.4	≥58.8	79.4	82.3

但是，由于纳米 $CaCO_3$ 颗粒表面具有很强的极性，而 PVC 塑料表面是非极性的，两者混合时容易发生团聚，存在混合不均匀现象，从而影响其使用效果。为了解决这一问题，通常要使用表面活性剂对纳米 $CaCO_3$ 进行表面改性。目前通常采用的表面活性剂有硬脂酸、椰子油或偶联剂等。通常情况下，纳米 $CaCO_3$ 的粒径越小，增韧补强的效果越明显。不同用途的 PVC 塑料制品对纳米 $CaCO_3$ 各项指标的要求也不相同，普通电线电缆用 PVC 胶粒和高档塑料制品用 PVC 胶粒对纳米 $CaCO_3$ 的要求如表 2.16 所示。

表 2.16　不同 PVC 制品对纳米 CaCO₃ 的指标要求[83]

项目	指标	
	普通 PVC 电线电缆	高档 PVC 制品
一次粒径/nm	100～600	60～120
粉体粒径/μm	$D_{90}:3\sim5\mu m, D_{max}<10\mu m$	$D_{90}:3\sim4\mu m, D_{max}<8\mu m$
吸油值/g·(100g)⁻¹　≤	30	40
水分/%　≤	0.4	0.4
白度/%　≥	95	95
125μm 筛余物	无	无
比容/cm³·g⁻¹	1.20～1.35	1.20～1.35

（2）纳米 CaCO₃ 在聚丙烯（PP）塑料中的应用

纳米 $CaCO_3$ 填充在 PP 塑料中也可以增加体积、降低成本，增韧、增强，提高材料的阻隔性、阻燃性、热变形温度和耐老化温度。

对 $CaCO_3$ 等刚性粒子增韧 PP 塑料机理的研究表明，纳米 $CaCO_3$ 颗粒加入 PP 塑料中使基体的应力集中发生了改变。当加入纳米 $CaCO_3$ 粒子的 PP 塑料受到应力时，应力会集中在纳米粒子周围，引起基体产生微裂纹，会吸收一定的能量，从而增加材料的强度和韧性。纳米 $CaCO_3$ 粒子对 PP 塑料增韧补强的程度与纳米粒子的粒径有很大关系。一般来讲，粒径越小，增韧补强的效果越好，这一方面是因为粒径越小，纳米粒子与基体的接触面积越大，有较大的整体结合强度；另一方面，粒径越小，比表面积越大，表面能越大，活性越高，能与基体形成越好的黏结界面。当$CaCO_3$粒径较大（达到微米级甚至更大）时，材料受到应力会发生粒子与基体的脱粘，使微裂纹扩大成为宏观的裂纹，反而会降低PP塑料的强度和韧性。

纳米$CaCO_3$在PP塑料中应用时也需要进行表面处理。采用钛酸酯偶联剂处理的纳米$CaCO_3$在PP基体中分散最均匀，粒子间基本上没有团聚，实现了纳米分散，对塑料的增韧补强效果最好。用硬脂酸进行表面处理的纳米$CaCO_3$的分散性次之。纳米$CaCO_3$在PP塑料中的填充量为30%左右时塑料的抗冲击强度达到最大值。

（3）纳米$CaCO_3$在聚乙烯（PE）塑料中的应用

PE塑料对人体无毒、无异味，被大量用于食品包装材料，纳米$CaCO_3$由于其无毒和优异性能常被用于PE制品的主要填充料。

纳米$CaCO_3$在PE塑料中的添加量在20%～40%之间，一方面可以降低PE制品的成本；另一方面可以对PE制品起增韧补强作用。当纳米$CaCO_3$的加入量小于20%时，对PE材料的增韧补强作用不明显；当添加量在20%～40%时，材料的抗冲击强度随着填充量的增加显著提高；当超过40%时，材料的韧性和抗冲击强度减小，这是由于材料中基体量太少的缘故。

由于PE塑料制品通常是透明的，因此对纳米$CaCO_3$的细度有严格要求，一般控制在100～200nm。为了降低塑料的成本，纳米级$CaCO_3$可以适当级配10%～20%、粒径为$D_{90}<5\mu m$的重质$CaCO_3$，也有助于提高加工过程的流动性和产品的干燥速率。

2.3.2.2 纳米$CaCO_3$在橡胶中的应用

（1）纳米$CaCO_3$在橡胶轮胎制品中的应用

纳米$CaCO_3$在轮胎橡胶中主要用于轮胎内胎、帘面层、胎侧、自行车彩色外胎等。纳米$CaCO_3$在橡胶轮胎制品中可以起到增加体积、增韧增强、提高气密性、改善耐油和耐热性以及降低成本等作用。目前炭黑是轮胎橡胶中最常用的补强填料，由于纳米$CaCO_3$在粒径、比表面积和分散性能方面与炭黑的差距，其在轮胎橡胶中的应用尚不能完全替代炭黑。

纳米$CaCO_3$粒子在轮胎橡胶中的增韧补强机理是受到应力时粒子在与基体形成的界面结合的脱粘过程中吸收能量。粒子越小，结合面积越大，结合强度越大：一方面，在材料受到外力作用时，粒子不容易与基体脱粘，而是在周围形成许多微裂纹，该过程会吸收大量的能量而提高材料的韧性和强度；另一方面，应力会集中在纳米$CaCO_3$粒子周围，造成在脱粘之前会发生基体的屈服而不至于达到材料的屈服极限，该屈服过程也会吸收大量能量从而提高材料的韧性和强度。但是，纳米$CaCO_3$的加入量不宜过多（一般不超过30%），否则会降低橡胶的性能。

在轮胎橡胶制品中，气密性是非常重要的性能指标。纳米$CaCO_3$的粒径小，比表面积大，气密性比重质$CaCO_3$和普通轻质$CaCO_3$要好，接近炭黑。因为纳米$CaCO_3$的价格低廉，也能起到增韧补强作用，增大拉伸强度和撕裂强度，故常与炭黑配合使用。

（2）纳米$CaCO_3$在鞋用橡胶中的应用

纳米$CaCO_3$在鞋用橡胶中的作用主要如下：增大体积，降低成本，增韧补强，提高致密性，增强抗划痕性。

纳米$CaCO_3$在鞋用橡胶里的加入量比轮胎橡胶制品中大，可以达到40%左右，因此可以较大幅度降低鞋材的成本。纳米$CaCO_3$在鞋用橡胶中的增韧补强机理与轮胎橡胶制品类似。由于无机填料和橡胶高分子之间表面性质的不同，在颗粒周围会形成明显的界面和空隙，在颗粒数量较多的情况下，当材料受到外力剪切时，颗粒及界面间隙都会发生位移而不能回弹的现象，它的宏观表现就是在材料表面形成折光现象，俗称"划痕"或"刮痕"。纳米$CaCO_3$被表面处理后，能够与橡胶基体之间有较强的结合力，一般条件下的外力剪切不能破坏颗粒与橡胶分子之间的结合，也就不会出现"刮痕"现象。同时，由于纳米$CaCO_3$颗粒可以填充在橡胶大分子之间的空隙中，提高了材料的致密性。

（3）纳米$CaCO_3$在水性乳胶中的应用

水性乳胶是在聚乙烯醇溶液中将乙烯、乙酸乙烯酯和含有羧基的不饱和单体和酰胺类单体共聚而成，具有耐水性、耐温水性、耐沸水性以及优异的涂布性。水性乳胶主要用于医用和家用乳胶手套等。

在水性乳胶中加入$20\%\sim40\%$纳米$CaCO_3$可以获得性能优异的复合材料。通常采用乳液共沉淀法制备的纳米$CaCO_3$/水性乳胶的结构和性能优于机械共混法制备的材料。因此，纳米$CaCO_3$可以起到增加体积、降低成本的作用。纳米$CaCO_3$的填充还有利于提高橡胶的弹性模量。当填充量达到50%时，其弹性模量可以提高30%；与炭黑粒子配合使用，可以将弹性模量提高50%。如果将纳米$CaCO_3$经表面处理后均匀地分散在水性乳胶中，可以有效地减小橡胶分子的孔隙率，提高橡胶制品的致密性，阻止某些病毒的通过。

2.3.2.3 纳米$CaCO_3$在涂料中的应用

在建筑材料中，石灰（主要成分是CaO）是常用的建筑材料，是配制石灰砂浆和石灰乳的主要原料。石灰砂浆通常用于墙体砌筑和抹灰，石灰乳主要用于内墙刷白。室内墙面的处理过程通常是在砌筑好的墙体上涂抹一层石灰砂浆，干燥之后涂抹石灰膏，然后涂覆石灰乳。石灰砂浆、石灰膏和石灰乳中的石灰在水和空气中二氧化碳的作用下，最终变成$CaCO_3$。墙面处理的最后一道工序是用不同涂料（乳胶漆）涂覆，当然也有一些比较简陋的墙面并不涂覆涂料（乳胶漆）。由于纳米$CaCO_3$与墙面内层中$CaCO_3$是相同的化学成分，因此纳米$CaCO_3$通常被加入到涂料中。

纳米$CaCO_3$在水性涂料行业中的应用非常广泛，不但可以增加涂料的体积、降低成本，而且可以改善涂料的施工性能，比如使涂料不沉降、易分散，还可以提高材料的使用性能，比如具有补强作用、提高涂料的光泽、增加涂料的白度等。添加在水性涂料中纳米$CaCO_3$的粒径为$60\sim200nm$，添加量可以达到$20\%\sim60\%$。经过表面改性的纳米$CaCO_3$填充在聚氨酯水性涂料中，可以改善涂料的柔韧性、硬度、流平性、光泽和触变性能，还能延长涂料的储存期。在聚丙烯酸酯系列涂料中添加经聚丙烯酸酯共聚物乳液处理的纳米$CaCO_3$后，涂料的硬度、耐水洗刷性、成膜温度、附着力、耐沾污性能和存储稳定性等方面表现更优异，比如涂膜的耐洗刷性能达到2.5万次，遮盖力达到$101g \cdot m^{-2}$，光泽度达到26.1，耐沾污性能达到18%。

经过表面改性的纳米$CaCO_3$填充在聚氨酯水性涂料中，可以改善涂料的柔韧性、硬度、流平性、光泽和触变性能，还能延长涂料的储存期。

除了建筑用涂料，纳米$CaCO_3$也常用于其他制品表面的涂料中，比如PVC防石击涂料。PVC防石击涂料也称为汽车底盘漆或车身底涂漆，主要用于车身底部、车轮罩或挡泥板等部位，具有抗石击、防腐蚀和隔音降噪等作用。纳米$CaCO_3$加入该涂料中，可以使涂料的玻璃化转变区范围变宽，具有良好的触变性和较高的抗张强度、断裂伸长率和屈服应力。PVC防石击涂料对纳米$CaCO_3$的技术要求见表2.17。

表2.17 PVC防石击涂料对纳米$CaCO_3$的技术要求

项目	指标	项目	指标
$CaCO_3$（以干基计,质量分数）/% ≥	95	粒径/nm	$60\sim90$
水分/% ≤	0.4	黏度/Pa·s ≥	0.35
pH值 ≤	9.5	屈服值/Pa	$100\sim200$
吸油值/g·(100g)$^{-1}$	$20\sim30$		

另外，纳米 $CaCO_3$ 还用于不含溶剂的粉末状涂料中。粉末涂料由特制树脂、颜料、固化剂及其他助剂以一定比例混合，通过热挤塑和粉碎等工艺制备而成。常温下，粉末涂料储存稳定，经静电喷涂、摩擦喷涂（热固方法）或流化床浸涂（热塑方法），再经加热烘烤熔融固化，使之形成平整光亮的永久性涂膜。粉末涂料中添加纳米 $CaCO_3$ 可以提高涂料的上粉率和喷涂面积，增加涂膜的厚度，提高涂层的耐磨性和耐久性，提高涂层的抗冲击强度和弹性模量，增强涂层的抗刮擦性能，也可以降低涂料的成本。在粉末涂料中充填的纳米 $CaCO_3$ 的理想粒度在 $5\sim20\mu m$ 之间，$5\mu m$ 以下的粒子数量不超过 25%，否则会增加施工的难度，涂料的回收也会受到影响。

2.3.2.4　纳米 $CaCO_3$ 在密封胶和胶黏剂中的应用

室温硫化聚硅氧烷类密封胶，简称硅橡胶，是有机硅产品中应用最广泛的一大类产品。用于硅橡胶中的填料主要包括白炭黑和 $CaCO_3$ 两种，而加入的 $CaCO_3$ 有重质 $CaCO_3$ 和纳米 $CaCO_3$。

纳米 $CaCO_3$ 填充到硅橡胶中，一方面可以增加产品体积，降低成本；另一方面可以起增韧补强作用。纳米 $CaCO_3$ 在硅橡胶中的增韧补强机理同塑料、橡胶类似。在纳米 $CaCO_3$ 的填充过程中要特别注意粒径大小、表面性质、pH 值等指标。纳米 $CaCO_3$ 颗粒由于表面很大的比表面积和很高的表面能，在与有机聚合物进行混合时非常容易出现团聚，造成混合不均匀，从而影响产品的最终性能。目前在硅橡胶中填充的纳米 $CaCO_3$ 一次粒径有两种，即 $40\sim60nm$ 和 $80\sim100nm$。颗粒越小，比表面积越大，表面能越大，越容易发生团聚。为了改善纳米 $CaCO_3$ 的表面性能，通常用硬脂酸和硅油进行表面改性。另外，硅橡胶产品一般要求纳米 $CaCO_3$ 的 pH 值在 9.5 以下，这是由于 pH 值过高会对硅橡胶的稳定性产生影响。造成纳米 $CaCO_3$ 的 pH 值高的主要原因是含有杂质碳酸镁。表 2.18 为建筑用聚硅氧烷橡胶专用纳米 $CaCO_3$ 的主要性能指标。

表 2.18　建筑用聚硅氧烷橡胶专用纳米 $CaCO_3$ 的主要性能指标

项目		指标	项目		指标
氧化钙(CaO)/%	≥	54.0	氧化镁/%	≤	0.30
水分/%	≤	0.4	白度/%	≥	94.0
pH 值	≤	9.5	吸油值/g·(100g)$^{-1}$		35~45
BET 比表面积/m^2·g^{-1}		22~26	粒径/nm		60~80
堆积密度/g·cm^{-3}		0.4~0.5			

聚氨基甲酸酯（PU），简称聚氨酯，是由异氰酸酯和聚醚多元醇或聚酯多元醇或小分子多元醇、多元胺或水等扩链剂或交联剂等原料制成的高分子聚合物，具有优良的弹性、耐低温性、耐磨性和对基材的良好黏附性。聚氨酯密封胶主要用于混凝土预制件接缝、预制件和墙壁间的接缝、建筑轻质结构间的接缝、飞机跑道、高速公路、桥梁、不同材料的管道的连接面、动态接缝、冷热伸缩接缝等部位。

炭黑、白炭黑和 $CaCO_3$ 是聚氨酯密封胶中常见的填充剂。其中 $CaCO_3$ 常用纳米 $CaCO_3$ 级配部分超细重质 $CaCO_3$，重质 $CaCO_3$ 主要起增加体积和降低成本的作用，纳米 $CaCO_3$ 起增韧补强作用。此外，$CaCO_3$ 的加入还可以起到提高密封胶的力学性能、降低膨胀系数和固化收缩率等作用。纳米 $CaCO_3$ 在聚氨酯密封胶中的填充量最高可达 70%（质量分数）。

2.3.2.5　纳米 $CaCO_3$ 在油墨中的应用

油墨专用纳米 $CaCO_3$ 主要分为高透明度、高流动性（半透明性）两种。高透明性纳米

$CaCO_3$ 是目前用量最大的一种油墨专用 $CaCO_3$，粒径一般在 $20\sim40nm$，晶体形状以立方体或者立方链状为主，具有高的透明度、良好的分散性和较好的光泽，但流动性一般。高透明度纳米 $CaCO_3$ 主要用于树脂胶印油墨和亮光型树脂胶印油墨等中高档油墨中作为填充剂。高流动性纳米 $CaCO_3$ 晶体形状以立方体为主，一次粒径在 $40\sim70nm$，具有很好的流动性、较高的光泽度和一定的透明度，其分散能力强于高透明度纳米 $CaCO_3$。高流动性纳米 $CaCO_3$ 主要被用于高速转轮胶印油墨的填料。

高透明度纳米 $CaCO_3$ 作为填充剂加入油墨中，一方面可以降低油墨的成本；另一方面可以对油墨的黏度和色调进行调节。树脂胶印油墨和亮光型树脂胶印油墨对高透明度纳米 $CaCO_3$ 的要求有三个方面，一是颗粒表面的憎水性以保证与连接料有良好的润湿相容性；二是避免含硫和碱性大以保证油墨的稳定性；三是具有高的透明性以保证颜料颗粒的色泽鲜艳和高的光泽。纳米 $CaCO_3$ 的透明度与晶粒的形状和一次粒径有直接关系。一般来说，粒径在 $30nm$ 以下的立方体、球形和链状颗粒是透明的，$30\sim70nm$ 的立方体颗粒是半透明的，$70\sim100nm$ 的立方体颗粒是微透明的，而对于棒状颗粒，$200nm$ 以下的颗粒通常都是微透明的。

高流动性纳米 $CaCO_3$ 主要被用于高速转轮胶印油墨的填料。这种油墨主要用来印刷报纸、杂志等印刷周期短、印刷量大的印件。高速转轮胶印油墨需要在相当高线速度条件下承印到纸张上，油墨接触到纸张的瞬间会产生很大的剪切撕裂力，容易将纸张拉毛甚至撕烂，因此要求油墨及其填充料都具有良好的流动性。高速转轮胶印油墨还要求纳米 $CaCO_3$ 具有一定的透明性以满足彩色油墨中颜料本身的颜色和油墨的光泽度。另外，为了保证高速转轮胶印油墨的稳定性，要求填充的纳米 $CaCO_3$ 具有较弱的碱性，一般 pH 值小于 8.5。

纳米 $CaCO_3$ 还是水性油墨常用的填充料。水性油墨，简称水墨，主要由水溶性树脂、有机颜料、溶剂及相关助剂经复合研磨加工而成。水性油墨主要用于食品、饮料、药品和儿童玩具等卫生条件要求严格的包装印刷产品。与橡胶、塑料、密封胶和其他类型的油墨对纳米 $CaCO_3$ 要求的颗粒表面性质不同，水性油墨一般使用未进行表面处理的纳米 $CaCO_3$ 粉体。但是为了解决其分散性，通常加入一些水溶性分散剂，比如硅酸钠、六偏磷酸钠等。水性油墨中使用的纳米 $CaCO_3$ 的一次粒径通常为 $60\sim80nm$，pH 值小于 9.0。

2.3.2.6　纳米 $CaCO_3$ 粉体在生物医药中的应用

$CaCO_3$ 是制药工业中培养基的重要组分之一，其作用除了提供金属钙外，还对稳定发酵培养过程中 pH 值变化发挥缓冲作用，所以 $CaCO_3$ 成为制药工业微生物发酵的缓冲剂。在药品的片剂中，$CaCO_3$ 一般可作为填料，在止酸片中起一定的药效。

近十多年来，对层-层组装和高孔隙率的球霰石微颗粒作为蛋白质[92,93]、DNA[94,95]、生物酶[96,97]和药物[98,99]载体的应用研究取得了突破，已经使多种药物和分析物实现了高效填装。并且尝试了用球霰石颗粒作为模板制备尺寸在 $2\sim4\mu m$ 的微胶囊用来治疗疾病和完成疫苗接种的体内和体外传输工作[100,101]。

参 考 文 献

[1] Plummer L N，Busenberg E. The solubilities of calcite，aragonite and vaterite in CO_2-H_2O solutions between 0 and 90℃，and an evaluation of the aqueous model for the system $CaCO_3$-CO_2-H_2O. Geoehimiea et Cosmoehimica Acta，1982，46（6）：1011-1040.

[2] Kralj D，Brecevie L. Dissolution kineties and solubility of calcium carbonate monohydrate. Colloids and Surfaces A：Physieoehemical and Engineering Aspects，1995，96（3）：287-293.

[3] Bisehoff J L，FitzPatriek J A，Robert J R. The solubility and stabilization of ikaite（$CaCO_3 \cdot 6H_2O$）from 0 to 25℃：Environmental and paleoelimatic implications for Thinolite Tufa. The Journal of Geology，1993，101（1）：21-33.

[4] Breeevic L，Nielsen A E. Solubility of amorphous calcium carbonate. Journal Crystal Growth，1989，98：504-510.

[5] Weiner S，Levi-KalismanY，Raz S，et al. Biologically formed amorphous calcium carbonate. Connective tissue research，

2003，44：214-218.

[6] Hasse B，Ehrenberg H，Marxen J，et al. Calcium carbonate modifications in the mineralized shell of the freshwater snail biomphalaria glabrata. Chemistry-A European Journal，2000，6：3679-3685.

[7] Becker A，Bismayer U，Epple M，et al. Structural characterisation of X-ray amorphous calcium carbonate（ACC）in sternal deposits of the crustacea Porcellio scaber. Dalton Transactions，2003：551-555.

[8] Addadi L，Raz S，Weiner S. Taking advantage of disorder：Amorphous calcium carbonate and its roles in biomineralization. Advanced Materials，2003，15：959-970.

[9] Lam R S K，Charnock J M，Lennie L，et al. Synthesis-dependant structural variations in amorphous calcium carbonate. CrystEngComm，2007，9：1226-1236.

[10] Koga N，Nakagoe Y，Tanaka H. Crystallization of amorphous calcium carbonate. Thermochimica Acta，1998，318：239-244.

[11] Faatz M，Gröhn F，Wegner G. Amorphous calcium carbonate：synthesis and potential intermediate in biomineralization. Advanced Materials，2004，16：996-1000.

[12] Lee H S，Ha T H，Kim K. Fabrication of unusually stable amorphous calcium carbonate in an ethanol medium. Materials Chemistry and Physics，2005，93：376-382.

[13] Günthera C，Beckerb A，Wolfa G，et al. In vitro synthesis and structural characterization of amorphous calcium carbonate. Zeitschrift für anorganische und allgemeine Chemie，2005，631：2830-2835.

[14] Ajikumar P K，Wong L G，Subramanyam G，et al. Synthesis and characterization of monodispersed spheres of amorphous calcium carbonate and calcite spherules. Crystal Growth & Design，2005，5：1129-1134.

[15] Donners J J J M，Heywood B R，Meijer E W，et al. Control over calcium carbonate phase formation by dendrimer/surfactant templates. Chemistry-A European Journal，2002，8：2561-2567.

[16] Xu A W，Yu Q，Dong W F，et al. Stable amorphous $CaCO_3$ microparticles with hollow spherical super structures stabilized by phytic acid. Advanced Materials，2005，17：2217-2221.

[17] Johnston J. The several forms of calcium carbonate. Ameriean Joumal of Seience，1916，41（246）：473-512.

[18] Pauly H. Ikaite，A new mineral from Greenland. Arctic，1963，16：263-264.

[19] Rickaby R E，Shaw S，Bennitt G，et al. Potential of ikaite to record the evolution of oceanic δ18O. Geological Society of America，2006，34（6）：497-500.

[20] Oehlerich M B，Sánchez-pastor N，Mayr C，et al. On the study of natural and synthetic ikaite crystals. Revista de la Sociedad espanola de mineralogia，2009，11：135-136.

[21] Diekens B，Brown W E. Crystal structure of calcium carbonate hexahydrate at ～−120℃. Inorganic Chemistry，1970，9（3）：480-486.

[22] Buchardt B，Seaman P，Stockmann G，et al. Submarine columns of ikaite tufa. Nature，1997，390（6656）：129-130.

[23] Stein C L，Smith A J. Authigenic carbonate nodules in the nankai trough，site 583. DSDP Initial Reports，1986，87：659-668.

[24] Jansen J H F，Woensdregt C F，Kooistra M J，et al. Ikaite pseudomorphs in the Zaire deep-sea fan：An intermediate between calcite and porous calcite. Geological Soeiety of America，1987，15：245-248.

[25] Lto T. Ikaite from cold spring water at Shiowakka，Hokkaido，Japan. Journal of Mineralogy Petrology & Economic Geology，1996，91：209-219.

[26] Lto T. Factors controlling the transformation of natural ikaite from Shiowakka，Japan. Geoehemical Joumal，1998，32：267-273.

[27] Kraus F，Schriever W. Die Hydratedes Calciumcarbonats. Zeitschrift für anorganische und allgemeine Chemie，1930，188（1）：259-273.

[28] Sapozhnikov D G，Zvetkov A I. Separation of aqueous calcium carbonate on the bottom of Lake Issylc-Kul. Doklady Akademiia Nauk SSSR，1959，124：402-405.

[29] Neuman M，Epple M. Monohydrocalcite and its relationship to hydrated amorphous calcium carbonate in biominerals. European Journal of Inorganic Chemistry，2007，（14）：1953-1957.

[30] Vater H. Über den Einfluss der Lösungsgenossen auf die Krystallisation des Calciumcarbonates. Zeitsehrife für Physikalische Chemie，1987，27：477-504.

[31] Gibson R E，Wyekoff R W G，Merwin H E. Vaterite and μ-calcium carbonate. American Journal of Science，1925，10：325-333.

[32] Kamhi S R. On the structure of vaterite $CaCO_3$. Acta Crystallographica，1963，16：770-772.

[33] Meyer H J. Struktur und fehlordnung des vaterits. Zeitschrift fur Kristallographie，1969，128：183-212.

[34] Trushina D B，Bukreeva T V，Kovalchuk M V，et al. $CaCO_3$ vaterite microparticles for biomedical and personal care applications. Materials Science and Engineering C，2014，45：644-658.

[35] Nehrke G，Van Cappellen P，Van der Weijden C H. Framboidal vaterite aggregates and their transformation into calcite：a morphological study. Journal of Crystal Growth，2006，287：528-530.

[36] Ouhenia S，Chateigner D，Belkhir M A，et al. Synthesis of calcium carbonate polymorphs in the presence of polyacrylic acid. Journal of Crystal Growth，2008，310：2832-2841.

[37] Imai H，Tochimoto N，Nishino Y，et al. Oriented nanocrystal mosaic in monodispersed $CaCO_3$ microspheres with functional organic molecules. Crystal Growth & Design，2012，12：876-882.

[38] Gehrke N，Cölfen H，Pinna N，et al. Superstructures of calcium carbonate crystals by oriented attachment. Crystal Growth & Design，2005，5：1317-1319.

[39] Qi L，Li J，Ma J. Biomimetic morphogenesis of calcium carbonate in mixed solutions of surfactants and double-hydrophilic block copolymers. Advanced Materials，2002，14（4）：300-303.

[40] Hu Q，Zhang J，Teng H，et al. Growth process and crystallographic properties of ammonia-induced vaterite. American Mineralogist，2012，97：1437-1445.

[41] Fricke M，Volkmer D，Krill C E，et al. Vaterite polymorph switching controlled by surface charge density of an amphiphilic dendron-calix [4] arene. Crystal Growth & Design，2006，6：1120-1123.

[42] Wang H，Han Y S，Li J H. Dominant Role of Compromise between Diffusion and Reaction in the Formation of Snow-Shaped Vaterite. Crystal Growth & Design，2013，13：1820-1825.

[43] Manoli F，Kanakis J，Malkaj P，et al. The effect of aminoacids on the crystal growth of calcium carbonate. Journal of Crystal Growth，2002，236：363-370.

[44] De Reggi M，Gharib B，Patard L，et al. Lithostathine，the presumed pancreatic stone inhibitor，does not interact specifically with calcium carbonate crystals. Journal of Biological Chemistry，1998，273（9）：4967-4971.

[45] Malkaj P，Kanakis J，Dalas E. The effect of leucine on the crystal growth of calcium carbonate. Journal of Crystal Growth，2004，266：533-538.

[46] Wang X，Wu C，Tao K，et al. Influence of ovalbumin on $CaCO_3$ precipitation during in vitro biomineralization. Journal of Physical Chemistry B，2010，114：5301-5308.

[47] Liu Y，Cui Y，Mao H，et al. Calcium carbonate crystallization in the presence of casein. Crystal Growth & Design，2012，12：4720-4726.

[48] Kanakis J，Dalas E. The crystallization of vaterite on fibrin. Journal of Crystal Growth，2000，219：277-282.

[49] Rieger J，Frechen T，Cox G，et al. Precursor structures in the crystallization/precipitation processes of $CaCO_3$ and control of particle formation by polyelectrolytes. The Royal Society of Chemistry，Faraday Discuss，2007，136：265-277.

[50] Kirboga S，Oner M. Investigation of calcium carbonate precipitation in the presence of carboxymethyl inulin. CrystEngComm，2013，15：3678-3686.

[51] Dalas E，Koklas S N. The overgrowth of vaterite on functionalized styrenebutadiene copolymer. Journal of Crystal Growth，2003，256：401-406.

[52] Cölfen H，Antonietti M. Crystal design of calcium carbonate microparticles using double-hydrophilic block copolymers. Langmuir，1998，14：582-589.

[53] Yu S H，Cölfen H，Antonietti M. Polymer-controlled morphosynthesis and mineralization of metal carbonate superstructures. Journal of Physical Chemistry B，2003，107：7396-7405.

[54] Naka K，Tanaka Y，Chujo Y. Effect of anionic starburst dendrimers on the crystallization of $CaCO_3$ in aqueous solution：size control of spherical vaterite particles. Langmuir，2002，18：3655-3658.

[55] Naka K，Tanaka Y，Chujo Y，et al. The effect of an anionic starburst dendrimer on the crystallization of $CaCO_3$ in aqueous solution. Chemical Communications，1999，19（19）：1931-1932.

[56] Sand K K，Rodriguez-Blanco J D，Makovicky E，et al. Crystallization of $CaCO_3$ in Water-Alcohol Mixtures：Spherulitic Growth，Polymorph Stabilization，and Morphology Change. Crystal Growth & Design，2012，12：842-853.

[57] Flaten E M，Seiersten M，Andreassen J P. Polymorphism and morphology of calcium carbonate precipitated in mixed solvents of ethylene glycol and water. Journal of Crystal Growth，2009，311：3533-3538.

[58] Kitano Y，Kanamori N，Tokuyama A. Effects of organic matter on solubilities and crystal form of carbonates. American Zoologist，1969，9（3）：681-688.

[59] Rodriguez-Navarro C，Jimenez-Lopez C，Rodriguez-Navarro A. Teresa GonzalezMunoz M，Rodriguez- Gallego M，Bacterially mediated mineralization of vaterite. Geoehimiea et Cosmoehimica Acta，2007，71：1197-1213.

[60] Rautaray D，Ahmad A，Sastry M. Biosynthesis of $CaCO_3$ crystals of complex morphology using a fungus and an actinomycete. Journal of the American Chemical Society，2003，125（48）：14656-14657.

[61] Porter A L，Wilson W J. Manufacture of precipitated calcium carbonate of improved color and stable crystalline form. US Patent，Jun 18，1997.

[62] Palaehe C，Berman H，Frondel C. Dana's system of mineralogy. 7th edition. 1951：182-193.

[63] Chang L L Y，Howie R A，Zussman J. Rock-forming minerals. Non-silicates，1996，5B：108-135.

[64] 徐旭荣，蔡女华，刘睿，等．生物矿化中的无定形碳酸钙．化学进展，2008，20：54-59.

[65] Song F，Sohb A K，Bai Y L. Structural and mechanical properties of the organic matrix layers of nacre. Biomaterials，2003，24：3623-3631.

[66] 蒋久信，许冬东，张盈，等．一种不同结构和形貌碳酸钙粉体的制备方法．中国发明专利，ZL 201210161303.2，2014.

[67] Jiang J X，Zhang Y，Yang X，et al. Assemblage of nano-calcium carbonate particles on palmitic acid template. Advanced Powder Technology. 2014，25：615-620.

[68] Khoshkhoo S，Anwar J. Crystallization of polymorphs：the effect of solvent. Journal of Physics D：Applied Physics，1993，26：B90-93.

[69] Ogino T，Suzuki T，Sawada K. The formation and transformation mechanism of calcium carbonate in water. Geoehimiea et Cosmoehimica Acta，1987，51：2757-2767.

[70] 任晓玲，骆振福，吴成宝，等．重质碳酸钙的表面改性研究．中国矿业大学学报，2011，40（2）：269-272，304.

[71] Han Y S, Hadiko G, Fuji M, et al. Crystallization and transformation of vaterite at controlled pH. Journal of Crystal Growth, 2006, 289: 269-274.

[72] Yu J G, Lei M, Cheng B, et al. Effects of PAA additive and temperature on morphology of calcium carbonate particles. Journal of Solid State Chemistry, 2004, 177: 681-689.

[73] Beck R, Andreassen J P. The onset of spherulitic growth in crystallization of calcium carbonate. Journal of Crystal Growth, 2010, 312: 2226-2238.

[74] Xu X Y, Zhao Y, Lai Q Y, et al. Effect of Polyethylene Glycol on Phase and Morphology of Calcium Carbonate. Journal of Applied Polymer Science, 2011, 119: 319-324.

[75] Kosma V A, Beltsios K G. Simple solution routes for targeted carbonate phases and intricate carbonate and silicate morphologies. Materials Science and Engineering C, 2013, 33: 289-297.

[76] Liu L P, Fan D W, Mao H Z, et al. Multi-phase equilibrium microemulsions and synthesis of hierarchically structured calcium carbonate through microemulsion-based routes. Journal of Colloid and Interface Science, 2007, 306: 154-160.

[77] Jiang J Z, Ma Y X, Zhang T, et al. Morphology and size control of calcium carbonate crystallised in reverse micelle system with switchable surfactants. RSC Advances, 2015, 5: 80216-80219.

[78] Jiang J X, Liu J, Liu C, et al. Roles of oleic acid during micropore dispersing preparation of nano-calcium carbonate particles. Applied Surface Science, 2011, 257: 7047-7053.

[79] Han T Y J, Aizenberg J. Calcium carbonate storage in amorphous form and its template-induced crystalliza-tion. Chemistry of Materials, 2008, 20: 1064-1068.

[80] Shen Q, Wei H, Wang L C, et al. Crystallization and aggregation behaviors of calcium carbonate in the presence of poly (vinylpyrrolidone) and sodium dodecyl sulfate. The Journal of Physical Chemistry B, 2005, 109: 18342-18347.

[81] Chen Z Y, Li C F, Yang Q Q, et al. Transformation of novel morphologies and polymorphs of CaCO$_3$ crystals induced by the anionic surfactant SDS. Materials Chemistry and Physics, 2010, 123: 534-539.

[82] 颜鑫，卢云峰．轻质及纳米碳酸钙关键技术．北京：化学工业出版社，2012.

[83] 肖品东．纳米碳酸钙生产与应用技术解密．北京：化学工业出版社，2009.

[84] 袁继祖．非金属矿物填料与加工技术．北京：化学工业出版社，2007.

[85] HG/T 3249.3—2013 塑料工业用重质碳酸钙．北京：化学工业出版社，2013.

[86] HG/T 3249.4—2013 橡胶工业用重质碳酸钙．北京：化学工业出版社，2013.

[87] HG/T 3249.2—2013 涂料工业用重质碳酸钙．北京：化学工业出版社，2013.

[88] HG/T 3249.1—2013 造纸工业用重质碳酸钙．北京：化学工业出版社，2013.

[89] 徐春生．碳酸钙在牙膏工业中的应用．牙膏工业，2002，4：22-24.

[90] HG/T 4528—2013 牙膏用重质碳酸钙．北京：化学工业出版社，2013.

[91] GB 1886.214—2016 食品添加剂　碳酸钙（包括轻质和重质碳酸钙）．北京：中国标准出版社，2016.

[92] Volodkin D V, Larionova N I, Sukhorukov G B. Protein encapsulation via porous CaCO$_3$ microparticles templating. Biomacromolecules, 2004, 5: 1962-1972.

[93] De Temmerman M L, Demeester J, De Vos F, et al. Encapsulation performance of layer-by-layer microcapsules for proteins. Biomacromolecules, 2011, 12: 1283-1289.

[94] Fujiwara M, Shiokawa K, Morigaki K, et al. Calcium carbonate microcapsules encapsulating biomacromole-cules. Chemical Engineering Journal, 2008, 137: 14-22.

[95] Zhao D, Zhuo R X, Cheng S X. Alginate modified nanostructured calcium carbonate with enhanced delivery efficiency for gene and drug delivery. Molecular BioSystems, 2012, 8: 753-759.

[96] Marchenko I, Yashchenok A, Borodina T, et al. Controlled enzyme-catalyzed degradation of polymeric capsules templated on CaCO$_3$: Influence of the number of LbL layers, conditions of degradation, and disassembly of multicompartments. Journal of Controlled Release, 2012, 162: 599-605.

[97] Wang X H, Schröder H C, Müller W E G. Enzyme-based biosilica and biocalcite: biomaterials for the future in regenerative medicine. Trends Biotechnology, 2014, 32: 441-447.

[98] Ikoma T, Tonegawa T, Watanaba H, et al. Drug-supported microparticles of calcium carbonate nanocrystals and its covering with hydroxyapatite. Journal of Nanoscience and Nanotechnology, 2007, 7: 822-827.

[99] Lucas-Girot A, Verdier M C, Tribut O, et al. Gentamicin-loaded calcium carbonate materials: comparison of two drug-loading modes. Journal of Biomedical Materials Research Part B Applied Biomaterials, 2005, 73B: 164-170.

[100] De Koker S, De Geest B G, Singh S K, et al. Polyelectrolyte microcapsules as antigen delivery vehicles to dendritic cells: uptake, processing, and cross-presentation of encapsulated antigens. Angewandte Chemie International Edition, 2009, 48: 8485-8489.

[101] De Cock L J, De Koker S, De Geest B G, et al. Polymeric multilayer capsules in drug delivery. Angewandte Chemie International Edition, 2010, 49: 6954-6973.

第3章

重质碳酸钙微粉的制备

3.1 碳酸钙矿物的种类

重质 $CaCO_3$ 的原料是以 $CaCO_3$ 为主要成分的天然矿物，自然界 $CaCO_3$ 矿物主要有以下几种：方解石、石灰岩、大理石、白垩、白云石质石灰岩等。

3.1.1 方解石

方解石，英文名为 calcite，化学式为 $CaCO_3$，俗名大方解、小方解，是一种 $CaCO_3$ 矿物，也是天然 $CaCO_3$ 中最常见的矿物。方解石的理论组成为 CaO 56.03%、CO_2 43.97%，矿物中常含有 Mg、Fe、Mn 等元素，有时还含有 Zn、Pb、Ba 等元素，这些元素通常以水镁石、白云石、石英以及铁的氧化物、硫化物、氢氧化物等矿物形式存在于方解石矿物中。

方解石是地壳最重要的造岩矿石之一，占地壳总量 40% 以上，由于纯度及其杂质种类的不同，通常呈现无色、白色、灰色、浅黄、浅红、淡茶、红色、紫色等多种颜色。其中无色透明的方解石矿物又称冰洲石（iceland spar）。方解石矿物的断口呈现贝壳状并具有玻璃光泽，其集合体形状多样，常见的有板状、纤维状、致密块状、粒状、土状、孔状、钟乳状等，见图 3.1。

图 3.1　不同纯度和颜色的方解石矿物

方解石为三方晶系，$a=4.989$Å，$c=17.062$Å。密度为 2.6~2.8g·cm^{-3}，莫氏硬度 2.7~3.0。难溶于水和醇，遇稀酸发生剧烈反应，900℃发生分解反应生成 CaO 和 CO_2，随着温度升高，分解速度加快。

方解石见于石灰石山，广泛存在于第三纪及第四纪石灰岩和变质岩矿床中。方解石矿的代表产地有中国、墨西哥、英国、法国、美国和德国。我国方解石矿主要分布在广西、江西、湖南一带，其中广西方解石在国内市场以白度高、酸不溶物少而出名。在华北、东北一带也发现了方解石，但常伴有白云石，白度一般在 94 以下，酸不溶物过高。

方解石广泛用作冶金、水泥、化工等行业原料。方解石在冶金工业上用作熔剂，在建筑工业方面用来生产水泥、石灰。玻璃生产中加入方解石成分，生成的玻璃会变得半透明。方解石在化工行业广泛用于塑料、橡胶、造纸、涂料、油墨、牙膏等领域。方解石还用于食品和生物医药中。

3.1.2　石灰岩

石灰岩是一种沉积岩（见图 3.2），其主要矿物成分为方解石，除了常伴有白云石、菱镁矿和其他碳酸盐矿物外，还含有少量其他杂质矿物，比如石英、氧化铝、菱铁矿、黄铁矿、磁铁矿、水针铁矿、石膏等。

图 3.2　石灰岩矿物

石灰岩矿床的成因有以下三种类型。

（1）海相化学沉积型混晶石灰岩矿床

陆缘海海水中 $CaCO_3$ 达到饱和而发生化学沉积，形成混晶石灰岩矿层。其特点是矿层形态简单，规模大，走向延伸可达数千米，厚数米至几十米。矿石质量较纯，以泥晶方解石为主成分，颗粒细小，一般为 0.01mm，CaO 含量可高达 55%，如超大型的安徽铜陵伞形山三叠纪石灰岩矿床。

（2）海相机械沉积型颗粒石灰岩矿床

陆缘海中水流运动活跃，形成颗粒石灰岩矿层，矿层厚几米至十几米。颗粒类型有内碎屑、鲕粒、球粒、团块生物碎屑等，其中典型的矿层是内碎屑和生物碎屑石灰岩矿层。矿石主要由钙质的砾、砂屑、粉屑及生物碎屑由泥晶或亮晶方解石胶接组成，化学成分 $CaCO_3$ 含量稍低。一般形成于滨海、浅海环境，如浙江杭州石龙山、山东济南党家庄石灰岩矿床。

（3）海相生物沉积（生物礁）型石灰岩矿床

石灰岩主要由造礁生物，如群体珊瑚、藻类、层孔虫等形成。此类矿床规模较小，矿层长几十米至几百米，厚十几米至三四十米，侧向变化较大。矿石中可见大量海洋生物化石，达到标准要求者可成为珍贵的大理石系列饰面石材矿床，如安徽灵璧耳毛山（震旦纪的藻礁灰岩——叠层石灰岩，商品称"红皖螺""灰皖螺"）、湖北鹤峰三叉溪（志留纪的海百合生物灰岩，商品称"红百鹤""灰百鹤"）、湖北利川柏杨（二叠纪的海绵、苔藓虫、珊瑚礁灰岩，商品称"腾龙玉"）石灰岩矿床。石灰岩经区域变质形成大理岩矿床（marble deposit）。

工业上将 $CaCO_3$ 含量在 98% 以上的石灰岩称为方解石矿或 $CaCO_3$ 矿。

石灰岩有五大用途：一是用作水泥原料、建筑材料和饰面石材；二是作为化工原料以生产碱、K_2CO_3、漂白粉和电石；三是用作冶金熔剂；四是制备重质 $CaCO_3$；五是制备气硬性胶凝材料——石灰。

3.1.3　大理石

大理石，英文名称为 marble，原指产于云南省大理的白色带有黑色花纹的石灰岩，剖面可以形成一幅天然的水墨山水画，古代常选取具有成型花纹的大理石用来制作画屏或镶嵌画，后来大理石这个名称逐渐发展成称呼一切有各种颜色花纹的，用来作为建筑装饰材料的石灰岩。

大理石是重结晶的石灰岩，石灰岩在高温高压下变软，并在所含矿物质发生变化时重新结晶形成大理石。其主要矿物组分是方解石和白云石，也被认为是石灰岩和白云岩变质而成的结晶物。大理石是一种致密的粗颗粒石灰岩，由于常含有石英、云母、绿泥石、透闪石、赤铁矿、黄铁矿、褐铁矿及少量硅酸盐杂质而显示不同颜色，并具有明显的花纹，见图3.3。

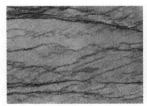

图 3.3　大理石矿物

大理石的密度为 $2.9\sim3.1g\cdot cm^{-3}$，莫氏硬度在 $2.5\sim5$ 之间，耐压强度 $2.5\sim2.6MPa$。大理石由于具有较高的硬度、自然古朴的纹理、鲜艳亮丽的色泽，常被应用于室内装修和工艺雕刻。我国的大理石资源遍布30多个省、市、自治区。全国现已建矿点3000多座，品种多达1000种。

纯净的方解石、石灰岩、大理石矿是优质重质 $CaCO_3$ 的重要原料。

3.1.4　白垩

白垩，英文名字 chalk，主要是指分布在西欧的白垩纪地层的矿物，这也是"白垩"一词的由来。白垩是石灰岩的一种岩石类型，是一种白色疏松的土状石灰岩，属于生物化学沉积的碳酸盐。在海水上面，漂浮着许多极小的外壳由石灰组成的生物，当这些生物体死掉以后，它们极其微小的身躯沉到海底。长此以往，就积聚成了厚厚的贝壳层，这些含有石灰成分的贝壳逐渐粘接在一起，最终形成松软的石灰岩，这就是白垩的形成过程。白垩土矿物见图3.4。

图 3.4　白垩土矿物

白垩的矿物成分主要是方解石，质地纯净的白垩多呈白色，方解石含量可达 99%。纯度降低时方解石含量降低，其颜色呈乳白色或黄白色。白垩质软，颗粒大小一般在 $2\sim5\mu m$ 之间，具有良好的分散性和较小的吸水性，胶接性差，易粉碎且粉碎后的颗粒非常均匀。白垩具有较高的油容量，吸油量可以达到 $20\%\sim25\%$。因此，白垩在橡胶、塑料、造纸、涂料、颜料和密封剂等领域有广泛应用。

白垩矿多分布在海洋边缘的陆地上，其中最著名的两处是英吉利海峡两侧的英国多佛和法国狄帕。白垩土在我国西南地区比较常见，特别是在云南、贵州和四川三省的丘陵地带。多夹在山上的岩层中，因为岩层中的水分不易蒸发，所以多半的土质较软，有些地方称之为观音土。

3.1.5　白云石质石灰岩

白云石，一种碳酸盐矿物，化学成分为 $CaMg(CO_3)_2$，常有铁、锰等类质同象（代替镁），分别称为铁白云石和锰白云石。白云石晶体结构类似于方解石，是组成白云岩的主要矿物成分。白云石可用于建材、陶瓷、玻璃和耐火材料、化工以及农业、环保、节能等领域，比如碱性耐火材料和高炉炼铁的熔剂、生产钙镁磷肥和制取硫酸镁、生产玻璃和陶瓷的配料。

白云石质石灰岩，是指白云石含量在 20%～25% 之间的石灰岩，又称白云石质灰岩。

3.2　重质碳酸钙的制备

按照 $CaCO_3$ 粉体粒径的不同，早期工业上将重钙分为四种不同的规格：单飞粉（95% 通过 200 目）、双飞粉（99% 通过 325 目）、三飞粉（99.9% 通过 325 目）和四飞粉（99.95% 通过 400 目），分别适用于各行业。比如，单飞粉用于生产无水氯化钙、作为生产玻璃及水泥的主要原料以及生产重铬酸钠的辅助原料、建筑材料和家禽饲料；双飞粉用于橡胶和涂料的白色填料、建筑材料；三飞粉用于塑料、涂料腻子、涂料、胶合板及涂料的填料；四飞粉用于电线绝缘层的填料、橡胶模压制品以及沥青制油毡的填料。

现在一般按照 $CaCO_3$ 粉体的目数进行区分产品等级：800 目以下多为低档产品，价格低于每吨 400 元；800～2000 目为中档产品，价格在每吨 400～600 元；2000 目以上为高档产品，价格在每吨 600 元以上。800 目以上 $CaCO_3$ 粉体在塑料、橡胶、油墨、涂料和造纸等行业作为填料使用。

重质 $CaCO_3$ 是通过机械粉碎的方法制备的。本节在简单介绍粉碎知识的基础上，重点介绍重质 $CaCO_3$ 的破碎、粉磨和超细粉碎以及用到的机械设备。

3.2.1　粉碎概述

3.2.1.1　粉碎的分类

粉碎是指以外力克服固体物料质点间结合力而使物料集合尺寸减小的过程。根据粉碎前后物料尺寸减小的程度，一般将粉碎过程分为破碎、粉磨和超细粉碎三个阶段（见图 3.5）[1]。

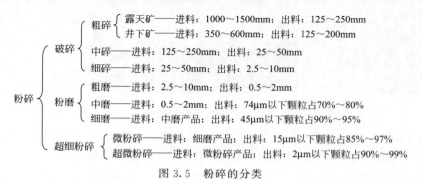

图 3.5　粉碎的分类

3.2.1.2　粉碎比

粉碎前后物料尺寸的比值称为粉碎比，对破碎作业又称为破碎比。粉碎比表示经粉碎后物料尺寸的减小程度，是粉碎机械重要的性能指标之一。由于颗粒尺寸的表征方法不同，破碎比的表示方法也不同，比如平均破碎比（以破碎前后颗粒的平均尺寸计算破碎比）、极限破碎比（以破碎前后颗粒的最大线尺寸之比计算破碎比）、公称破碎比（以破碎机的最大进料口宽度与最大出料口宽度的比计算破碎比）和有效破碎比（以破碎机给料口有效宽度和排料口宽度之比计算破碎比）等。一般来说，破碎机械的破碎比在3～100之间，粉磨机械的粉碎比为40～1000或更大。

3.2.1.3　粉碎级（段）数

不同粉碎机械有不同的粉碎比，对进料粒度和出料粒度也有不同要求。常用破碎粉磨设备的允许进料粒度和产品所能达到的粒度如表3.1所示。

表3.1　常见破碎粉磨设备的进、出料粒度及粉碎级别[2]

机械	进、出料粒度范围/mm							
颚式破碎机	≥1500		10～5					
锤式破碎机	≥1500		5～3					
辊式破碎机	≥1500		2					
旋回破碎机	≥1500	75						
圆锥破碎机	约350		13～5					
反击式破碎机		约250	≤20					
自（半）磨机	约350			0.074				
立式磨机			40～30	0.080				
球磨机			20		0.045			
管磨机				15～8	0.045			
棒磨机			20	0.5				
粉碎级别	粗碎	中碎	细碎	粗磨	中磨	细磨	微粉碎	超微粉碎
进料粒度	≥1000～350	250～125	50～25	10～2.5	2～0.5	中磨产品	细磨产品	微粉碎产品
出料粒度	250～125	50～25	10～2.5	2～0.5	<0.074 (70%～80%)	<0.044 (90%～95%)	<0.015 (85%～97%)	<0.002 (90%～99%)

需要指出的是，虽然一种破碎粉磨机械可以实现多种级别的破碎粉磨，但是并不是说单独一台机械就可以同时实现多级别的破碎粉磨工序。因为一台破碎粉磨机械的破（粉）碎比是一定的，要实现从较大粒度的物料破碎粉磨成较小粒度［此时进料尺寸与出料尺寸之比很大，超过了单独一台机械的破（粉）碎比］，必须多台机械进行串联作业。比如，要使1500mm的大块矿石破碎成1mm的颗粒，进料粒度与出料粒度之比为1500，大大超过了任何一台颚式破碎机的破碎比。要实现该破碎过程，必须是多台颚式破碎机或者颚式破碎机和其他破碎机串联作业。

当采用多台粉碎机械进行串联作业时，称为多级粉碎或多段粉碎。粉碎前的物料尺寸与最后一级粉碎产品的尺寸之比称为总粉碎比。总粉碎比i_t等于各级粉碎比i_i的乘积，即$i_t = i_1 i_2 i_3 \cdots$。

3.2.1.4　粉碎的施力方式

不同粉碎机械在粉碎过程中与物料的相互作用方式不同，物料受到的作用力也不同。物料通常受到的作用力包括压力、摩擦力、冲击力等，对应的粉碎方式有压碎、劈碎、折断、磨剥和击碎等，如图3.6所示。但是应当指出的是所有粉碎机械施加于物料的作用力都不是单一的，而是以某种作用力为主，兼施其他种类的作用力。

（1）击碎

如图3.6(a)所示，击碎是指物料由于受到冲击力的作用而粉碎。冲击力的来源包括以下方面：机械运动工作体对物料的受阻冲击、高速运动物料向固定工作面的冲击、高速运动体向悬空物料的自由冲击以及高速运动物料之间的相互冲击。该粉碎方式适用于脆性物料的粗、中、细碎及粉磨。以击碎为主要方式的机械有锤式破碎机、反击式破碎机、气流粉碎机等。

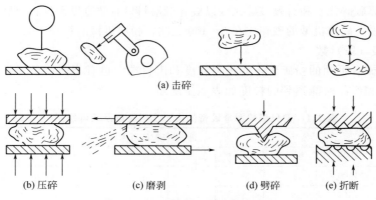

图 3.6　粉碎机械的常见作用方式

（2）压碎

如图 3.6（b）所示，压碎是指物料由于受到挤压力的作用而粉碎。此种粉碎作用主要适用于硬质和大块物料的粗、中、细碎。以压碎为主要粉碎形式的粉碎机械有颚式破碎机、圆锥式破碎机和辊式破碎机。

（3）磨剥

如图 3.6（c）所示，磨剥是指物料受到粉碎机械工作面或者物料之间的摩擦力作用而粉碎。该粉碎方式主要用于粉磨，对各种性质的物料都具有较好的适用性。以磨剥为主要粉碎形式的机械主要是各种球磨机械。

（4）劈碎

如图 3.6（d）所示，劈碎是指物料在具有齿形工作面的粉碎机械中受到劈力作用而粉碎。该粉碎方式适用于韧性和脆性物料的破碎。以劈碎为主要粉碎形式的粉碎机械主要是在压碎或击碎粉碎机械中使用了齿状工作体。

（5）折断

如图 3.6（e）所示，折断是指物料由于受到弯曲作用而破碎。弯曲作用可能来自于粉碎机械中两个齿形工作面，也可能来自于被破碎的物料。被粉碎的物料可以看成承受集中载荷的两支点或多支点，当未破碎的物料受到的弯曲应力达到其弯曲强度极限时，物料即被折断。

3.2.1.5　粉碎工艺

粉体的粉碎从操作方式上有间歇式和连续式；从工艺上有干法工艺、湿法工艺及干湿组合工艺，从粉磨过程的分级与否有开路流程、闭路流程、带预先分级的开路流程、带预先分级的闭路流程、带最终分级的开路流程和带预先分级和最终分级的开路流程（详见 3.2.3.2）。

3.2.2　碳酸钙矿物的破碎

$CaCO_3$ 矿物的破碎是指将开采出来的大块矿石的尺寸降低到可以进入粉磨设备产品的过程。$CaCO_3$ 矿山的开采属于露天矿的开采，通常采用爆破的方式进行，爆破形成尺寸为 1m 以上的大块矿石。大块矿石一般需要经过粗碎、中碎和细碎三个破碎过程才能使矿石的粒度降低到 2.5～10mm，然后进入粉磨设备进行粉磨。

3.2.2.1　常用的粗碎机械

（1）锤式破碎机

锤式破碎机主要是依靠冲击能来完成破碎物料作业的。锤式破碎机工作时，电机带动转子做高速旋转，物料均匀地进入破碎机腔中，高速回转的锤头打击、冲击、剪切、研磨物料致物料被破碎；同时，物料自身的重力作用使物料落向架体内挡板、筛条，大于筛孔尺寸的物料阻留在筛板上继续受到锤子的打击和研磨，直到破碎至所需出料粒度，最后通过筛板排出机外。

　　锤式破碎机外观因生产厂家而有所差异，但其主体结构大致相同，如图3.7所示。锤式破碎机主要由机架、传动装置、转子和格筛等部分构成，其中转子是主要工作部件，格筛可以看成分级系统。

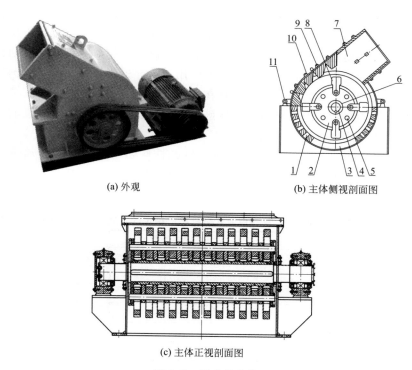

(a) 外观　　　　　　　　　　(b) 主体侧视剖面图

(c) 主体正视剖面图

图 3.7　锤式破碎机

1—筛板；2—转子盘；3—出料口；4—中心轴；5—支撑杆；6—支撑环；7—进料口；
8—锤头；9—反击板；10—弧形内衬板；11—连接机构

　　① 机架　锤式破碎机的机架用钢板焊接而成，也可以做成箱形结构。沿转子中心线为界可把机架分为上、下机架两部分，彼此用螺栓连接。其中上机架的上部为进料口。机架内部和矿石接触部分均装有锰钢衬板。

　　② 传动装置　锤式破碎机的传动装置非常简单，由电动机通过弹性联轴器或者皮带直接带动主轴旋转。主轴则通过球面调心滚珠轴承安装在机架两侧的轴承座中。

　　③ 转子　锤式破碎机的转子由主轴、圆盘及锤头等部分组成。主轴上装有多个圆盘，用键与主轴连接。圆盘之间装有间隔套。为防止圆盘轴向窜动，其两端用螺母固定。锤头则铰接地悬挂在位于圆盘间隔内的销轴上。圆盘上配置4根销轴，销轴贯穿所有圆盘，两端用螺母拧紧。在每个销轴上装有多个锤头。在销轴上设置销轴套以防止锤头轴向移动。一般来说，圆盘上还会配置第二组销轴孔，其孔中心距轴心距离与第一组不等。当锤头磨损到一定程度后，可将其移至第二组销轴孔内安装，继续进行破碎作业，这样可以充分利用锤头材料。在通常情况下，沿转子圆周方向安装3~6个锤头，沿转子长度方向安装6~10个锤头。

　　锤式破碎机的锤头是最容易磨损的零件，所以通常采用耐磨材料制成，如高锰钢等。其形状主要有板状和块状两种。块状锤头比板状锤头重，主要用于粒度和硬度较大及长度较长的物料破碎。

④ 格筛　锤式破碎机的格筛由弧形筛架和筛板组成，设置在转子的下方。筛板由许多块拼成，利用自重以及相互挤压的方式固定在筛架上，筛板上有内小、外大的锥形筛孔。弧形筛架分左、右两部分，均悬挂在横轴上，横轴通过螺栓悬挂在机架外侧的凸台上，当锤头磨损后，调节螺栓的上下位置即可改变锤头端部和筛板表面的间隙大小，以保证该间隙在一定的范围内，从而保证一定的产品粒度范围。

锤式破碎机应用较多的还有一种可逆式锤式破碎机，其结构和不可逆式大体相同，不同的是该类破碎机的垂直中心线是对称的，转子可反方向旋转。当锤头一侧及相应侧面的衬板和筛板磨损以后，可停车，使电动机反转，利用锤头的另一侧以及相应衬板和筛板的另一侧继续进行破碎工作。这样就大大提高了锤头等易损件的使用寿命。近年我国又研制了圆形锤头，现分为光滑环和齿形环两种，简称环锤。环锤悬挂在十字形转盘上，不仅能随转子公转对物料进行冲击破碎，而且能绕轴自转，对物料进行碾压破碎，因此功耗较低。装有环锤的破碎机称为环锤式破碎机，主要用于破碎煤炭等物料。

$CaCO_3$ 矿物的莫氏硬度在 3 左右，属于低硬度脆性矿物，适宜采用锤式破碎机破碎。目前也发展了石灰石专用的锤式破碎机。中国行业标准 JB/T 3766—2008《石灰石用锤式破碎机》规定了石灰石用锤式破碎机的规格参数，如表 3.2 所示。

表 3.2　JB/T 3766—2008《石灰石用锤式破碎机》规定的锤式破碎机的型号和参数[3]

型号	基本参数							
	转子直径 /mm	转子长度 /mm	生产能力 /t·h⁻¹	电机功率 /kW	进料粒度 /mm	出料粒度 /mm	转子转速 /r·min⁻¹	质量 /t
PCK-0606	600	600	7.5～15	45	≤60	≤3	1250	—
PCK-0808	800	800	25～35	90	≤80	≤3	1250	—
PCK-1010	1000	1000	50	280	≤100	≤3	1000	—
PC-0404	400	400	2.5～5	7.5	≤100	≤10	1450	0.8
PC-0604	600	400	12～15	22	≤100	≤15	1000	1.15
PC-0806	800	600	20～25	55	≤200	≤15	980	3.78
PC-0808	800	800	35～45	75	≤200	≤15	980	4.34
PC-1010	1000	1000	60～80	132	≤200	≤15	1000	7.6
PC-1212	1250	1250	100	180	≤200	≤20	750	19
PC-1412	1420	1194	110～130	250	≤250	≤20	735	23.5
PC-1414	1400	1400	170	280	≤250	≤20	740	26.3
PC-1616	1600	1600	250	480	≤350	≤20	600	34
PCY-1818	1800	1800	300～500	480～560	≤900	≤25	—	66
PCY-2018	2010	1750	300～450	500～630	≤1000	≤25	—	—
PCY-2020	2000	2000	300～400	630	≤1100	≤25/80	375	152
PCY-2022	2010	2227	450～650	800～1000	≤1500	≤80	375	136.7
PCY-2030	2000	3000	700	1000	≤1500	≤80	375	185
PCY-2225	2200	2485	1200～1400	1250～1400	≤1800	≤80	375	190

注：1. 破碎机的型号中，P 为破碎机，C 为锤式，K 为可逆式，Y 为一段式，不可逆式不标注，数字中的前两位为转子长度，后两位为转子直径。

2. 转子直径是指在工作状态时，锤头顶端的运动轨迹圆直径。

（2）颚式破碎机

颚式破碎机主要是依靠挤压作用来完成破碎物料作业的。颚式破碎机工作时，活动颚板做周期性的往复运动，时而靠近固定颚板，时而离开固定颚板。当靠近时，物料在两颚板间受到挤压、劈裂、冲击而被破碎；当离开时，被破碎的物料依靠重力作用而从排料口排出。

颚式破碎机外观因生产厂家而有所差异，但其主体结构大致相同，如图3.8所示。颚式破碎机主要由机架、工作机构、传动机构、调节装置和保险装置五部分构成。

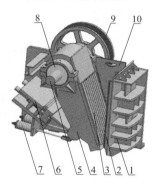

(a) 外观   (b) 内部结构示意图

图3.8 颚式破碎机

1—机架；2—固定颚板；3—活动颚板；4—动颚；5—偏心轴；6—调整座；
7—拉杆；8—轴承；9—槽轮；10—侧护板

① 机架 机架是上下开口的四壁刚性框架。机架用来支撑偏心轴并承受破碎物料的反作用力，要求有足够的强度和刚度。大型机一般用铸钢整体铸造而成，或分段铸成，再用螺栓牢固连接成整体，铸造工艺复杂。小型机也可用优质铸铁代替铸钢，或用厚钢板焊接而成，但刚度较差。

② 工作机构 固定颚（简称定颚）和活动颚（简称动颚）都由颚床加上颚板组成，颚板是工作部分，用螺栓和楔铁固定在颚床上。固定颚的颚床就是机架前壁，活动颚的颚床悬挂在轴上，要求有足够的强度和刚度，以承受破碎时的巨大反作用力，因而大多是铸钢或铸铁件。

为提高破碎效果，衬板表面均有纵向波纹，而且凹凸相对。在破碎时衬板各个部位的受力和磨损很不均匀，下部靠近排料口的位置受力最大，磨损最为严重，为此一般都把衬板制成上下对称的，下部磨损后将其倒置以延长其使用寿命。大型破碎机的衬板由许多块组合而成，各块均可互换，其目的也是为了延长其使用寿命。

③ 传动机构 颚式破碎机的传动机构主要由带轮、偏心轴、连杆和推力板等组成。偏心轴一端装带轮，另一端装飞轮。工作时，由电机经皮带带动偏心轴转动，偏心轴的转动带动连杆、推力板运动，进而带动动颚做往复运动。偏心轴是破碎机的主轴，受到巨大的弯扭力，采用高碳钢制造。偏心部分须精加工、热处理，轴承衬瓦用巴氏合金浇注。

④ 调节装置 颚式破碎机调节装置的作用是调节出料的粒度，常见的调节装置主要有垫板调节装置、斜铁调节装置和液压调节装置三种形式。

⑤ 保险装置 当机械零件、铁块之类较大物体进入破碎腔，或者在排料口附近破碎腔被物料堵塞等时，会使颚式破碎机产生超负荷现象。为了保护破碎机不受损坏，必须设置保险装置。常用的保险装置为推力板，其兼作保险装置、过载保护传力臂，液压连杆作保险装置和液压摩擦离合器等。根据动颚的运动方式，颚式破碎机分为简摆式和复摆式两种，如图3.9所示。

简摆式颚式破碎机的动颚悬挂在中心轴上，可做左右摆动。偏心轴旋转时，连杆做上下往复运动，带动两块推力板做往复运动，从而推动动颚做左右往复运动，实现破碎和卸料，如图3.9(a) 所示。此种破碎机采用曲柄双连杆机构，虽然动颚上承受很大的破碎反作用力，但其偏心轴和连杆却受力不大，所以工业上多制成大型机和中型机，用来破碎坚硬的物料。此外，这种破碎机工作时，动颚上每点的运动轨迹都是以中心轴为中心的圆弧，圆弧半径等于该点至

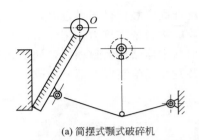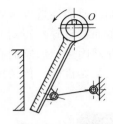

(a) 简摆式颚式破碎机　　　　　　　(b) 复摆式颚式破碎机

图 3.9　颚式破碎机的工作原理示意图

轴心的距离，上端圆弧小，下端圆弧大，破碎效率较低，其破碎比一般为 3～6。由于其运动轨迹简单，故称为简摆式颚式破碎机。简摆式颚式破碎机结构紧凑简单，偏心轴等传动件受力较小；由于动颚垂直位移较小，加工时物料较少有过度破碎的现象，动颚颚板的磨损较小。

复摆式颚式破碎机的动颚上端直接悬挂在偏心轴上，作为曲柄连杆机构的连杆，由偏心轴的偏心直接驱动，动颚的下端铰连着推力板支撑到机架的后壁上，如图 3.9（b）所示。当偏心轴旋转时，动颚上各点的运动轨迹是由悬挂点的圆周线（半径等于偏心距）逐渐向下变成椭圆形，越向下部，椭圆形越偏，直到下部与推力板连接点轨迹为圆弧线。由于这种机械中动颚上各点的运动轨迹比较复杂，故称为复摆式颚式破碎机。

与简摆式相比较，复摆式颚式破碎机的优点是：质量较轻，构件较少，结构更紧凑，破碎腔内充满程度较好，所装物料块受到均匀破碎，加以动颚下端强制性推出成品卸料，故生产率较高，比同规格的简摆颚式破碎机的生产率高出 20%～30%。复摆式颚式破碎机的缺点包括：不宜破碎片状石料；工作间歇、有空转冲程，需要很大的摆动体，增加非生产能量的消耗；破碎可塑性和潮湿的物料时，容易堵塞出料口。另外，由于工作时产生很大的惯性力，机体摆动大，工作不平稳，冲击、振动及噪声较大。因此，须安装在比机械自重大 5 倍以上的混凝土基础上，并须采取隔振措施。大型破碎机还应安装在埋设于基础上的刚梁上。

中国行业标准 JB/T 1388—2015、JB/T 3264—2015 和 JB/T 3279—2005 里规定了各种颚式破碎机的型号和基本参数，如表 3.3 所示。

表 3.3　JB/T 1388—2015、JB/T 3264—2015 和 JB/T 3279—2005 规定的颚式破碎机的型号和参数[4～6]

型号	基本参数							
	给料口宽度/mm	给料口长度/mm	最大进料粒度/mm	出料口宽度/mm	出料口宽度调整/mm	生产能力/m³·h⁻¹	电机功率/kW	质量/t
PEJ-400×600	400	600	340	60	±20	≥18	≤45	≤15
PEJ-500×750	500	750	425	75	±25	≥40	≤55	≤22
PEJ-600×900	600	900	500	100	±25	≥60	≤75	≤29
PEJ-750×1060	750	1060	630	110	±30	≥110	≤90	≤56
PEJ-900×1200	900	1200	750	130	±35	≥180	≤110	≤75
PEJ-1200×1500	1200	1500	1000	155	±40	≥310	≤160	≤145
PEJ-1500×2100	1500	2100	1300	180	±45	≥550	≤250	≤260
PEJ-2100×2500	2100	2500	1700	250	±50	≥800	≤400	≤470
PE-150×250	150	250	130	30	≥±15	≥3.0	≤5.5	≤1.0
PE-250×400	250	400	210	40	≥±20	≥13	≤15.0	≤3.0
PE-400×600	400	600	340	60	≥±25	≥25	≤30	≤7.0
PE-500×750	500	750	425	75	≥±25	≥40	≤55	≤10.5
PE-600×900	600	900	500	100	≥±25	≥60	≤75	≤15.5

型号	基本参数							
	给料口宽度/mm	给料口长度/mm	最大进料粒度/mm	出料口宽度/mm	出料口宽度调整/mm	生产能力/m³·h⁻¹	电机功率/kW	质量/t
PE-750×1060	750	1060	630	110	≥±30	≥130	≤110	≤27.8
PE-900×1200	900	1200	750	130	≥±35	≥190	≤132	≤46
PE-1200×1500	1200	1500	950	220	≥±60	≥400	≤220	≤90
PE-1500×1800	1500	1800	1200	285	≥±65	≥550	≤355	≤125
PEX-100×600	100	600	80	15	+15/−10	≥9	≤7.5	—
PEX-150×500	150	500	120	30	+18/−12	≥6	≤13	—
PEX-150×750	150	750	120	30	+18/−12	≥10	≤15	—
PEX-200×1000	200	1000	160	35	+20/−15	≥16	≤22	—
PEX-250×750	250	750	210	40	+20/−15	≥14	≤30	—
PEX-250×1000	250	1000	210	40	+20/−15	≥18	≤40	—
PEX-250×1200	250	1200	210	40	+20/−15	≥24	≤60	—
PEX-300×1300	300	1300	250	55	+35/−25	≥55	≤75	—
PEX-350×750	350	750	300	30	+20/−15	≥25	≤30	—

注：破碎机的型号中，PEJ 表示简摆式颚式破碎机，PE 表示复摆式颚式破碎机，PEX 表示复摆细碎颚式破碎机，数字分别代表给料口宽度和长度。

（3）旋回破碎机

旋回破碎机是借助于旋摆运动的动锥周期性地靠近或离开固定锥的表面，使进入破碎腔的物料不断地受到挤压、弯曲和冲击作用而实现破碎，被破碎的物料靠自身的重量从破碎腔底部排出。

旋回破碎机的外形和内部结构如图 3.10 所示。它是由横梁部，中架体部，动锥部，偏心轴套部，机座部，传动部，液压油缸部和干、稀油润滑系统组成。

① 传动部　破碎机由电机驱动，传动部将电机的动力经三角皮带、联轴器、传动轴、小圆锥齿轮传给大圆锥齿轮和偏心轴，从而使偏心轴旋转，带动动锥旋回运动；传动轴横放在机座内，轴架内装有衬套。

② 偏心轴套部　偏心轴套装在中心套筒内的大铜套内，内表面完全浇注而外表面只浇注 3/4 巴氏合金。为使巴氏合金浇注牢固，在偏心轴套内表面加工有密布的燕尾槽。在中心套筒与大圆锥齿轮之间放有止推圆盘。圆盘用螺钉固定在大圆锥齿轮上，并与其一起转动。

③ 动锥部　动锥是破碎机的主要部件，为防止磨损，在其外表面衬有可以更换的环形锰钢衬板，衬板与锥体之间浇注了一层锌合金，以增强衬板的强度和配合。锥体和主轴采用静配合，其间浇注锌合金。主轴的底端固连上摩擦盘，上摩擦盘的底面为凸球面，它和中摩擦盘的球面相配合。

④ 调节系统和过载保护系统　旋回式破碎机用两种方式实现排料口的调整和过载保护：一是采用机械方式，其主轴上端有调整螺母，旋转调整螺母，破碎锥即可下降或上升，使排料口随之变大或变小，超载时，靠切断传动皮带轮上的保险销以实现保护；二是采用液压方式的液压旋回破碎机，其主轴坐落在液压缸内的柱塞上，改变柱塞下的液压油体积就可以改变破碎锥的上下位置，从而改变排料口的大小。超载时，主轴向下的压力增大，迫使柱塞下的液压油进入液压传动系统中的蓄能器，使破碎锥随之下降以增大排料口，排出随物料进入破碎腔的非破碎物（铁器、木块等）以实现保护。

旋回破碎机分为轻型和重型两种，中国行业标准 JB/T 3874—2010 中规定了各种旋回破碎

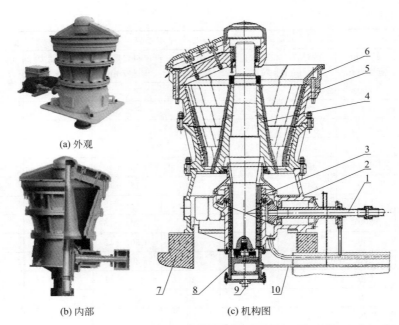

(a) 外观

(b) 内部

(c) 机构图

图 3.10　旋回破碎机

1—传动部；2—机座部；3—偏心套部；4—破碎圆锥部；5—中架体部；6—横梁部；
7—基础部；8—油缸部；9—液压部；10—润滑部

机的型号和基本参数，如表 3.4 所示。

表 3.4　JB/T 3874—2010 规定的旋回破碎机的型号和基本参数[7]

型号	基本参数							
	给料口宽度/mm	最大进料粒度/mm	公称排料口宽度/mm	动锥底部直径/mm	排料口调整范围/mm	电机功率/kW	生产能力/t·h⁻¹	质量/t
PXQ-700/100	700	580	100	1200	100～120	130	200～240	45
PXQ-900/130	900	750	130	1400	130～150	155	350～400	87
PXQ-1200/150	1200	1000	150	1650	150～170	210	720～815	144
PXZ-500/60	500	420	60	1200	60～75	130	140～170	45
PXZ-700/100	700	580	100	1400	100～130	255	310～400	92
PXZ-900/90	900	750	90	1650	90～120	210	380～510	141
PXZ-900/130	900	750	130	1650	130～160	210	625～770	141
PXZ-900/170	900	750	170	1650	170～190	210	815～910	141
PXZ-1200/160	1200	1000	160	2000	160～190	310	1250～1480	229
PXZ-1200/210	1200	1000	210	2000	210～230	310	1560～1720	229
PXZ-1400/170	1400	1200	170	2200	170～200	400	1750～2060	310
PXZ-1400/220	1400	1200	220	2200	210～230	400	2160～2370	310
PXZ-1600/180	1600	1350	180	2500	180～210	310 双机传动	2400～2800	481
PXZ-1600/230	1600	1350	230	2500	210～240	310 双机传动	2800～3200	481

注：破碎机的型号中，PXQ 为轻型旋回破碎机，PXZ 为重型旋回破碎机，前一个数字代表给料口宽度；后一个数字代表排料口宽度。

（4）辊式破碎机

辊式破碎机的种类很多，从辊的表面形状分为光辊破碎机和齿辊破碎机，从辊的数量上分为双辊破碎机（又称对辊破碎机）和四辊破碎机，此外还有辊压机。

各种辊式破碎机在破碎作业时都是靠各自允许的啮入角使物料导入两个平行放置的辊子的辊缝，使物料受到挤压而实现物料的破碎。各种辊式破碎机的外形也是因厂家而异，双辊破碎机的主要结构和工作原理如图 3.11 所示，主要由传动装置、辊子、调节和保护装置等部分组成。

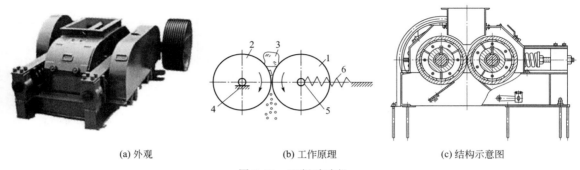

(a) 外观　　　　　　　　　　(b) 工作原理　　　　　　　　　(c) 结构示意图

图 3.11　双辊破碎机

1,2—辊子；3—物料；4—固定轴承；5—可动轴承；6—弹簧

① 传动装置　传动装置分为固定组和活动组。固定组由电机通过皮带带动固定辊子，不可移动；活动组由电机通过皮带带动移动辊子，在传动弹簧的预压作用下可使整个传动装置随移动辊子的滑动而同步位移并复位，从而避免皮带打滑或受拉过度。

② 辊子　辊子由固定辊和移动辊组成。固定辊固定于底座之上；移动辊通过调节丝杠、预压弹簧及弹簧丝杠定位于底座之上。调节丝杠用于调整移动辊在底座上的前后位置，从而调整两辊子间隙以保证排料粒度及产量；弹簧丝杠用于压紧弹簧而使两辊子间保持预定的破碎作用力。辊面的形状有光面和齿状等形式。

③ 调节和保护装置　与移动辊相连的弹簧起到调节和过载保护的作用。破碎腔一旦进入大颗粒硬质异物，弹簧将被压缩而使移动辊退让，异物排出后复位，避免辊子卡死而损坏机体。

大块矿石的粗破工序通常采用矿用双齿辊破碎机。矿用双齿辊破碎机的辊面是齿状的，大块矿石进入破碎腔时受到挤压、冲击、弯曲和剪切等作用而实现破碎。根据行业标准 JB/T 11112—2010《矿用双齿辊破碎机》，该破碎机又分为强力双齿辊破碎机、筛分式双齿辊破碎机和轮齿式双齿辊破碎机三种类型。行业标准 JB/T 11112—2010 规定的矿用双齿辊破碎机的型号和参数如表 3.5 所示。

表 3.5　JB/T 11112—2010 规定的矿用双齿辊破碎机的型号和参数[8]

型号	基本参数				
	齿辊直径/mm	齿辊工作长度/mm	给料粒度/mm	排料粒度/mm	生产能力/m³·h⁻¹
2PGCQ-400×750	400	750	≤300	≤50	65～80
2PGCQ-400×1000		1000			100～120
2PGCQ-500×1200	500	1200			120～160
2PGCQ-500×1500		1500			160～200
2PGCQ-550×1200	550	1200			120～150
2PGCQ-650×1500	650	1500	≤300	≤100	200～250
2PGCQ-750×2000	750	2000	≤400	≤100	350～400
2PGCQ-800×2000	800	2000	≤300	≤50	280～350

型号	基本参数				
	齿辊直径/mm	齿辊工作长度/mm	给料粒度/mm	排料粒度/mm	生产能力/m³·h⁻¹
2PGCQ-800×2500	800	2500	≤400	≤100	800~1000
2PGCQ-800×3500	800	3500	≤40	≤100	1500~2000
2PGCS-500×1000	500	1000	≤300	≤50	120~160
2PGCS-500×1200		1200			160~200
2PGCS-500×1500		1500			200~250
2PGCS-550×2000	550	2000	≤300	≤50	300~350
2PGCS-550×3000		3000			400~500
2PGCS-700×2700	700	2700	≤500	≤75	1200~1400
2PGCS-700×3000		3000		≤50	950~1100
2PGCS-900×2700	900	2700	≤500	≤75	1300~1600
2PGCS-1000×2800	1000	2800	≤500	≤150	1400~1600
2PGCS-1000×2800		2800		≤200	1800~2000
2PGCS-1200×2500	1200	2500	≤800	≤250	2000
2PGCS-1250×2300	1250	2300	≤1000	≤300	2000~2200
2PGCS-1250×2800		2800			2200~2400
2PGCS-1300×2300	1300	2300	≤1200	≤300	2200~2400
2PGCS-1600×2800	1600	2800	≤1500	≤300	3000
2PGCS-1600×2800		2800		≤350	3500
2PGCL-800×2000	800	2000	≤600	≤200	450~600
2PGCL-1000×1500	1000	1500	≤1000	≤200	400~500
2PGCL-1200×1500	1200	1500	≤1200	≤300	800~1000
2PGCL-1250×2500	1250	2500	≤1200	≤300	1200~1600
2PGCL-1250×3000		3000			2000~2500
2PGCL-1300×1700	1300	1700	≤1200	≤300	1200~1500
2PGCL-1400×1600	1400	1600	≤1500	≤300	1400~1800
2PGCL-1400×2000		2000			2000~2300
2PGCL-1500×3000	1500	3000	≤1200	≤300	3000~3500
2PGCL-1500×4000		4000			4000~5000
2PGCL-1600×2500	1600	2500	≤1800	≤300	2000~2500
2PGCL-1600×3500		3500	≤2000		3500~4000

注：破碎机的型号中，2 为双齿，PGC 为齿辊破碎机，Q 为强力型，S 为筛分式，L 为轮齿式；前一个数字代表齿辊直径，后一个数字代表齿辊长度。

除了矿用双齿辊破碎机用于大块矿石的粗碎外，一些双光辊破碎机和双齿辊破碎机也用于矿物的粗破、中碎、细碎甚至粉磨工序，这部分内容在 3.2.2.2 中介绍。

3.2.2.2 常用的中碎机械

从表 3.2 和表 3.3 可以看出，锤式破碎机和颚式破碎机除了用于 $CaCO_3$ 矿物的粗碎，还可以用于粗碎后中等粒度石块的中碎。此外，圆锥破碎机、辊式破碎机等也是重质 $CaCO_3$ 生产中常用的中碎机械。

（1）圆锥破碎机

圆锥破碎机的工作原理与旋回破碎机基本相同（有的把旋回破碎机归为圆锥破碎机的一

种），不同的是圆锥破碎机的动锥和定锥均为正截锥，如图 3.12 所示。按照破碎机腔型的不同分为标准型（用于中碎）、中型（用于中碎和细碎）和短头型（用于细碎）三种类型，名义破碎比为 3～11；按排料口调节方式和超负荷控制方式分为弹簧圆锥破碎机、单缸液压圆锥破碎机及多缸圆锥破碎机；此外，还有旋盘圆锥破碎机。

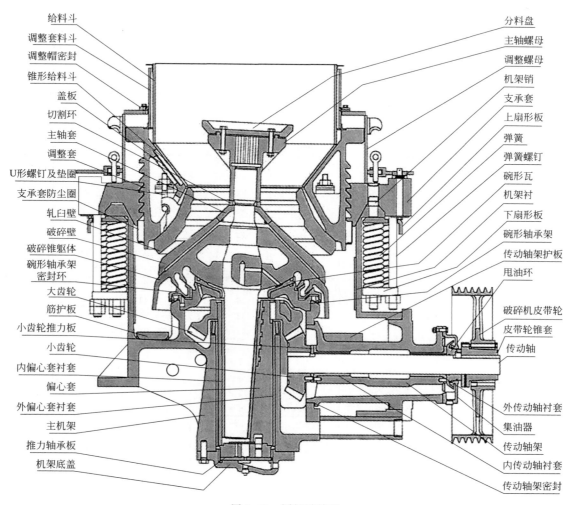

图 3.12 圆锥破碎机

中国行业标准 JB/T 6988—2015《弹簧圆锥破碎机》、JB/T 2501—2008《单缸液压圆锥破碎机》和 JB/T 10883—2008《多缸液压圆锥破碎机》中规定了各种圆锥破碎机的型号和基本参数，如表 3.6～表 3.8 所示。

表 3.6 JB/T 6988—2015 规定的弹簧圆锥破碎机的型号和基本参数[9]

型号	基本参数						
	破碎壁大端直径/mm	给料口宽度/mm	最大进料粒度/mm	排料口调整范围/mm	生产能力/t·h⁻¹	电机功率/kW	质量/t
PYB-0607		70	60	6～38	15～50		
PYB-0609	600	95	80	10～38	18～65	≤22	4.5
PYB-0611		110	90	13～38	22～70		

型号	基本参数						
	破碎壁大端直径/mm	给料口宽度/mm	最大进料粒度/mm	排料口调整范围/mm	生产能力/t·h⁻¹	电机功率/kW	质量/t
PYB-0910		100	85	10～22	45～90		
PYB-0917	900	175	145	13～38	55～160	≤75	10.0
PYB-0918		180	150	25～38	110～160		
PYB-1213		130	110	10～30	60～165		
PYB-1215		155	130	13～38	100～195		
PYB-1219	1200	190	160	19～50	140～300	≤110	17.0
PYB-1225		250	210	25～50	190～310		
PYB-1313		135	115	13～30	105～180		
PYB-1321		210	175	16～38	130～250		
PYB-1324	1300	240	205	19～50	170～345	≤150	22.5
PYB-1326		260	220	25～50	230～335		
PYB-1721		210	175	16～38	180～320		
PYB-1724		240	205	22～50	255～410		
PYB-1727	1750	270	230	25～64	290～630	≤220	43.5
PYB-1737		370	310	38～64	430～680		
PYB-2228		280	235	19～38	380～725		
PYB-2233		330	280	25～50	600～990		
PYB-2237	2200	370	310	32～64	780～1270	≤280	67.5
PYB-2246		460	390	38～64	870～1360		
PYBZ-2228		280	235	19～38	540～1020		
PYBZ-2233		330	280	25～50	855～1410		
PYBZ-2237	2200	370	310	32～64	1110～1800	≤375	87.5
PYBZ-2246		460	390	38～64	1240～1920		
PYD-0603		35	30	3～13	9～35		
PYD-0605	600	50	40	5～15	22～70	≤22	4.58
PYD-0904		40	35	3～13	25～90		
PYD-0906	900	60	50	3～16	25～100	≤75	11.5
PYD-0908		80	65	6～19	55～120		
PYD-1206		60	50	5～16	50～130		
PYD-1207		70	60	8～16	85～140		
PYD-1209	1200	90	75	13～19	140～180	≤110	18.0
PYD-1212		120	100	17～25	160～210		
PYD-1306		60	50	3～16	35～160		
PYD-1308		90	75	6～16	80～160		
PYD-1310	1300	105	90	8～25	95～220	≤150	23.5
PYD-1313		130	110	16～25	190～230		
PYD-1707		70	60	5～13	90～200		
PYD-1709	1750	90	75	6～19	135～280	≤220	44.5
PYD-1713		130	110	10～25	190～330		
PYD-2210		105	90	5～16	190～400		
PYD-2213		130	110	10～19	350～500		
PYD-2218	2200	180	150	13～25	450～590	≤280	71.0
PYD-2220		220	170	16～25	500～650		
PYDZ-2210		105	90	5～16	270～575		
PYDZ-2213		130	110	10～19	490～700		
PYDZ-2218	2200	180	150	13～25	630～840	≤375	91.0
PYDZ-2220		220	170	16～25	720～900		

注：破碎机的型号中，PYB代表标准型圆锥破碎机，PYD代表短头型圆锥破碎机，Z代表重型；前两位数字代表破碎壁大端直径，后两位数字代表给料口宽度。

表 3.7 JB/T 2501—2008 规定的单缸液压圆锥破碎机的型号和基本参数[10]

型号	基本参数						
	破碎壁大端直径/mm	给料口宽度/mm	最大进料粒度/mm	排料口调整范围/mm	生产能力/t·h⁻¹	电机功率/kW	质量/t
PYY-B0913	900	135	110	15～40	40～100	≤75	10
PYY-Z0907	900	75	65	6～20	17～55	≤75	10
PYY-D0906	900	60	50	4～12	15～50	≤75	10
PYY-B1219	1200	190	160	20～45	90～200	≤110	20
PYY-Z1215	1200	150	125	9～25	45～120	≤110	20
PYY-D1208	1200	80	65	5～13	40～100	≤110	20
PYY-B1628	1650	285	240	25～50	210～425	≤160	38
PYY-Z1623	1650	230	195	13～30	120～280	≤160	38
PYY-D1610	1650	100	85	7～14	100～200	≤160	38
PYY-B2235	2200	350	295	30～60	450～900	≤280	78
PYY-Z2229	2200	290	245	15～35	250～580	≤280	78
PYY-D2213	2200	130	110	8～15	220～380	≤280	78

注：破碎机的型号中，PYY 为单缸液压圆锥破碎机，B 为标准型，Z 为中型，D 为短头型；前两位数字代表破碎壁大端直径，后两位数字代表给料口宽度。

表 3.8 JB/T 10883—2008 规定的多缸液压圆锥破碎机的型号和基本参数[11]

型号	基本参数						
	破碎壁大端直径/mm	给料口宽度/mm	最大进料粒度/mm	排料口调整范围/mm	生产能力/t·h⁻¹	电机功率/kW	质量/t
PYGB-0712		120	100	13～25	60～110		
PYGB-0717		170	145	21～32	80～140		
PYGD-0704	700	40	35	6～13	45～80	90	0.56
PYGD-0707		70	60	9～16	50～90		
PYGD-0709		90	75	9～19	55～95		
PYGB-0913		130	110	14～25	117～210		
PYGB-0916		155	132	18～32	130～210		
PYGB-0921		210	178	22～38	140～225		
PYGD-0907	900	70	60	8～19	72～170	160	1.01
PYGD-0909		90	76	10～22	81～180		
PYGD-0912		118	100	12～25	108～198		
PYGB-1114		135	115	16～32	162～290		
PYGB-1121		211	180	20～38	180～340		
PYGB-1124		235	200	26～45	207～400		
PYGD-1107	1100	70	60	8～19	108～198	220	1.85
PYGD-1110		96	82	12～22	126～215		
PYGD-1112		124	105	14～25	144～230		
PYGB-1415		152	130	16～38	202～440		
PYGB-1420		200	170	22～45	243～500		
PYGB-1433		330	280	26～50	270～555		
PYGD-1408	1400	80	68	8～19	104～285	315	2.97
PYGD-1411		106	90	10～22	126～310		
PYGD-1414		135	115	12～25	162～330		

型号	基本参数						
	破碎壁大端直径/mm	给料口宽度/mm	最大进料粒度/mm	排料口调整范围/mm	生产能力/t·h^{-1}	电机功率/kW	质量/t
PYGB-1518		180	152	19~38	288~545		
PYGB-1523		229	190	25~45	328~630		
PYGB-1534		335	285	32~50	365~710		
PYGD-1509	1500	88	75	8~19	122~360	400	3.88
PYGD-1512		124	105	10~22	158~385		
PYGD-1515		152	130	13~25	202~410		
PYGB-1821		210	180	19~38	333~550		
PYGB-1826		265	225	25~45	468~650		
PYGB-1836		365	310	32~50	558~765		
PYGD-1804	1800	40	34	5~19	135~325	500	6.19
PYGD-1809		90	76	10~22	225~380		
PYGD-1815		155	130	13~25	270~450		
PYGB-2028		280	238	16~38	378~610		
PYGB-2035		350	298	25~45	522~720		
PYGB-2039		385	326	32~50	616~845		
PYGD-2009	2000	90	77	5~19	166~375	630	12.5
PYGD-2012		120	102	10~22	270~440		
PYGD-2016		160	136	13~25	328~520		
PYGB-2330		300	255	25~45	648~895		
PYGB-2339		390	332	32~50	774~1050		
PYGB-2342		415	352	38~60	873~1240		
PYGD-2313	2300	130	110	8~19	292~470	800	15.5
PYGD-2317		170	145	10~22	342~550		
PYGD-2321		205	175	12~25	387~650		

注：破碎机的型号中，PYG 为多缸液压圆锥破碎机，B 为标准型，D 为短头型；前两位数字代表破碎壁大端直径，后两位数字代表给料口宽度。

旋盘圆锥破碎机的工作原理与前面的三种圆锥破碎机和旋回破碎机不完全相同。旋盘破碎机是在合适的腔型、破碎冲程与破碎锥旋摆速度相互配合下，破碎锥的冲击动作使下落的物料散开并重新取向，使物料颗粒重新分布，在进入破碎区时已形成了密度相对均匀的料层，实现了"料层破碎"。这种破碎过程中利用了一部分矿岩破碎时的飞溅功。

JB/T 6989—2015《旋盘圆锥破碎机》中规定了破碎机的型号和基本参数，如表 3.9 所示。

表 3.9　JB/T 6989—2015 规定的旋盘圆锥破碎机的型号和基本参数[12]

型号	基本参数						
	破碎壁大端直径/mm	喉口尺寸/mm	推荐进料粒度/mm	最大给料粒度/mm	生产能力/t·h^{-1}	电机功率/kW	质量/t
PYX-0613	600	13	5~19	38	10~25	≤45	6.0
PYX-0619		19					
PYX-0911		11					
PYX-0919	900	19	5~19	38	55~65	≤75	11.5
PYX-0925		25					
PYX-1213		13					
PYX-1219	1200	19	5~19	38	100~115	≤160	25.8
PYX-1225		25					
PYX-1232		32					
PYX-1619	1650	19	5~19	38	160~180	≤220	75.0
PYX-1625		25					

型号	基本参数						
	破碎壁大端 直径/mm	喉口尺寸 /mm	推荐进料 粒度/mm	最大给料 粒度/mm	生产能力 /t·h^{-1}	电机功率 /kW	质量 /t
PYX-2116		16					
PYX-2125	2100	25	5~19	38	230~270	≤315	100.0
PYX-2132		32					

注：破碎机的型号中，PYX 为旋盘圆锥破碎机；前两位数字代表破碎壁大端直径，后两位数字代表喉口尺寸。

（2）辊式破碎机

除了矿用双齿辊破碎机用于大块矿石的粗碎外，也有一些双齿辊破碎机用于 800mm 以下矿物的粗碎作业，但是辊式破碎机更多地应用于物料的中碎、细碎甚至粉磨。用于物料中碎作业的辊式破碎机包括双光辊破碎机和双齿辊破碎机。中国行业标准 JB/T 10245—2015《双辊破碎机》规定了双辊破碎机的型号和参数，如表 3.10 所示。

表 3.10　JB/T 10245—2015 规定的双辊破碎机的型号和基本参数[13]

型号	基本参数						
	辊子直径 /mm	辊子长度 /mm	最大进料 粒度/mm	出料粒度 /mm	生产能力 /t·h^{-1}	电机功率 /kW	质量 /t
2PG-200×125	200	125	5~20	0.4~4	0.5~1.5	≤5.5	≤0.5
2PG-400×250	400	250	10~30	2~8	2~10	≤15	≤1.43
2PG-610×400	610	400	20~40	2~30	4~30	≤37	≤3.6
2PG-610×610	610	610	20~50	2~35	5~40	≤45	≤5.0
2PG-750×500	750	500	20~50	2~35	6~55	≤45	≤7.0
2PG-900×900	900	900	20~60	2~35	15~80	≤75	≤19.7
2PG-1000×800	1000	800	20~60	2~35	18~90	≤90	≤24.0
2PG-1200×800	1200	800	20~70	2.5~35	18~95	≤90	≤24.2
2PG-1200×1000	1200	1000	20~90	2.5~35	35~120	≤110	≤46.4
2PGC-370×1200	370	1200	20~60	3~25	3~5	≤18.5	≤1.6
2PGC-400×630	400	630	40~150	5~50	10~40	≤15	≤4.0
2PGC-450×500	450	500	60~200	5~80	10~40	≤15	≤3.8
2PGC-550×1000	550	1000	80~300	5~100	30~80	≤45	≤7.1
2PGC-600×750	600	750	100~300	5~100	30~90	≤30	≤7.65
2PGC-600×900	600	900	100~350	5~100	30~110	≤45	≤7.95
2PGC-620×410	620	410	40~80	5~60	12~500	≤30	≤3.6
2PGC-800×400	800	400	80~250	5~80	15~60	≤30	≤8.5
2PGC-850×1500	850	1500	100~400	5~150	45~150	≤45	≤27.1
2PGC-900×900	900	900	150~500	5~150	45~180	≤75	≤18.7
2PGC-1015×760	1015	760	100~300	5~150	30~150	≤90	≤19.5
2PGC-1000×1500	1000	1500	150~500	5~200	50~200	≤132	≤35.0
2PGC-1200×1500	1200	1500	150~600	10~200	100~300	≤150	≤52.0
2PGC-1250×1600	1250	1600	150~600	10~200	100~300	≤150	≤55.0
2PGC-1370×1900	1370	1900	200~800	10~250	200~500	≤440	≤108

注：破碎机的型号中，PG 代表双光辊破碎机，PGC 代表双齿辊破碎机；前一个数字代表辊子直径，后一个数字代表辊子长度。

3.2.2.3　常用的细碎机械

从表 3.6~表 3.9 可以看出，圆锥破碎机基本上不能对物料进行机械细碎。从表 3.2 和表

3.10 可以看出，一些小型锤式破碎机和双辊破碎机虽然可以实现物料的细碎，但是产量很低，远远不能满足上下游工序的要求。除了这些小型锤式破碎机和双辊破碎机外，可以对物料进行大规模细碎处理的机械有四辊破碎机和辊压机等。

（1）四辊破碎机

四辊破碎机的工作原理与双辊破碎机类似，区别是在一台破碎机上同时实现两级破碎，如图 3.13 所示。四辊破碎机可以实现粗碎和细碎的两段式破碎工序简化成一段式工序。

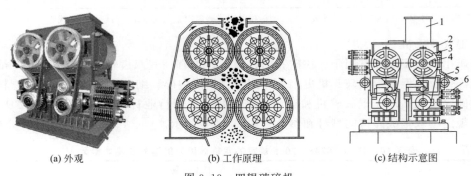

(a) 外观　　　　　(b) 工作原理　　　　　(c) 结构示意图

图 3.13　四辊破碎机

1—给料口；2—机架；3—带轮；4—轴承；5—切削装置；6—弹簧

中国行业标准 JB/T 11116—2010《四辊破碎机》规定了四辊破碎机的型号和参数，如表 3.11 所示。

表 3.11　JB/T 11116—2010 规定的四辊破碎机的型号和基本参数[14]

型号	基本参数							
	辊子直径 /mm	辊子长度 /mm	给料粒度 /mm	上辊间隙 /mm	下辊间隙 /mm	生产能力 /t·h⁻¹	上辊电机功率/kW	下辊电机功率/kW
4PG-700×500	750	500	≤40	10	2	5~7	11~17	15~18.5
			≤100	40	10	8~12		
4PG(Y)-900×700	900	700	≤40	10	2	14~16	15~24	30~37
			≤100	40	10	16~18		
4PG(Y)-900×900	900	900	≤40	10	2	18~21	24~37	45~55
			≤100	40	10	21~24		
4PG(Y)-1200×1000	1200	1000	≤30	8	3	35~40	40~55	75~90
			≤40	0	4	50~55		

注：破碎机的型号中，4PG 为弹簧拉杆调整四辊破碎机，4PG（Y）为液压装置调整四辊破碎机，前一个数字代表辊子直径；后一个数字代表辊子长度。

（2）辊压机

辊压机，又称挤压磨、辊压磨，是 20 世纪 80 年代中后期出现的新型破碎设备。辊压机是根据料床粉磨原理而设计的，其主要特征是：高压、满速、满料、料床粉碎。辊压机由两个相向同步转动的挤压辊组成，一个为固定辊，一个为活动辊。辊压机辊面可以分为三种：沟槽辊面、"人"字形辊面和铸钉辊面。如图 3.14 所示。物料从两辊上方给入，被挤压辊连续带入辊间，受到 $100 \sim 150 \mathrm{MPa}$ 的高压作用后，变成密实的料饼从机下排出。排出的料饼，

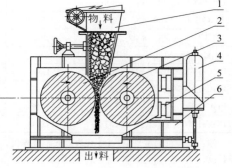

图 3.14　辊压机结构示意图

1—加料装置；2—固定辊；3—活动辊；
4—储能器；5—液压油缸；6—机架

除含有一定比例的细粒成品外，在非成品颗粒的内部，产生大量裂纹，改善物料的易磨性且在进一步粉碎过程中，可较大地降低粉磨能耗。

中国行业标准 JB/T 8917—2015《辊压机》规定了辊压机的型号和参数，如表 3.12 所示。

表 3.12　JB/T 8917—2015 规定的辊压机的型号和基本参数[15]

型号	基本参数					
	辊子直径 /mm	辊子工作长度 /mm	给料粒度/mm		通过产量 /t·h⁻¹	装机功率 /kW
			90%	10%		
RP80-20	800	200	≤20	20～30	25～32	2×90
RP100-65	1000	650	≤25	25～40	105～145	2×315
RP120-80	1200	800	≤25	25～40	180～230	2×500
RP140-65	1400	650	≤35	35～60	200～260	2×560
RP140-80	1400	800	≤35	35～60	280～360	2×630
RP140-110	1400	1100	≤35	35～60	460～510	2×800
RP170-110	1700	1100	≤40	40～60	550～650	2×900
RP170-140	1700	1400	≤40	40～60	750～900	2×1100
RP180-140	1800	1400	≤45	45～70	900～1100	2×1250
RP180-160	1800	1600	≤45	45～75	1100～1300	2×1600
RP210-160	2100	1600	≤50	50～80	1350～1600	2×1800
RP240-180	2400	1800	≤55	55～90	1600～2000	2×2500
RP260-210	2600	2100	≤60	60～90	2100～2550	2×3150
RP260-230	2600	2300	≤60	60～90	2300～2900	2×3550

注：出料粒度，小于等于 2mm 的占 60%～80%，小于等于 0.09mm 的占 20%～30%。

3.2.2.4　碳酸钙矿石的破碎工艺

在早期工业中，由于受到我国工业水平的限制，多采用两段破碎流程：第一段为颚式破碎机，第二段为圆锥破碎机或反击式破碎机等。颚式破碎机可以将超过 1m 的大块矿石粗破成 250mm 的中块产品，圆锥破碎机或反击式破碎机将中块产品破碎成粒度约为 60mm 的小块产品。可以看出，类似的两段破碎工艺实现了粗碎和部分中碎。两段工艺虽然具有便于采用国产设备、设备功率小、能耗低等优点，但是工艺复杂、占地面积大、基础设施造价高、易损件多等缺点也是显而易见的。目前，一些小型水泥厂[16]和炼钢厂用石灰石的破碎有时采用两段工艺，比如本钢矿业明山石灰石和南山石灰石的破碎就采用 900×1200 颚式破碎机和 PX-500/60 旋回破碎机的两段破碎工艺[17]。

后来，随着我国工业水平的提高以及国际环境的改善，逐渐选用以大型锤式破碎机为主的一段破碎工艺。目前，无论是在水泥生产中石灰石矿物的粗破，还是重质 $CaCO_3$ 生成中矿物的粗破，采用的破碎机械通常都是锤式破碎机。比如 1990 年辽宁本溪公路水泥厂组建的年产 20 万吨长条沟石灰石矿的破碎采用的破碎机械为 TPC-1616 单段锤式破碎机[18]；由北京有色冶金设计研究总院设计的大连某项目就采用了德国 MB-70/90 型锤式破碎机[19]；冀东水泥股份有限公司某石灰石矿的破碎采用锤式破碎机械[20]；2006 年兴建的年产 60 万吨安徽马钢某垅石灰石矿的破碎机械采用的也是锤式破碎机[21]。

3.2.3　碳酸钙颗粒的粉磨

粉磨是指将破碎后粒度在 2.5～10mm 的颗粒物料磨细成粒度小于 44μm 的粉料的过程。粉磨也包括粗磨、中磨和细磨三个阶段。有的粉磨机械只能完成物料的粗磨，如棒磨机；有的可以完成物料的粗磨和中磨，如自（半）磨机和立式磨机；而有的粉磨机械可以同时完成物料的粗磨、中磨和细磨，如球磨机、管磨机和雷蒙磨等。

3.2.3.1 常用的粉磨设备

在重质 $CaCO_3$ 的粉磨工序中，最常用的设备主要有球磨机和辊式磨机等。

（1）球磨机

球磨机不仅是大型重质 $CaCO_3$ 生产线的主要粉磨设备，还广泛应用于水泥、硅酸盐制品、建筑材料、耐火材料、化肥、黑色与有色金属选矿以及玻璃陶瓷等生产行业。当球磨机筒体转动时，研磨体在离心力的作用下，附在筒体衬板上被筒体带到高处，当被带到一定高度的时候，由于其本身的重力作用呈抛物线落下，下落的研磨体像抛射体一样将筒体内的物料给击碎。此外，研磨体也会泻落而下，此时研磨体与物料之间的摩擦作用也会使物料磨细。

球磨机的种类很多，按筒体的长度与直径之比可分为短磨机（长径比小于2）、中长磨机（长径比约为3）和长磨机（长径比大于4，或称为管磨机）；按磨内装入的研磨介质形状分为球磨机、棒磨机、棒球磨机和砾石磨；按卸料方式可以分为尾卸式磨机和中卸式磨机，其中按尾卸式磨机的排料方式又分为格子排料、溢流排料、周边排料和风力排料等；按传动方式可分为中心传动磨机和边缘传动磨机；按工艺操作可分为干法磨机、湿法磨机、间歇磨机和连续磨机[22]。

各种球磨机外形因其种类和生产厂家而有所不同，其工作原理和结构（以两仓为例）如图3.15所示。球磨机主要由传动装置、进料装置、支撑装置、回转装置和卸料装置组成。

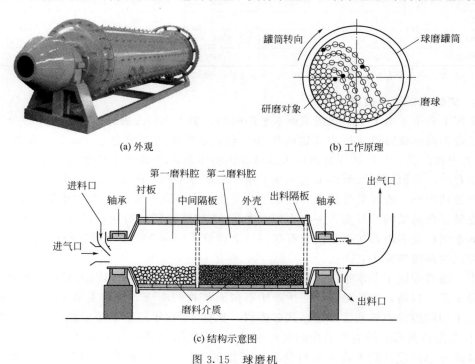

(a) 外观   (b) 工作原理

(c) 结构示意图

图 3.15 球磨机

① 传动装置 球磨机的传动装置主要包括电机、减速器、传动轴、皮带或齿轮。电机经减速器减速后由皮带或齿轮带动筒体转动。中心传动磨机的传动装置在筒体中心位置，而边缘传动磨机的传动装置在筒体的一端（头部或尾部）。

② 进料装置 球磨机的进料装置包括下料斗和螺旋式进料筒或锥形进料筒。间歇磨机的进料口和出料口通常为同一个开口，进料完成后将开口封闭，球磨完成后打开开口进行卸料。连续磨机通过进料装置从磨头的中空轴颈部连续进料。

③ 支撑装置 球磨机的支撑装置位于筒体的两端，起到支撑整个球磨筒体的作用，有主轴承支撑、滑履支撑和混合支撑三种情况。

④ 回转装置 球磨机的回转装置包括中空轴、磨机筒体和磨内的隔仓板、衬板和挡料圈等部件。为了提高球磨效率，中长磨机和长磨机一般分为若干个仓，不同仓内的物料粒度和球磨介质的级配是不同的。为了防止研磨介质的横向窜动，不同仓用隔仓板隔开。

⑤ 卸料装置 卸料装置的作用是将磨好的细料从卸料出口顺利排出。连续磨机的卸料装置主要有边缘传动磨机卸料、中心传动磨机卸料和中间卸料三种形式。

中国国家标准GB/T 25708—2010《球磨机和棒磨机》给出了各种型号的球磨机和棒磨机的型号和参数。限于篇幅，这里不再一一列出，只给出不同类别的球磨机和棒磨机型号的表示方法。如图3.16所示[23]。

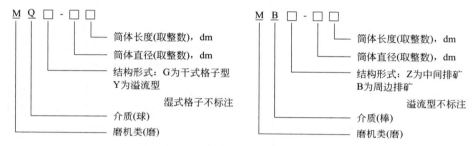

图3.16 各类球磨机型号的表示方法

中国行业标准JB/T 8914—1999《管磨机》给出了管磨机的型号和参数，如表3.13所示。

表3.13 JB/T 8914—1999规定的管磨机的型号和基本参数[24]

型号	名称	基本参数						
		传动方式	粉磨方式	生产能力 /t·h⁻¹	磨机转速 /r·min⁻¹	有效容积 /m³	研磨体装载量/t	电机功率 /kW
$\phi 1.2 \times 4.5$	原料磨 水泥磨	边缘	—	1.6 1.4	29	4.33	5.2	55
$\phi 1.5 \times 5.7$	原料磨 水泥磨	边缘	开流	4~5 2~4	31.9	8.4	12.25	130
$\phi 1.8 \times 6.4$	原料磨 水泥磨	边缘	开流	7.5~8.5 5~6	24	14.5	18	220
$\phi 2.2 \times 6.5$	原料磨 水泥磨	边缘	烘干圈流 圈流	15~16 12~14	22	18 21	22 31	320 380
$\phi 2.2 \times 11$	原料磨 水泥磨	中心	开流	20~22 14~16	21	33	58	630
$\phi 2.4 \times 10$	原料磨 水泥磨	边缘	圈流	30 17~18	20	43.2	40 50	570
$\phi 2.4 \times 13$	棒球磨 水泥磨	中心	湿法开流 开流	40~46 20~23	19	50 51	70 65	800
$\phi 3 \times 9$	原料磨 水泥磨	中心	圈流	36~44 30~35	18	55	75	1000
$\phi 3 \times 11$	原料磨 水泥磨	中心	烘干圈流 圈流	45~50 40~47	17.6	69	100	1250
$\phi 3.2 \times 7 + 1.8$	烘干磨	中心	烘干圈流	48~52	17.8	44.5	58	1000

注：粉磨机的型号中，前一个数字代表筒体直径；后一个数字代表筒体长度。

（2）辊式磨机

辊式磨机是通过磨辊与磨盘之间的相对运动而使物料粉碎的一大类粉磨机械。辊式磨机按照磨辊的结构形式可分为辊子式、摆辊式和滚球式；按照研磨体的组合形式可分为圆柱斜辊-蝶形盘式、锥辊-平盘式、轮胎形直辊-沟槽盘式、圆柱直辊-平盘式、轮胎形斜辊-沟槽盘式和球形辊-沟槽盘式等；按磨辊的加压机构分为弹簧压力式和液压式，如表 3.14 所示。

表 3.14 不同类型辊式磨的磨辊和磨盘的组合[1]

磨机名称	磨辊形状	磨盘形状	磨辊与磨盘的结合
雷蒙磨	圆柱斜辊	蝶形平盘	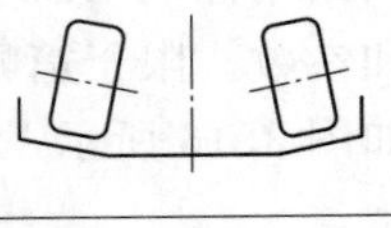
莱歇磨	锥形辊	平形盘	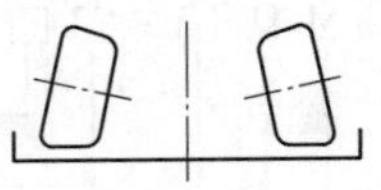
伯力鸠斯磨	轮胎形半分直辊	沟槽形盘	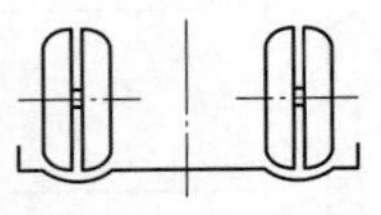
ATOX 磨	圆柱直辊	平形盘	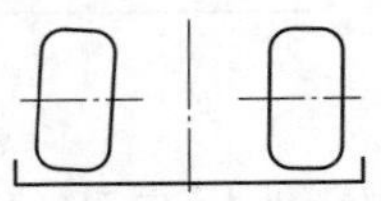
费夫尔磨 CK 磨	轮胎形斜辊	沟槽形盘	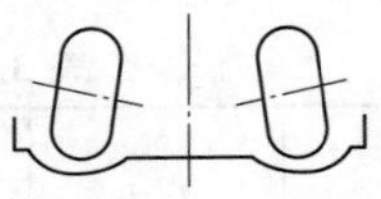
匹托磨 E 形磨	球形辊	沟槽形盘	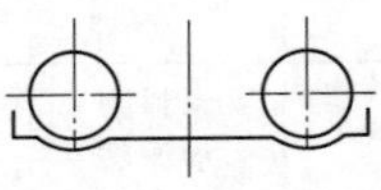

① R 摆式磨粉机　又称雷蒙磨粉机，习惯上称为雷蒙磨，是重质 $CaCO_3$ 制备过程中经常使用的粉磨机械。雷蒙磨在进行粉磨作业时，由磨机底部拖动回转的磨辊组支架带动产生离心力，工作腔内磨辊与磨环间不断接受上方进料口和设在下面刮刀输送的物料，同时在磨环下方连续鼓入大量空气，将粉磨过的物料吹向工作腔上方的分级机，合格粉体由排料口排出，不合格的粗大颗粒沿筒壁下落再次进行粉磨，直至粒度达到要求被排出。其外观和结构如图 3.17 所示。

雷蒙磨是制粉领域应用非常广泛的粉磨机械，这是因为雷蒙磨具有很多以下优点。

a. 应用范围广：适用于粉磨各类莫氏硬度不大于 7，含水量小于 8% 的脆硬性物料，如 $CaCO_3$、滑石、膨润土、高岭土、铝矾土、硅灰石、叶蜡石、重晶石、沸石、闪透石、海泡石、钛矿石和金属氧化物矿石等。

b. 产品粒度适中：经过雷蒙磨加工的粉体粒径在 $45\sim125\mu m$ 之间，该粒度的粉体恰好是市场上应用最多、需求量最大的粉体。

c. 一次制成：从原矿（矿石块径不大于 200mm）到成品粉体由配套齐全的一条生产线一次干法加工制成，破碎、提升、仓储、给料、粉磨、风送、分级、收粉等各工序自行连续完成，简便易行。

(a) 外观

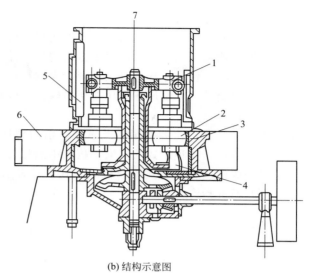
(b) 结构示意图

图 3.17 R 摆式磨粉机
1—梅花架；2—磨辊；3—磨环；4—铲刀；5—给料部；6—返回风箱；7—排料部

d. 采用气体输送和分级，加工效率大大提升。

e. 设备结构简单，主机低速运行，经久耐用，易操作，易维修。

f. 设备价格低廉，投资和生成成本较低。

尽管雷蒙磨有上述众多优点，但是随着技术进步和市场对粉体要求的不断提高，传统雷蒙磨的缺点也逐渐显露出来，主要表现在以下几个方面。

a. 产品粒度较大：市场上产品的附加值往往与产品粒度有直接关联，低附加值的产品已经越来越难以满足用户的要求；另外，作为填料的粗粒径粉体也影响基体材料的性能；

b. 产量较低，能耗较高：随着一些高效节能新型粉磨设备的出现，拉大了与传统雷蒙磨综合性能的差距；

c. 粉尘外泄污染环境，恶化操作条件，而且产成品损耗大。

中国行业标准 JB/T 4084—2017《摆式磨粉机》给出了粉磨机的型号和参数，如表 3.15 所示。

表 3.15 JB/T 4084—2017 规定的摆式磨粉机的规格和基本参数[25]

型号	磨辊			磨环		最大进料粒度/mm	成品粒度/mm	主机功率/kW	风机功率/kW
	个数/个	外径/mm	高度/mm	内径/mm	高度/mm				
2R2613	2	260	130	760	130	15		≤18.5	≤11
3R2714	3	270	140	830	140	15		≤22	≤15
4R3216	4	320	160	970	160	20		≤37	≤30
5R4119	5	410	190	1270	190	20		≤75	≤55
φ1300	4	≥410	≥200	1300	≥200	25	0.044 ~ 0.125	≤75	≤75
φ1400	4	≥430	≥210	1400	≥210	25		≤90	≤90
φ1600	4~5	≥460	≥230	1600	≥230	30		≤132	≤132
φ1800	4~5	≥500	≥250	1800	≥250	35		160~185	160~185
φ2000	4~5	≥540	≥270	2000	≥270	40		220~250	220~250
φ2300	5~6	≥600	≥300	2300	≥300	45		315~355	315~355
φ2600	5~6	≥660	≥330	2600	≥330	50		400~450	400~450

注：R 代表中小型摆式磨粉机；R 前面的数字代表磨辊的个数；R 后面的数字前两位代表磨辊的直径，后两位数字代表磨辊和磨环的高度。φ 表示大型磨粉机；φ 后面的数字代表磨环的直径。

② 立式辊磨机 俗称立磨。立磨进行粉碎作业时，来自给料装置的物料相对均匀地撒在回转的磨盘上，施加一定压力的磨辊对磨盘上的物料进行碾压而实现物料的磨细，粉磨后的物料和部分未被粉磨的物料在离心力的作用下溢出磨盘，并受到磨盘周围轴向风力的作用使溢出的物料沿筒壁向上进入工作腔上部的分级系统，大颗粒在工作腔的中心区域落到磨盘上再次接受碾磨直至粒度符合要求。立磨属于中压料层粉碎，可以利用一部分物料破碎时的飞溅功，因而具有能量消耗低的优点。

世界上有很多种立磨，比如德国的莱歇磨、伯力鸠斯磨，丹麦的 ATOX 磨，日本的 CK磨等。国内也开发制造了各种形式的立磨，按照中国建材行业标准，有立式原料/生料辊磨机、矿渣水泥立磨机和脱硫制粉用立式辊磨机等，其型号表示方法如图 3.18 所示[26~28]。这些立磨都可以用于石灰石的粉磨。

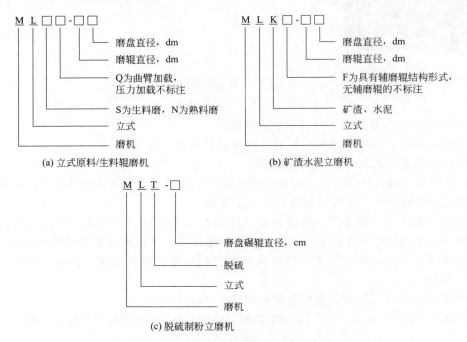

图 3.18 各种立磨机型号的表示方法

3.2.3.2 碳酸钙粉体的粉磨工艺

CaCO₃ 粉体的粉磨工艺从操作方式上有间歇式和连续式；从工艺上有干法工艺、湿法工艺及干湿组合工艺；从粉磨过程的分级与否有开路流程、闭路流程、带预先分级的开路流程、带预先分级的闭路流程、带最终分级的开路流程和带预先分级和最终分级的开路流程（如图3.19 所示）；在粉磨机械上常见的工艺主要是球磨工艺和辊磨工艺。

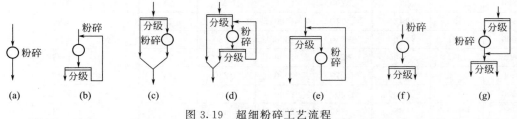

图 3.19 超细粉碎工艺流程

(a) 开路粉碎；(b) 闭路粉碎；(c) 带预先分级的开路系统；(d) 带预先分级的闭路系统；(e) 预先分级和检测分级合一的粉碎；(f) 带最终分级的开路系统；(g) 带预先分级和最终分级的开路系统

3.2.4 碳酸钙粉体的超细粉碎

$CaCO_3$ 粉体的超细粉碎是指将 $CaCO_3$ 细磨产品（通常是小于 $44\mu m$ 的粉末）粉碎成粒度小于 $10\mu m$ 超细粉体的过程，包括微粉碎和超微粉碎。微粉碎是指将 $CaCO_3$ 细磨产品粉碎成小于 $10\mu m$ 超细粉体的过程，而超微粉碎是指将 $CaCO_3$ 细磨产品或者微粉碎产品粉碎成小于 $3\mu m$ 超细粉体的过程。

3.2.4.1 常用的超细粉碎设备

在重质 $CaCO_3$ 的超细粉碎工序中，常用的设备包括高细球（管）磨机、振动球磨机、搅拌研磨机、辊式磨机、气流粉碎机和高速机械冲击粉碎机等。

（1）高细球（管）磨机

用于超细粉碎的高细球（管）磨机是在康必丹磨的基础上设计的，通常采用多仓结构。其工作原理与前述球磨机基本相同，结构上的不同主要表现为三个方面：一是采用小算缝、大通风面积、兼具分级功能的隔仓板；二是设置若干个挡料圈以控制产品细度；三是采用小直径的研磨介质[29]。这种结构使得高细球（管）磨机超细粉碎有如下优点：

① 磨内设置的筛分分级装置，可以有效拦截大颗粒物料进入下一仓，并让其消除在仓内，确保成品中没有大颗粒物料；

② 采用小直径的研磨介质，可以起到强化粉磨效果、降低产品粒度的作用；

③ 研磨介质合理的装载量和级配，可以降低磨机功率、增加产量。

（2）振动球磨机

振动球磨机，简称振动磨，是利用研磨介质（球或棒）在高频振动的筒内对物料进行反复冲击、剪切和摩擦等作用使物料粉碎的细磨和超细磨设备。振动磨在粉磨作业时，电动机通过挠性联轴器和万向联轴器驱动偏心激振器高速旋转，带动圆筒做近似的圆振动。筒体内充填的研磨介质和待粉磨物料在筒内翻转，使物料不断受到研磨介质的强烈冲撞、击打、挤压和磨剥等作用而实现粉碎。

振动磨按振动特点分为惯性式和偏旋式，按筒体数目分为单筒式和多筒式，按操作方式分为间歇式和连续式，按工艺分为干法球磨和湿法球磨。

振动磨主要由驱动和制动装置、联轴装置（万向或挠性）、激荡装置、筒体和弹性支撑装置等构成，如图 3.20 所示。

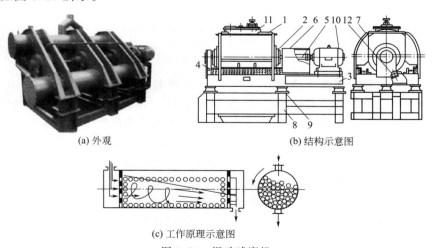

(a) 外观　　　　　　　　　(b) 结构示意图

(c) 工作原理示意图

图 3.20　振动球磨机

1—筒体；2—激振器；3—机架；4—弹簧；5—弹性联轴器；6—护罩；7—冷却装置；
8—机座；9—减振器；10—电机；11—给料口；12—排料口

① 驱动和制动装置　整个磨机是由电机提供能量；制动动作是通过电机瞬间反转来完成的，主要为了防止共振，避免损坏机器；

② 联轴装置　联轴装置主要用来传递转矩并解决激振器振动而电机不参与振动的连接问题；

③ 激荡装置　激荡装置的作用是把电机的转动力矩转化为磨筒的周期振动，激荡装置由偏心块和滚动轴承组成；

④ 筒体　是振动磨的工作体，用以盛装研磨介质和物料，内层装有耐磨衬板。

中国行业标准 JB/T 8850—2015《振动磨》给出了振动磨的型号和参数，如表 3.16 所示。

表 3.16　JB/T 8850—2015 规定的振动磨的型号和基本参数[30]

型号	筒体容积/L	筒体外径/mm	振动频率/Hz	振幅/mm	磨介量/L	进料粒度/mm	出料粒度/mm	生产能力/kg·h⁻¹	电机功率/kW	振动部分质量/kg
MZ-100	100	560	24	≤3	65～85	≤5	≤74	100	5.5	≤380
MZ-200	200	710	24.3	≤3	130～170	≤5	≤74	200	11	≤610
MZ-400	400	900	24.5	≤3	260～340	≤5	≤74	400	22	≤1220
MZ-800	800	1120	16.3	≤7	520～680	≤5	≤74	800	45	≤2450
MZ-1600	1600	1400	16.2	≤7	1040～1360	≤5	≤74	1600	90	≤4900
2MZ-100	100	224	24	≤3	65～85	≤5	≤74	90	7.5	≤540
2MZ-200	200	280	24.3	≤3	130～170	≤5	≤74	180	15	≤960
2MZ-300	300	320	24.3	≤3	195～255	≤5	≤74	270	22	≤1580
2MZ-400	400	355	24.5	≤3	260～340	≤5	≤74	350	30	≤1910
2MZ-500	500	426	16.3	≤7	260～340	≤5	≤74	350	37	≤2880
2MZ-800	800	450	16.3	≤7	520～680	≤5	≤74	700	55	≤3820
2MZ-1200	1200	546	16.3	≤7	780～1020	≤5	≤74	1050	75	≤5680
2MZ-1600	1600	560	16.2	≤7	1040～1360	≤5	≤74	1400	110	≤7650
3MZ-30	30	168	24.3	≤3	20～25	≤5	≤74	20	2.2	≤190
3MZ-90	90	224	24	≤3	52～68	≤5	≤74	60	4	≤380
3MZ-150	150	280	24	≤3	98～128	≤5	≤74	125	7.5	≤610
3MZ-300	300	355	24.3	≤3	195～255	≤5	≤74	250	15	≤1210
3MZ-600	600	450	24.7	≤3	390～510	≤5	≤74	500	37	≤2410
3MZ-1200	1200	560	16.2	≤7	780～1020	≤5	≤74	1000	75	≤4800

注：MZ 代表振动磨；字母前面的数字代表筒体的数量（单筒不标注）；字母后面的数字前两位代表筒体总容积。

（3）搅拌研磨机

搅拌研磨机，又称搅拌磨，是指由一个固定不动的装有研磨介质的研磨筒和一个旋转搅拌器构成的一类超细研磨设备。搅拌磨在进行粉磨作业时，由电机带动通过搅拌器搅动研磨介质产生不规则运动，对筒内物料产生撞击、冲击、剪切和摩擦等作用而使物料磨细。

研磨介质、旋转搅拌器和筒体内壁是磨损最严重的部位。因此，研磨介质通常选择耐磨的氧化铝、氧化锆、钢球、玻璃珠和天然砂等。旋转搅拌器的搅拌部分也选用一些耐磨材料，筒体内壁根据不同研磨要求镶衬不同材料或安装固定的短棒和做成不同的形状。

搅拌研磨机按照结构形式分为立式搅拌磨和卧式搅拌磨；按照不同的操作方式分为间歇式搅拌磨和连续式搅拌磨；按照工艺分为干式搅拌磨和湿式搅拌磨；按照搅拌器的形状分为棒式搅拌磨、圆盘式搅拌磨、螺旋或塔式搅拌磨等。

图 3.21 是间歇式搅拌研磨机的外形和工作原理示意图。间歇式搅拌研磨机的主要结构包括驱动系统、给料系统、搅拌研磨系统、出料系统和冷却系统等部分。进行粉磨作业时，在电

机驱动下，搅拌轴带动搅拌棒高速运动，使球磨桶内的研磨介质与被磨物料做无规则运动，介质与物料之间发生相互撞击、剪切和摩擦等作用而使物料磨细。搅拌研磨机的研磨作用主要发生在研磨介质和物料之间，磨好的物料一次性从研磨筒内排出。

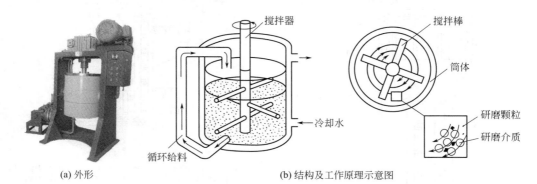

(a) 外形　　　　　　　　　　　(b) 结构及工作原理示意图

图 3.21　间歇式搅拌研磨机的外形和工作原理

　　循环式间歇搅拌研磨机是一种将搅拌磨机和大容量预混缸相结合的机型，如图 3.22 所示。其研磨筒内的研磨工作原理与上述间歇式搅拌研磨机类似，不同的是利用泵高速循环达到快速的研磨效果及较窄的粒径分布。进行粉磨作业时，快速循环的物料通过搅动激烈地研磨介质层，这种现象有利于得到较窄的粒径分布，允许较小的微粒迅速通过；而相对较粗的微粒则要滞留较长的时间，对粗粒有优先破碎效果。循环式搅拌磨的主要特点是研磨后可获得非常窄的粒度分布，研磨介质和研磨室的投资较少，但能处理大量物料。

　　连续式搅拌磨按照结构形式分为立式和卧式两种，按照作业方式分为干法和湿法，其工作原理如图 3.23 所示。

　　湿法立式连续搅拌磨的结构特点是研磨筒体较高，并且在研磨筒的内壁上装有固定臂以增强研磨效果。在进行粉磨作业时，料浆从下部给料口由压力泵给入，与高速搅动的研磨介质发生冲击、摩擦和剪切等作用而使物料被磨细。磨细后的细粒料浆经过

图 3.22　循环式间歇搅拌研磨机的外形

上部的溢流口从出料口排出，如图 3.23(a) 所示。产品的粒度通过物料在研磨室的停留来控制，而停留时间通过给料速度来控制。给料速度越慢，停留时间越长，产品粒度就越细。

　　干法立式连续搅拌磨的结构与湿法立式连续搅拌磨相似，只不过给料和出料的方式不同，一般通过螺旋给料器和螺旋出料器从上部给料，下部出料，如图 3.23(b) 所示。

　　湿法卧式连续搅拌磨的工作原理如图 3.23(c) 所示，其搅拌器通常设计成盘式，盘式搅拌器有助于消除磨机在运转时的抖动，还可以使研磨介质沿整个研磨室均匀分布，从而提高研磨效率。此外，采用的动力介质分离筛可以消除介质对筛的堵塞以及筛面的磨损。

　　砂磨机是另外一种形式的搅拌研磨机，因为最初使用天然砂和玻璃珠作为研磨介质而得名。与其他类型的介质研磨设备相比，砂磨机研磨腔最为狭窄，研磨能量最密集，研磨效率非常高。从结构形式分，砂磨机分为立式和卧式两种类型。

　　图 3.24 是立式砂磨机的结构与工作原理示意图。它主要包括传动系统、进料系统、研磨和分散系统及出料系统，有的还有冷却系统。进行研磨作业时，物料从砂磨机底部加入，在研磨腔内受到不同粒径研磨介质的强烈冲击、摩擦和剪切等作用而使物料磨细。磨细的物料从上部排料口排出。

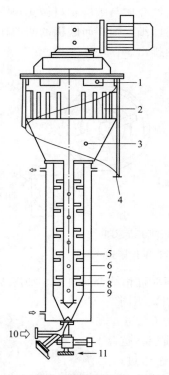

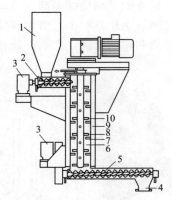

(b) 干法立式连续搅拌磨

1—料斗；2—给料螺旋；3—减速机；4—产品及介质排出口；
5—排料螺旋；6—搅拌棒；7—旋转轴；8—固定臂；
9—冷却夹套；10—研磨室

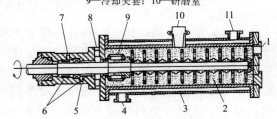

(a) 湿法立式连续搅拌磨

1—溢流口；2—叶片；3—研磨介质存放室；4—出料口；
5—研磨室；6—冷却夹套；7—磨筒；8—搅拌轴；
9—固定臂；10—进料口；11—放料阀

(c) 湿法卧式连续搅拌磨

1—给料口；2—搅拌器；3—筒体夹套；4—冷却水入口；5—密
封液入口；6—机械密封件；7—密封液出口；8—出料口；9—旋
转动力介质分离筛；10—介质入口；11—冷却水出口

图 3.23　各种搅拌磨的结构及其工作原理

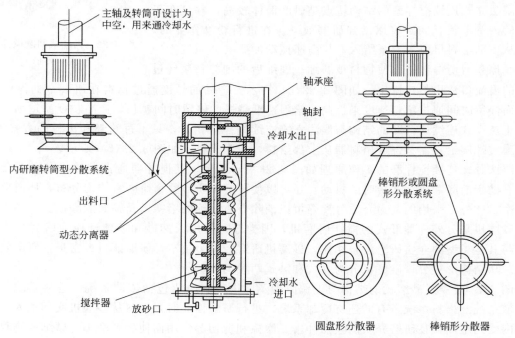

图 3.24　立式砂磨机的结构与工作原理

图 3.25 是卧式砂磨机的结构及其工作原理示意图。卧式砂磨机筒体内的旋转主轴上装有多层圆盘，当主轴转动时，研磨介质在旋转圆盘的带动下与浆料中的物料颗粒产生碰撞、冲击、摩擦和剪切等作用而使物料磨细，粒度合格的浆料穿过小于研磨介质粒度的过滤间隙或筛孔流出。筒体周围备有冷却或加热装置，以防筒内因物料、研磨介质和圆盘等相互摩擦所产生的大量热影响产品质量，或因送入的浆料冷凝以致流动性降低而影响研磨效果。

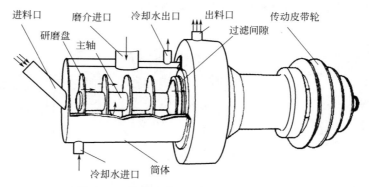

图 3.25　卧式砂磨机的结构及其工作原理

（4）辊式磨机

鉴于传统雷蒙磨产品粒度大等缺点，对传统雷蒙磨进行了诸多改进，开发了一些新型辊式超细粉磨机械。

MRX 超细摆式粉磨机或称超细雷蒙磨，是经过对传统雷蒙磨给料装置、主机结构和研磨参数、分级系统、风送系统和收粉系统等多方面的改造而开发的。超细摆式磨粉机可以大幅度提高产量，能耗降低 $30\% \sim 35\%$，产成品的粒度由传统雷蒙磨的 $45 \sim 125\mu m$ 降低到 $10 \sim 44\mu m$ 甚至更小[31]。

中国行业标准 JB/T 10732—2007《MRX 型超细摆式磨粉机》规定了 MRX 型超细摆式磨粉机的规格和基本参数，如表 3.17 所示。

表 3.17　JB/T 10732—2007 规定的 MRX 型超细摆式磨粉机的规格和基本参数[32]

型号	磨辊			磨环		最大进料粒度/mm	出料粒度/mm	主机功率/kW	风机功率/kW
	个数/个	直径/mm	高度/mm	内径/mm	高度/mm				
4MRX-3516	4	350	160	1000	170	25	0.010~0.044	≤37	≤30
5MRX-4419	5	440	190	1270	190	30		≤75	≤55
6MRX-5525	6	550	250	1750	260	60		≤185	≤185

注：MRX 为 MRX 型超细摆式磨粉机；字母前面的数字代表磨辊的个数；字母后面的数字前两位代表磨辊的直径，后两位数字代表磨辊和磨环的高度。

（5）气流粉碎机

气流粉碎机，又称气流磨。在高速气流（$300 \sim 500 m \cdot s^{-1}$）或者过热蒸汽（$300 \sim 400℃$）的作用下，通过物料自身颗粒之间的撞击、气流对物料的冲击以及物料与其他部件的冲击、剪切和摩擦等作用而实现物料的粉碎。气流磨粉磨的产品具有粒度分布窄、颗粒表面光滑、形状规则、杂质含量少等优点。

目前工业上应用的气流粉碎机主要包括水平盘式气流粉碎机、循环管式气流粉碎机、对喷式气流粉碎机和流化床对喷式气流粉碎机等类型。

水平盘式气流粉碎机，又称扁平式气流粉碎机。水平盘式气流粉碎机是工业上应用最早的气流粉碎机，主要由进料系统（料斗、加料喷嘴和文丘里管）、进气系统、粉碎-分级系统和出料系统组成，如图 3.26 所示。来自料斗中的物料被加料喷嘴喷射出来的气流引射进入文丘里管并在其中混合增压后进入粉碎室，在分级圆（与各喷气嘴的轴线相切的圆周）外侧的粉碎区受到由喷气嘴喷入的高速气流的冲击，具有一定速度的颗粒互相冲击碰撞以及与粉碎腔内壁发生碰撞，从而实现物料的粉碎，粉碎后进入分级圆内侧的分级区；小于分级粒径的颗粒随气流排出机外，而大于分级粒径的颗粒返回粉碎区继续粉碎。

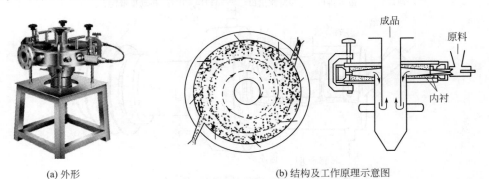

(a) 外形 (b) 结构及工作原理示意图

图 3.26 水平盘式气流粉碎机的外形及其工作原理

循环管式气流粉碎机主要由加料系统（料斗、加料喷射器、混合室、文丘里管）、进气系统（气体分配管、粉碎喷嘴）、粉碎腔和分级系统组成，如图 3.27 所示。通过加料喷射器产生的高速气体射流通过混合室时在混合室内形成负压，将料斗中的待粉碎物料吸入混合室并被高速送入粉碎腔，在循环管的下方进一步被数个粉碎喷嘴喷入的高速气流加速，使颗粒之间产生激烈的碰撞、摩擦、剪切等作用，粉碎过程瞬间完成。粉碎后的物料随气流进入循环管的上升管道，当进入环管上端的分级腔时由于离心力和惯性作用实现一次分级，粗颗粒经循环管的下降管道返回粉碎腔继续粉碎，细颗粒随气流与环形管道呈 130° 夹角逆向流出循环管进入一个蜗壳形分级室进行第二次分级，粗颗粒在离心力作用下被分离出来，返回粉碎腔继续进行粉碎，细颗粒随气流通过出料口排出粉碎机。

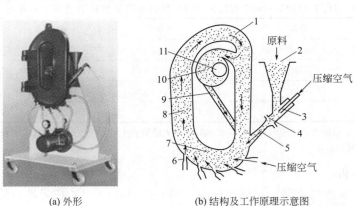

(a) 外形 (b) 结构及工作原理示意图

图 3.27 循环管式气流粉碎机的外形及其工作原理

1——一级分级腔；2—进料口；3—加料喷射器；4—混合室；5—文丘里管；6—粉碎喷嘴；
7—粉碎腔；8—上升管；9—回料通道；10—二级分级腔；11—出料口

对喷式气流粉碎机主要由加料系统、进气系统、粉碎腔、分级系统等组成，如图 3.28 所示。待粉碎物料由螺旋加料器送入上升管中，沿粗颗粒返回管进入粉碎室，在相对设置的喷嘴喷入的两股高速气流的作用下，物料之间发生猛烈的碰撞冲击而粉碎。粉碎后的物料从设在底部的出口管沿上升管进入分级室进行分级，在分级器内气流的上升速度和分级转子的转速的作用下，粒度符合要求的细颗粒从出料口排出粉碎机外，不符合要求的粗颗粒沿粗颗粒返回管返回粉碎室进行再次粉碎，直至粒度符合要求排出机外。

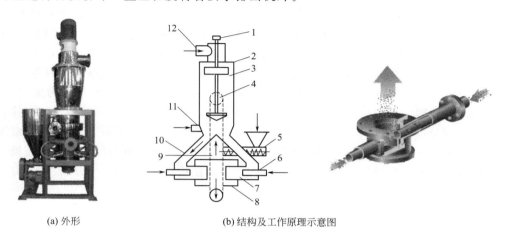

(a) 外形　　　　　　　　(b) 结构及工作原理示意图

图 3.28　对喷式气流粉碎机的外形及其工作原理

1—传动装置；2—分级转子；3—分级室；4—物料入口；5—螺旋加料器；6—喷嘴；7—混合室；
8—粉碎室；9—上升管；10—粗颗粒返回管；11—二次风入口；12—出料口

流化床对喷式气流粉碎机主要由加料装置、粉碎装置、分级装置和出料装置等部分构成，如图 3.29 所示。待粉碎物料通过螺旋加料器或直接进入粉碎室，压缩空气通过喷嘴急剧膨胀加速产生的超音速喷射流在粉碎室下部形成向心逆喷射流场，在压差的作用下使粉碎室底部的物料呈流态化。被加速的物料在多喷嘴的交汇点汇合，产生剧烈的碰撞、冲击和摩擦等作用而实现粉碎。被粉碎的物料随气流上升，粗颗粒沿粉碎腔壁回落到粉碎室继续粉碎，细颗粒上升进入上部的涡轮分级机再次进行分级。粒度不符合要求的粗颗粒经分离后也回落到粉碎腔再次被粉碎，符合要求的细粉通过排料口排出粉碎机。

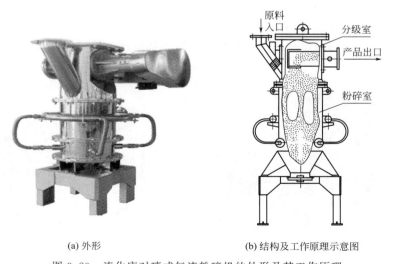

(a) 外形　　　　　　　　(b) 结构及工作原理示意图

图 3.29　流化床对喷式气流粉碎机的外形及其工作原理

以上各种气流粉碎机都可以用来粉磨和超细粉碎 $CaCO_3$，制备出不同粒径的重质 $CaCO_3$。

（6）高速机械冲击粉碎机

高速机械冲击粉碎机，简称高速机械冲击磨，是利用围绕水平或垂直轴高速旋转的回转体（棒、锤、板等）给物料以猛烈的碰撞、冲击和剪切，使其与粉碎腔壁及固定体碰撞或颗粒之间产生强烈冲击碰撞，从而使物料粉碎的一种超细粉碎设备。

目前高速机械冲击粉碎机的型号很多，包括 HWV 旋风磨、CM 型超细粉磨机、QWJ（ACM）气流涡旋微粉机、CF 冲击式粉碎机、CWM 超级涡流磨、JTM 微粉碎机、MTM 冲击磨、WDJ 涡轮式粉碎机、CWJ 超微粉碎机、LHJ 系列超细机械粉碎机等，在重质 $CaCO_3$ 制备方面应用较多的有 HWV 旋风磨、QWJ 气流涡旋微粉机和 CM 型超细粉磨机等[33]。

HWV 旋风磨主要由传动装置、加料装置、粉碎装置等组成，其外形和结构如图 3.30 所示。进行粉碎作业时，待粉碎物料由顶部的加料斗加入，迅速被转子上部的预粉碎刀片打散后均匀向定子周围分散，进入转子和定子组成的粉碎腔。转子高速旋转使内部空气形成很多湍流，物料被高速转子和高速气流带动并达到与空气流同样的高速。物料随空气在湍流处的方向和速度瞬间改变，使物料颗粒间发生非常激烈的碰撞而使物料完成粉磨。另外，少部分颗粒通过与转子和定子的直接撞击而磨细。

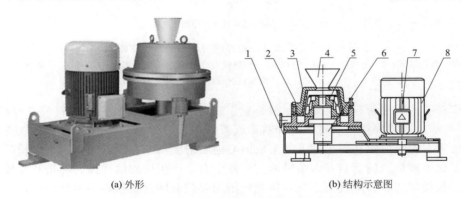

(a) 外形   (b) 结构示意图

图 3.30 HWV 旋风磨的外形及其结构

1—机架；2—机体；3—定子；4—加料斗；5—转子；6—轴座装置；7—传动装置；8—电机

QWJ 型微粉机主要由传动装置、给料装置、粉碎装置、分级装置和出料装置组成，如图 3.31 所示。进行粉碎作业时，待粉碎物料由螺旋给料器送入粉碎室内，并在高速转动的回转子与定子之间受到强烈的碰撞、冲击和剪切等作用而被粉碎。粉碎的物料在气流带动下进入分

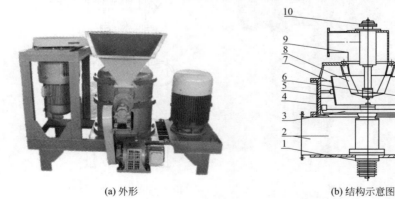

(a) 外形   (b) 结构示意图

图 3.31 QWJ 型微粉机的外形及其结构

1—皮带轮；2—进气室；3—粉碎盘；4—定子；5—内圈；6—喂料螺旋；
7—分流环；8—分级叶轮；9—出料口；10—分机皮带轮

级区，粒度符合要求的细粉随气流从中心管排出机外，不符合要求的粗颗粒在重力作用下再次回到粉碎区继续被粉碎，直到粒度符合要求被排出机外。

CM 型超细粉磨机由传动装置、给料装置、粉碎装置、出料装置等构成，如图 3.32 所示。与其他高速机械冲击粉碎机不同的是，该粉磨机的粉碎室被锥形粒度调节环分割成两部分，称为第一粉碎室和第二粉碎室。进行粉磨作业时，待粉碎物料经料斗和给料器定量连续地给入第一粉碎室，在高速转子的强烈冲击下被粉碎成数百微米大小的粉体，被初次粉碎的物料随气流进入第二粉碎室继续进行粉碎，最后被磨细的物料由出料装置排出机外。第一粉碎室的转子向排料端倾斜，有利于空气的流动；而第二粉碎室的转子不倾斜，迟滞了空气的流动。这样从给料端风机送入的空气会在粉碎室形成离心回转运动，空气流就会夹杂着物料在粉碎室内反复循环，延长物料在粉碎室内被粉碎的时间，使物料多次受到高速转子的强烈碰撞、冲击和剪切等作用而被破碎。另外，空气流的离心回转运动还具有分级的作用，粗颗粒受到较大的离心力而倾向于在粉碎室的周边，会被反复冲击研磨而破碎，细颗粒受到较小的离心力而多位于粉碎室中心，会进入第二粉碎室。物料在第二粉碎室受到同样的作用而被进一步粉碎，只是第二粉碎室的内径比第一粉碎室大 10% 左右，转子的线速度更高，物料在第二粉碎室受到的冲击研磨作用更强，会被粉碎成更细的粉体；而且第二粉碎室内空气流动更慢，分级粒度更细，分级精度也更高。

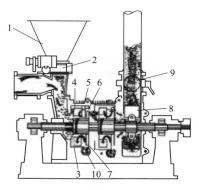

(a) 外形　　　　　　　　　　　　(b) 结构示意图

图 3.32　CM 型超细粉磨机的外形及其结构

1—料斗；2—给料器；3—衬套；4——号转子；5—固定销；6—二号转子；

7—粒度调节环；8—风机；9—阀；10—排料口

这三种高速机械冲击粉碎机在 $CaCO_3$ 的超细粉磨中都有实际应用[34]，表 3.18 列出三种高速机械冲击粉碎机的出料粒度。

表 3.18　HWV 旋风磨、QWJ 型微粉机和 CM 型超细粉磨机粉磨 $CaCO_3$ 的产品粒度

粉磨机类型	HWV 旋风磨	QWJ 型微粉机	CM 型超细粉磨机
出料粒度/μm	2~250	5~300	$D_{90} \leqslant 44$ $D_{50} = 1.5 \sim 5.5$

3.2.4.2　碳酸钙粉体的超细粉碎工艺

从粉磨机械的组合上常见的工艺有介质研磨超细粉碎工艺、气流磨超细粉碎工艺、机械冲击磨超细粉碎工艺和辊磨机超细粉碎工艺等。下面从粉磨机械的组合方面简单介绍 $CaCO_3$ 微粉的制备及实例。

（1）介质研磨超细粉碎工艺

介质研磨超细粉碎工艺包括球磨机超细粉碎工艺、振动磨超细粉碎工艺、搅拌磨或砂磨机超细粉碎工艺等。

球磨机是成熟程度最高的粉磨设备,也是制备细粉和超细粉体最常用的设备,在重质 $CaCO_3$ 粉体生产中应用非常广泛,特别是年产 5 万～10 万吨以上大型重质 $CaCO_3$ 生产线的优选设备之一。

球磨机超细粉碎工艺是在矿石经过粗破、中破、细破之后的颗粒通过球磨机粉磨—分级—粉磨等工序后使粉体粒径降低到 $2\sim74\mu m$ 范围内的粉磨工艺过程。球磨机超细粉碎工艺常用的是干法闭路粉磨工艺流程,在球磨机粉磨时配置精细分级机,将磨细的粉体及时分离出来。

球磨机超细粉碎工艺的特点体现在两个方面:一是与精细分级机构成闭路系统,循环负荷率高达 300%～500%,能及时将粒度达到要求的粉体从粉磨系统中分离出来,可以减少物料的过磨或过粉碎,还可以提高粉磨作业的效率和能量利用率;二是一台球磨机后可以配置多级或多台分级机,可以生产不同粒径和粒径分布的重质 $CaCO_3$。球磨机超细粉碎工艺制备超细 $CaCO_3$ 可以采用干法,也可以采用湿法。

表 3.19 列出了国内采用球磨机超细粉碎工艺生产重质 $CaCO_3$ 的一些厂家。

表 3.19 国内采用球磨机超细粉碎工艺生产重质 $CaCO_3$ 的实例[34]

重质 $CaCO_3$ 厂家	年生产能力/万吨	产品细度/目	生产工艺
安徽宣城某石墨制品有限公司	2	600～2500	超细球磨机＋LHB 型分级机
宣城市某超细重质碳酸钙厂	2	600～2500	超细球磨机＋LHB 型分级机
宣城某化工有限公司	2	600～2500	超细球磨机＋LHB 型分级机
宣城某有限责任公司	2	600～2500	超细球磨机＋LHB 型分级机
江西永丰某化工有限公司	2	600～2500	超细球磨机＋LHB 型分级机
湖州某纳米碳酸钙有限公司	1	600～2500	超细球磨机＋LHB 型分级机
东营某精细化工有限公司	1	600～2500	超细球磨机＋LHB 型分级机
浙江台州某反光材料有限公司	1	300～1500	超细球磨机＋LHB 型分级机
江西某反光材料有限公司	1	300～1500	超细球磨机＋LHB 型分级机
江门某科技有限公司	2	800～2500	超细球磨机＋LHB 型分级机
禹州某矿业有限公司	1	600～2500	超细球磨机＋LHB 型分级机
河池某新材料有限公司	1	600～2500	超细球磨机＋LHB 型分级机
峨眉山市某油田技术有限公司	1	200～2500	超细球磨机＋LHB 型分级机

注:200 目对应 $74\mu m$,300 目对应 $48\mu m$,600 目对应 $23\mu m$,800 目对应 $15\mu m$,1500 目对应 $10.3\mu m$,2500 目对应 $5\mu m$。

搅拌磨超细粉碎工艺、砂磨机超细粉碎工艺与球磨机超细粉碎工艺类似,其中搅拌磨超细粉碎工艺可以采用干法闭路粉磨流程,也可以采用湿法闭路粉磨流程,而砂磨机超细粉碎工艺多采用湿法闭路粉磨流程。

振动磨超细粉碎工艺是经细破或粗磨后的颗粒粉体(粒径一般不大于 5mm)通过振动磨粉磨—分级—粉磨等工序后将粉体粒径降低到 $1\sim44\mu m$ 范围内的粉磨工艺过程。目前用振动磨超细粉碎工艺生产重质 $CaCO_3$ 多采用干法闭路粉磨工艺流程,在粉磨时配置分级机对粉磨后的粉体进行精细分级。

(2)辊磨机超细粉碎工艺

雷蒙磨是制粉行业常用的机械设备,也是重质 $CaCO_3$ 制备过程中常用的粉磨机械之一。但是传统的雷蒙磨得到的产品粒度在 $44\mu m$ 左右,因此只能用于细磨工艺。在雷蒙磨的粉磨产品中，也有少部分粒径较小的粉体，但是在机外将这些超细粉体分离而使粗颗粒返回雷蒙磨继续粉磨成超细粉体在经济上是不可取的。因此，要想获得更细的产品，通常使用的是各种改进型的雷蒙磨，比如 MRX 型超细摆式磨粉机、拉杆式磨粉机、CZJ 自磨型超微粉碎机、HLM内分级离心环辊磨和 VRM-L 型滚轮磨等。在这些辊磨机后设置精细分级机可以用来制备 $CaCO_3$ 超细粉体。目前这些辊磨机已经应用于重质 $CaCO_3$ 的干法细磨和超细粉碎。

（3）高速机械冲击磨超细粉碎工艺

高速机械冲击磨是制备超细粉体常用的机械设备，目前已经应用于重质 $CaCO_3$ 超细粉体的制备。高速机械冲击磨在超细粉碎工艺流程上有开路系统、闭路系统和开路-分级组合系统等。开路流程直接将超细粉碎后的粉体由旋风集料器或袋式捕集器收集，该工艺流程简单、占地面积小，但是产品未经精细分级，粒度范围较宽。闭路系统将机械冲击磨与精细分级机串联作业，粉碎后的粉体经分级机分级后，细颗粒由袋式捕集器收集，粗颗粒返回粉碎机继续粉碎。该工艺流程产品粒度分布均匀，产品细度可以选择，粉碎机所需风量与分级机所需风量的平衡难以控制。开路-分级组合系统设置了独立的分级系统，克服了闭路系统的缺点。该工艺可以提高产品的产量，粒度分布均匀，并且可在任意范围内选择。目前已经用于重质 $CaCO_3$ 超细粉碎的高速机械冲击磨有 HWV 旋风磨、QWJ 型微粉机和 CM 型超细粉磨机等。

（4）气流磨超细粉碎工艺

气流粉碎机是经常用来制备超细粉体的粉碎机械，也用于重质 $CaCO_3$ 超细粉体的制备。在几种类型的气流粉碎机中，流化床对喷式气流粉碎机被认为是比较先进的气流粉碎机，可以制备出 $1\mu m$ 的超细粉体。气流粉碎机采用的气流主要有空气流、过热蒸汽流、惰性气流和易燃易爆物料气流。要想制备出粒度小的超细粉体，对进料粒度的要求比较严格。较小的进料粒度不但可以降低产品粒度，还可以提高粉磨效率。

在采用气流超细粉碎工艺对 $CaCO_3$ 粉体进行超细粉碎时，通常采用流化床对喷式气流粉碎机的空气流粉碎工艺。进料粒度要求在 100 目（$150\mu m$）以下，最经济的进料粒度通常为325 目（$44\mu m$）。因此，气流粉碎工序需前置细磨工序，比如雷蒙磨粉磨等。气流磨超细粉碎工艺生成超细 $CaCO_3$ 粉体时采用干法生产。

3.3　碳酸钙粉体的表面改性

3.3.1　表面改性的目的

$CaCO_3$ 由于无毒、色白和价廉等优点，已经成为橡胶、塑料、涂料、造纸、油墨等领域常用的无机填料，可以起到增溶、改性、降低成本甚至补强等作用。在这些材料中，$CaCO_3$ 与基体材料的复合是通过界面接触来实现的，因此 $CaCO_3$ 颗粒的表面性质对材料是至关重要的。$CaCO_3$ 属于无机物，颗粒表面是极性的，亲水疏油，而作为基体的有机物表面通常是非极性的，亲油疏水，两者相容性差。另外，$CaCO_3$ 颗粒特别是超细颗粒比表面积大，具有很高的表面能，很容易发生团聚。因此，当 $CaCO_3$ 粉体加入到基体材料中时难以混合均匀，导致 $CaCO_3$ 颗粒与基体之间的界面结合力低，容易产生界面缺陷，造成材料性能降低。

因此，在 $CaCO_3$ 粉体加入基体材料前，要对其进行表面改性，使其表面能降低，表面具有亲油疏水的性质，以减少混合不均匀和团聚现象，改善与有机基体材料的界面相容性。

3.3.2　表面改性理论

目前 $CaCO_3$ 表面改性的理论主要有四种：化学键理论、可变形层理论、表面浸润理论和约束层理论。

化学键理论认为无机填充粒子和有机基体材料之间分别与偶联剂分子中的两个官能团发生化学键合。偶联剂中的两个官能团一个是极性的，另一个是非极性的。无机粒子与极性官能团发生键合，有机基体材料与非极性官能团发生键合，这样可以提高填料和基体材料之间的界面结合强度，从而提高复合材料的力学性能。

可变形层理论认为偶联剂的亲水官能团与无机填料的极性表面结合后，其他部分（包括分子链和非极性官能团）会吸附有机树脂，在固化过程中会产生一个比偶联剂在聚合物与无机填料之间的单分子层厚得多的柔软树脂层，即变形层。变形层可以松弛界面应力，防止界面裂纹的扩展，改善界面的结合强度，从而提高复合材料的性能。

表面浸润理论认为聚合物基体对无机填料的浸润性对复合材料的力学性能有很大影响。如果聚合物基体能完全浸润无机填料，那么聚合物对高表面能无机填料的物理吸附将提供高于有机树脂内聚强度的粘接强度，从而提高复合材料的性能。

约束层理论认为在高模量的无机填料与低模量的有机基体材料之间的界面层，如果存在模量介于两者之间的物质，就可以通过该界面层最均匀地传递应力，避免应力集中而造成界面缺陷，提高界面强度，从而提高复合材料的性能。

3.3.3　碳酸钙粉体的表面改性

3.3.3.1　碳酸钙粉体的表面改性工艺

从改性工艺流程角度来看，$CaCO_3$ 的表面改性方法主要有干法改性工艺、湿法改性工艺和原位改性工艺三种。

干法改性是将 $CaCO_3$ 粉体和表面改性剂放入高速捏合机中，在机械力的作用下直接进行混合包覆。干法改性工艺简单，出料即为产品，直接包装，易于运输，适合于各种油溶性偶联剂，如磷酸酯、钛酸酯、铝酸酯和硅烷等。

湿法改性是直接将表面改性剂加入 $CaCO_3$ 悬浊液中，通过搅拌使两者充分接触混合均匀，再经过滤、干燥、筛分得到改性的 $CaCO_3$。湿法改性的特点是包覆均匀，效果好，干燥后形成的团聚为软团聚，结合力较弱，有效地避免了干法改性中出现的硬团聚。但是湿法改性工艺稍微复杂。

原位改性是指 $CaCO_3$ 颗粒合成与表面改性两个过程在原位同步完成，即在化学法合成 $CaCO_3$ 的溶液体系中加入表面改性剂，在微小颗粒形成的原位引入改性剂，与颗粒表面发生作用形成有效的保护膜，抑制颗粒的团聚和长大，最终获得改性 $CaCO_3$。与湿法改性相比，该过程将合成与改性两个过程合二为一，简化了工艺流程。改性过程中形成的团聚也是软团聚，有利于颗粒再分散性的提高。

3.3.3.2　碳酸钙的表面改性

重质 $CaCO_3$ 是通过机械粉碎的物理方法制备的，不牵涉 $CaCO_3$ 粒子的合成，因此采用的改性工艺包括干法改性和湿法改性。一般来说，采用干法粉磨制备的重质 $CaCO_3$ 的改性通常采用干法工艺，采用湿法粉磨制备的重质 $CaCO_3$ 的改性通常采用湿法改性工艺；而轻质 $CaCO_3$ 是通过化学法制备的，通常采用原位改性工艺对其进行表面改性。

从使用的改性剂角度来看，重质 $CaCO_3$ 常用的表面改性方法有无机物改性和有机物改性两大类。有机物改性又包括脂肪酸（盐）改性、偶联剂改性、磷酸酯改性和聚合物改性等。

（1）无机物改性

无机物改性是指以无机物为改性剂的表面改性方法。由于 $CaCO_3$ 粉体表面呈碱性，因此耐酸性差，限制其使用范围。为了克服这一缺点，可以使用缩合磷酸（偏磷酸或焦磷酸）对 $CaCO_3$ 进行表面改性，改性后的粉体表面 pH 值为 5.0～8.0，较未处理的粉体 pH 值下降 1.0～5.0，使其耐酸性提高，可广泛应用于塑料、橡胶、涂料、油墨、造纸、食品和牙膏等行业中。此外，还可以通过硅氟酸中的氟硅酸根离子水解在 $CaCO_3$ 表面形成一层无定形硅，也可以提高 $CaCO_3$ 的耐酸性。总的来说，用于 $CaCO_3$ 表面改性的无机物种类较少。

（2）脂肪酸（盐）改性

脂肪酸（盐）改性是指以脂肪酸（盐）为改性剂的表面改性方法。脂肪酸（盐）是 $CaCO_3$ 粉体传统的改性剂，价格低廉，改性效果好。脂肪酸（盐）改性剂一端为 COO^- 基团，可以与 $CaCO_3$ 颗粒表面形成化学键，形成包覆层；另一端为长链烷基，与有机基体材料有良好的相容性。

目前应用最普遍的脂肪酸（盐）改性剂是硬脂酸（盐）。采用干法改性工艺时，将 $CaCO_3$ 粉体和硬脂酸（一般为 $CaCO_3$ 质量的 $0.8\%～1.2\%$）直接加入改性机中进行表面包覆改性。采用湿法改性工艺时，先将硬脂酸皂化，然后加入 $CaCO_3$ 料浆中，经过一段时间的反应后进行过滤和干燥，得到表面改性产品。

用脂肪酸（盐）表面改性后的 $CaCO_3$ 主要应用于填充聚氯乙烯塑料、电缆材料、胶黏剂、油墨和涂料等。

（3）偶联剂改性

偶联剂改性是指以偶联剂为改性剂的表面改性方法。偶联剂是一种两性结构物质，分子的一端具有亲水性的极性基团可与无机粒子表面形成化学键，另一部分具有疏水性的非极性基团可与有机高分子发生化学反应或缠绕，从而将无机粒子和有机物基体这两种性质差异很大的材料通过牢固的界面层而结合在一起。钛酸酯和铝酸酯偶联剂是重质 $CaCO_3$ 粉体改性常用的偶联剂。

钛酸酯偶联剂是 20 世纪 70 年代后期美国肯利奇石油化学公司开发的一种偶联剂。钛酸酯偶联剂的通式可以写成 $RO_{(4-n)}Ti(OX-R'-Y)_n$（$n=2,3$），其中 RO^- 是可水解的短链烷氧基，能与无机物表面羟基发生反应形成化学键，从而达到化学偶联的目的；OX^- 为羧基、烷氧基、磺酸基或磷基等，这些基团决定钛酸酯所具有的特殊功能。对于热塑型聚合物和干燥的填料，钛酸酯偶联剂有良好的偶联效果。

铝酸酯偶联剂于 1985 年由福建师范大学研制，其结构与钛酸酯偶联剂类似。铝酸酯偶联剂的结构式可以写成 $(C_3H_7O)_x \cdot Al(OCOR^1)_m \cdot (OCOR^2)_n \cdot (OAB)_y$。铝酸酯偶联剂具有色浅、无毒、使用方便等特点，适应范围广，不需稀释剂，并且价格低廉。

除了钛酸酯和铝酸酯偶联剂，用于重质 $CaCO_3$ 粉体表面改性的偶联剂还有钴酸酯偶联剂、锌酸酯偶联剂、硼酸酯偶联剂以及复合偶联剂。复合偶联剂是指分子中含有两种或两种以上金属元素的偶联剂，常见的有铝钛偶联剂和铝锆偶联剂。

（4）磷酸酯改性

磷酸酯改性是指以磷酸酯为改性剂的表面改性方法。磷酸酯是磷酸的酯衍生物，属于磷酸衍生物的一类。磷酸酯对 $CaCO_3$ 粉体进行表面改性是通过磷酸酯（$ROPO_3H_2$）与 $CaCO_3$ 颗粒表面 Ca^{2+} 反应生成的磷酸钙盐沉积在 $CaCO_3$ 颗粒表面实现的。经磷酸酯改性的 $CaCO_3$ 粉体的分散性能得到很大改善，作为填料填充到基体中，不仅可以显著提高复合材料的加工性能和机械性能，还可以改善复合材料的耐酸性和阻燃性。

（5）聚合物改性

聚合物改性是指以聚合物为改性剂的表面改性方法，是在 $CaCO_3$ 颗粒表面包覆一层聚合物层，形成核壳结构。聚合物改性 $CaCO_3$ 分两种情况：一种是先把单体吸附到 $CaCO_3$ 颗粒表面，然后加入引发剂，引发单体聚合成高分子量的聚合物；另一种是聚合物溶解在适当的溶剂中后加入 $CaCO_3$，当聚合物吸附到 $CaCO_3$ 颗粒表面后排除溶剂，形成包覆有聚合物的核壳结构。这些通过物理或化学吸附包覆有聚合物的 $CaCO_3$ 颗粒具有荷电特性，可以降低颗粒团聚现象，改善分散性，并提高与有机基体材料的界面结合强度。

参 考 文 献

[1] 林宗寿. 无机非金属材料工学. 第3版. 武汉：武汉理工大学出版社，2008.
[2] 矿山机械标准应用手册：矿山机械标准应用手册——破碎粉磨设备与焙烧设备卷. 北京：中国标准出版社，中国质检出版社，2011.
[3] JB/T 3766—2008 石灰石用锤式破碎机. 北京：机械工业出版社，2008.
[4] JB/T 1388—2015 复摆颚式破碎机. 北京：机械工业出版社，2015.
[5] JB/T 3264—2015 简摆颚式破碎机. 北京：机械工业出版社，2015.
[6] JB/T 3279—2005 复摆细碎颚式破碎机. 北京：机械工业出版社，2005.
[7] JB/T 3874—2010 旋回破碎机. 北京：机械工业出版社，2010.
[8] JB/T 11112—2010 矿用双齿辊破碎机. 北京：机械工业出版社，2010.
[9] JB/T 6988—2015 弹簧圆锥破碎机. 北京：机械工业出版社，2015.
[10] JB/T 2501—2008 单缸液压圆锥破碎机. 北京：机械工业出版社，2008.
[11] JB/T 10883—2008 多缸液压圆锥破碎机. 北京：机械工业出版社，2008.
[12] JB/T 6989—2015 旋盘圆锥破碎机. 北京：机械工业出版社，2015.
[13] JB/T 10245—2015 双辊破碎机. 北京：机械工业出版社，2015.
[14] JB/T 11116—2010 四辊破碎机. 北京：机械工业出版社，2010.
[15] JB/T 8917—2015 辊压机. 北京：机械工业出版社，2015.
[16] 韩安玲. 小型水泥厂石灰石破碎系统的选型. 建材工业信息，1998，2：12.
[17] 李淑兰，石岐山. 南山石灰石破碎筛分工艺优化. 本钢技术，2002，8：2-3.
[18] 江枢元. TPC-16-16 单段锤式破碎机在我厂的应用. 水泥，1994，6：26-28.
[19] 沈厚正. 石灰石矿破碎站的设计实践. 有色矿山，1995，3：37-39.
[20] 郭瑞和. 王官营石灰石矿爆破至粗碎成本优化研究. 唐山：河北理工学院，2004.
[21] 束剑. 马钢老虎垅石灰石矿破碎筛分系统改造方案研究. 现代矿业，2015，8：255-256.
[22] 张宝光，李德江. 粉磨生产技术. 北京：北京理工大学出版社，2012.
[23] GB/T 25708—2010 球磨机和棒磨机. 北京：中国标准出版社，2002.
[24] JB/T 8914—1999 管磨机. 北京：机械工业出版社，1999.
[25] JB/T 4084—2017 摆式磨粉机. 北京：机械工业出版社，2017.
[26] JB/T 6126—2010 立式原料、生料辊磨机. 北京：机械工业出版社，2010.
[27] JB/T 10997—2010 矿渣水泥立磨. 北京：机械工业出版社，2010.
[28] JB/T 10733—2007 脱硫制粉用立式辊磨机. 北京：机械工业出版社，2007.
[29] 陶珍东，郑少华. 粉体工程与设备. 第3版. 北京：化学工业出版社，2014.
[30] JB/T 8850—2015 振动磨. 北京：机械工业出版社，2015.
[31] 吴学峰，吴劲松. 传统雷蒙磨的升级与换代. 中国非金属矿工业导刊，2007，60（2）：40-43，52.
[32] JB/T 10732—2007 MRX 型超细摆式磨粉机. 北京：机械工业出版社，2007.
[33] 郑水林. 超微粉体加工技术与应用. 第2版. 北京：化学工业出版社，2011.
[34] 郑水林，余绍火，吴宏富. 超细粉碎工程. 北京：中国建材工业出版社，2006.

第 4 章

碳酸钙粉体的碳化法制备及其进展

$CaCO_3$ 的碳化法制备是指以 Ca^{2+}-H_2O-CO_2 为反应体系的制备工艺。按反应体系中 Ca^{2+} 的来源通常有 $Ca(OH)_2$ 悬浊液的碳化和 $CaCl_2$ 溶液的碳化两种工艺，其中 $Ca(OH)_2$ 悬浊液的碳化是已经工业化的工艺；CO_2 的来源有直接通入 CO_2 气体（CO_2 气体通入法）和 $(NH_4)_2CO_3$ 盐或有机物分解产生 CO_2 气体（CO_2 气体扩散法）两种，其中工业化的碳化工艺采用的是直接通入 CO_2 气体。本章主要介绍 $Ca(OH)_2$ 乳浊液和 $CaCl_2$ 溶液两种碳化体系制备 $CaCO_3$ 及其进展。

4.1 氢氧化钙碳化体系制备碳酸钙

4.1.1 概述

碳化法是制备 $CaCO_3$ 的传统方法，特别是 $Ca(OH)_2$ 悬浊液的碳化。该方法是先将氧化钙或 $Ca(OH)_2$ 加入水中，形成 $Ca(OH)_2$ 的悬浊液，然后将 CO_2 气体通入悬浊液中发生反应生成 $CaCO_3$。其反应过程和机理如图 4.1 所示。

$$CO_2(g) \longrightarrow CO_2(l) \xrightarrow{+H_2O} HCO_3^- + OH^- \longrightarrow CO_3^{2-} + H^+$$
$$+$$
$$Ca(OH)_2(s) \longrightarrow Ca^{2+} + 2OH^-$$
$$\downarrow$$
$$CaCO_3(s)$$

图 4.1　氢氧化钙悬浊液碳化过程和机理

在碳化反应过程，通过调节 $Ca(OH)_2$ 浓度、反应温度、CO_2 气体流量以及添加剂等参数，从而实现对晶体类型、颗粒形貌和粒径大小等指标的控制和调节。

4.1.2 碳酸钙的工业化碳化工艺

$CaCO_3$ 的工业化碳化工艺是采用石灰石煅烧、石灰消化、$Ca(OH)_2$ 碳化、分离、干燥、分级包装制取 $CaCO_3$，通过控制 $Ca(OH)_2$ 浓度、反应温度、窑气中的 CO_2 浓度、气液比、添加剂种类及数量等工艺条件，可制取不同晶形（如立方形、纺锤形和锁链形等）、不同粒径（5～1μm、1～0.1μm、0.1～0.02μm 或≤0.02μm）的 $CaCO_3$[1~3]。该工艺包括石灰石的煅烧、氧化钙的消化、$Ca(OH)_2$ 浆的碳化和活化、$CaCO_3$ 粉体的分离和干燥等主要工序，其中 $Ca(OH)_2$ 浆的碳化和 $CaCO_3$ 颗粒的活化是纳米 $CaCO_3$ 生产过程中最重要的工序。碳化是决定纳米 $CaCO_3$ 能否形成的控制工序，活化是确保颗粒以一次粒径或接近于一次粒径存在的必要条件，而且不同的表面活性剂决定其产品的不同应用领域。

根据 $Ca(OH)_2$ 浆的碳化方式的不同，又可分为低温鼓泡碳化工艺[1]、喷雾碳化工艺[1,4]、超重力碳化工艺[5]和超声空化碳化工艺[6]。

4.1.2.1 低温鼓泡碳化工艺

低温鼓泡碳化工艺是商业化 $CaCO_3$ 最传统的制备工艺，是在塔式或槽式反应器内完成的，工艺流程如图 4.2 所示。压缩后的 CO_2 气体由塔底经过简单气体分布器后进入碳化塔，气体在上升过程中与 $Ca(OH)_2$ 悬浮液接触、溶解并完成碳化吸收反应。该过程中气泡越小，分散越好，碳化反应速率也越快。较大的气泡减小气液接触面积，从而降低碳化反应速率和 CO_2 的吸收率。

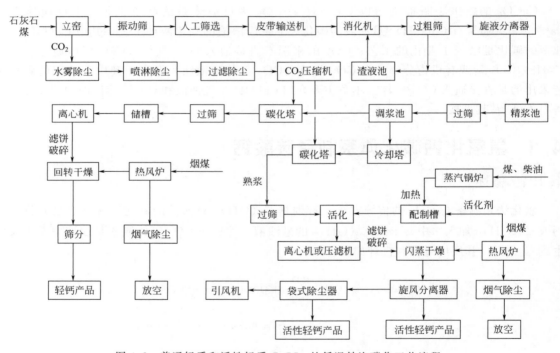

图 4.2 普通轻质和活性轻质 $CaCO_3$ 的低温鼓泡碳化工艺流程

在低温鼓泡碳化工艺中，如何减小气泡、提高其分散性是最大的技术难题。$CaCO_3$ 的结晶容易在固体上附着，且晶体逐渐长大，形成坚硬的垢层，从而使一些气体分布器失去作用。虽然有很多文献报道了对气体分布器的改进[7~10]，但只是处于实验室研究阶段，在工业化应用方面尚无较大突破。

在对传统的鼓泡碳化工艺、结晶原理和反应速率与结晶以及超细化关系的深入研究的基础上，鼓泡碳化工艺由单级鼓泡碳化工艺发展出两级鼓泡碳化工艺和三次鼓泡碳化工艺；在设备方面，为加强气液传质效率，提离碳化反应初速率，促使快速大量形成晶核，增加一些辅助手段，如增加搅拌或高剪切搅拌、气相雾化和乳化装置等，发展了带搅拌的鼓泡碳化塔；在添加剂方面，各种晶形控制剂作为提高晶体的分散性能、结晶超细化的助剂加以使用。

(1) 单级鼓泡碳化工艺

碳化反应过程在一个碳化反应器内一次性完成，主要通过温度和浆液浓度以及晶形控制剂的添加量来控制碳化初速率，以达到控制 $CaCO_3$ 的一次粒径和形状。反应器体积 $1\sim60m^3$ 不等，反应体系容积越小，反应过程越好控制，碳化结晶越均化、规整，产品分散性等越优异。搅拌剪切强度越大，转速越高，反应体系中反应均化程度越高，一次粒径分布范围越窄，分散性越好。但制冷机需消耗较高能量，因此从总体上看高能耗是该工艺的缺点[1~3]。

(2) 两级鼓泡碳化工艺

该工艺是将碳化过程分解为两级来完成。一级碳化在碳化塔内完成，主要控制碳化起始温度和碳化速率，当 pH 值为 9 时，停止碳化反应，浆液移出反应器外，导入一个容积非常大的容器（一般为 $600\sim900m^3$）进行均化和"陈化"，达到预期时间后，再导入另一个稍大的碳化反应器再次进行鼓泡碳化，最终将 pH 值降至 7.0 以下，完成碳化全部过程。该工艺特点是产品分散性优异，生产成本较低，充分利用陈化工艺特点在低能耗低基础上获得一个高分散性产品。缺点是设备投入较大，占地面积大，"陈化"后浆液虽然靠压缩空气作动力保持悬浮液不沉降，但分层的情况不可避免。在使用大陈化桶浆时上层和下层物料会出现颗粒大小差异，产品的均化性受到影响[1~3]。

(3) 三次鼓泡碳化工艺

该技术是两级鼓泡碳化工艺的进一步延伸和发展，在上述工艺之前增加了一次碳化过程，该过程特点是具有大气液比，不控制过程温度，只控制起始温度，碳化时间控制在 7min 左右，反应器有效容积小，仅 $3m^3$ 左右，进气量为 $36m^3 \cdot min^{-1}$，大气量快速反应的结果是形成大量晶核，所以可以将该过程看作是晶核培育过程。后续过程基本与上面两级碳化相同。该工艺生产的产品最大特点是分散性非常优异，但工艺过程稍复杂，而且一次碳化过程需自动控制系统才能完成，成本高，最终该技术未能有效地改进和发展[1~3]。

4.1.2.2 喷雾碳化工艺

连续喷雾式碳化工艺是 20 世纪 70 年代末由日本白石工业公司开发的一种新工艺，河北化工学院胡庆福等在 1985 年 8 月研制成功连续喷雾式碳化法制造超细 $CaCO_3$ 新工艺[11]，并于同年 8 月 21 日通过河北省级鉴定[12]。

连续喷雾碳化工艺可以采用两段式、三段式甚至多段式，一般以 $2\sim4$ 段为好。图 4.3 是两段喷雾式碳化工艺流程图。在第一段碳化塔内，石灰乳通过离心泵输送至塔顶部的雾化喷嘴，喷淋而下，CO_2 气体由塔底进入并进行适当的分布，形成气液对流传质反应过程，生成 $CaCO_3$ 晶核以及部分晶核进行成长，反应后的气体从塔顶部排放。未碳化完全的石灰乳进入

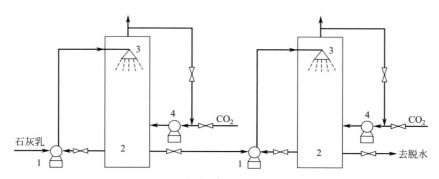

图 4.3 两段喷雾式碳化工艺流程图

1—泵；2—碳化塔；3—雾化器；4—风机

第二碳化塔继续完成碳化以及晶核的长大，直到整个碳化过程结束[13]。在碳化过程中，通过控制石灰乳的浓度、温度和流量，CO_2 气体的浓度、温度和流速以及各段的碳化率等工艺参数来控制产品的性能指标。

连续喷雾式碳化工艺具有效率高，产量大，操作稳定，易于实现碳化率、产品晶形和粒径的控制等优点。另外，该工艺设备结构简单，便于采用自动化操作，有利于 $CaCO_3$ 产品向系列化、超微细化、表面改性化和专用化方向发展[13]。

湖南省资江氮肥厂于 1987 年建成以"喷雾碳化"和"喷雾干燥"为基础的"双喷工艺"超细 $CaCO_3$ 生产线，1988 年达到 5t 的生产能力。虽然该公司于 1998 年又建成了一套年产 20kt、以间歇鼓泡碳化为主要特点的纳米 $CaCO_3$ 生产线，但是 2006 年由于公司改制，目前已经退出了纳米 $CaCO_3$ 的生产[2]。

但是，在连续喷雾碳化工艺的实际运行过程中主要存在两个方面的问题：一方面受到 CO_2 气体高浓度条件的限制；另一方面尚未克服由碳化粘壁而造成的喷雾效果差，使喷雾变成"喷淋"的现象。这两个问题是该工艺未能在纳米 $CaCO_3$ 行业得到推广和应用的最主要因素[2]。

4.1.2.3　超重力碳化法

20 世纪 80 年代末，国内一些院校，比如浙江大学、华南理工大学、北京化工大学等，开始了对超重力理论和技术的研究[14~16]，特别是北京化工大学在该技术的应用方面做了大量工作，并将该技术逐渐用于 $CaCO_3$[5,17,18]和二氧化硅[19]等物质的制备，最近又扩展到碳酸氢锂[20]的制备。超重力碳化技术能够极大地强化传递与复相反应过程，是通过专门的超重力反应器完成碳化反应，原理和结构类似于洗衣机的离心甩干桶，高速旋转的反应器中网状填料层和孔板将反应器中心进入的浆液通过离心力作用甩向器壁，反应器中通入 CO_2 气体，CO_2 与液滴状 $Ca(OH)_2$ 浆液进行传质反应[5]，如图 4.4 所示。

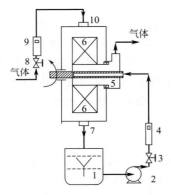

图 4.4　超重力碳化装置示意图
1—搅拌罐；2—泵；3,8—阀；4,9—转子流量计；5—分布器；6—旋转填料床；7—出口；10—入口

超重力反应装置作为反应器进行化学反应具有其独特的优点[21]：

① 极大地缩小了设备尺寸与重量，不仅降低了投资也减少了对环境的影响；

② 极大地强化了传递过程，传质单元高度仅为 1~3m；

③ 物料在设备内的停留时间短；

④ 气体通过设备的压降与传统设备相似；

⑤ 开停车容易，几分钟内就可以达到稳定；

⑥ 维护与检修方便，与离心机类似；

⑦ 可垂直、水平或任意方向安装，不怕震动与颠簸；

⑧ 快速而均匀地进行相际混合。

基于以上特点和性能，超重力反应装置可以应用于以下特殊过程：

① 热敏性物料的处理（利用停留时间短）；

② 昂贵或有毒物料的处理（机内残留少）；

③ 选择性吸收分离（利用停留时间短和被分离物质吸收动力学的差异进行分离）；

④ 高质量纳米材料的生产（利用快速而均匀的微观混合特性）；

⑤ 聚合物脱除单体（利用转子内高切应力和物体停留短，能处理高黏性物体）；

⑥ 可应用于两相、三相、常压、加压及真空条件下。

2000 年 10 月，广东恩平化工实业有限公司建成了世界上第一条年产 3t 的超重力碳化法纳米 $CaCO_3$ 生产线。虽然该工艺生产的纳米 $CaCO_3$ 产品的性能达到了英国 ICI 公司生产的高级轿车漆专用的 SPT 纳米 $CaCO_3$ 的质量指标，超过了当时化工行业纳米 $CaCO_3$ 国家标准的规定，标志着我国纳米 $CaCO_3$ 的生产技术与装备已经达到世界领先水平，也代表了国内纳米 $CaCO_3$ 生产技术的最高水平，但是由于该工艺自身的缺点，使其逐渐退出了市场[2]。这些缺点主要表现在以下几个方面：

① 生产工艺不连续，单机设计生产能力较低；

② 投资大，能耗高，成本高；

③ CO_2 气体的吸收率低，造成的气体浪费较大；

④ 工艺对系统的清洗要求较高，为避免塔内结垢，必须频繁地用酸液和清水清洗。

4.1.2.4 超声空化碳化工艺

超声空化碳化法是一种超声空化物理效应粉碎与化学反应工程相结合的生产纳米 $CaCO_3$ 的方法，是由传统的鼓泡碳化工艺改进而来的。在石灰石煅烧后进行的 CaO 消化、$Ca(OH)_2$ 制浆及碳化同时进行超声空化处理，$Ca(OH)_2$ 悬浊液在反应釜中加入窑气 CO_2 进行碳化，反应后得到纳米 $CaCO_3$[6]。

超声空化碳化法虽然解决了单一的化学法和利用超声波的振动技术生产纳米 $CaCO_3$ 存在的气、液、固相间的传质速度较慢等缺陷，但是大规模工业化生产纳米 $CaCO_3$ 产品必须解决的超声分散设备工业化技术问题尚未得到有效解决[6]。

4.1.3 氢氧化钙碳化体系制备碳酸钙的研究进展

在 $CaCO_3$ 的碳化制备过程中，一些工艺参数对产物 $CaCO_3$ 的晶体类型、颗粒形貌、粒径大小和分布产生很大影响，这些参数包括温度、$Ca(OH)_2$ 浓度、CO_2 浓度和流量、表面活性剂的种类和数量等。

Sheng 等[22]研究了十八烷基磷酸二氢盐在 $Ca(OH)_2$ 悬浊液碳化过程中对产物 $CaCO_3$ 粒度、形貌和活性的影响：将 CaO 加入蒸馏水中制成一定浓度的 $Ca(OH)_2$ 悬浊液，并用 150 目筛过滤去除大颗粒；然后用内径为 0.8cm 的玻璃管将摩尔比为 3∶10 的 CO_2 和 N_2 混合气体通入悬浊液底部进行碳化；最后将产物过滤并用蒸馏水洗涤三次、在 80℃下干燥 24h。作者分别在 CaO 消化过程中、碳化反应刚开始时和体系 pH 值下降到 9 这三个阶段添加不同数量的十八烷基磷酸二氢盐。

对产物粒度的分析结果表明，在消化阶段加入表面活性剂可以较大程度地降低产物的粒径，并且 1% 的加入量对产物粒度降低的效果最好，这说明十八烷基磷酸二氢盐对产物粒径的最佳抑制作用发生在消化阶段，如图 4.5 和图 4.6 所示。而从颗粒的形貌和均匀度来看，在 pH 值为 7 时添加 1% 的活性剂得到的产物的单分散性比在消化阶段加入 1% 的活性剂更好。另外，在 pH 值为 7 时添加 1% 的活性剂后还要持续通入混合气体 0.5h，然后再单独通入 N_2 0.5h，获得的产物具有较高的活度，可以达到 90%。

Wang 等[23]研究了油酸在 $Ca(OH)_2$ 悬浊液碳化过程中对产物 $CaCO_3$ 形貌和活性的影响。将 10g CaO 溶解于 100mL 80℃的蒸馏水中制成 $Ca(OH)_2$ 悬浊液，并用 200 目筛过滤去除大颗粒；随后加入 0.1mol·L^{-1} 油酸乙醇溶液并在室温下剧烈搅拌 2h；然后将 CO_2 气体通入悬浊液中并在 pH 值降至 7 左右时停止反应；最后将沉淀过滤并用无水乙醇洗涤三次、在 100℃下干燥 1d。

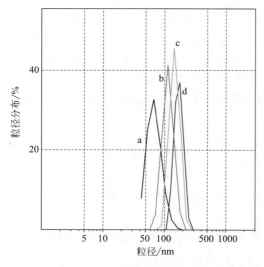 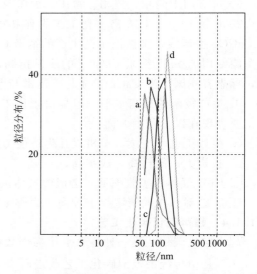

图4.5 不同时间加入表面活性剂对产物粒径的影响 　图4.6 表面活性剂的加入量（％）对产物粒径的影响
a—消化时加入；b—碳化开始时加入； 　　　　　a—1；b—2；c—0.5；d—0
c—不加入；d—pH值降至9时加入

在不加入油酸时，产物为直径大约为100nm的纺锤形$CaCO_3$颗粒（长径比大约为4∶1）[图4.7(a)]，而加入油酸后，$CaCO_3$变成了粒径为50nm左右的立方状颗粒[图4.7(b)]，这说明油酸不仅能控制$CaCO_3$的生长而且也可以改变粒子最终的形状。油酸的添加量对产物的活性也有很大的影响。当油酸为$CaCO_3$的质量的0.3％～0.6％时，产物的活度为0％，表现为亲水性。当油酸的量从0.6％增加到2.4％时，活度逐渐地从21％增加到99.6％。当油酸的量超过2.7％时，产物活度达到100％，表现为疏水性。作者还给出油酸与$CaCO_3$颗粒在水中的相互作用机理图，如图4.8所示。

 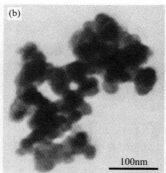 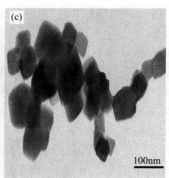

图4.7 碳化产物$CaCO_3$的TEM形貌
(a) 不加入活性剂；(b) 加入油酸；(c) 加入BS-12

Wang等[24]在同样的条件下研究了十二烷基二甲基甜菜碱（BS-12）在$Ca(OH)_2$悬浊液碳化过程中对产物$CaCO_3$形貌和活性的影响。如图4.7(c)所示，表面活性剂BS-12的加入也使纺锤形$CaCO_3$变成了粒径为50nm左右的立方状颗粒。作者还发现加入BS-12后，系统完成碳化的时间由大约25min缩短到22min。30℃和80℃的实验结果都表明当BS-12为$CaCO_3$的质量的4％时产物的粒径最小。

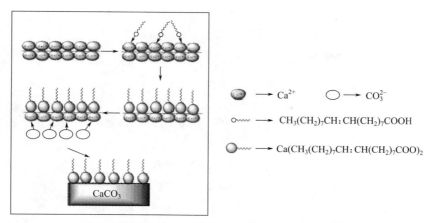

图 4.8　油酸与 $CaCO_3$ 颗粒在水中的相互作用示意图

Zhang 等[25]在以压缩 CO_2 为气源对 $Ca(OH)_2$ 悬浊液碳化过程中研究了 Tween-80、溴化十六烷基三甲铵（CTAB）和十二烷基硫酸钠（SDS）对产物晶体类型和颗粒形貌的影响。将 $Ca(OH)_2$ 粉体加入蒸馏水中制成浓度为 $2.2g \cdot L^{-1}$ 的悬浊液，并加入不同的表面活性剂（$2.0g \cdot L^{-1}$），混合均匀后移入高压釜，并将高压釜置于 20℃ 的水浴中；然后向高压釜中充入 CO_2 达到不同压力；反应 1h 后逐步释放 CO_2，将沉淀收集并水洗数次，在 60℃ 下干燥数小时。

结果发现，在 7.43MPa 下，无论是添加表面活性剂还是不添加上述表面活性剂，得到的产物都是方解石型 $CaCO_3$，如图 4.9 所示。这说明无论添加表面活性剂与否，高压力 CO_2 与常压 CO_2 碳化 $Ca(OH)_2$ 悬浊液得到的 $CaCO_3$ 的晶型都是方解石。不同表面活性剂、CO_2 不同压力下产物 $CaCO_3$ 的颗粒形貌如图 4.10 所示。在不添加活性剂时，可以清楚地看到有光滑平面的典型的菱方状方解石，而粒子的形态和大小随着 CO_2 压力的升高并没有显著的改变，如图 4.10(a)～(c) 所示。添加 Tween-80 时，粒子的形态和大小随着 CO_2 压力的升高也没有显著改变，但是相应 CO_2 压力下获得的 $CaCO_3$ 颗粒的形貌与不添加活性剂有所不同。作者认为 Tween-80 的加入导致了片状晶体在（104）晶面聚集生长，最终形成具有明显台阶的颗粒，如图 4.10(d)～(f) 所示。在 7.43MPa CO_2 压力

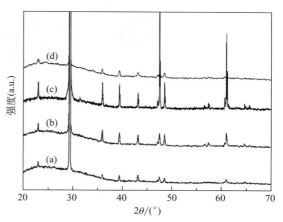

图 4.9　7.43MPa CO_2 压力下碳化得到的 $CaCO_3$ 的 XRD 图谱

(a) 不添加表面活性剂；(b) 添加 Tween-80；
(c) 添加 CTAB；(d) 添加 SDS

下，添加 SDS 得到了具有粗糙表面的 $CaCO_3$ 颗粒，这是由于烷基链抑制了一些晶面的生长并且有利于粗糙表面的形成，如图 4.10(g) 所示；而添加 CTAB 对 $CaCO_3$ 颗粒的形貌并没有显著的影响，如图 4.10(h) 所示。

Liu 等[26]研究了聚丙烯酸（PAA）对 $CaCO_3$ 纳米颗粒性能的影响。以 25% CO_2 和 75% 空气的混合气体为气源、在 25℃ 下对 $Ca(OH)_2$ 悬浊液进行碳化，碳化过程中施以 $450r \cdot min^{-1}$ 的机械搅拌，在 pH 值降到 7 时停止反应，过滤后在 110℃ 下干燥 24h。

图 4.10　不同表面活性剂、CO_2 不同压力（MPa）下碳化产物 SEM 图像

（a）无活性剂，4.90；（b）无活性剂，7.43；（c）无活性剂，12.04；（d）Tween-80，5.04；
（e）Tween-80，7.43；（f）Tween-80，12.02；（g）SDS，7.43；（h）CTAB，7.43

　　在扫描电子显微镜低倍下观察到产物为球形颗粒，不添加 PAA 时粒径为 120nm，而添加 PAA 后粒径降为 100nm，说明 PAA 的加入对产物的粒径起到一定的抑制作用，如图 4.11 所示。但是这些纳米颗粒在水中即使加入 PAA 也会团聚成大颗粒，如图 4.12 所示。对碳化产物的 XRD 表征结果表明，无论添加 PAA 与否，得到的都是方解石型 $CaCO_3$，如图 4.13 所示。

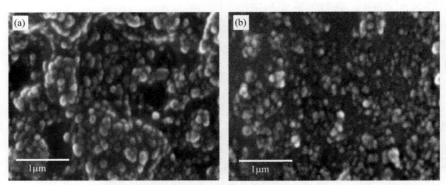

图 4.11　$CaCO_3$ 颗粒的 SEM 形貌
（a）不添加 PAA；（b）添加 PAA

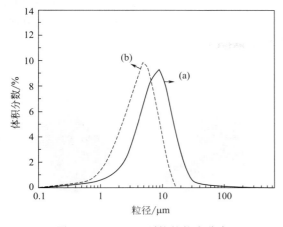

图 4.12 CaCO₃ 颗粒的粒度分布

（a）不添加 PAA；（b）添加 PAA

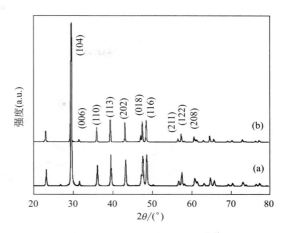

图 4.13 CaCO₃ 的 XRD 图谱

（a）不添加 PAA；（b）添加 PAA

Ukrainczyk 等[27]研究了硬脂酸钠（NaSt）对 $CaCO_3$ 颗粒形貌的影响。$Ca(OH)_2$ 悬浊液中 Ca^{2+} 的浓度介于 $2.0 \sim 17.0mmol \cdot L^{-1}$ 之间，气源选用 20% CO_2 和 80% N_2 的混合气体，碳化温度控制在 $20 \sim 50℃$，搅拌速度为 $1400r \cdot min^{-1}$，NaSt/CaO 的质量比 W_{NaSt} 在 $0 \sim 0.03$ 之间。

作者分别选用了分析级 $Ca(OH)_2$ 和工业级 CaO 作为制备悬浊液的原料，对 Ca^{2+} 浓度为 $2.0mmol \cdot L^{-1}$、W_{NaSt} 为 0.01 的悬浊液在 20℃下的碳化产物进行了 XRD 表征，结果表明两者的碳化产物都为方解石，如图 4.14 所示。作者还对使用工业级 CaO 为原料、不同 Ca^{2+} 浓度和不同 W_{NaSt} 值得到的方解石颗粒的比表面积进行了研究。结果表明，在不填加 NaSt 时，Ca^{2+} 浓度为 $2.0mmol \cdot L^{-1}$ 和 $17.0mmol \cdot L^{-1}$ 的悬浊液得到的方解石颗粒的比表面积分别为 $1.4m^2 \cdot g^{-1}$ 和 $35.4m^2 \cdot g^{-1}$，这说明体系中较高的 Ca^{2+} 浓度增加了成核数量，从而使产物颗粒的粒径减小。在 Ca^{2+} 为 $17.0mmol \cdot L^{-1}$ 的悬浊液中加入 $W_{NaSt}=0.01$ 的 NaSt 时，方解石颗粒的比表面积升至 $51.0m^2 \cdot g^{-1}$，而进一步增加 NaSt 至 0.03 时，方解石颗粒的比表面积缓慢升高到最大值 $52.8m^2 \cdot g^{-1}$。在 Ca^{2+} 为 $2.0mmol \cdot L^{-1}$ 的悬

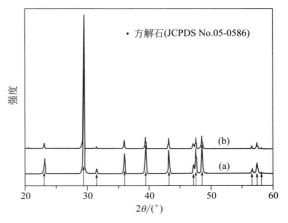

图 4.14 20℃、Ca^{2+} 浓度为 $2.0mmol \cdot L^{-1}$、W_{NaSt} 为 0.01 的 $Ca(OH)_2$ 悬浊液的碳化产物的 XRD 图谱

（a）使用分析级 $Ca(OH)_2$ 为原料；

（b）使用工业级 CaO 为原料

浊液中加入不同数量的 NaSt 得到相似的结果，不同的是该系统中产物的比表面积较小，最大值为 $2.8m^2 \cdot g^{-1}$。作者还对不添加和添加（$W_{NaSt}=0.02$）NaSt、Ca^{2+} 浓度为 $2.0mmol \cdot L^{-1}$ 和 $17.0mmol \cdot L^{-1}$ 的悬浊液在 20℃ 和 50℃ 碳化产物的形貌进行了 TEM 观察，如图 4.15 所示。在 Ca^{2+} 浓度较低（$2.0mmol \cdot L^{-1}$）时，在 20℃ 和 50℃ 碳化不加 NaSt 的悬浊液可以得到相对规则和光滑边缘的菱方状方解石颗粒；而添加 0.02 NaSt 后，方解石颗粒的大小和形状都没有改变，只是晶体的边缘发生弯曲。在 20℃、Ca^{2+} 浓度为 $17.0mmol \cdot L^{-1}$ 时得到了方解石纳米颗粒，平均粒径约为 30nm。但是在该系统的碳化过程中，如果降低 $Ca(OH)_2$ 悬浊液

的加入速度可以获得一些微米大小的中间态方解石颗粒，不添加和添加 NaSt 分别可以得到斜方偏三角面体和三角斜方六面体方解石颗粒。作者还给出了 NaSt 在方解石颗粒表面的吸附模型，如图 4.16 所示。

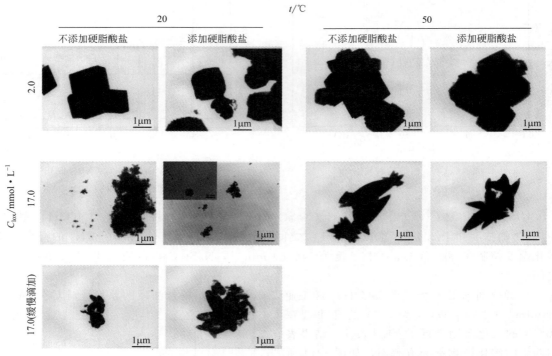

图 4.15　W_{NaSt} 为 0.02、不同温度、不同 Ca^{2+} 浓度以及碳化产物的 TEM 图像

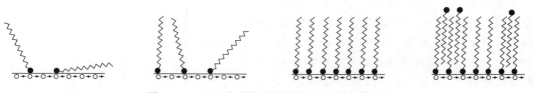

图 4.16　NaSt 在方解石颗粒表面的吸附模型

López-Periago 等[28]研究了超临界 CO_2（$scCO_2$）对高浓度 $Ca(OH)_2$ 悬浊液的碳化过程。将 10mL 浓度为 200g·L^{-1} 的 $Ca(OH)_2$ 悬浊液移入高压釜并导入压缩成液态的 CO_2 并保持其压力为 13MPa，然后将高压釜置于 40℃的水浴中，并在碳化过程中施以不同方式的搅拌，碳化不同时间后减压降温，对沉淀进行过滤并真空干燥。

对产物 XRD 的表征结果显示，在不搅拌、机械搅拌和超声搅拌三种反应体系中，产物全部为方解石，如图 4.17 所示。而对不同 CO_2 压力和搅拌方式产物的 SEM 观察结果表明，在常规碳化工艺中，Ca^{2+} 和 CO_3^{2-} 的浓度比值大，会形成偏三面体方解石［图 4.18(a)］；而当 CO_2 压力提高时，CO_2 在水中的溶解度以及水中 CO_3^{2-} 的浓度都增大，Ca^{2+} 和 CO_3^{2-} 的浓度比值降低，会形成大小不同的菱形方解石［图 4.18(b)～(d)］。

作者还对采用高压 CO_2 在不同碳化时间得到产物的形貌进行了观察，结果发现不同的搅拌方式对碳化进程和产物的结晶度有较大影响，如图 4.19 所示。不搅拌时，反应 5min 时产物的结晶度非常低，5min、10min 和 30min 对应的碳化率（质量分数）分别为 27%、35% 和

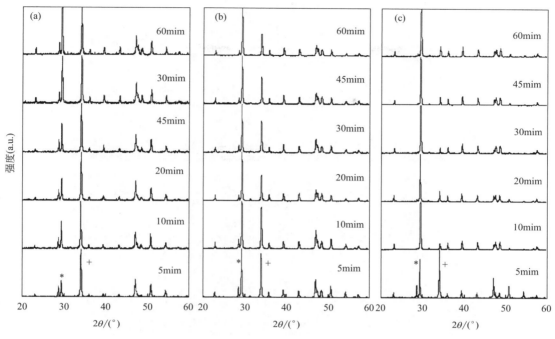

图 4.17 不同搅拌方式下碳化产物的 XRD 图谱

（a）不搅拌；（b）机械搅拌；（c）超声搅拌

图 4.18 40℃、不同 CO_2 压力和搅拌方式碳化产物的 SEM 形貌

（a）常规流动 CO_2；（b）13MPa、不搅拌；（c）13MPa、机械搅拌；（d）13MPa、超声搅拌

37%；而施加机械搅拌和超声搅拌碳化 5min 就可以得到结晶度较好的碳化产物。两种条件下 5min、10min、30min 对应的碳化率（质量分数）分别为 53%、54%、61% 和 46%、88%、89%，这说明搅拌会促进碳化进程和碳化产物的结晶，特别是超声搅拌。

近年来，Jiang 等研究了一些脂肪酸在 $Ca(OH)_2$ 悬浊液碳化过程中对产物晶体类型和颗粒形貌的影响[29,30]，并总结了不同碳链长度的脂肪酸对产物颗粒形貌的影响[31]；先将不同脂肪酸溶于无水乙醇配制 $0.1mol \cdot L^{-1}$ 的溶液，将 5g $Ca(OH)_2$ 粉末加入 100mL 蒸馏水中配制 $Ca(OH)_2$ 悬浊液，然后在悬浊液中加入不同体积的脂肪酸乙醇溶液后移入微孔分散碳化装置，以 $100mL \cdot min^{-1}$ 的流速通入 CO_2，pH 值降低到 7 时停止反应；最后将沉淀离心、水/醇洗和干燥。

5min

图 4.19　不同碳化时间和搅拌方式产物的 SEM 形貌
(a)，(d)，(g) 不搅拌；(b)，(e)，(h) 机械搅拌；(c)，(f)，(i) 超声搅拌

在碳化体系中加入油酸，不会改变产物的晶体类型（产物均为唯一的方解石相，如图 4.20 所示），也不会对产物一次颗粒的形貌产生显著影响（只是对颗粒的平均粒径有稍微的降低作用，如图 4.21 所示），但对产物的粒径分析结果表明，适量的油酸可以改善产物一次颗粒在水介质中的分散性能，过少的油酸不足以克服纳米颗粒的表面能以避免其团聚，过多的油酸由于其本身的双键又会使一次颗粒产生团聚，从而降低其分散性。

作者还研究了碳链长度分别为 12 个碳、16 个碳和 18 个碳的月桂酸、棕榈酸和硬脂酸添加到反应系统对产物晶体类型和颗粒形貌的调控。这些脂肪酸的加入同样没有改变方解石为唯一晶相的结果，但是对产物颗粒的存在形式产生显著影响，如

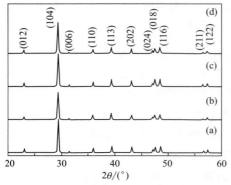

图 4.20　不同油酸加入量（%，质量分数）碳化产物的 XRD 图谱
(a) 0；(b) 1.5；(c) 2.5；(d) 3.5

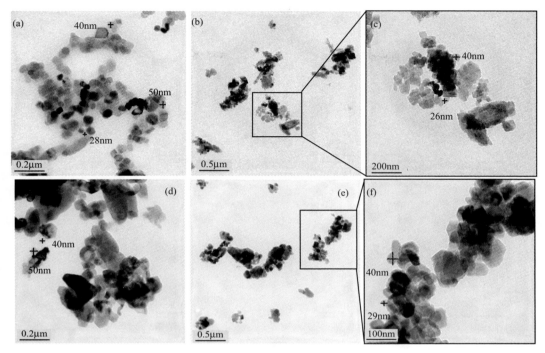

图 4.21　不同温度（℃）、不同油酸加入量（%，质量分数）碳化产物的 TEM 形貌

(a) 5，0；(b)，(c) 5，3.5；(d) 25，0；(e)，(f) 25，3.5

图 4.22 所示。当不添加脂肪酸时，虽然有些一次颗粒的粒径小于 100nm，但是也存在较多的大颗粒和严重的颗粒团聚现象。当加入 1.5%（质量分数）的月桂酸时，颗粒的平均粒径下降到 30~40nm，分散性显著改善；当加入 1.5%（质量分数）的棕榈酸时，颗粒的平均粒径也下降到 30~40nm，分散性也显著改善，但是颗粒有团聚成链状的倾向；当加入 1.5%（质量分数）的硬脂酸时，虽然一次颗粒的粒径也有所下降，但是一次颗粒会团聚成棒状大颗粒。当脂肪酸的加入量增大到 3.5%（质量分数）时，只有月桂酸的加入才能降低一次颗粒的粒径并且改善其分散性，棕榈酸的加入使大部分一次颗粒团聚成棒状或纺锤形，而硬脂酸的加入几乎会使全部的一次颗粒团聚成体积更大的棒状或纺锤形。

以前的研究都是从较小的胶束吸附在较大的 $CaCO_3$ 颗粒表面的角度来讨论表面活性剂与无机粒子之间的相互作用，但是在 $CaCO_3$ 晶体成核时和晶粒生长初期，无机粒子的尺度是小于胶束的，显然此时表面活性剂与无机粒子之间的相互作用和以前的模型是有所区别的。Shi 等[32]认为硬脂酸在有 $Ca(OH)_2$ 或 $CaCO_3$ 颗粒存在的水介质中会吸附在颗粒表面，未吸附时形成的球形胶束会因为吸附而变成椭球形。Damle 等[33]的研究结果指出，Ca^{2+} 在有表面活性剂存在的水体系中并不是均匀分布的，而是富集在表面活性剂形成的胶束的极性端，并且富集程度与体系的 pH 值有密切关系。在 pH 值为 6 的溶液中，吸附在胶束极性端的 Ca^{2+} 是硬脂酸分子的 68 倍，而在 pH 值为 3 的溶液中两者比例为 6。Jiang 等根据这些文献成果讨论了表面活性剂与刚刚成核和生长初期的 $CaCO_3$ 微粒子之间的相互作用，如图 4.23 所示。不同链长的脂肪酸吸附在无机颗粒表面形成的胶束的变形程度不同，链长越长，变形程度越大，如图 4.23(a) 所示。由于 Ca^{2+} 富集在表面活性剂形成的胶束的极性端，因此 $CaCO_3$ 的成核发生在胶束的极性端，刚刚成核的 $CaCO_3$ 微粒子也富集在胶束的极性端，如图 4.23(b) 所示。由于 $CaCO_3$ 微粒子具有极大的表面能，它们在生长的同时会带动胶束团聚，以最大限度

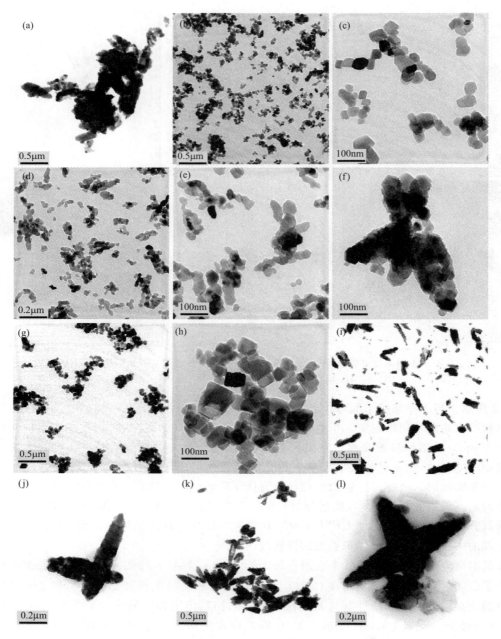

图 4.22 不同脂肪酸、不同加入量（%，质量分数）碳化产物的 TEM 形貌
(a) 0；(b)，(c) 月桂酸，1.5；(d)，(e) 棕榈酸，1.5；(f) 硬脂酸，1.5；(g)，(h) 月桂酸，3.5；
(i)，(j) 棕榈酸，3.5；(k)，(l) 硬脂酸，3.5

地降低表面能。但是由于胶束的形状不同，形成最大接触面积的接触形式也不同，这将影响 $CaCO_3$ 微粒子的生长或团聚方式，导致最终颗粒形貌的差异。由于球形是对称性最高的形状，所以两个球体的接触方式为点接触，而椭球体在各个方向上的曲率半径不同，因此两个椭球体的接触方式近似为线接触，并且椭球体的曲率半径差别越大，接触线越长，如图 4.23(c) 所示。点接触使得 $CaCO_3$ 微粒子在生长和团聚的时候没有取向性，而线接触方式使得 $CaCO_3$ 微粒子容易沿接触线生长和团聚成棒状颗粒。如果脂肪酸的浓度增加，胶束的数量增多，会有更多的胶束相互接触。当三个或更多的球形胶束仍然以点接触的方式相互接触时，接触部分是零维的。$CaCO_3$ 微粒子在生长和团聚的时候仍然没有取向性，当三个或更多的椭球形胶束以线接触的方式相互接触时，接触部分为一个近似圆柱形的空腔。$CaCO_3$ 微粒子容易在空腔内生长和团聚成体积更大的棒状颗粒，如图 4.23(d) 所示。因此，当加入月硅酸时，由于其碳链长度较小，在添加量（质量分数）为 1.5% 和 3.5% 时最终形成的 $CaCO_3$ 颗粒都是零维的，分散性较好；而随着碳链长度和脂肪酸加入量的增加，最终形成的 $CaCO_3$ 颗粒逐渐变成棒状颗粒。

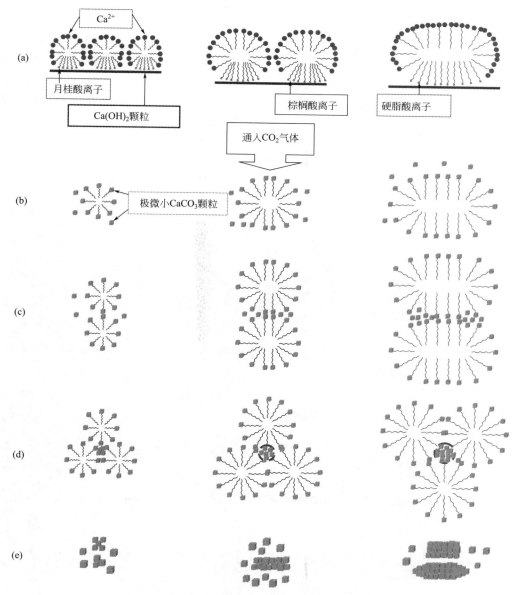

图 4.23　晶体成核及生长机理图

（a）吸附在 $Ca(OH)_2$ 颗粒表面的脂肪酸胶束；（b）富集在脂肪酸胶束极性端的 Ca^{2+} 被碳化；
（c）两个胶束的相互接触；（d）三个或更多胶束的相互接触；（e）$CaCO_3$ 颗粒的最终形态

近年来，通过对 $Ca(OH)_2$ 悬浊液/溶液碳化工艺参数的控制，制备了具有特殊形貌的

CaCO₃ 粉体。

Ulkeryildiz 等认为 Ca(OH)₂ 溶液是新生成 CaCO₃ 颗粒的天然稳定剂，并基于此开发了

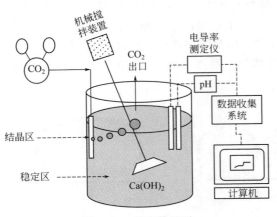

图 4.24 反应装置图

一种新的制备装置，如图 4.24 所示[34]。该装置主要由结晶罐、机械搅拌装置、CO₂ 孔、pH 值和电导率测定仪以及数据收集系统六部分组成。向结晶罐里加入 7.78g Ca(OH)₂ 粉末和 7L 纯水，以 750r·min⁻¹ 的转速机械搅拌 30min，配制成浓度为 15mmol·L⁻¹ 的 Ca(OH)₂ 溶液；然后在结晶罐中部的结晶区通入 CO₂ 气体对 Ca(OH)₂ 进行碳化，生成的 CaCO₃ 颗粒通过机械搅拌快速移除至底部的稳定区；整个过程的 pH 值和电导率由数据收集和管理系统监测。

图 4.25 是不同碳化阶段体系的 pH 值、电导率以及反应物和产物的 SEM 形貌。体系的 pH 值变化与常规的碳化工艺类似，反应开始几乎保持不变，随着反应的进行逐渐降低，反应将近结束时急剧降低到大约 7；电导率随

图 4.25 不同碳化阶段体系的 pH 值、电导率以及反应物和产物的 SEM 形貌

着反应的进行几乎呈线性降低，在大约 55～60min 时降至最低，接近零，说明此时碳化反应进行完全。从反应物和产物的 SEM 形貌可以看出，反应物是大小和形貌不均匀的颗粒，反应初期生成的 $CaCO_3$ 大多是形状不太规则的棒状颗粒，随着反应的进行，$CaCO_3$ 颗粒逐渐发育成米粒状的颗粒。在阶段（3）、（4）、（5）$CaCO_3$ 多为中空的米粒状颗粒；而在碳化反应结束时，米粒状颗粒的开孔出现闭合，作者认为这是由于 $CaCO_3$ 颗粒的溶解和重结晶导致的。作者对不同碳化阶段产物的晶体类型进行了 XRD 图谱分析，如图 4.26 所示。可以看出，在阶段（3）、（6），产物都是方解石相。但是，阶段（0）的 XRD 图谱令人费解，该阶段尚未通入 CO_2，应该是反应物 $Ca(OH)_2$ 的衍射图谱，与产物 $CaCO_3$ 的衍射图谱应该是不同的。

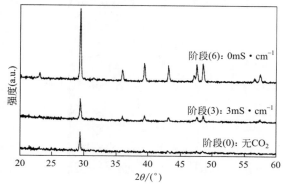

图 4.26　不同碳化阶段产物的 XRD 图谱

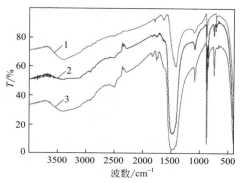

图 4.27　不同氨水加入量碳化产物的 FTIR 图谱

1—66mg；2—750mg；3—1500mg

Kim 等[35]对经过盐酸和氨水调节的 $Ca(OH)_2$ 溶液在常温和常压下进行碳化，得到了粒度大小不均匀的不规则球状 $CaCO_3$ 颗粒。将 2.567g $Ca(OH)_2$ 溶解在 200mL 蒸馏水中，加入 5.25g 盐酸，搅拌配制成母液；然后取 10mL 母液分别加入 66mg、750mg 和 1500mg 的氨水进行调节，在室温下通入 CO_2 碳化不同的时间；最后对产物进行离心和水洗。

图 4.27 为加入不同质量的氨水得到的产物的 FTIR 图谱。可以看出，加入 66mg、750mg 和 1500mg 氨水的产物在 $1450cm^{-1}$、$875cm^{-1}$ 和 $712cm^{-1}$ 处出现了吸收峰。虽然作者没有特别指出产物是方解石还是球霰石，但是根据公开的报道[36]，这些吸收峰是方解石的特征峰。然而，产物的 SEM 形貌却显示，$CaCO_3$ 颗粒呈粒度大小不均匀的不规则球状，如图 4.28 所示。菱方体或立方体是方解石相的典型形貌，球形是球霰石的典型形貌。无论 $CaCO_3$ 颗粒的形貌、分布和团聚状态，还是内部 [图 4.28(c)] 和表面状态 [图 4.28(d)]，均与以前报道的球霰石颗粒非常类似[37~39]。

此外，Yang 等研究了在工业化生产中聚丙烯酸钠（PAAS）[40]和（$NaPO_3$）$_6$、$Na_5P_3O_{10}$ 和 Na_3PO_4 等一些无机添加剂[41]对 $CaCO_3$ 比表面积的影响。作者选用的反应容器为工业化的碳化塔，先将纯度大于 95% 的 CO_2 通过碳化塔底部平均孔径为 $25\mu m$ 的玻璃气体分配器进入塔内；然后将 300L 含量为 2.4% 的 $Ca(OH)_2$ 悬浊液倒入塔内；碳化结束后，将碳化产物过滤并在 105℃下干燥 24h。

对碳化产物比表面积的 BET 法测定结果显示，不添加添加剂时得到的碳化产物的最大比表面积为 $19.6m^2 \cdot g^{-1}$，在体系 pH 值为 11.4～11.1 和 6.5～6.2 之间加入添加剂时产物的比表面积显著增大，而在反应之前加入添加剂对比表面积的提高效果不明显，如图 4.29 所示。

作者还对不同时间加入不同添加剂碳化产物的形貌进行了 SEM 观察。在不添加任何添加剂时，碳化产物是粒径约 113nm 的圆形颗粒，如图 4.30(a) 所示；在反应前添加 0.2%（质量分数）PAAS 得到的是直径约为 $0.5\mu m$，长度约为 1～2μm 的大颗粒，如图 4.30(b) 所示；

图 4.28 不同氨水加入量（mg）碳化产物的 SEM 图像

(a) 66；(b) 750；(c) 1500；(d) 图 (a) 的局部放大

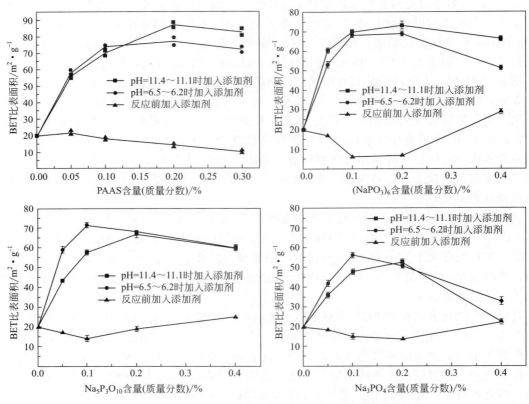

图 4.29 不同添加剂不同添加时间碳化产物的比表面积

在 pH 值为 11.4～11.1 时加入 0.2%（质量分数）PAAS 得到的是小颗粒以及由小颗粒团聚成的小棒状颗粒，只是此时的小颗粒的粒径比不添加 PAAS 时稍小一些，如图 4.30(c) 所示；在 pH 值为 6.5～6.2 时加入 0.2%（质量分数）PAAS 产物的颗粒形貌与图 4.30(c) 类似，只是棒状颗粒少一些，如图 4.30(d) 所示。而在碳化过程中添加三种无机添加剂产物的颗粒形貌类似，但平均粒径都降低至 30～40nm，如图 4.30(e)、(f)、(g) 所示。

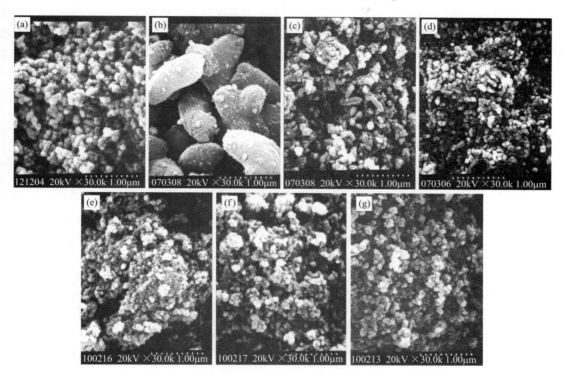

图 4.30 不同时间加入不同添加剂碳化产物的 SEM 形貌

（a）不添加；（b）反应前添加 0.2%（质量分数）PAAS；（c）pH 值为 11.4～11.1 时添加 0.2%（质量分数）PAAS；
（d）pH 值为 6.5～6.2 时添加 0.2%（质量分数）PAAS；（e）pH 值为 11.4～11.1 时添加 0.2%（质量分数）$(NaPO_3)_6$；（f）pH 值为 6.5～6.2 时添加 0.1%（质量分数）$Na_5P_3O_{10}$；（g）pH 值为 6.5～6.2 时添加 0.1%（质量分数）Na_3PO_4

从以上研究可以发现，在 $Ca(OH)_2$ 悬浊液的碳化过程中，无论是改变反应体系的温度、$Ca(OH)_2$ 的浓度、CO_2 的压力，还是表面活性剂的种类和数量，碳化产物都是方解石相 $CaCO_3$，这是因为众多的研究都表明 $CaCO_3$ 在 $Ca(OH)_2$ 颗粒存在时的非均质成核有助于方解石相的成核和生长。

但是，Zhang 课题组近年来选用了 CO_2 储存材料来提供 $Ca(OH)_2$ 碳化时所需的 CO_2 气体，并对此进行了较为详细的研究[42～45]，得到了与 $Ca(OH)_2$ 常规碳化完全不同的产物。作者先将纯度为 99.999% 的 CO_2 气体向摩尔比为 1：1 的乙二胺（EDA）和乙二醇/二乙二醇/三乙二醇/聚乙二醇（EG/DEG/TEG/PEG）的混合溶液中鼓泡 2h，制备出 CO_2 储存材料；然后将不同质量的 CO_2 储存材料加入 50mL $Ca(OH)_2$ 饱和溶液中，将反应容器密封在不同温度下保温一定的时间；最后将生成的沉淀真空抽滤、水/醇洗、真空干燥。

作者首先研究了 CO_2 储存材料的加入量对产物晶体类型和颗粒形貌的影响，如图 4.31 和图 4.32 所示。XRD 图谱显示，当 CO_2 储存材料的浓度为 $4g \cdot L^{-1}$ 和 $10g \cdot L^{-1}$ 时，只有方解石相的衍射峰出现；当浓度为 $20g \cdot L^{-1}$ 时，开始出现球霰石相的衍射峰；随着浓度的进一步增加，相对于方解石相的衍射峰强度，球霰石相的强度有所增大，但增加并不显著。这说明加入不同浓度的 CO_2 储存材料时方解石一直为主晶相。虽然添加 4g•L^{-1} 和 10g•L^{-1} CO_2 储存材料的产物均显示为纯净的方解石相，但是其颗粒形貌显示为多样性，有菱方（立方）状、（扁）球状、棒状、针状、由薄片构成的立方状、层状多孔多级结构以及其他复杂形状，如图 4.32(a)、(b) 所示；当 CO_2 储存材料的浓度为 20g•L^{-1} 时，产物中除了球状以及由小菱方颗粒构成的不规则形状外，还出现了薄饼状多级结构，如图 4.32(c) 所示；CO_2 储存材料的浓度增加为 40g•L^{-1} 时的产物中还出现了缺角的球状颗粒以及由小菱方颗粒构成的棒状颗粒，如图 4.32(d) 所示；当 CO_2 储存材料的浓度进一步增加为 70g•L^{-1} 和 100g•L^{-1} 时，产物以球状和扁球状颗粒为主，如图 4.32(e)、(f) 所示。

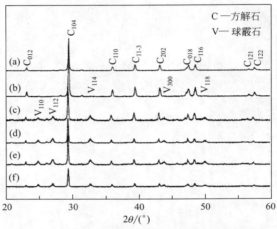

图 4.31　不同浓度（g•L^{-1}）CO_2 储存材料时产物的 XRD 图谱

(a) 4；(b) 10；(c) 20；(d) 40；(e) 70；(f) 100

（反应温度：100℃；反应时间：1h）

图 4.32　不同浓度（g•L^{-1}）CO_2 储存材料时产物的 SEM 图像

(a) 4；(b) 10；(c) 20；(d) 40；(e) 70；(f) 100

（反应温度：100℃；反应时间：1h）

作者还研究了 CO_2 储存材料浓度分别为 40g•L^{-1} 和 100g•L^{-1} 时不同温度下产物的晶体类型和颗粒形貌，晶相组成列于表 4.1，颗粒形貌如图 4.33 所示。对于 CO_2 储存材料浓度为

40g·L^{-1}时的样品 A，除了球状颗粒，还出现了由棒状颗粒构成的花状和树枝状颗粒；样品 B 和 C 中出现了棒状和不十分规则的球状颗粒，其中球状颗粒的表面由许多纳米小颗粒构成；样品 D 中出现了不规则的球状颗粒、薄饼状颗粒以及由小菱方颗粒构成的棒状颗粒；而样品 E 中的颗粒多为不规则的球状颗粒。当 CO_2 储存材料浓度增加为 100g·L^{-1}时，80℃ 和 100℃ 下产物的颗粒形貌类似，均为球状，而 90℃ 下产物为扁球状，颗粒也更疏松。晶相组成显示 90℃ 下产物为纯净的球霰石，而 100℃ 下产物为方解石和球霰石的比例分别为 34.59% 和 65.41%。这些结果说明温度对产物的晶体类型和颗粒形貌都会产生影响，特别是该方法制备的晶相组成和颗粒形貌与 $Ca(OH)_2$ 的常规碳化有很大不同。

表 4.1　不同 CO_2 储存材料浓度和温度下产物的晶相组成

样品	制备条件			晶相组成/%		
	CO_2 储存材料浓度/g·L^{-1}	温度/℃	时间/h	方解石	文石	球霰石
A	40	60	1	42.00	9.00	49.00
B	40	80	1	10.00	9.18	80.80
C	40	90	1	0	0	100
D	40	100	1	49.78	0	50.22
E	40	120	1	100	0	0
F	100	80	1	—	—	—
G	100	90	1	0	0	100
H	100	100	1	34.59	0	65.41

图 4.33　CO_2 储存材料浓度分别为 40g·L^{-1} 和 100g·L^{-1}时不同温度下反应 1h 时产物的 SEM 图像
(a)～(e) 40g·L^{-1}；(f)～(h) 100g·L^{-1}；(a) 60℃；(b)，(f) 80℃；
(c)，(g) 90℃；(d)，(h) 100℃；(e) 120℃

作者还研究了反应时间对产物晶体类型的转变和颗粒的生长的影响，结果如图 4.34 和图

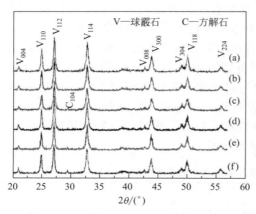

图 4.34 不同碳化时间（h）产物的 XRD 图谱

(a) 1；(b) 2；(c) 4；(d) 6；(e) 8；(f) 10

（CO_2 储存材料浓度：100g·L^{-1}；反应温度：90℃）

4.35 所示。从图 4.34 的 XRD 衍射结果可以看出，在 CO_2 储存材料浓度为 100g·L^{-1} 和反应温度为 90℃的碳化条件下，反应 1h 和 2h 时产物的衍射图谱中只有球霰石的衍射峰，而 4h 时开始出现方解石的衍射峰，方解石的衍射峰随时间有所增强，但是总体来说较弱。半定量计算结果显示，反应 10h 产物中球霰石和方解石的含量分别为 91.73％和 8.27％。从 SEM 图像可以看出，当碳化时间较短时，产物颗粒呈多层状，由片状小颗粒组装而成。随着碳化时间的延长，多层状颗粒逐渐发育成扁球状甚至球状，而这些扁球状和球状颗粒也是由片状小颗粒组装而成。

总之，采用 CO_2 储存材料为提供 CO_2 气体的新方法，获得了晶体类型和颗粒形貌都与 $Ca(OH)_2$ 常规碳化完全不同的产物，特别是碳化时间较长时。

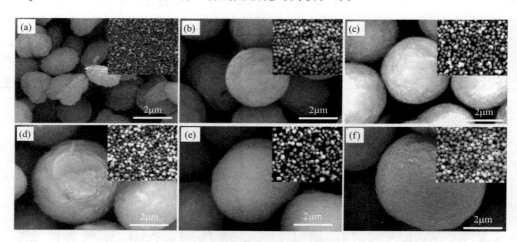

图 4.35 不同碳化时间（h）产物的 SEM 图像

(a) 1；(b) 2；(c) 4；(d) 6；(e) 8；(f) 10

（CO_2 储存材料浓度：100g·L^{-1}；反应温度：90℃）

4.2 氯化钙或硝酸钙碳化体系制备碳酸钙

4.2.1 概述

将 CO_2 气体通入 $CaCl_2$ 溶液是轻质 $CaCO_3$ 的另一种碳化制备方法。需要指出的是，$CaCl_2$ 溶液的碳化必须在碱性环境中才能进行，因此通常在 $CaCl_2$ 溶液中加入氨水将溶液调节成碱性，然后对溶液进行碳化。整个反应的过程和机理可用反应式(4-1)~式(4-7) 表示。

$$CaCl_2 \longrightarrow Ca^{2+} + 2Cl^- \tag{4-1}$$

$$NH_3 \cdot H_2O \longrightarrow NH_4^+ + OH^- \tag{4-2}$$

$$CO_2(g) + H_2O \longrightarrow H_2CO_3 \tag{4-3}$$

$$H_2CO_3 \longrightarrow HCO_3^- + H^+ \tag{4-4}$$

$$HCO_3^- \longrightarrow CO_3^{2-} + H^+ \qquad (4-5)$$

$$OH^- + H^+ \longrightarrow H_2O \qquad (4-6)$$

$$Ca^{2+} + CO_3^{2-} \longrightarrow CaCO_3 \qquad (4-7)$$

从上述反应式可以看出，在 $CaCl_2$ 溶液中加入的氨水电离出的 OH^- 中和了 CO_2 在水中溶解电离出的 H^+，从而使得 $CaCO_3$ 能够生成并沉淀下来。

4.2.2 氯化钙或硝酸钙碳化体系制备碳酸钙的研究进展

在 $CaCl_2$ 溶液碳化体系中，CO_2 的来源有两种：一是直接通入 CO_2 气体；二是碳酸盐或有机物分解产生的 CO_2 气体。本节就从这两个方面介绍 $CaCl_2$ 溶液碳化法制备 $CaCO_3$ 及其进展。

4.2.2.1 CO_2 气体通入法

Takahashi 课题组对 $CaCl_2$ 溶液碳化进行了较多的研究。Hadiko 等[46]将 CO_2 通入经氨水和盐酸调节 pH 值的 $CaCl_2$ 溶液中制备了中空 $CaCO_3$ 微球。实验条件为反应温度为 27℃、$CaCl_2$ 溶液浓度为 $0.1mol \cdot L^{-1}$、CO_2 流速为 $3L \cdot min^{-1}$、CO_2 气泡大小控制在 $10\mu m$ 左右，主要研究了 pH 值对碳化产物的晶体类型和颗粒形貌的影响。

产物的 XRD 结果和 SEM 形貌如图 4.36 和图 4.37 所示。当 pH 值为 9.7 时，产物全部为方解石相 $CaCO_3$；pH 值增加到 9.8，产物开始出现球霰石，并且随着 pH 值的增加，球霰石的含量逐渐升高，5 个 pH 值的溶液碳化产物中球霰石的含量分别约为 0%、28%、38%、56% 和 87%。由于球霰石是 $CaCO_3$ 三种无水晶型中最不稳定的晶型，在水介质中会转化为更为稳定的方解石，因此作者认为，溶液的 pH 值越低，沉淀结束得越快，越有利于球霰石的溶解和方解石的形成。但作者认为，经氨水调节后 $CaCl_2$ 溶液的 pH 值越大，CO_2 在溶液中的溶解度和溶液中 CO_3^{2-} 的浓度越大，与 Ca^{2+} 的反应速率越大[47]，当溶液中 Ca^{2+} 的浓度一定时，反应耗时越少。这里产物中球霰石含量随 pH 值降低而减少的原因应该是 pH 值越低，反应时间越长，导致越多的球霰石转化成了方解石。

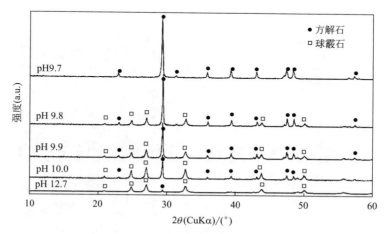

图 4.36 不同 pH 值的溶液碳化产物的 XRD 图谱

Takahashi 课题组的 Han 等研究了 CO_2 流速和含量[48]、溶液 pH 值[49]、$CaCl_2$ 溶液浓度、温度、鼓泡时间、搅拌速度[50]等对碳化过程和碳化产物的影响。将 $CaCl_2$ 和氨水加入蒸馏水中配制成经氨水调节 pH 值的 $CaCl_2$ 溶液，然后将 CO_2 和 N_2 的混合气体从容器底部经微孔装置通入上述溶液中，对各参数下得到的沉淀进行过滤并在 120℃下干燥 24h。

图 4.37 pH 值为 9.8 的 $CaCl_2$ 溶液碳化产物的 SEM 形貌

作者通过对碳化产物的 XRD 表征给出了反应时间及产物中球霰石含量与 CO_2 流速的关系，如图 4.38 所示，反应时间随 CO_2 流速的增加而缩短，球霰石的含量随 CO_2 流速的增加而升高。不同 CO_2 流速得到的产物的 SEM 形貌表明产物中的方解石为菱方体，而球霰石为球形，如图 4.39 所示。而提高混合气体中 CO_2 的含量也可以提高产物中球霰石的含量，如图 4.40 所示。

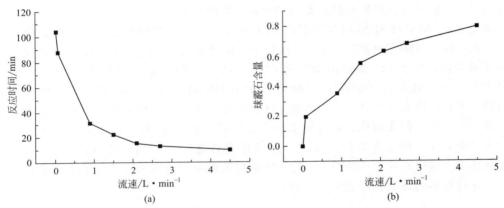

图 4.38 反应时间及产物中球霰石含量与 CO_2 流速的关系

图 4.39 不同 CO_2 流速（$L \cdot min^{-1}$）碳化产物的 SEM 形貌

(a) 0.03；(b) 0.075；(c) 0.9；(d) 3

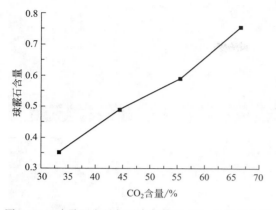

图 4.40　球霰石含量与混合气体中 CO_2 含量的关系

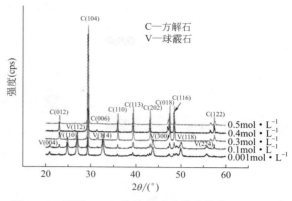

图 4.41　不同 $CaCl_2$ 溶液浓度碳化产物的 XRD 图谱

反应温度为 25℃、CO_2 流速为 0.9L·min^{-1}、搅拌速度为 400r·min^{-1} 的条件下，浓度为 0.001mol·L^{-1} 的 $CaCl_2$ 溶液碳化产物以球霰石为主晶相，随着溶液浓度的增加，方解石相的含量逐渐增大，球霰石逐渐减少，当溶液浓度升高到 0.5mol·L^{-1} 时，产物几乎全部为方解石，如图 4.41 和图 4.42 所示。这个结果说明提高 $CaCl_2$ 溶液的浓度有利于方解石相的生成。

图 4.42　不同 $CaCl_2$ 溶液浓度碳化产物的 SEM 形貌

作者对在不同温度下碳化产物的形貌的观察显示，25℃时得到的是球形的球霰石颗粒，而 60℃时的碳化产物是棒状的文石颗粒，如图 4.43 所示。作者还通过在整个碳化过程中不断加入氨水以保持溶液 pH 值不变，研究了不同 pH 值对碳化过程和碳化产物的影响，如图 4.44～图 4.46 所示。当溶液的 pH 值保持在 7.9 时，最终的碳化产物全部为球霰石；pH 值升高至 8.3 时，开始出现方解石；随着 pH 值的逐渐增大，产物中球霰石的含量逐渐降低，当 pH 值为 11.2 时，球霰石的含量降低到约 77%。球霰石的颗粒形貌方面，pH 值低时形成的颗粒为球形，pH 值高时形成的颗粒为不规则的椭球形。

图 4.43　不同温度（℃）下碳化
产物的 SEM 形貌
(a) 25；(b) 60

图 4.44　不同 pH 值碳化产物的 SEM 形貌

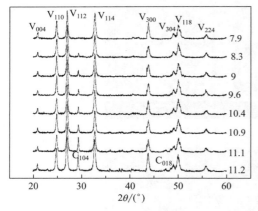

图 4.45　不同 pH 值碳化产物的 XRD 图谱

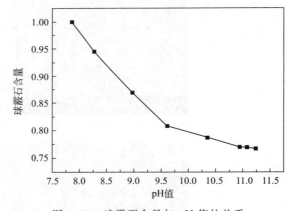

图 4.46　球霰石含量与 pH 值的关系

　　Takahashi 课题组的另外一项工作是研究了初始 pH 值对碳化过程和碳化产物的影响[51]。Watanabe 等在 28℃ 下，用氨水将 $0.1mol \cdot L^{-1}$ $CaCl_2$ 溶液的 pH 值调节为 9.40、9.55、9.70、9.85、10.00、10.15 和 10.30，向这些溶液中通入 CO_2 气体进行碳化，对碳化产物的晶体类型和颗粒形貌进行了研究，结果如图 4.47 和图 4.48 所示。XRD 结果显示，不同的初始 pH 值对最终碳化产物的晶体类型并没有显著影响，产物都是以球霰石为主晶相和极少量的方解石组成的混合晶相。形貌观察结果显示，碳化产物的粒径大小约为 $1\mu m$，与初始 pH 值并无关系，但是产物中中空颗粒的数量与初始 pH 值有一定关系，pH 值高的 $CaCl_2$ 溶液更容易形成中空粒子。

　　Popescu 等[52]研究了分别加入 $NH_3 \cdot H_2O$、一甲胺（MMA）、二甲胺（DMA）和三甲胺（TMA）的 $CaCl_2$ 溶液在带有循环装置的小型碳化塔中的碳化过程以及碳化产物的晶相组成和颗粒形貌。在碳化装置内加入总体积为 7.4L（鼓泡塔的体积为 3.3L）浓度为 $0.05mol \cdot L^{-1}$ 的 $CaCl_2$ 溶液，CO_2 气体的流量为 $3.8L \cdot h^{-1}$，溶液的 pH 值从开始的 10.5 下降到 9 时停止反应，将沉淀过滤、水洗、120℃ 干燥 24h。

图4.47　不同初始 pH 值碳化产物的 SEM 形貌

（a）9.40；（b）9.55；（c）、（d）9.70；（e）9.85；（f）、（g）10.00；（h）10.15；（i）10.30

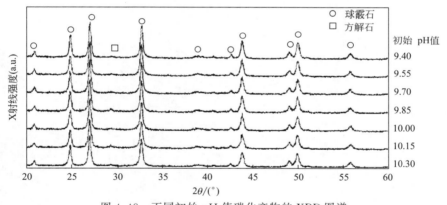

图4.48　不同初始 pH 值碳化产物的 XRD 图谱

　　基于产物 XRD 表征结果的物相组成列于表4.2，颗粒形貌的 SEM 观察结果如图4.49 所示。当加入氨水时，产物中包含 26% 的方解石和 74% 的球霰石；方解石为棱角分明、表面有生长台阶的菱方体，球霰石为大小不均匀的草莓状球体和棱镜状颗粒，如图4.49（a）～（c）所示。当用一甲胺替代氨水时，产物中球霰石的数量增加至近 90%；此时产物的 SEM 图像中大部分为均匀程度有所改善的草莓状球体和一定数量的六边形颗粒，很难发现菱方体方解石颗粒，如图4.49（d）～（e）所示；其中球体表面依然为草莓状，如图4.49（f）所示。当 $CaCl_2$ 溶液中加入二甲胺时，产物中方解石的含量为 48.5%，球霰石的含量为 51.5%；SEM 图像中方解石依然为棱角分明、表面有生长台阶的菱方体，如图4.49（h）所示；球霰石颗粒的形貌为不太规则的草莓状球体和少量六边形颗粒，如图4.49（g）～（i）所示。当反应体系中加入三甲胺时，产物中方解石的含量增加为 74.5%，球霰石的含量降低为 25.5%；但 SEM 图像显示无论是方解石还是球霰石，都是由小颗粒团聚而成的不规则颗粒，如图4.49（j）～（l）所示。这些结果表明，在反应体系中加入氨水、一甲胺和二甲胺有利于球霰石相的稳定，而三甲胺的加入对球霰石相的稳定作用减弱。作者认为，这是由于三甲胺不能形成氨基离子，而氨基离子是延长亚稳相球霰石的相转变和稳定晶相生长的重要因素。

表 4.2　不同添加剂时碳化产物的物相组成

添加剂	方解石		球霰石	
	含量/%	d_{104}/nm	含量/%	d_{101}/nm
C_1-NH$_3$	26	53.3	74	27.7
C_2-MMA	5	49.4	89	26
C_3-DMA	48.5	56.4	51.5	27.5
C_4-TMA	74.5	61	25.5	29.7

图 4.49　不同添加剂时碳化产物的 SEM 形貌

(a)～(c) C_1-NH$_3$；(d)～(f) C_2-MMA；(g)～(i) C_3-DMA；(j)～(l) C_4-TMA

尽管采用常规的碳化设备对 $CaCl_2$ 溶液进行碳化时都得到了 $CaCO_3$ 的热力学不稳定晶型——球霰石，但是 Sun 等[53]在用超重力设备对 $CaCl_2$ 溶液进行碳化时，却得到了纯净的方解石相 $CaCO_3$。实验过程中，作者研究了超重力水平和 $CaCl_2$ 溶液浓度等因素对碳化过程和碳化产物的影响。结果显示，碳化过程随超重力水平的增大而缩短，碳化产物的粒径随超重力水平的增大而降低，从 $192m \cdot s^{-2}$ 的 66nm 降低到 $1105m \cdot s^{-2}$ 的 45nm，如图 4.50 和图 4.51 所示；碳化过程随 $CaCl_2$ 溶液浓度的增加而延长，碳化产物的粒径随 $CaCl_2$ 溶液浓度的增加而增大，从 $0.1mol \cdot L^{-1}$ 的 47nm 增大到 $0.6mol \cdot L^{-1}$ 的 71nm，如图 4.52 和图 4.53 所示。从碳化产物的晶体类型与颗粒大小和形貌来看（图 4.54 和图 4.55），该方法与 $Ca(OH)_2$ 悬浊液的碳化极其相似。

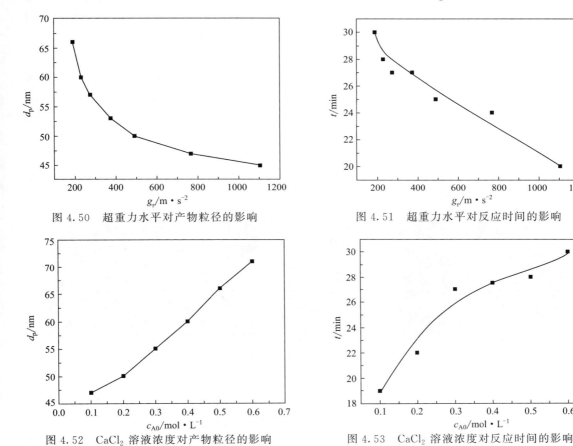

图 4.50　超重力水平对产物粒径的影响　　　　图 4.51　超重力水平对反应时间的影响

图 4.52　$CaCl_2$ 溶液浓度对产物粒径的影响　　图 4.53　$CaCl_2$ 溶液浓度对反应时间的影响

图 4.54　碳化产物的 XRD 图谱

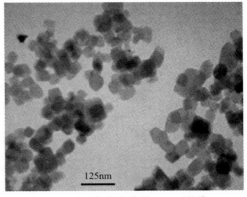

图 4.55　碳化产物的 SEM 形貌

目前国内外通过直接通入 CO_2 气体对 $CaCl_2$ 溶液的碳化研究较少,主要是 Takahashi 课题组在 21 世纪初的一些研究,但是该方法的确为纯球霰石相 $CaCO_3$ 的制备提供了一个途径。

4.2.2.2　CO_2 气体扩散法

当易分解的 $(NH_4)_2CO_3$ 盐或有机物与 $CaCl_2$ 溶液同处于一个密闭的容器中时,

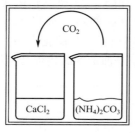

$(NH_4)_2CO_3$ 盐或有机物分解出来的 NH_3 和 CO_2 就会进入溶液中,NH_3 溶解于水中将溶液调节成碱性后,Ca^{2+} 被 CO_2 碳化生成 $CaCO_3$,如图 4.56 所示。由于 $(NH_4)_2CO_3$ 盐或有机物的分解速度都比较慢,因此进入溶液中的 CO_2 和 NH_3 的量都比较少,少量 NH_3 使溶液成为弱碱性,$(NH_4)_2CO_3$ 只能有限地增加溶液中 CO_3^{2-} 的浓度,较低浓度的 CO_3^{2-} 使反应时间延长。该方法多用来研究 $CaCO_3$ 的成核和生长机制等方面的问题。

图 4.56　实验过程示意图

Lee 等[54]在 20℃ 将 $(NH_4)_2CO_3$ 和 NH_4HCO_3 分解产生的 CO_2 气体扩散至 $10mmol \cdot L^{-1}$ 的乙醇 $CaCl_2$ 溶液中,24h 反应完全,溶液逐渐显示奶白色,并逐渐变成凝胶状沉淀,将反应体系在空气中静置 4d,依然是凝胶状沉淀。用手摇动,又变回奶白色溶液,如图 4.57(a) 所示。刚刚生成的新鲜产物在场发射扫描电子显微镜下的形貌为微米尺度的团聚体,其轮廓非常光滑,如图 4.57(b) 所示。将新鲜产物在 100℃ 下干燥 24h 后,轮廓光滑的团聚体变成颗粒状聚合体,如图 4.57(c) 所示。但是值得注意的是,如果在 $CaCl_2$ 溶液中不加入乙醇,则不会生成凝胶状沉淀。

图 4.57　(a) 静置 4d 的凝胶状沉淀(左瓶)和摇动后的奶白色溶液(右瓶);
(b) 新鲜产物的 FESEM 形貌;(c) 在 100℃ 干燥 24h 后产物的 FESEM 形貌

作者对原料 $(NH_4)_2CO_3$ 和 NH_4HCO_3 以及 $CaCO_3$ 沉淀和无定形 $CaCO_3$(ACC)的红外吸收光谱进行了表征,如图 4.58 所示,从溶液中沉淀出来的新鲜 $CaCO_3$ 分别在 3500~3100cm^{-1} 和 3000~2850cm^{-1} 处出现了与 NH_3 对应的 NH 的伸缩振动和乙醇中 CH 的伸缩振

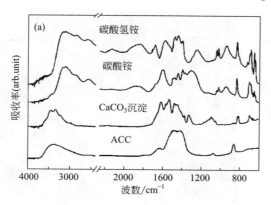
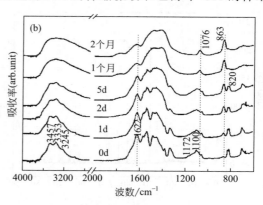

图 4.58　(a) 原料和产物的红外光谱图;(b) 产物放置不同时间后的红外光谱图

动，而随着在空气中放置时间延长至 1 个月，逐渐变成了无定形态 $CaCO_3$。作者的研究还表明，如果没有氨存在的相同条件下，无定形态 $CaCO_3$ 会在 2d 内转化成方解石，而氨的加入会使无定形态 $CaCO_3$ 转化成方解石的时间延长至 4d 以上。该结果说明氨水的作用有两个，一是使溶液维持弱碱性，二是对无定形态 $CaCO_3$ 起到一定的稳定作用。

Han 等[55]将经羟基处理表面后的自组装单层分子基板（Au-OH）浸入 25mmol·L^{-1} 的 $CaCl_2$ 溶液中，然后将反应容器置于放有 $(NH_4)_2CO_3$ 的干燥器中，于室温下反应 30～60min，基板上的产物用丙酮清洗，在 N_2 中干燥。作者重点研究了最初生成的 ACC 在各种情况下的重结晶过程。

经过 45min 的反应后，沉积在基板上的为球状的 ACC，粒度在 0.3～1μm，如图 4.59（b）所示；而经过 90min 的反应，原来沉积的 ACC 结晶形成方解石，如图 4.59（c）所示。将开始形成的 ACC 微球置于干燥空气中，ACC 不会结晶变成方解石；而将其置于潮湿的空气中，微球会变平、扩散、溶化形成一个连续薄膜并逐渐结晶，如图 4.59（d）所示。

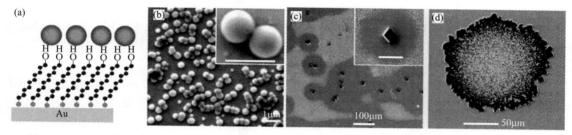

图 4.59 （a）经羟基表面处理的 Au 基板；（b）反应 45min 后产物的 SEM 形貌；（c）反应 90min 后产物的 SEM 形貌；（d）置于潮湿空气中的无定形 $CaCO_3$ 微球在基板上扩散变平形成连续的膜并结晶

作者将 Au-OH 基板上的 ACC 与经羧基处理表面后的自组装单层分子基板（Au-C_n-COOH）相互接触来诱导 ACC 的结晶。结果显示，Au-C_{15}-COOH 基板可以诱导方解石在（012）晶面上的优先取向生长，Au-C_{10}-COOH 基板可以诱导方解石在（113）晶面上的优先取向生长，如图 4.60 所示。

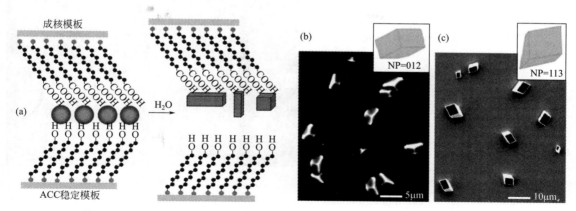

图 4.60 Au-OH 基板上的无定形 $CaCO_3$ 与 Au-C_n-COOH 基板接触后的重结晶
（a）过程示意图；（b）在 Au-C_{15}-COOH 基板上结晶的方解石［在（012）晶面优先取向］的 SEM 形貌；
（c）在 Au-C_{10}-COOH 基板上结晶的方解石［在（113）晶面优先取向］的 SEM 形貌

作者还研究了 Mg^{2+} 存在时经羧基处理表面后的自组装单层分子基板（Au-C_{10}-COOH）诱导 Au-OH 基板上 ACC 的结晶。结果显示，与不加 Mg^{2+} 时的规则菱方体外观相比，方解石的形貌有所改变，即 Mg^{2+} 阻碍了方解石在 ab 平面的生长，导致 c 轴方向上的取向生长，如图 4.61 所示，并且 c 轴与 a/b 轴方向的长度比值随 Mg/Ca 的增加而增大。

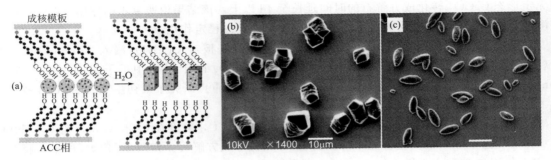

图 4.61　Mg^{2+} 存在时 $Au-OH$ 基板上的无定形 $CaCO_3$ 与 $Au-C_{10}-COOH$ 基板接触后的重结晶

(a) 过程示意图；(b) Mg/Ca=1 时基板上结晶的方解石的 SEM 形貌；
(c) Mg/Ca=2 时基板上结晶的方解石的 SEM 形貌

Zhang 等[56]将 L-赖氨酸和无水对氨基苯磺酸加入 $10mmol \cdot L^{-1}$ $CaCl_2$ 溶液中，用盐酸或氢氧化钠调节溶液的 pH 值，将盛有溶液的玻璃容器置于放有碾碎 NH_4HCO_3 的干燥器中，一定时间后用蒸馏水和无水乙醇冲洗沉淀物，最后在室温条件下干燥。

作者首先研究了 $0.5g \cdot L^{-1}$ 的无水对氨基苯磺酸和 L-赖氨酸的加入对 $CaCO_3$ 结晶的影响，产物的 XRD 图谱和 SEM 形貌如图 4.62 和图 4.63 所示。将无水对氨基苯磺酸加入反应体系中，碳化产物全部为方解石相，而产物的颗粒形貌除了较多的菱方体外，还出现了少量六角多层结构，如图 4.63(a)、(b) 所示，产物的红外吸收光谱也证明了这些六角多层结构也为方解石。加入 L-赖氨酸的产物则是球霰石和方解石的混合相，产物的颗粒形貌除了较多的菱方体和六角多层结构外，还出现了一些由六边形薄片交叉而成的微球，如图 4.63(c)、(d) 所示。

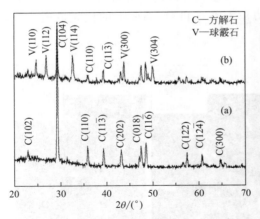

图 4.62　$0.5g \cdot L^{-1}$ 添加剂参与下产物的 XRD 图谱

(a) 无水对氨基苯磺酸；(b) L-赖氨酸

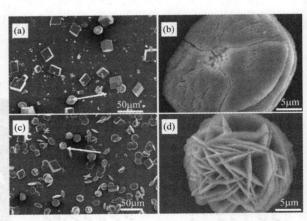

图 4.63　$0.5g \cdot L^{-1}$ 添加剂参与下产物的 SEM 形貌

(a)，(b) 无水对氨基苯磺酸；(c)，(d) L-赖氨酸

作者又将无水对氨基苯磺酸和 L-赖氨酸复合加入反应系统，各自加入不同量时碳化产物的 XRD 图谱和 SEM 形貌如图 4.64 和图 4.65 所示。在无水对氨基苯磺酸的加入量为 $0.1g \cdot L^{-1}$ 的前提下，当 L-赖氨酸的加入量为 $0.1g \cdot L^{-1}$ 时，产物中主要为方解石相，其形貌除了典型的菱方体外，还出现了极少量六角层状结构和六边形薄片交叉而成的微球，如图 4.64(a) 和图 4.65(a) 所示。当 L-赖氨酸的加入量为 $0.3g \cdot L^{-1}$ 时，产物中虽然有大量的六

边形薄片交叉而成的微球和六角层状结构，但其 XRD 结果显示此条件下仍以方解石为主晶相，如图 4.64(b) 和图 4.65(b) 所示。当 L-赖氨酸的加入量为 0.5g·L⁻¹ 和 0.7g·L⁻¹ 时，六边形薄片交叉而成的微球和六角层状结构分别成为主要的颗粒形貌，而球霰石相逐渐成为主晶相，如图 4.64(c)、(d) 和图 4.65(c)、(d) 所示。特别地，当 L-赖氨酸的加入量大幅增加为 10g·L⁻¹ 时，虽然球霰石相的含量没有进一步增加，但是颗粒形貌却变成了由薄片交叉堆积的微球。

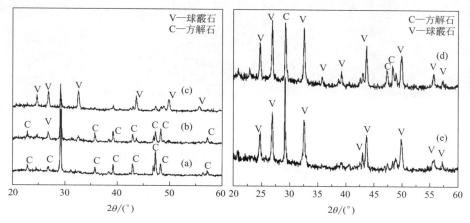

图 4.64　无水对氨基苯磺酸和 L-赖氨酸不同添加量（g·L⁻¹）产物的 XRD 图谱
(a) 0.1, 0.1；(b) 0.1, 0.3；(c) 0.1, 0.5；(d) 0.5, 0.7；(e) 0.1, 10

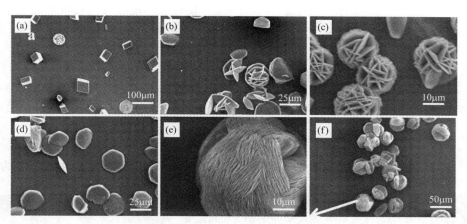

图 4.65　无水对氨基苯磺酸和 L-赖氨酸不同添加量（g·L⁻¹）产物的 SEM 形貌
(a) 0.1, 0.1；(b) 0.1, 0.3；(c) 0.1, 0.5；(d) 0.1, 0.7；(e) 0.1, 10；(f) 0.1, 10

　　作者还研究了不同量无水对氨基苯磺酸与 L-赖氨酸添加时不同 pH 值的溶液碳化产物的颗粒形貌，如图 4.66 所示。在无水对氨基苯磺酸和 L-赖氨酸的加入量分别为 0.1g·L⁻¹ 和 0.5g·L⁻¹ 时，pH 值为 9.0 的溶液碳化产物为较多的六边形薄片交叉而成的微球和少量的六角层状结构 [图 4.65(c)]。pH 值为 8.0 的溶液碳化产物变成了由六边形薄片有序堆积而成的微球，并且微球的两极不封闭，如图 4.66(a)～(d) 所示。而当溶液的 pH 值降低到 4.0 时，由六边形薄片有序堆积而成的微球的不封闭区域变大，更类似于饼状结构，如图 4.66(e)、(f) 所示。在无水对氨基苯磺酸和 L-赖氨酸的加入量分别为 0.1g·L⁻¹ 和 10g·L⁻¹ 时，pH 值为 8.0 的溶液碳化产物则由 pH 值为 9.0 时的微球变成了透镜状颗粒，如图 4.66(g)、(h) 所示。

作者给出了不同条件下 ACC 形成各种形状颗粒的机理，如图 4.67 所示。

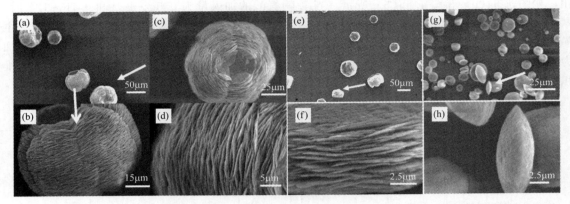

图 4.66　无水对氨基苯磺酸和 L-赖氨酸不同添加量（g·L⁻¹）时不同 pH 值溶液碳化产物的 SEM 形貌
（a）～（d）0.1，0.5，pH=8.0；（e），（f）0.1，0.5，pH=4.0；（g），（h）0.1，10，pH=8.0

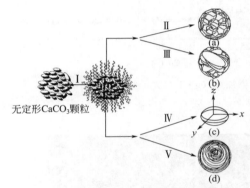

图 4.67　不同添加剂比值和 pH 值碳化
产物的生长过程

Ⅰ 表面活性剂吸附到无定形 CaCO₃ 颗粒表面形成六边形结构；Ⅱ（a）1∶5（pH=9.0）六边形薄片交叉而成的球状颗粒；Ⅲ（b）1∶10（pH=7.5）饼状薄片交叉而成的球状颗粒；Ⅳ（c）1∶5（pH=4.0）饼状颗粒；Ⅴ（d）1∶10（pH=8.0）透镜状颗粒

Li 等[57]将沉积在 Si 基片上的单层胶状晶体（monolayer colloidal crystals，MCCs）模板转移至加有 80mg·L⁻¹ PAA、浓度为 20mmol·L⁻¹ 的 CaCl₂ 溶液表面，然后将容器置于放有固态 (NH₄)₂CO₃ 的干燥器中，使之在 25℃ 的温度下反应 6h，碳化产物沉积在 MCC 模板上，最后将模板溶解在二氯甲烷中，得到完整的蜂巢状 ACC，并使 ACC 在不同条件下结晶。

蜂巢状 ACC 的 SEM 和 TEM 图像以及电子衍射如图 4.68 所示。作者还研究了三种 ACC 在三种条件下的结晶情况，即相对湿度为 20%～40% 的室温、相对湿度为 90% 的 80℃ 以及在 400℃ 的热处理，结晶产物的光学纤维图像如图 4.69 所示。在相对湿度为 20%～

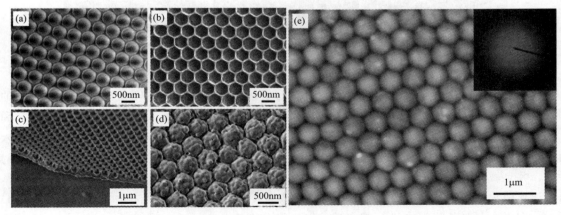

图 4.68　ACC 薄膜的 SEM 形貌 [（a）带 MCC 模板；（b）～（d）去除 MCC 模板；（b）俯视图；（c）侧视图；（d）仰视图] 和 ACC 的 TEM 形貌及电子衍射 [（e）]

40%的室温条件下需要 7d 才能完成整个结晶过程，由于空气湿度小，薄膜因干燥而破裂成小块，结晶后的 $CaCO_3$ 为球粒状 [图 4.69(b)]。在更高的湿度（90%）和温度（80℃）下结晶过程大大缩短，2d 就可以完成整个结晶过程。虽然整个薄膜不会因为温度升高而产生开裂，但是在某些部位会出现或大或小的空白（不含 $CaCO_3$），这是由于在较高湿度下，ACC 的结晶是通过溶解再结晶的机制进行的。在 400℃下热处理 2h，薄膜会开裂成较大的块，并且 ACC 连续膜变成了镶嵌膜，即结晶 $CaCO_3$ 颗粒彼此分离，这是由在高温下结晶过程中产生的收缩造成的。

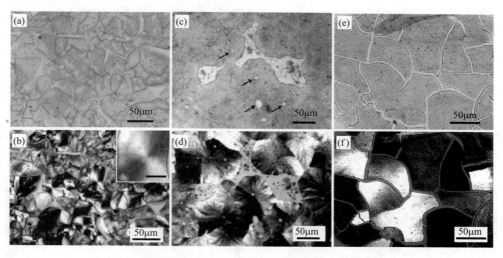

图 4.69 蜂巢状 ACC 在不同条件下结晶产物的光学显微图像
(a)，(b) 湿度为 20%～40%的室温；(c)，(d) 相对湿度为 90%的 80℃；(e)，(f) 400℃的热处理；
(a)，(c)，(e) 普通光；(b)，(d)，(f) 偏振光（插图：球状区域的高倍图像，标尺：10μm）

Yang 等[58]将主要成分为纤维素三硝酸酯的胶棉薄膜置于 $0.2mol \cdot L^{-1}$ $CaCl_2$ 溶液中，在放有 NH_4HCO_3 的干燥器中用于诱导 $CaCO_3$ 的结晶，并研究了温度和时间对 $CaCO_3$ 结晶和生长的影响。

在 28℃不使用胶棉薄膜的情况下，产物为球霰石和方解石的混合相，形貌为小晶粒聚集而成的椭圆形颗粒，如图 4.70(a) 所示。而在相同温度下、使用胶棉薄膜得到的产物为 32%的方解石和 68%的球霰石，方解石为典型的菱方体颗粒，球霰石为六边形饼状颗粒，如图 4.70(b)、(c) 所示。当反应温度为 40℃时，产物中方解石和球霰石的数量相当，出现了微量的文石相，球霰石呈六边形饼状和多层片状形貌，文石呈典型的棒状，菱方体方解石颗粒或单独存在，或吸附在棒状颗粒表面，如图 4.70(d)、(e) 所示。当继续升高温度至 70℃和 75℃时，球霰石相完全消失，方解石相逐渐减少至 7%，其余为文石相，形貌也变成以棒状为主。碳化反应继续到 4h 得到的碳化产物为方解石和球霰石的混合相，其中球霰石为主晶相，占77%，方解石为次晶相，占 23%，其中球霰石相呈圆形或六边形薄饼状或者由薄片交叉而成[如图 4.71(a)～(c) 所示]，高分辨 TEM 图像和选区电子衍射结果表明这些片状结构为球霰石 [如图 4.71(h)、(i) 所示]。当碳化时间延长至 6h 和 12h 时，球霰石的含量分别为 68%和56%，其形貌主要为六边形片状粒子 [如图 4.71(b) 和图 4.71(d) 所示]。继续延长碳化时间至 24h 和 48h，球霰石相的含量继续降低，分别为 29%和 12%，但是其形貌变成了中空的六边形饼状粒子，如图 4.71(e)、(g) 所示。作者认为胶棉薄膜和球霰石表面的相互作用使球霰石表面变得更加稳定。

图 4.70　28℃不使用胶棉薄膜 CaCO₃ 产物的 SEM 图像［(a)］和使用胶棉薄膜不同温度（℃）下
CaCO₃ 产物的 SEM 图像［(b) 28；(c)，(d) 40；(e) 70；(f) 75］

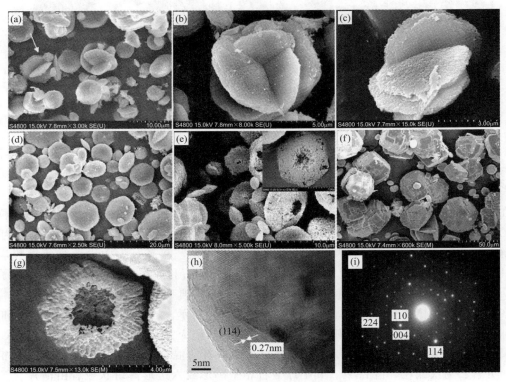

图 4.71　28℃使用胶棉薄膜不同碳化时间（h）CaCO₃ 产物的 SEM 图像［(a)～(c) 4；(d) 12；
(e) 24；(f)，(g) 48］和图（a）中薄片结构的高分辨 TEM 图像及其电子衍射图谱［(h)、(i)］

　　Liu 等[59]研究了垂直插入 CaCl₂ 溶液中玻璃片的不同位置 CaCO₃ 的结晶情况。将玻璃片
垂直插入盛有 20mmol·L⁻¹ CaCl₂ 溶液的烧杯中（图 4.72），另一个烧杯放有过量的
(NH₄)₂CO₃ 粉末，两个烧杯置于温度为 28℃ 的密闭干燥器中，6h 后，移除 (NH₄)₂CO₃ 粉
末，CaCl₂ 溶液再在干燥器中保持 24h，然后将玻璃片上的 CaCO₃ 沉淀用水洗并在但氮气中

干燥。

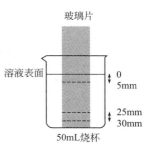

图 4.72　实验装置示意图

实验过程中，30min 玻璃片上部开始结晶，60min 后下部开始结晶。分别取玻璃片上部、中部和下部的沉淀，对其进行 XRD 表征和 SEM 观察，结果分别如图 4.73 和图 4.74 所示。在玻璃片上部的沉淀主要是方解石相［图 4.73(a)］，其形貌为轮廓清晰、棱角尖锐、近似立方状的菱方体和极个别六边形薄片颗粒［图 4.74(a)］。玻璃片中部的沉淀为球霰石和方解石的混合相［图 4.73(b)］，方解石的形貌与玻璃片上部无明显区别，只是粒度有所增大，球霰石呈现为由六边形薄片组装而成的多层状和类球体超结构［图 4.74(b)］。玻璃片下部沉淀的 XRD 图谱中球霰石相的衍射峰进一步增强［图 4.73(c)］，SEM 图像中方解石颗粒的数量大大减少，依然为菱方体，球霰石为薄片组装而成的多层超结构［图4.74(c)］。作者认为，玻璃片上部位置开始形成沉淀时，钙离子和碳酸根离子的过饱和度较低，其浓度乘积只超过方解石相的溶度积（$K_{sp}=3.3\times10^{-9}$），因而有利于稳定相方解石的成核和结晶。随着反应的进行，上部 $CaCO_3$ 逐渐生成，玻璃片下部钙离子的浓度逐渐降低，但是随着 CO_2 的逐步溶解和扩散，碳酸根离子的浓度逐渐增加，因此当反应进行到 60min 时，玻璃片下部位置处钙离子和碳酸根离子的浓度乘积超过了球霰石相的溶度积（$K_{sp}=1.2\times10^{-8}$），因而有利于亚稳相球霰石的成核和结晶。

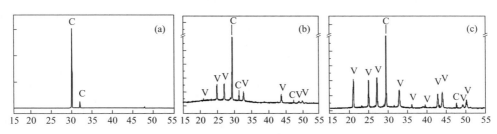

图 4.73　玻璃片不同部位 $CaCO_3$ 产物的 XRD 图谱

(a) 上部；(b) 中部；(c) 下部

图 4.74　玻璃片不同部位 $CaCO_3$ 产物的 SEM 图像

(a) 上部；(b) 中部；(c) 下部

除了 $CaCl_2$ 溶液的碳化，$Ca(NO_3)_2$ 溶液也可以用来碳化制备 $CaCO_3$ 粉体，目前对这种制备方法的研究更少，这里不做赘述。

参 考 文 献

[1]　肖品东. 纳米沉淀碳酸钙工业化技术. 北京：化学工业出版社，2004.

[2]　颜鑫，王佩良，舒均杰. 纳米碳酸钙关键技术. 北京：化学工业出版社，2007.

[3]　肖品东. 纳米碳酸钙生产与应用技术解密. 北京：化学工业出版社，2009.

[4]　胡庆福，胡晓波，刘宝树．纳米碳酸钙改型喷雾碳化法制造新工艺．非金属矿，2002，25（4）：42-45.

[5]　Chen J F, Wang Y H, Guo F, et al. Synthesis of nanoparticles with novel technology: high-gravity reactive precipitation. Industrial & Engineering Chemistry Research, 2000, 39: 948-954.

[6]　Sonawane S H, Shirsath S R, Khanna P K, et al. An innovative method for effective micro-mixing of CO_2 gas during synthesis of nano-calcite crystal using sonochemical carbonization. Chemical Engineering Journal, 2008, 143: 308-313.

[7]　Wu G H, Wang Y J, Zhu S L, et al. Preparation of ultrafine calcium carbonate particles with micropore dispersion method. Powder Technology, 2007, 172: 82-88.

[8]　Xiang L, Wen Y, Wang Q, et al. Synthesis of dispersive $CaCO_3$ in the presence of $MgCl_2$. Materials Chemistry and Physics, 2006, 98: 236-240.

[9]　Han Y S, Hadiko G, Fuji M, et al. Factors affecting the phase and morphology of $CaCO_3$ prepared by a bubbling method. Journal of the European Ceramics Society, 2006, 26: 843-847.

[10]　Jiang J X, Liu J, Liu C, et al. Roles of oleic acid during micropore dispersing preparation of nano-calcium carbonate particles. Applied Surface Science, 2011, 257: 7047-7053.

[11]　胡庆福，李保林．连续喷雾式碳化法制造微细碳酸钙．碳酸钙工业，1986，1：10-14.

[12]　王巧玲．连续喷雾式碳化法制造超细碳酸钙新工艺首创成功．河北化工，1985，4：48.

[13]　胡庆福，李保林．连续喷雾式碳化法制取碳酸钙．河北化工，1987，4：38-43.

[14]　陈文炳，金光海．新型离心机传质设备的研究．化工学报，1989，5：635-639.

[15]　简弃非，邓先和，邓颂九．超重力旋转床中的传质特性实验研究．化工进展，1996，6：6-9.

[16]　王玉红．旋转床超重力场装置的液泛与传质特性研究．北京：北京化工大学，1992.

[17]　王玉红，陈建峰．超重力反应结晶法制备纳米碳酸钙颗粒研究．粉体技术，1998，4（4）：5-11.

[18]　沈志刚，陈建峰，刘春光，等．超重力反应器中碳化反应参数对碳酸钙产品的影响．北京化工大学学报，2002，29（1）：1-5，13.

[19]　陈智涛，王琳，郭锴．超重力碳化法二氧化硅的干燥及应用．北京化工大学学报，2004，31（5）：36-40，44.

[20]　霍闪，邓小川，卿彬菊，等．超重力碳化法制备碳酸氢锂实验研究．无机盐工业，2015，47（10）：27-30.

[21]　俞乐．超重力反应结晶法制备纳米碳酸钙的研究．广州：华南理工大学，2005.

[22]　Sheng Y, Zhou B, Zhao J Z, et al. Influence of octadecyl dihydrogen phosphate on the formation of active super-fine calcium carbonate. Journal of Colloid and Interface Science, 2004, 272: 326-329.

[23]　Wang C Y, Sheng Y, Bala H, et al. A novel aqueous-phase route to synthesize hydrophobic $CaCO_3$ particles in situ. Materials Science and Engineering C, 2007, 27: 42-45.

[24]　Wang C Y, Liu Y, Bala H, et al. Facile preparation of $CaCO_3$ nanoparticles with self-dispersing properties in the presence of dodecyl dimethyl betaine. Colloids and surfaces. A, Physicochemical and engineering aspects, 2007, 297: 179-182.

[25]　Zhang C X, Zhang J L, Feng X Y, et al. Influence of surfactants on the morphologies of $CaCO_3$ by carbonation route with compressed CO_2, Colloids and surfaces. A, Physicochemical and engineering aspects, 2008, 324: 167-170.

[26]　Liu Q, Wang Q, Xiang L. Influence of poly acrylic acid on the dispersion of calcite nano-particles. Applied Surface Science, 2008, 254: 7104-7108.

[27]　Ukrainczyk M, Kontrec J, Kralj D. Precipitation of different calcite crystal morphologies in the presence of sodium stearate. Journal of Colloid and Interface Science, 2009, 329: 89-96.

[28]　López-Periago A M, Pacciani R, García-González C, et al. A breakthrough technique for the preparation of high-yield precipitated calcium carbonate. Journal of Supercritical Fluids, 2010, 52: 298-305.

[29]　Jiang J X, Liu J, Liu C, et al. Roles of oleic acid during micropore dispersing preparation of nano-calcium carbonate particles. Applied Surface Science, 2011, 257: 7047-7053.

[30]　Jiang J X, Zhang Y, Yang X, et al. Assemblage of nano-calcium carbonate particles on palmitic acid template. Advanced Powder Technology, 2014, 25: 615-620.

[31]　Jiang J X, Xu D D, Zhang Y, et al. From nano-cubic particle to micro-spindle aggregation: The control of long chain fatty acid on the morphology of calcium carbonate. Powder Technology, 2015, 270: 387-392.

[32]　Shi X T, Rosa R, Lazzeri A. On the Coating of Precipitated Calcium Carbonate with Stearic Acid in Aqueous Medium. Langmuir, 2010, 26: 8474-8482.

[33]　Damle C, Kumar A, Sainkar S R, et al. Growth of Calcium Carbonate Crystals within Fatty Acid Bilayer Stacks. Langmuir, 2002, 18: 6075-6080.

[34]　Ulkeryildiz E, Kilic S, Ozdemir E. Rice-like hollow nano-$CaCO_3$ synthesis. Journal of Crystal Growth, 2016, 450: 174-180.

[35]　Kim B J, Park E H, Choi K D, et al. Synthesis of $CaCO_3$ using CO_2 at room temperature and ambient pressure. Materials Letters, 2017, 190: 45-47.

[36]　Falini G, Albeck S, Weiner S, et al. Control of aragonite or calcite polymorphism by mollusk shell macromolecules. Science, 1996, 271, 67-69.

[37]　Won Y H, Jang H S, Chung D W, et al. Multifunctional calcium carbonate microparticles: Synthesis and biological applications. Journal of Materials Chemistry, 2010, 20: 7728-7733.

[38]　Andreassen J P. Formation mechanism and morphology in precipitation of vaterite-nano-aggregation or crystal growth? Journal of Crystal Growth, 2005, 274: 256-264.

［39］ Achour A，Arman A，Islam M，et al. Synthesis and characterization of porous CaCO$_3$ micro/nano-particles. The European Physical Journal Plus，2017，132：267.

［40］ Yang J H，Shih S M. Preparation of high surface area CaCO$_3$ by reacting CO$_2$ with aqueous suspensions of Ca(OH)$_2$：Effect of the addition of sodium polyacrylate. Powder Technology，2009，193：170-175.

［41］ Yang J H，Shih S M. Preparation of high surface area CaCO$_3$ by bubbling CO$_2$ in aqueous suspensions of Ca(OH)$_2$：Effects of (NaPO$_3$)$_6$，Na$_5$P$_3$O$_{10}$，and Na$_3$PO$_4$ additives. Powder Technology，2010，197：230-234.

［42］ Zhao T X，Guo B，Zhang F，et al. Morphology Control in the Synthesis of CaCO$_3$ Microspheres with a Novel CO$_2$ Storage Material. Acs Applied Materials & Interfaces，2015，7（29）：15918-15927.

［43］ Sha F，Zhu N，Bai Y J，et al. Controllable synthesis of various CaCO$_3$ morphologies based on a CCUS idea. ACS Sustainable Chemistry & Engineering，2016，4：3032-3044.

［44］ Zhao T X，Zhang F，Zhang J B，et al. Facile preparation of micro and nano-sized CaCO$_3$ particles by a new CO$_2$-storage material. Powder Technology，2016，301：463-471.

［45］ Guo B，Zhao T X，Sha F，et al. Synthesis of vaterite CaCO$_3$ micro-spheres by carbide slag and a novel CO$_2$-storage material. Journal of CO$_2$ Utilization，2017，18：23-29.

［46］ Hadiko G，Han Y S，Fuji M，et al. Synthesis of hollow calcium carbonate particles by the bubble templating method. Materials Letters，2005，59：2519-2522.

［47］ Wang Y，Zhu S P，Gan X P，et al. Variation of pH during the carbonation of CaCl$_2$ and its effect on the concentration of CO$_3^{2-}$ and the ratio of [Ca^{2+}] to [CO$_3^{2-}$]. Advanced Materials Research，2014，1015：635-638.

［48］ Han Y S，Hadiko G，Fuji M，et al. Effect of flow rate and CO$_2$ content on the phase and morphology of CaCO$_3$ prepared by bubbling method. Journal of Crystal Growth，2005，276：541-548.

［49］ Han Y S，Hadiko G，Fuji M，et al. Crystallization and transformation of vaterite at controlled pH. Journal of Crystal Growth，2006，289：269-274.

［50］ Han Y S，Hadiko G，Fuji M，et al. Factors affecting the phase and morphology of CaCO$_3$ prepared by a bubbling method. Journal of the European Ceramic Society，2006，26：843-847.

［51］ Watanabe H，Mizuno Y，Endo T，et al. Effect of initial pH on formation of hollow calcium carbonate particles by continuous CO$_2$ gas bubbling into CaCl$_2$ aqueous solution. Advanced Powder Technology，2009，20：89-93.

［52］ Popescu M A，Isopescu R，Matei C，et al. Thermal decomposition of calcium carbonate polymorphs precipitated in the presence of ammonia and alkylamines. Advanced Powder Technology，2014，25：500-507.

［53］ Sun B C，Wang X M，Chen J M，et al. Synthesis of nano-CaCO$_3$ by simultaneous absorption of CO$_2$ and NH$_3$ into CaCl$_2$ solution in a rotating packed bed. Chemical Engineering Journal，2011，168：731-736.

［54］ Lee H S，Ha T H，Kim K. Fabrication of unusually stable amorphous calcium carbonate in an ethanol medium. Materials Chemistry and Physics，2005，93：376-382.

［55］ Han T Y J，Aizenberg J. Calcium carbonate storage in amorphous form and its template-induced crystallization. Chemistry of Materials，2008，20：1064-1068.

［56］ Zhang Q，Ren L Y，Sheng Y H，et al. Control of morphologies and polymorphs of CaCO$_3$ via multi-additives system. Materials Chemistry and Physics，2010，122：156-163.

［57］ Li C，Hong G S，Yu H，et al. Facile fabrication of honeycomb-patterned thin films of amorphous calcium carbonate and mosaic calcite. Chemistry of Materials，2010，22：3206-3211.

［58］ Yang Q Q，Nan Z D. Growth of vaterite with novel morphologies directed by a collodion membrane. Materials Research Bulletin，2010，45：1777-1782.

［59］ Liu Q，Wang H S，Zeng Q. Vapor diffusion method：Dependence of polymorphs and morphologies of calcium carbonate crystals on the depth of an aqueous solution. Journal of Crystal Growth，2016，449：43-46.

第❺章

碳酸钙粉体的复分解法制备及其进展

5.1 概述

CaCO$_3$ 的复分解法制备是指以 Ca^{2+}-H$_2$O-CO$_3^{2-}$ 为反应体系的制备工艺。在复分解法制备体系中，Ca^{2+} 和 CO$_3^{2-}$ 来源于可溶性的盐。通常情况下，Ca^{2+} 的来源多为 CaCl$_2$，少数选择 Ca(NO$_3$)$_2$，其共同点为溶质在水中完全溶解并全部电离产生 Ca^{2+}。CO$_3^{2-}$ 既可以来源于无机盐（多为钠的碳酸盐），也可以来源于有机物。

在进行复分解反应时，两种可溶性盐溶液的混合方式包括快速倾倒混合、逐滴加入混合和注射混合等。快速倾倒是先配制好两种反应溶液，然后将其中一种溶液快速倾倒入另外一种溶液中并搅拌，使之反应。逐滴加入混合是将配制好的其中一种溶液逐滴滴入另外一种溶液中并搅拌，使之反应。注射混合是将两种配制好的溶液分别置于注射泵中的两个注射器中，分别按照一定的注射速度注射入反应容器中，搅拌使之发生反应。

本章从 Ca^{2+}-无机盐和 Ca^{2+}-有机物两种反应体系来介绍 CaCO$_3$ 的复分解法制备。

5.2 Ca^{2+}-无机盐体系制备碳酸钙

Ca^{2+}-无机盐反应制备 CaCO$_3$ 的复分解反应体系中的无机盐常用的是钠的碳酸（氢）盐，其次为铵的碳酸（氢）盐和钾的碳酸（氢）盐。

5.2.1 Ca^{2+}-碳酸钠/碳酸氢钠反应体系

在 CaCl$_2$ 和 Na$_2$CO$_3$/NaHCO$_3$ 两种溶液进行的复分解反应中，反应溶液的浓度、反应温度以及添加剂的种类和数量是影响反应过程以及反应产物的晶体类型和颗粒形貌的主要因素，特别是各种添加剂的影响是人们研究的重点。另外，由于复分解反应是在极短时间内进行并完成的，不同混合方式直接参与反应的局部情况不同，因此混合方式也会很大程度地影响反应过程和反应产物的性质。

Beck 和 Andreassen[1]详细研究了复分解反应体系中不同温度、超饱和度、结晶时间、搅拌速度以及晶种等因素对 CaCO$_3$ 产物的晶体类型和颗粒形貌的影响。制备文石时，采用图 5.1(a) 所示的间歇合成装置，将不同浓度的 Na$_2$CO$_3$ 溶液持续加入不同浓度的 CaCl$_2$ 溶液中并以不同的速度搅拌，经过不同的反应时间得到产物；在研究氨水存在下文石的制备时，采用图 5.1(a) 所示的间歇合成装置，将 0.2mol 氨水加入 1L 浓度为 0.2mol·L^{-1} 的 $Ca(NO_3)_2$ 溶液中，在 2000r·min^{-1} 的搅拌速度下持续加入 1L 浓度为 0.2mol·L^{-1} 的 Na_2CO_3 溶液，得到浓度为 0.1mol·L^{-1} 的 $CaCO_3$ 悬浊液；制备方解石时，采用图 5.1(a) 所示的间歇合成装置，将 1L 浓度为 0.2mol·L^{-1} 的 Na_2CO_3 溶液持续加入 1L 浓度为 0.2mol·L^{-1}、2mol·L^{-1} 和 3.2mol·L^{-1} 的 $CaCl_2$ 溶液中并以不同的速度搅拌，经过不同反应时间得到 0.1mol·L^{-1} 的 $CaCO_3$；制备球霰石时，先在 30℃ 下将 1L 浓度为 0.2mol·L^{-1} 的 K_2CO_3 溶液持续加入 1L 浓度为 0.2mol·L^{-1} 的 $Ca(Ac)_2$ 溶液中并以 2000r·min^{-1} 的速度搅拌，结晶 15min 得到浓度为 0.1mol·L^{-1} 的球霰石悬浊液，分离、醇洗、在 100℃ 干燥得到晶种；然后采用图 5.1(b) 所示的半间歇合成装置，将晶种加入 0.2mol·L^{-1} 的 Na_2CO_3 溶液中，将 0.2mol·L^{-1} 的 $CaCl_2$ 溶液由蠕动泵以不同的速度缓慢加入而得到球霰石悬浊液。将各实验中制得的悬浊液过滤、醇洗并在 100℃ 下干燥。

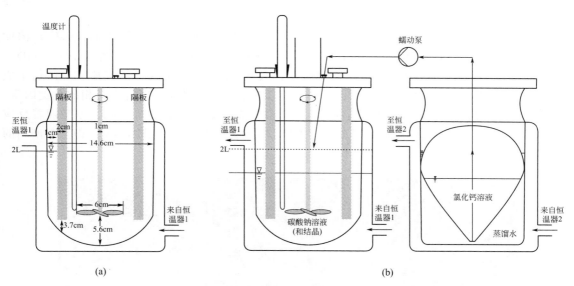

图 5.1　$CaCO_3$ 合成装置图
(a) 间歇合成装置；(b) 半间歇合成装置

　　当反应温度为 30℃、搅拌速度为 2000r·min^{-1} 时，不同超饱和度和反应时间产物的 SEM 图像如图 5.2 所示。超饱和度为 8.2，反应 9min 得到的是方解石、文石和球霰石的混合相，其中方解石为菱方体状颗粒，球霰石为六边形或接近圆形的透镜状颗粒，而文石呈中间扎紧、两端散开的束状颗粒 [图 5.2(a)、(b)]。反应时间延长至 22h，产物中仍然存在极少量的菱方状方解石颗粒，文石颗粒的形状没有改变，而球霰石颗粒完全消失 [图 5.2(c)、(d)]。根据 XRD 表征结果，文石占 85%，方解石占 15%。在此温度和搅拌速度下，降低反应体系的超饱和度至 7.1，反应 16min 得到了球霰石和方解石的混合相，其含量分别为 89% 和 11%，其中球霰石颗粒呈形状规则的球形 [图 5.2(e)、(f)]。其他条件不变，当原料采用 K_2CO_3 和 $Ca(Ac)_2$ 时，产物则为纯净的球霰石。

　　图 5.3 为反应温度为 90℃、搅拌速度为 2000r·min^{-1} 时不同 $CaCO_3$ 浓度和反应时间产物的 SEM 图像。无论超饱和度高低、反应时间长短，产物均为单一的文石相。$CaCO_3$ 浓度为 0.1mol·L^{-1} 的体系反应 20s 得到的是表面粗糙的树枝状颗粒 [图 5.3(a)、(b)]，XRD 结果表明这些颗粒全部为文石相。最后制备的 $CaCO_3$ 浓度越高，反应系统中的超饱和度就越大。作

图 5.2　反应温度 30℃、转速 2000r·min⁻¹时不同超饱和度和反应时间（min）产物的 SEM 图像
(a)、(b) 8.2、9；(c)、(d) 8.2、22；(e)、(f) 7.1、16

者认为高的超饱和度开始会造成无定形态的形成，然后无定形态快速转变为文石。CaCO₃浓度为 0.0005mol·L⁻¹的体系反应 15min 得到的文石为表面光滑的针状颗粒［图 5.3(c)、(d)］。作者还在 CaCO₃浓度为 0.1mol·L⁻¹的体系中加入 0.1mol·L⁻¹的氨水，反应 15min 后生成了文石纳米晶粒或棒状颗粒［图 5.3(e)、(f)］。以上结果说明温度是制备文石相的关键因素，在 90℃的反应温度下，体系浓度和结晶时间对产物的晶体类型没有明显影响。但是随着反应时间的延长，晶体的结晶程度得到提高。氨水的加入也不改变产物的晶体类型，但是对产物的颗粒形态有一定影响。

图 5.3　2000r·min⁻¹、90℃不同 CaCO₃浓度和反应时间产物的 SEM 图像
(a)、(b) 0.1mol·L⁻¹、20s；(c)、(d) 0.0005mol·L⁻¹、15min；
(e)、(f) 0.1mol·L⁻¹、15min，外加 0.1mol·L⁻¹氨水

　　搅拌速度为 300r·min⁻¹时，不同温度下的反应体系反应 22h 得到产物的 SEM 图像如图 5.4 所示。反应温度为 30℃时，22h 的反应产物为立方状或菱方状方解石颗粒［图 5.4(a)、(b)］，10℃的产物为表面有很多台阶的立方状颗粒［图 5.4(c)、(d)］，5℃的产物为表面有很多台阶的近球状颗粒［图 5.4(e)、(f)］。表面的台阶也可以看成是一个个小晶粒，是晶体在生长过程中在生长前沿成核造成的，上述结果说明低温下晶体生长前沿成核的程度更大一些。对超饱和度的计算结果显示，5℃、10℃和 30℃下体系的超饱和度分别为 17.3、16.3 和 1.9，因此温度和饱和度是影响生长前沿成核进而影响产物颗粒形貌的因素。

图 5.4 300r・min^{-1}、22h、0.1mol・L^{-1} CaCO$_3$ 时不同反应温度（℃）产物的 SEM 图像
(a)、(b) 30；(c)、(d) 10；(e)、(f) 5

当反应温度为 30℃，转速为 2000r・min^{-1}，Na$_2$CO$_3$ 溶液浓度为 0.1mol・L^{-1} 时，不同 CaCl$_2$ 浓度和结晶时间产物的 SEM 形貌如图 5.5 所示。CaCl$_2$ 浓度为 2mol・L^{-1} 的反应体系结晶 10s 得到的是粒径大小不一的球形球霰石颗粒（1～10μm）和少量表面有台阶的近球状方解石颗粒 [图 5.5(a)、(b)]。而经过 72h 的结晶，所有的球形球霰石都转化为类似于图 5.5 (c) 中白色圆圈中的近球状方解石颗粒。当 CaCl$_2$ 浓度增加为 3.2mol・L^{-1} 时，结晶后很快就形成了球形球霰石颗粒和表面有台阶的方解石颗粒，其中球霰石颗粒的粒径大多在 1～3μm 之间。

图 5.5 2000r・min^{-1}、30℃、Na$_2$CO$_3$ 浓度 0.1mol・L^{-1}、不同 CaCl$_2$
浓度和结晶时间产物的 SEM 形貌
(a)、(b) 2mol・L^{-1}、10s；(c)、(d) 3.2mol・L^{-1}、20s

当反应温度为 30℃、搅拌速度为 2000r・min^{-1}、晶种 [图 5.2(e)、(f)] 加入量为 33% 时，以不同速度加入 CaCl$_2$ 溶液得到产物的 SEM 图像如图 5.6 所示。当以 0.75mol・h^{-1} 的速度加入 CaCl$_2$ 溶液时，产物从 2～6μm 大小的球形晶种生长成约 5～10μm 的近球形颗粒 [图 5.6(a)、(b)]。当 CaCl$_2$ 溶液的加入速度为 0.052mol・h^{-1} 时，产物为由粒径约 100～200nm 的小晶粒构成的球体，球体粒径更为均匀，约为 8～10μm [图 5.6(c)、(d)]。当 CaCl$_2$ 溶液的加入速度进一步降低为 0.0027mol・h^{-1} 时，产物为由粒径约 200～500nm 的小晶粒构成的

球体，球体粒径非常均匀，约为 $10\mu m$ [图 5.6(c)、(d)]。$CaCl_2$ 溶液的加入速度越小，反应体系的超饱和度越小，生长前沿成核速率越小，成核数量越少，小晶粒的尺寸越大。

图 5.6　反应温度 30℃、搅拌速度 2000r·min^{-1}、晶种加入量 33％时，
$CaCl_2$ 溶液的不同加入速度（mol·h^{-1}）产物的 SEM 形貌
(a)，(b) 0.75；(c)，(d) 0.052；(e)，(f) 0.0027

通过上述研究得出，温度和超饱和度都会影响颗粒的生长模式和形貌。对于文石，低的反应温度有利于球晶的形成，高的反应温度有利于树枝状颗粒的形成。反应温度为 90℃ 时，低的超饱和度下文石形成针状单晶，而 9.9 为文石转变为球形生长模式的临界超饱和度。对于方解石，其颗粒生长方式和形貌受反应温度和超饱和度的影响，低温和高的超饱和度有利于方解石多晶的形成。当反应温度为 30℃ 和超饱和度为 1.9 时，球霰石转化为方解石而形成立方状单晶；当反应温度为 10℃ 和超饱和度为 16.3 以及反应温度为 5℃ 和超饱和度为 17.3 时形成方解石多晶。与文石和方解石不同，球霰石的生长模式为多晶生长，超饱和度越高，生长前沿成核速率越高，成核数量越大，小晶粒的尺寸越小。

脂肪酸是经常用来调节 $CaCO_3$ 晶型和颗粒形貌的添加剂。Chen 等[2]以油酸为添加剂通过复分解反应制备了穗状球霰石晶体。先将 5mmol 的 $CaCl_2$ 和 1mmol 的油酸加入 100mL 无水乙醇中并搅拌成透明溶液，再将 100mL 浓度为 0.05mol·L^{-1} 的 Na_2CO_3 溶液按每秒 1 滴的速度滴入上述溶液中并强烈搅拌，搅拌 2h 后加入 100mL 石油醚，再搅拌 1h，使油酸包裹的 $CaCO_3$ 纳米颗粒转移进入石油醚层，然后将分离的石油醚层与过量丙酮混合使 $CaCO_3$ 颗粒沉淀，最后将沉淀离心、醇洗并在 60℃ 下干燥 12h。

不添加油酸和添加油酸时产物的 XRD 图谱、FT-IR 图谱和 SEM 图像如图 5.7 和图 5.8 所示。不添加油酸时，产物的 XRD 图谱中方解石相的衍射峰很强，球霰石的衍射峰较弱 [图 5.7(a)]。而当添加油酸时，图谱中只出现球霰石的衍射峰，方解石的衍射峰完全消失 [图 5.7(b)]；产物的 FT-IR 图谱中 745cm^{-1} 和 877cm^{-1} 处为球霰石的特征峰，而 713cm^{-1} 和 1082cm^{-1} 处为方解石的特征峰，而在添加油酸产物的图谱中出现了 C—H 键的特征峰（2853cm^{-1} 和 2923cm^{-1}），如图 5.7(c)、(d) 所示。方解石颗粒的形貌呈菱方体状 [图 5.8(a)]，而球霰石颗粒呈穗状，而这些穗状颗粒是由不规则的纳米晶粒构成的 [图 5.8(b)]。作者认为油酸的极性端是 $CaCO_3$ 成核的活性位置，油酸极性基团与 Ca^{2+} 的静电作用使得极性端周围 Ca^{2+} 和 CO_3^{2-} 的浓度增加，有利于亚稳相球霰石的成核和结晶。作者还通过测量接触角对产物颗粒的表面性质进行了研究，如图 5.9 所示。当水滴滴在不添加油酸的产物压成的薄片上时，水滴很容易被吸收［图 5.9(a)］，说明此时的产物为亲水性的；而当水滴滴在添加油酸的产物压成的薄片上时，水滴稳定存在［图 5.9(b)］，接触角为 95.8°，说明此时的产物为憎水性。

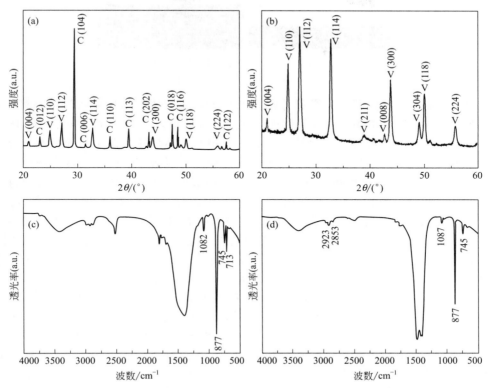

图 5.7　不同反应体系产物的 XRD 图谱 ［(a) 不添加油酸；(b) 添加油酸］
和 FT-IR 图谱 ［(c) 不添加油酸；(d) 添加油酸］

图 5.8　不同反应体系产物的 SEM 图像
(a) 不添加油酸；(b)，(c) 添加油酸

Wei 等[3]研究了聚乙烯吡咯烷酮（PVP）的添加对复分解反应过程和反应产物的影响以及产物球霰石相向方解石相的转变。先将配制好的 0.1mol·L^{-1} 的 CaCl$_2$ 和 Na$_2$CO$_3$ 溶液（分子量为 30000 的 PVP 事先添加到 CaCl$_2$ 或 Na$_2$CO$_3$ 溶液中，浓度为 100mg·mL^{-1}）等体积快速倾倒混合，施以 200r·min^{-1} 的磁力搅拌，然后将反应不同时间的产物过滤、水洗并在 40℃下干燥至少 24h。

不添加 PVP 和添加 100g·L^{-1} PVP 两种情况下反应不同时间得到产物的 XRD 图谱如图 5.10 和图 5.11 所示，相应产物的 SEM 图像如图 5.12 和图 5.13 所示。不添加 PVP 时，反应 10min 得到的 CaCO$_3$ 为方解石和球霰石的混合相 ［图 5.10(a)］，SEM 图谱中显示为大量表面

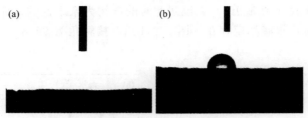

图 5.9　不同反应体系产物的接触角
(a) 不添加油酸；(b) 添加油酸

不平的类球形颗粒和少量的菱方状颗粒 [图 5.12(a)]，菱方体和球形被认为是方解石和球霰石的典型形貌。球霰石相的衍射峰在反应进行到 30min 时最强，然后逐渐减弱，在 480min 完全消失。这个结果说明球霰石相的含量在 30min 时最高，然后逐渐降低直至完全转变为方解石 [图 5.10(b)～(g)]。虽然在反应 360min 的样品中还可以观察到较多的球形颗粒 [图 5.12(c)、(d)]，但是有些球体是由小菱方体方解石颗粒构成的 [图 5.12(e)]，这也证明了这些方解石是由球霰石转变而来的。当反应进行到 480min 时，SEM 形貌中已经完全观察不到球形球霰石颗粒 [图 5.12(f)]。当反应体系中加入 $100g \cdot L^{-1}$ PVP 时，反应 10min 出现球霰石的微弱衍射峰 [图 5.11(a)]，30min 球霰石的衍射峰最强 [图 5.11(b)]。与不添加 PVP 不同的是反应 60min 时球霰石的衍射峰完全消失 [图 5.11(c)～(g)]。反应初期得到的球霰石的微观形貌与不添加 PVP 存在很大区别，PVP 的加入可以形成花椰菜状的球霰石颗粒 [图 5.13(a)～(c)]。加入的 PVP 吸附在无定形 $CaCO_3$ 表面，也导致一些不规则方解石的出现 [图 5.13(i)]。作者认为图 5.13(a)～(c) 中的颗粒为扭曲的球霰石球晶，这可能是由于球霰石的含量过小而在 XRD 图谱无法观测到其衍射峰 [图 5.11(d)、(e)]。作者根据实验结果给出了 $CaCO_3$ 球晶的形成及无定形态向稳定态方解石的转化过程，如图 2.10 所示。反应的最初阶段，无定形态 $CaCO_3$ 可以直接转化成球霰石相，形成其典型形貌——球晶；也可以直接转变为最稳定的方解石相，形成立方状或菱方状颗粒；还可以先聚集成球状团聚体，再转变成球霰石相形成球晶，或者方解石相的不规则团聚体，或者具有生长台阶的方解石大颗粒。

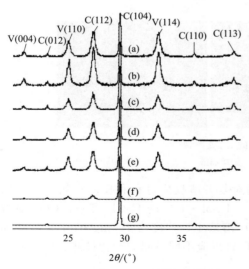

图 5.10　不同反应时间 (min) 样品的 XRD 图谱
(a) 10；(b) 30；(c) 60；(d) 120；
(e) 240；(f) 360；(g) 480

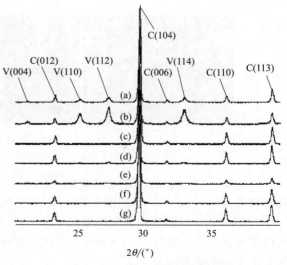

图 5.11　$100g \cdot L^{-1}$ PVP 存在时不同反应时间 (min) 样品的 XRD 图谱
(a) 10；(b) 30；(c) 60；(d) 120；
(e) 240；(f) 360；(g) 480

图 5.12　不同反应时间（min）样品的 SEM 图像
(a)，(b) 10；(c)～(e) 360；(f) 480

图 5.13　$100g \cdot L^{-1}$ PVP 存在时不同反应时间（min）样品的 SEM 图像
(a)，(b) 10；(c) 30；(d) 60；(e)，(f) 120；(g) 240；(h) 360；(i) 480

　　Shen 等[4]更详细研究了 PVP 和 SDS 的单独以及复合加入对复分解反应过程和反应产物的影响。将 PVP 分别溶于 $0.1mol \cdot L^{-1}$ 的 $CaCl_2$ 和 $0.1mol \cdot L^{-1}$ 的 Na_2CO_3 溶液中，而 SDS 只溶于 Na_2CO_3 溶液中，然后将 100mL $CaCl_2$ 溶液快速倒入等体积的 Na_2CO_3 溶液中并施以 $200r \cdot min^{-1}$ 的磁力搅拌，然后将产物在反应体系中孵化 10h 使 $CaCO_3$ 晶粒进一步生长，整个反应和孵化过程都在 $(26 \pm 0.2)℃$ 进行，最后将沉淀过滤、水洗并在室温下于真空干燥器中干燥至少 24h。

作者首先对反应完成后的模拟体系的表面张力与 SDS 浓度的关系进行了测定，即含有 $1.0g \cdot L^{-1}$ PVP$+0.1mol \cdot L^{-1}$ NaCl 和 $0.1mol \cdot L^{-1}$ NaCl 与不同浓度 SDS 的溶液体系，结果如图 5.14 所示。在 $1.0g \cdot L^{-1}$ PVP$+0.1mol \cdot L^{-1}$ NaCl 的溶液体系中，当 SDS 浓度约为 $7.5 \times 10^{-4} mol \cdot L^{-1}$ 时，PVP 与 SDS 开始发生相互作用形成 PVP/SDS 超分子，此时 SDS 的浓度称为临界聚集浓度（CAC）。SDS 浓度约为 $1.0 \times 10^{-2} mol \cdot L^{-1}$ 时，PVP 被 SDS 饱和，形成完整的 PVP/SDS 超分子。作者给出了添加 SDS 和 $1.0g \cdot L^{-1}$ PVP 时得到的样品的 XRD 图谱，如图 5.15 所示，表明生成的 $CaCO_3$ 为方解石相。添加不同量 PVP 和 SDS 时得到的 $CaCO_3$ 的 SEM 形貌如图 5.16 所示。固定 PVP 的加入量 $1.0g \cdot L^{-1}$，当 SDS 的加入量为 $2.5 \times 10^{-4} mol \cdot L^{-1}$ 时，方解石颗粒的粒度大约为 $5.6\mu m$，呈菱方体状并有线性聚集的趋势 [图 5.16(a)]。这是由于 SDS 的浓度太小，不能与 PVP 形成超分子（图 5.14），SDS 分子只能在空气/水界面上形成定向排列，对方解石颗粒的聚集效果甚微，而方解石颗粒的线性聚集归于 PVP 分子的桥联效应。当 SDS 的浓度增至 $1.0 \times 10^{-3} mol \cdot L^{-1}$ 时，处于 T_1 和 CAC 之间，如图 5.14 所示，一些 SDS 分子聚集在 PVP "脊骨" 上的疏水位置，导致一些 $CaCO_3$ 晶粒形成花状超结构，粒度约为 $6.3\mu m$ [图 5.16(b)]。当 SDS 的浓度增加至 CAC 和 T_2 之间（$5.0 \times 10^{-3} mol \cdot L^{-1}$）时，如图 5.14 所示，PVP/SDS 超分子链上的珠状 SDS 分子簇充当球形模板促使空心球形 $CaCO_3$ 的形成，这些空心球的粒度在 $3.2 \sim 8.6\mu m$ [图 5.16(c)]。当 SDS 的浓度超过 T_2 时（$5.0 \times 10^{-2} mol \cdot L^{-1}$）时，形成平均粒度 $2.9\mu m$ 的球形颗粒 [图 5.16(d)]，经 TEM 证实，这些颗粒并不具有核壳结构。作者还研究了当 SDS 的加入量固定为 $5.0 \times 10^{-3} mol \cdot L^{-1}$ 时 PVP 的不同加入量对产物形貌的影响，如图 5.16(e)~(h) 所示。当只添加 SDS，不添加 PVP 时，产物大部分为不十分规则的空心球形颗粒，少部分呈环状，平均粒径约为 $4.4\mu m$，如图 5.16(e)、(f) 所示。当加入 $100g \cdot L^{-1}$ 的 PVP 时，产物的颗粒形貌依然为不规则的球状或环状，平均粒度约为 $6.5\mu m$，如图 5.16(g)、(h) 所示。对环状颗粒的进一步分析表明添加 PVP 时环状颗粒的壁稍厚些，表面也更粗糙一些，如图 5.16(f)、(h) 所示。作者认为：一方面 SDS 可以提供比 PVP/SDS 更多的硫酸基团的活性位置；另一方面 PVP 的存在导致 $CaCO_3$ 的成核密度和分散能力增加。

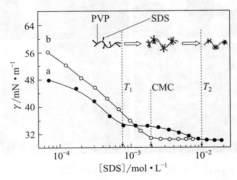

图 5.14 含 $1.0g \cdot L^{-1}$ PVP$+0.1mol \cdot L^{-1}$ NaCl (a) 和 $0.1mol \cdot L^{-1}$ NaCl (b) 的溶液的表面张力与 SDS 浓度的关系（T_1 代表 PVP 与 SDS 开始相互作用，T_2 代表 SDS 在 PVP 支柱上达到饱和）

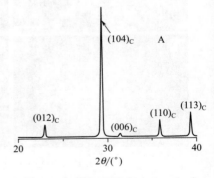

图 5.15 添加 SDS 和 $1.0g \cdot L^{-1}$ PVP 样品的 XRD 图谱

Wei 等[5]研究了逐滴加入混合方式下 SDS 和 PVP 对复分解反应过程和反应产物的影响。先将 PVP 分别溶于 $0.1mol \cdot L^{-1}$ 的 $CaCl_2$ 和 $0.1mol \cdot L^{-1}$ 的 Na_2CO_3 溶液中，而 SDS 只溶于 Na_2CO_3 溶液中，然后将 $CaCl_2$ 溶液按照 $1.0mL \cdot min^{-1}$ 的速度逐滴滴入 Na_2CO_3 溶液中，然后将不同反应时间得到的产物过滤、水洗并在 40℃下干燥至少 24h。

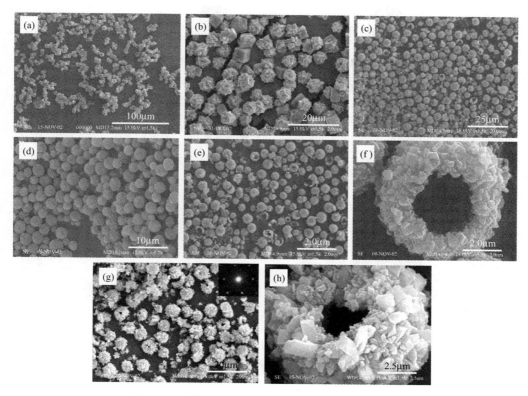

图 5.16　添加 SDS 和/或 PVP 时样品的 SEM 图像

(a) $1.0g \cdot L^{-1}$ PVP$+2.5 \times 10^{-4}$ mol $\cdot L^{-1}$ SDS；(b) $1.0g \cdot L^{-1}$ PVP$+1.0 \times 10^{-3}$ mol $\cdot L^{-1}$ SDS；(c) $1.0g \cdot L^{-1}$ PVP$+$
5.0×10^{-3} mol $\cdot L^{-1}$ SDS；(d) $1.0g \cdot L^{-1}$ PVP$+5.0 \times 10^{-2}$ mol $\cdot L^{-1}$ SDS；(e)，(f) 5.0×10^{-3} mol $\cdot L^{-1}$ SDS；
(g)，(h) 5.0×10^{-3} mol $\cdot L^{-1}$ SDS$+100.0g \cdot L^{-1}$ PVP

　　添加不同添加剂得到的产物的 XRD 图谱和 SEM 和 TEM 形貌如图 5.17 和图 5.18 所示。不添加 PVP 和 SDS 时，产物的 XRD 衍射图谱中方解石的衍射峰最强，球霰石在晶面 (110)、(112) 和 (114) 出现了微弱的衍射峰 [图 5.17(a)]，SEM 形貌中存在较多大小不一的菱方体方解石颗粒以及表面凸凹不平的类球体球霰石颗粒 [图 5.18(a)]。添加 PVP 后，球霰石的衍射峰有所增强 [图 5.17(b)]，菱方体方解石颗粒的均匀性有所改善，球霰石颗粒的粒径变小 [图 5.18(b)]。添加 SDS 后，产物 XRD 图谱中最强的衍射峰依然属于方解石，不过球霰石的衍射峰消失，出现了文石微弱的衍射峰 [图 5.17(c)]，但是产物 SEM 形貌中并没有显示出方解石典型的菱方体结构，文石也没有显示出其棒状或针状的典型形貌，而整体呈现为不规则的片状结构 [图 5.18(c)]。与单独添加 SDS 相比，复合添加 PVP 和 SDS 时产物的晶相没有明显变化 [图 5.17(d)]，但是颗粒形貌发生了明显改变，出现了规则的六边形片状晶粒 [图 5.18(d)] 以及由小六边形晶

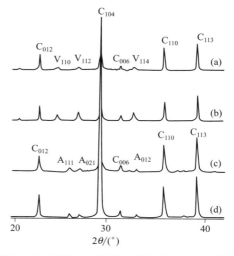

图 5.17　PVP 和 SDS 存在时样品的 XRD 图谱

(a) 不添加；(b) $100g \cdot L^{-1}$ PVP；(c) 0.05 mol $\cdot L^{-1}$ SDS；(d) $100g \cdot L^{-1}$ PVP$+0.05$ mol $\cdot L^{-1}$ SDS

粒团聚而成的花状颗粒［图 5.18(e)］。这些六边形片状晶粒的电子衍射结果表明，这些晶粒为发育良好的具有六重对称的方解石单晶［图 5.18(f)］。

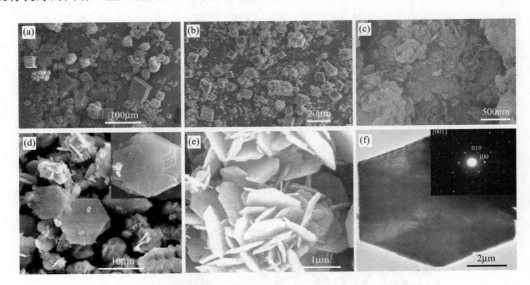

图 5.18　PVP 和 SDS 存在时样品的 SEM 图像［(a) 不添加；(b) 100g・L^{-1} PVP；(c) 0.05mol・L^{-1} SDS；(d)，(e) 100g・L^{-1} PVP＋0.05mol・L^{-1} SDS］以及 PVP 和 SDS 复合存在时样品的 TEM 图像及 SAED 图谱（f）

Ji 等[6]研究了 SDS 和不同分子量的聚乙二醇（PEG）复合添加对复分解制备 $CaCO_3$ 的影响。将浓度为 0.1mol・L^{-1} 的 $CaCl_2$ 和 Na_2CO_3 溶液分别注射入 100mL 含有 0.2g PEG 和 0.2g SDS 的溶液中并剧烈搅拌，注射完成搅拌 1min 后，使溶液在室温下静置，经过不同时间将悬浊液过滤、水洗并在室温下干燥。

不同体系以及不同静置时间得到的产物的 XRD 图谱以及 SEM 和 TEM 形貌如图 5.19～图 5.21 所示。从图 5.19 可以看出，添加 PEG 10000-SDS 的反应体系无论是静置 24h 还是 144h，得到的 $CaCO_3$ 全部为方解石，而添加 PEG 2000-SDS 的反应体系的产物得到了少量球霰石。添加 PEG 10000-SDS 静置 24h 得到的 $CaCO_3$ 颗粒为粒径为 3～6μm 的空心球形颗粒，其中一些空心球并未完全闭合［图 5.20 (a)、(b)］。对未闭合空心球形颗粒的更详细研究表明，这些空心球形颗粒由小菱方体颗粒构成，其壁厚为 0.7～1.0μm，且内外表面都是粗糙不平整的［图 5.20(c)～(e)］。作者还对相同反应条件下单独添加 PEG 10000 和 SDS 的产物进行了对比。结果表明，只添加 PEG 10000 时，只生成菱方状方解石晶体，类似于纯水反应体系；如果只添加 SDS，不会形成空心球体。

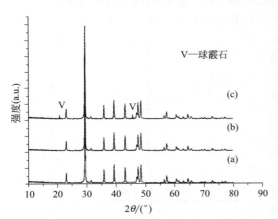

图 5.19　PEG 10000-SDS 反应体系在不同静置时间（h）产物的 XRD 图谱

(a) 24；(b) 144；(c) 添加 PEG 2000-SDS 反应体系产物的 XRD 图谱

这表明 PEG 10000-SDS 复合胶束对空心球的形成起到了关键作用。如果将该体系的静置时间延长至 144h，由 $CaCO_3$ 小菱方体构成的空心球形颗粒的形状变得更规则［图 5.20(f)］。如果用 PEG 2000 代替 PEG 10000，也生成了空心球形颗粒，但是不完整的颗粒基本没有出现 [图 5.21(a)、(b)]。对空心球形颗粒更详细的研究表明，与添加 PEG 10000 不同，此时的球形颗粒的表面出现了厚度约为 30nm 的层状结构 [图 5.21(c)]，结合图 5.19 XRD 图谱中出现的球霰石相的衍射峰，该层状结构被认为是球霰石相。这说明低分子量的 PEG 有助于亚稳相球霰石相的生成。

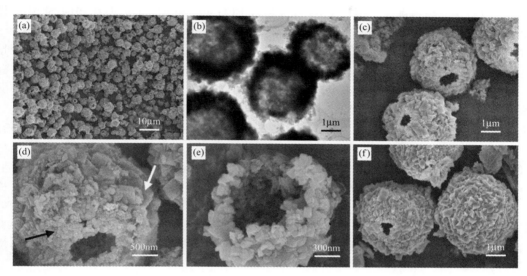

图 5.20 PEG 10000-SDS 反应体系静置 24h 产物的 SEM 和 TEM 图像 [(a) SEM 形貌；
(b) TEM 图像；(c) 未闭合空心球体的形貌；(d) 未闭合空心球体的外表面；
(e) 未闭合空心球体的内表面] 和静置 144h 产物的 SEM 图像 (f)

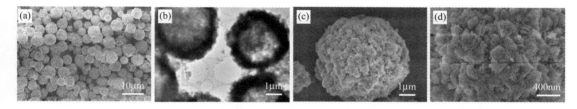

图 5.21 PEG 2000-SDS 反应体系静置 24h 产物的 SEM 和 TEM 图像
(a) SEM 形貌；(b) TEM 图像；(c)，(d) 球形颗粒的放大图及其表面结构

Xu 等[7]研究了不同分子量的 PEG 对复分解反应体系中 $CaCO_3$ 晶体类型和颗粒形貌的影响。将 $CaCl_2$ 和不同量的 PEG 配制成 80mL 浓度为 $0.05mol \cdot L^{-1}$ 的 $CaCl_2$ 溶液，并加热至 80℃，然后以 $1mL \cdot min^{-1}$ 的速度滴入同浓度的 Na_2CO_3 溶液，并以 $300r \cdot min^{-1}$ 的速度搅拌 3h，冷却到室温后将悬浊液过滤、水洗、在红外干燥箱中干燥。

不添加 PEG 以及分子量分别为 400、4000 和 10000 的 PEG 及其 $0.002mol \cdot L^{-1}$、$0.005mol \cdot L^{-1}$ 和 $0.01mol \cdot L^{-1}$ 的加入量得到的 $CaCO_3$ 产物的 XRD 图谱和 SEM 图像如图 5.22～图 5.24 所示。XRD 表征结果表明，当不添加 PEG 和加入

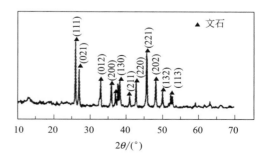

图 5.22 不添加 PEG 时产物的 XRD 图谱

0.002mol·L^{-1}和0.005mol·L^{-1}的 PEG 400 时，衍射峰均属于文石相［图5.22和图5.23（A）中（a）、（b）］，PEG 400 加入量增大为 0.01mol·L^{-1}时，出现了方解石相的衍射峰［图5.23（A）中（c）］。当加入 PEG 4000 时，无论加入量是多少，产物均为纯净的方解石［图5.23（B）］。而当加入 PEG 10000 时，除了主晶相方解石的衍射峰外，还出现了文石相极微弱的衍射峰，并且文石相的衍射峰随着 PEG 10000 浓度的增加而有所减弱［图5.23（C）］，这一点类似于加入 PEG 400 的情况。不添加 PEG 以及加入 PEG 400 和 PE 4000 时产物的 SEM 图像与 XRD 结果完全吻合，不添加 PEG 时产物全部为棒状文石颗粒［图5.24（a）］，加入 PEG 400时，浓度低时产物为纯净的棒状文石颗粒［图5.24（b）、（e）］，浓度高时产物中出现了少量的菱方体方解石颗粒［图5.24(h)］，加入 PEG 4000，产物全部为菱方体方解石颗粒［图5.24（c）、（f）、（i）］。但是加入 PEG 10000，产物的 SEM 结果与 XRD 不完全一致，当 PEG 10000 的加入量为 0.002mol·L^{-1}时，XRD 图谱中以方解石为主要晶相［图5.23（C）中（a）］，而 SEM 图像中却是棒状的文石颗粒为主晶相［图5.24（d）］，并且随着 PEG 10000 浓度的增加，方解石的量逐渐增多［图5.24（g）、（j）］，这一点与 XRD 结果基本一致。作者给出了 CaCO$_3$ 可能的成核和生长机理，如图5.25所示。PEG 分子中 O 原子上的孤对电子与 Ca^{2+} 产生强烈的静电作用而使 PEG 分子被吸附在 CaCO$_3$ 晶体表面，该晶面的活性大大被抑制，生长速度将会降低，导致晶体的各向异性生长。作者认为 PEG 分子量大，分子链的缠绕比较严重，不利于一维晶粒的生成，而有助于等轴晶粒的生成，因而添加 PEG 4000 的体系的产物为菱方状方解石。作者将添加 PEG 10000 的体系生成文石归因于 PEG 缠绕 CaCO$_3$ 时较大的位阻和较高的黏度。

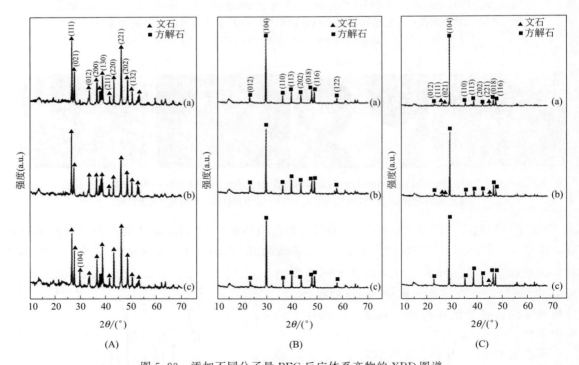

图5.23　添加不同分子量 PEG 反应体系产物的 XRD 图谱

（A）PEG 400；（B）PEG 4000；（C）PEG 10000；（a）0.002mol·L^{-1}；（b）0.005mol·L^{-1}；（c）0.01mol·L^{-1}

　　Yu 等[8]研究了不同温度下 PAA 的不同添加量对复分解反应过程和产物性质的影响。将 1.28mL 浓度为 0.5mol·L^{-1} Na$_2$CO$_3$ 溶液注射入 80mL PAA 浓度为 1.0g·L^{-1} 的溶液中并

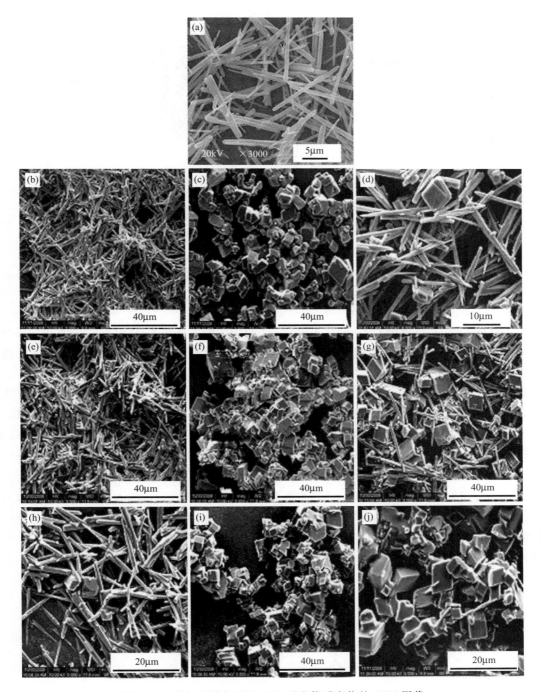

图 5.24　添加不同分子量 PEG 反应体系产物的 SEM 图像

（a）不添加 PEG；（b），（e），（h）PEG 400，浓度分别为 0.002mol·L^{-1}、0.005mol·L^{-1} 和 0.01mol·L^{-1}；

（c），（f），（i）PEG 4000，浓度分别为 0.002mol·L^{-1}、0.005mol·L^{-1} 和 0.01mol·L^{-1}；

（d），（g），（j）PEG 10000，浓度分别为 0.002mol·L^{-1}、0.005mol·L^{-1} 和 0.01mol·L^{-1}

通过盐酸和 NaOH 调节 pH 值，然后将浓度为 0.5mol·L^{-1} 的 CaCl$_2$ 快速注射入上述溶液中，详细研究了不同温度、pH 值和 PAA 的添加量等条件下产物的晶相组成和颗粒形貌等性质。

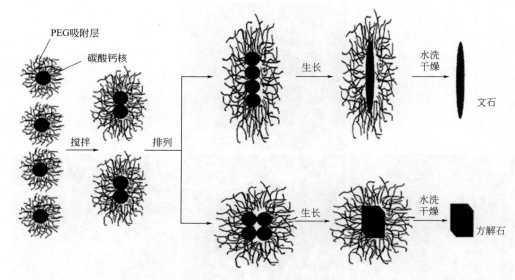

图 5.25　PEG 参与下的反应机理

　　反应温度 25℃下添加和不添加 PAA 时产物的 XRD 图谱如图 5.26 所示，说明产物为单一的方解石相。在 pH＝10、反应温度为 25℃和 80℃下添加不同量 PAA 时产物的 SEM 形貌如图 5.27 和图 5.28 所示。当不添加 PAA 时，25℃时形成的方解石颗粒尺度为 6～12μm，表面有大量生长台阶［图 5.27(a)］。而 80℃时形成的方解石颗粒尺度为 5～10μm，为菱方体状［图 5.28(a)］。PAA 的加入对产物的颗粒形貌有很大的影响，特别是反应温度为 25℃时。当加入量为 0.2g·L^{-1}时，形成的颗粒大部分为棱角尖锐的菱方体，且粒径降低到 6μm 以下，这些颗粒为方解石；此外，产物中还包括一些近似球状的颗粒［图 5.27(b)］。当 PAA 的加入量为 0.5g·L^{-1}时，形成的颗粒变为棱角不尖锐的菱方体，且粒径稍有增加［图 5.27(c)］。当 PAA 的加入量增加为 1.0g·L^{-1}时，产物为形状不规则的圆形颗粒，且表面凸凹不平，有大量生长台阶［图 5.27(d)］。当 PAA 的加入量继续增加为 2.0g·L^{-1}时，产物依然为形状不规则的圆形颗粒，只是有些颗粒的表面变得光滑［图 5.27(e)］。当 PAA 的加入量达到 5.0g·L^{-1}时，颗粒为具有孪生形貌的球形颗粒，在颗粒的中部有一道凹槽将颗粒分成两部分［图 5.27(f)］。

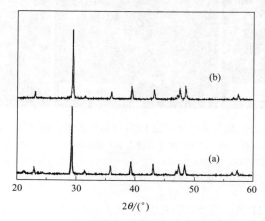

图 5.26　25℃、pH＝10 时添加和不添加 PAA 产物的 XRD 图谱
(a) 不添加；(b) 添加 5.0g·L^{-1} PAA

反应温度为80℃时，当PAA加入量为0.2g·L^{-1}时，形成的颗粒为棒状颗粒和粒径为1~5μm的菱方体 [图5.28(b)]。随着PAA加入量的增加，产物中主要为菱方状颗粒且棱角逐渐变得分明，而棒状颗粒逐渐消失 [图5.28(c)~(e)]。而当PAA加入量为5.0g·L^{-1}时，形成的菱方体颗粒棱角逐渐变得模糊甚至颗粒变圆 [图5.28(f)]。作者还研究了PAA加入量为1.0g·L^{-1}、反应温度为25℃和80℃时，不同pH值下反应24h产物的微观形貌，如图5.29所示。低温下pH值对产物的影响较大，pH值为9时的产物为表面凸凹不平、有大量生长台阶的块状晶体 [图5.29(a)]，pH值增大，产物中的块状晶体有变圆的趋势，生长台阶减少，表面变光滑 [图5.29(b)、(c)]，pH值为12时产物中的颗粒变成表面凸凹不平的不规则球体，并且颗粒之间相互粘接 [图5.29(d)]。高温下pH值对产物的影响较小，pH值为9~11时的产物都是形状规则的菱方体 [图5.29(a)~(c)]，只有pH值为12时，产物变成由小菱方体团聚而成的不规则块状颗粒 [图5.29(d)]。

图5.27 25℃、pH＝10、PAA不同添加量（g·L^{-1}）产物的SEM图像
(a) 0；(b) 0.2；(c) 0.5；(d) 1.0；(e) 2.0；(f) 5.0

图5.28 80℃、pH＝10、PAA不同添加量（g·L^{-1}）产物的SEM图像
(a) 0；(b) 0.2；(c) 0.5；(d) 1.0；(e) 2.0；(f) 5.0

图 5.29 25℃、PAA 添加量 1.0g・L⁻¹、不同 pH 值下产物的 SEM 图像 [(a) 9；(b) 10；(c) 11；(d) 12]
和 80℃、PAA 添加量 1.0g・L⁻¹、不同 pH 值下产物的 SEM 图像 [(e) 9；(f) 10；(g) 11；(h) 12]

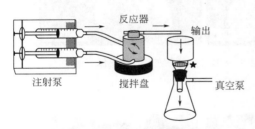

图 5.30 MFR 反应装置示意图

Blue 等[9]以 $MgCl_2 \cdot 6H_2O$、$CaCl_2 \cdot 2H_2O$ 和 $NaHCO_3$ 为原料，采用类似于注射合成的 MFR（mixed flow reactor）反应装置（图 5.30）先制备了 ACC 并研究了其在不同条件下向其他晶型的转变。将 100mL $MgCl_2 \cdot 6H_2O$、$CaCl_2 \cdot 2H_2O$ 和 100mL $NaHCO_3$ 溶液分别装入两个注射器中，按照一定速度注射入反应容器中，在 800r・min⁻¹ 的转速下混合反应，合成的 ACC 用乙醇洗涤，在 Ⅱ 型生物安全柜里干燥 20min 后再在真空箱里干燥 10min，最后将 ACC 称重并储存在 4℃的冰箱中待用。

合成的 ACC 及其不同条件下的转化产物的 SEM 形貌和 XRD 图谱如图 5.31 和图 5.32 所示。ACC 为较规则的球形，粒度在 0.1~2.0μm 之间；方解石呈球团状，随着 Mg 含量的增加表面逐渐变圆；文石颗粒为针状晶粒形成的团簇；一水方解石为扭曲的分枝结构；球霰石生长成球形花结。作者详细研究了 Mg^{2+}/Ca^{2+}、CO_3^{2-}/Ca^{2+} 和转化时间对转化产物的影响，如图 5.33 所示。在很低的 Mg^{2+}/Ca^{2+} 和较低的 CO_3^{2-}/Ca^{2+} 以及很短的转化时间等条件下，ACC 可以转化为方解石；在较低的 Mg^{2+}/Ca^{2+} 和很低的 CO_3^{2-}/Ca^{2+} 以及较短的转化时间等条件下，ACC 可以转化为方解石和文石；当 Mg^{2+}/Ca^{2+} 较高时，无论 CO_3^{2-}/Ca^{2+} 高低以及转化时间长短，ACC 都会转化为一水方解石；只有在极低的 Mg^{2+}/Ca^{2+}、CO_3^{2-}/Ca^{2+} 和极短的转化时间等条件下，在 ACC 的转化产物中才可以发现球霰石，也可能是转化成的球霰石很难稳定存在，又转化成了其他晶型。

Ouhenia 等[10]也研究了 PAA 存在时 $CaCO_3$ 的复分解制备过程。先制备 0.1mol・L⁻¹ 的 $CaCl_2$ 和 K_2CO_3 溶液，并将 PAA 溶于 $CaCl_2$ 溶液中（每 5mL 溶液溶解 0.5mg PAA），然后

图 5.31 ACC 及其转化产物的 SEM 图像

（a）ACC；（b）低镁方解石（6%）；（c）高镁方解石（20%）；（d）文石；（e）一水方解石；（f）球霰石

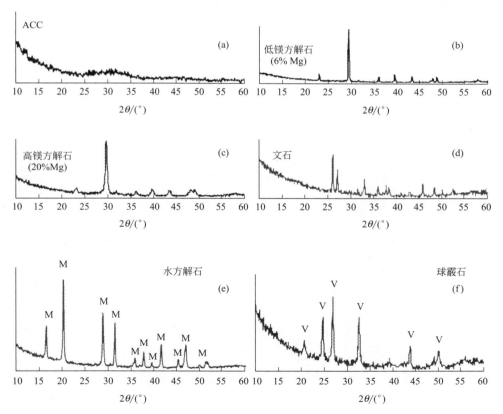

图 5.32 ACC 及其转化产物的 XRD 图谱

（a）ACC；（b）低镁方解石（6%）；（c）高镁方解石（20%）；（d）文石；（e）一水方解石；（f）球霰石

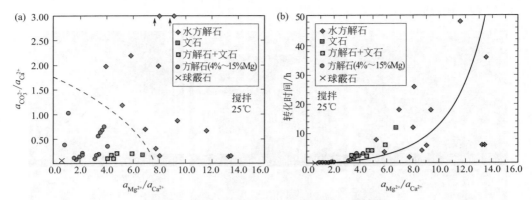

图 5.33　不同条件下 ACC 向其他晶型的转化

(a) 不同 Mg²⁺/Ca²⁺ 和 CO₃²⁻/Ca²⁺；(b) 不同 Mg²⁺/Ca²⁺ 和转化时间

将两者溶液分别在 25℃、50℃ 和 80℃ 下快速混合，最后将产物快速过滤、水洗并在 100℃ 下干燥 1h。

不同温度下添加和不添加 PAA 产物的 SEM 图像如图 5.34～图 5.36 所示，由各样品的 XRD 表征结果得出的晶相组成、晶粒大小和晶胞参数列于表 5.1。25℃ 不添加 PAA 时，产物为方解石和球霰石的混合相，其含量分别为 71% 和 29%，根据 XRD 结果得出的晶粒大小分别为 87.0nm 和 16.1nm（表 5.1）；SEM 图像中方解石颗粒表现为互相贯穿的菱方体，平均粒径约为 3μm，球霰石表现为规则的球形，平均粒径约为 4μm［图 5.34(a)］。对球形球霰石和方解石颗粒更详细的观察结果表明，球霰石是由直径 5～10nm、长度约 50nm 的针状颗粒呈放射状构成的多孔状球形颗粒［图 5.34(b)］；方解石表面由于菱方体的互相贯穿而呈现明显的台阶状边缘［图 5.34(c)］。当在该反应温度下添加 PAA 时，产物依然为方解石和球霰石，但是球霰石的含量增加到 50.5%，方解石晶粒的平均直径增加为 296nm，球霰石晶粒的粒径为 20.3nm（表 5.1），方解石表面的规则程度下降，出现更多的台阶和气孔，颗粒也长大到约

图 5.34　25℃ 下产物的 SEM 图像

(a)～(c) 不添加 PAA：(a) 整体形貌；(b) 球霰石颗粒；(c) 方解石颗粒；(d)～(f) 添加 PAA：

(d) 整体形貌；(e) 球霰石颗粒；(f) 方解石颗粒

$10\mu m$，球霰石颗粒则呈现为由变形的球形颗粒构成的覆盆子状 [图 5.34(d)～(f)]。50℃不添加 PAA 时，产物为方解石、球霰石和文石的混合相，其中方解石和球霰石的含量相当，文石的含量只有大约 7%（表 5.1）；方解石颗粒为边长 $5\mu m$ 的菱方体，球霰石为粒径 $10\mu m$ 的覆盆子状颗粒，文石为直径约 $20\mu m$ 的花椰菜状颗粒（图 5.35）。对各晶相颗粒形貌的详细观察表明，方解石表面有类似被"腐蚀"的凹坑出现，此现象称为面心侵蚀 [图 5.35(b)]。作者认为这是由于该温度下更大的溶解度以及菱方体表面特定的缺陷造成的，但是事实上 $CaCO_3$ 的溶解度随着温度的升高而降低。在此反应温度下添加 PAA 时，产物也为方解石、球霰石和文石的混合相，其含量分别为 10.2%、79% 和 10.8%，晶粒的平均尺寸分别为 390nm、43.8nm 和 62.6nm（表 5.1）；与不添加 PAA 类似，方解石颗粒仍然是具有面心侵蚀的孔状菱方体 [图 5.35(e)]，而文石颗粒由花椰菜状变成树枝状 [图 5.35(f)]，球霰石颗粒由覆盆子状展开成花状 [图 5.35(g)]。80℃的反应温度下不添加 PAA 时，产物为方解石、球霰石和文石的混合相，其含量分别为 6.9%、12.7% 和 80%，晶粒的平均尺寸分别为 197.5nm、58.1nm 和 44.3nm（表 5.1）；文石相表现为其经典的棒状，少量的方解石为边长 $2\sim4\mu m$ 的菱方体 [图 5.36(a)]，球霰石则为海绵状 [图 5.36(b)]。此温度下添加 PAA，产物的主晶相为文石，次晶相为方解石以及极少量的球霰石（表 5.1）；主晶相文石依然为棒状颗粒 [图 5.36(c)]。从这些结果可以看出，PAA 的加入在低温下可以促进球霰石相的生成，但是高温下反而有抑制作用，这是因为稍高的温度是决定文石相生成的关键因素。

图 5.35 50℃下产物的 SEM 图像

(a)～(d) 不添加 PAA：(a) 整体形貌；(b) 具有面心侵蚀的方解石；(c) 覆盆子状球霰石；(d) 花椰菜状文石；
(e)～(g) 添加 PAA：(e) 具有面心侵蚀的方解石；(f) 树枝状文石；(g) 花状球霰石

图 5.36 80℃下产物的 SEM 图像

(a)，(b) 不添加 PAA：(a) 针状文石颗粒和少量菱方体方解石；(b) 海绵状球霰石；(c) 添加 PAA 时的棒状文石

表 5.1　CaCO₃ 产物的晶相组成、晶粒大小和晶胞参数

样　　品		晶相组成		晶胞参数/Å			晶粒尺寸/nm
		晶相	含量/%	a	b	c	
25℃	不添加 PAA	方解石	71	4.9948		17.0814	87.0
		球霰石	29	4.1236		8.476	16.1
	添加 PAA	方解石	49.5	4.9934		17.0780	296.0
		球霰石	50.5	4.1280		8.476	20.3
50℃	不添加 PAA	方解石	47	4.9962		17.086	99.9
		球霰石	46	4.1232		8.484	21.6
		文石	7	4.963	7.953	5.758	43.3
	添加 PAA	方解石	10.2	4.9909		17.067	390.0
		球霰石	79	4.1281		8.474	43.8
		文石	10.8	4.963	7.953	5.758	62.6
80℃	不添加 PAA	方解石	6.9	4.9898		17.062	197.5
		球霰石	12.7	4.1273		8.4653	58.1
		文石	80	4.9601	7.9721	5.7496	44.3
	添加 PAA	方解石	8.7	4.9876		17.048	156.9
		球霰石	1.5	4.132		8.46	47.7
		文石	89	4.9589	7.9705	5.7446	47.2

　　Yu 等[11]研究了在复分解反应体系中添加聚丙烯酰胺（PAAM）、丙烯酸-丙烯酸羟基丙交酯嵌段共聚物（PAAL）、聚 4-苯乙烯基磺酸钠（PSSS）和聚马来酸（PMA）等聚合物对反应产物晶体类型和颗粒形貌的影响。产物的 XRD 图谱和 SEM 图像如图 5.37 和图 5.38 所示。当添加 PAAM 时，产物为表面凸凹不平、有大量生长台阶的近球形块状晶体，粒度约为 8～9μm［图 5.38(a)。作者认为是盘状，与不添加任何添加剂类似，如图 5.27(a) 所示］，这种晶体为典型的方解石晶体。当添加 PAAL 时，产物 XRD 图谱中出现了球霰石相微弱的衍射峰，颗粒形貌包括菱方体和球体，但是表面都比较光滑［图 5.38(b)］。当聚合物为 PSSS 时，产物 XRD 图谱中球霰石相的衍射峰无明显增强［图 5.37(b)］，但是颗粒基本上变成了球体，尽管有些球体并不十分规则，图 5.37(a) 说明产物中方解石为主晶相，颗粒形貌表现为近球体和表面有生长台阶的菱方体［图 5.38(c)］。当添加 PMA 时，产物 XRD 图谱中球霰石相衍射峰稍有增强，但是依旧很微弱［图 5.37(c)］，此时颗粒变成了粒度均匀、形状规则的球体［图 5.38(d)］。可以得出，PAAM、PAAL、PSSS 和 PMA 对球霰石相生成的促进和稳定作用逐渐增强，这是由于它们的酸性逐渐增强。

　　Zhang 等在乙醇/水体系中采用复分解法制备了球状球霰石相 CaCO₃[12]。先将一定质量的聚 4-苯乙烯基硫酸钠（PSS）溶于乙醇/水溶剂中，并与一定体积、浓度为 1.0mol·L⁻¹ 的

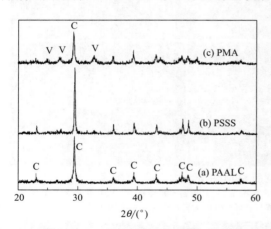

图 5.37　25℃、pH＝10 时添加不同
聚合物时产物的 XRD 图谱

图 5.38　添加不同聚合物时产物的 SEM 图像

(a) PAAM；(b) PAAL；(c) PSSS；(d) PMA（反应参数：25℃、pH＝10，聚合物添加量 0.5g·L^{-1}）

CaCl$_2$ 溶液混合；然后将同浓度等体积的 Na$_2$CO$_3$ 溶液注射入上述溶液中，上述混合溶液在 30℃下搅拌 10min 后静置 60min；最后将产物过滤、洗涤和干燥。

作者研究了产物浓度、乙醇和 PSS 加入量对产物性质的影响。图 5.39 和图 5.40 分别为不同反应条件下产物的 XRD 图谱和 SEM 图像（C 和其后数字表示产物的浓度，mmol·L^{-1}；E 和其后数字表示溶剂中乙醇的含量，％；P 和其后数字表示 PSS 的浓度，g·L^{-1}）。可以看出，当溶剂为纯水且不添加 PSS 以及溶剂为纯乙醇且 PSS 的浓度为 0.5g·L^{-1} 时，产物为纯净的方解石相 [图 5.39(a)、(d)]，CaCO$_3$ 颗粒呈菱方状 [图 5.40(a)、(d)]。在纯水体系中添加 0.5g·L^{-1} 的 PSS 时，XRD 图谱中出现了方解石和球霰石的衍射峰，二者强度大致相当 [图 5.39(c)]，而球霰石呈不规则的团状，方解石颗粒分散在团状颗粒的边缘 [图 5.40(c)]。当溶剂中乙醇的含量为 25％ 而不添加 PSS 时，产物的 XRD 图谱中球霰石相的衍射峰比方解石相的衍射峰强很多 [图 5.39(b)]，产物也以由小颗粒组装的花状颗粒为主 [图 5.40(b)]，说明产物以球霰石为主晶相。当乙醇的含量（25％）和 PSS 的加入量（0.5g·L^{-1}）保持不变时，虽然产物中只有球霰石相，但是产物颗粒的形状随 CaCO$_3$ 浓度的增加由较规则的球形变得愈发不规则，如图 5.40(e)～(g) 所示；特别是当 CaCO$_3$ 浓度为 24mmol·L^{-1} 时，球霰石晶体的结晶程度变得很差，如图 5.39(g) 所示。

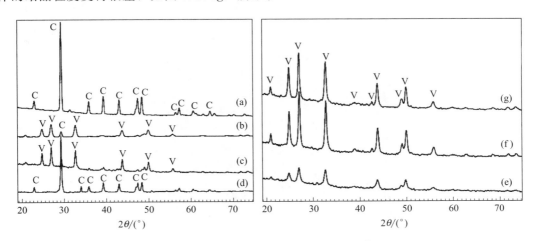

图 5.39　不同条件下产物的 XRD 图谱

(a) C8E0P0；(b) C8E25P0；(c) C8E0P0.5；(d) C8E100P0.5；(e) C8E25P0.5；
(f) C16E25P0.5；(g) C24E25P0.5

Zhao 等[13] 对羧甲基壳聚糖存在的复分解反应体系制备 CaCO$_3$ 的热力学和动力学进行了研究，将 20mL 浓度为 0.5mol·L^{-1} 的 CaCl$_2$ 溶液加入 100mL 含羧甲基壳聚糖的溶液中并加热至不同温度，然后加入 100mL 浓度为 0.5mol·L^{-1} 的 Na$_2$CO$_3$ 溶液，持续搅拌 2h 并维

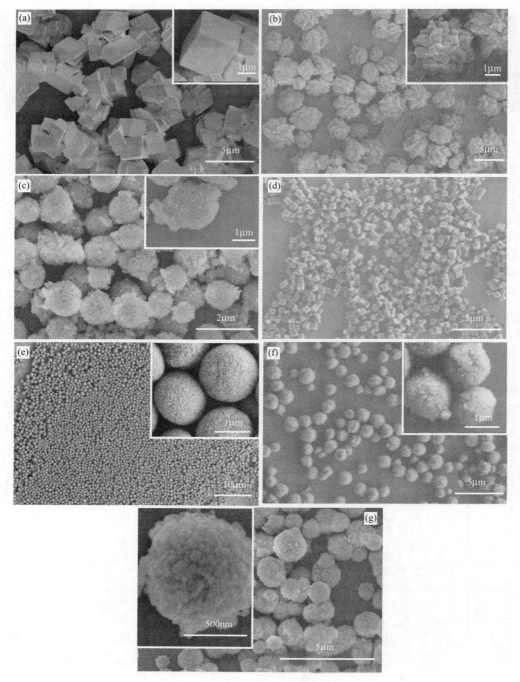

图 5.40　不同条件下产物的 SEM 图像
(a) C8E0P0；(b) C8E25P0；(c) C8E0P0.5；(d) C8E100P0.5；(e) C8E25P0.5；
(f) C16E25P0.5；(g) C24E25P0.5

持各自的反应温度不变，最后将沉淀过滤并在室温下干燥 24h。

　　不同温度下产物的 XRD 图谱和 SEM 图像如图 5.41 和图 5.42 所示。从 XRD 表征结果可以看出，当反应温度为 25℃和 35℃时，衍射图谱中出现了球霰石较强的衍射峰，而方解石的衍射峰相对较弱 [图 5.41(a)、(b)]，说明球霰石为主晶相，方解石为次晶相。SEM

图像显示，25℃时产物颗粒呈球形，这些球形颗粒由纳米晶构成，很难发现菱方状颗粒，说明方解石颗粒很少［图 5.41(a)］；35℃时产物颗粒大多数也呈球形，形状更规则，粒径也有所增加［图 5.42(b)］。反应温度升高至 45℃时，XRD 图谱中除了球霰石和方解石的衍射峰，还出现了文石的衍射峰，并且球霰石衍射峰强度减弱，方解石衍射峰强度增加［图 5.41(c)］。SEM 图像中出现了菱方状方解石、球状球霰石以及纺锤状文石［图 5.42(c)］，这些纺锤状文石颗粒由纳米晶构成、表面粗糙。在 55℃的反应温度下，产物 XRD 图谱中文石的衍射峰大大增强，方解石的衍射峰强度减弱，球霰石相完全消失［图 5.41(d)］，说明文石为主晶相，方解石为次晶相。SEM 图像中文石呈棒状或纺锤状，方解石为菱方状颗粒［图 5.42(d)］。进一步提高反应温度，XRD 图谱中方解石的衍射峰进一步减弱，并在 95℃时完全消失［图 5.41(e)～(h)］，而文石也逐渐由表面粗糙的纺锤状变成表面光滑的棒状［图 5.42(e)～(h)］。

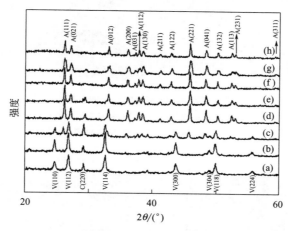

图 5.41 不同反应温度（℃）下产物的 XRD 图谱

(a) 25；(b) 35；(c) 45；(d) 55；(e) 65；(f) 75；(g) 85；(h) 95

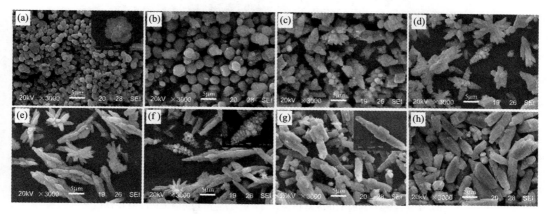

图 5.42 不同反应温度（℃）下产物的 SEM 图像

(a) 25；(b) 35；(c) 45；(d) 55；(e) 65；(f) 75；(g) 85；(h) 95

为了更进一步研究纳米晶粒的晶体结构，作者分别对球霰石和文石晶粒进行了 TEM 和 SAED 表征，如图 5.43 和图 5.44 所示。图 5.43(a) 中的球霰石颗粒直径大约为 $1.5\mu m$，质地紧密，SAED 显示该颗粒为多晶。图 5.43(b) 中的球霰石为疏松结构，在高速电子的照射下出现坍塌。图 5.43(c) 中是一些尺寸约 70nm 的离散纳米晶粒。图 5.43(d) 为图 5.43(a)

中球霰石颗粒的 HRTEM 图像，表明球霰石大颗粒是由纳米晶粒无规则排列而成的。图 5.44(a) 和 (b) 中为棒状晶体，图 5.44(c) 中是含有纳米晶粒的棒状晶体，图 5.44(a) 插图中的衍射斑点为文石 [001] 方向的衍射，图 5.44(b) 和 (c) 插图中的衍射斑点为文石 [010] 方向的衍射，说明棒状晶体为文石。图 5.44(d) 和 (e) 分别为图 5.44(a) 中棒状晶体顶端和直边的 HRTEM 图像，说明棒状晶体是由许多小单晶沿 [200] 方向有序排列而成的。图 5.44(d) 为图 5.44(c) 中区域 2 小晶粒的 HRTEM 图像，说明该小晶粒为文石的单晶；这些结果说明棒状文石晶体是由最初形成的文石纳米单晶再结晶而成的。

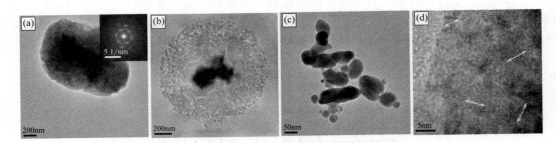

图 5.43　25℃下球霰石相的 TEM 和 HRTEM 图像以及 SAED 图谱
(a) 紧密球霰石球体；(b) 高速电子照射下坍塌的疏松球霰石团聚体；(c) 离散的纳米晶粒；
(d) 图 (a) 中对应的 HRTEM 图像

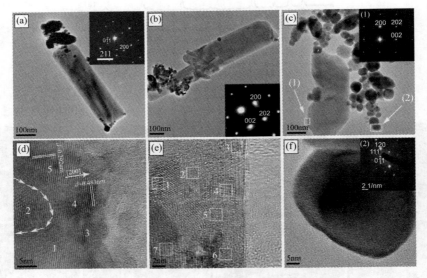

图 5.44　75℃下文石颗粒的 TEM 和 HRTEM 图像以及 SAED 图谱
(a)，(b) 棒状颗粒；(c) 含有纳米晶粒的棒状晶体（插图为选区 1 的 SAED 图谱）；
(d) 图 (a) 中顶端的 HRTEM 图像；(e) 图 (a) 中直边的 HRTEM 图像；
(f) 图 (c) 的 HRTEM 图像（插图为选区 1 的 SAED 图谱）

　　作者通过研究 $\ln k$（k 为反应速率）与温度的关系（图 5.45）得出，羧甲基壳聚糖不仅在不同晶相成核和生长的过程中扮演异质成核和稳定剂的作用，还促进了反应过程从热力学控制向动力学控制的转变。随着反应温度的增加，文石相的生成速率逐渐增大并在反应温度为 327K 时超过球霰石相的生成速率而成为主要产物。

　　Hou 和 Feng[14] 研究了逐滴加入复分解反应体系中的甘氨酸对产物晶体类型和颗粒形貌的

影响，并与相同条件下采用 CO_2 扩散法的结果进行了比较。在逐滴滴加法中，将 25mL 浓度为 $0.02mol \cdot L^{-1}$ 的 Na_2CO_3 溶液通过注射逐滴滴进含有甘氨酸的等体积等浓度的 $CaCl_2$ 溶液中，搅拌速度约为 $600r \cdot min^{-1}$，甘氨酸的浓度分别为 $0mol \cdot L^{-1}$、$10^{-4}mol \cdot L^{-1}$ 和 $10^{-2}mol \cdot L^{-1}$，滴加速度分别为 $2mL \cdot min^{-1}$ 和 $15mL \cdot min^{-1}$。在 CO_2 扩散法中，将 $(NH_4)_2CO_3$ 和含有甘氨酸的 $CaCl_2$ 溶液静置于封闭的干燥器中 2h。

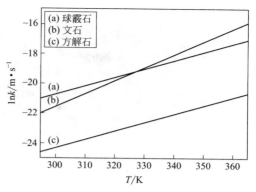

图 5.45　Arrhenius 点，$\ln k$ 与温度的关系

滴加法样品的性质列于表 5.2、图 5.46 和图 5.47。在 $15mL \cdot min^{-1}$ 的滴加速度下，不添加甘氨酸时得到的产物全部为方解石 [图 5.46(a)]。添加浓度为 $10^{-4}mol \cdot L^{-1}$ 的甘氨酸时产物中主晶相为方解石，同时出现了少量球霰石。甘氨酸的浓度增加为 $10^{-2}mol \cdot L^{-1}$ 时产物中方解石和球霰石的含量大致相当 [图 5.46(b) 和图 5.47(a)]。但是当 Na_2CO_3 溶液的滴加速度降低为 $2mL \cdot min^{-1}$ 时，无论添加甘氨酸与否以及添加量为多少，产物全部为球霰石，其颗粒形貌有球状和纺锤状，二者比例约为 1:1 [图 5.46(c) 和图 5.47(b)]。这说明甘氨酸的加入和较小的滴加速度可以促进球霰石相的生成。甘氨酸的浓度为 $10^{-2}mol \cdot L^{-1}$ 时由扩散法得到的 $CaCO_3$ 产物全部为球霰石相，并且其形貌全部为球形 [图 5.47(c)]。

表 5.2　$CaCO_3$ 产物的晶相组成和颗粒形貌

滴加速度 /mL · min⁻¹	滴加时间 /min	甘氨酸浓度		
		$0mol \cdot L^{-1}$	$10^{-4}mol \cdot L^{-1}$	$10^{-2}mol \cdot L^{-1}$
15	2	菱方状方解石	方解石和少量球霰石	方解石和球状球霰石(1:1)
2	12	全部为球霰石,球状和纺锤状比例约为 1:1		

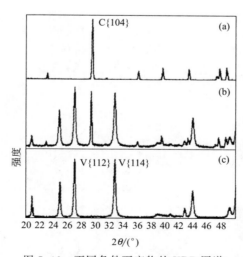

图 5.46　不同条件下产物的 XRD 图谱

(a) 滴加速度为 $15mL \cdot min^{-1}$，不添加甘氨酸；(b) 滴加速度为 $15mL \cdot min^{-1}$，
甘氨酸浓度为 $10^{-2}mol \cdot L^{-1}$；(c) 滴加速度为 $2mL \cdot min^{-1}$，
甘氨酸浓度为 $10^{-2}mol \cdot L^{-1}$

Gan 等[15]采用逆向扩散方法研究了甘氨酸对碱性硅胶中 $CaCO_3$ 生长的影响。将硅胶前

图 5.47　不同条件下产物的 SEM 图像

（a）滴加速度为 15mL·min⁻¹，甘氨酸浓度为 10⁻²mol·L⁻¹；（b）滴加速度为 2mL·min⁻¹，
甘氨酸浓度为 10⁻²mol·L⁻¹；（c）CO₂ 扩散法，甘氨酸浓度为 10⁻²mol·L⁻¹

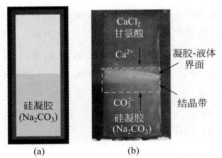

图 5.48　逆扩散制备碳酸钙示意图

（a）凝胶化 1 周；（b）逆扩散制备碳酸钙

驱体注射至反应容器体积的一半并将容器封闭以防止空气中 CO_2 气体的进入，凝胶化 1 周后 ［图 5.48（a）］ 将含有甘氨酸的 $CaCl_2$ 溶液注射至容器的另一半空间，再次封闭反应容器确保反应在一个密闭的空间进行 ［图 5.48（b）］。

图 5.49 为不同甘氨酸加入量结晶 1 周后不同结晶位置产物的光学显微照片。当不添加甘氨酸时，在近液相-凝胶界面处 （距界面 0～2mm） 形成了菱方状的颗粒 ［图 5.49（a）］；在远离界面的位置 （距界面 2～8mm） 形成了 c 轴方向拉长的颗粒，并发展成树枝状显微聚集体，

显示出介晶的特征 ［图 5.49（b）、（c）］。经拉曼光谱证实，这些颗粒均为方解石，但是与以前报道的相似条件下形成的小麦束状方解石颗粒不同[16,17]。当添加 2mg·mL⁻¹ 的甘氨酸时，距离界面 4mm 的深度范围内生成了形状规则的菱方状颗粒 ［图 5.49（d）］；在 2～7mm 的深度范

图 5.49　不同甘氨酸加入量和不同位置产物的光学显微图像

（a）～（c）不添加甘氨酸；（d）～（f）甘氨酸浓度为 2mg·mL⁻¹；（g）、（h）甘氨酸浓度为 10mg·mL⁻¹
（插图中白色虚线方框为观察的结晶位置，数字分别为方框的上下两边距界面的距离，标尺：100μm）

围内生成了三齿放射分布的星状颗粒［图 5.49(e)］，类似于在琼脂凝胶中形成的星状方解石单晶[18]；在 6～8mm 的深度形成的颗粒的表面出现了更多呈放射分布的齿状，整个颗粒近似球状［图 5.49(f)］。拉曼光谱证实这些颗粒也为方解石。当甘氨酸的加入量增加至 10mg·mL^{-1} 时，整个结晶区出现了两种形状的颗粒，哑铃形和球形［图 5.49(g)、(h)］。拉曼光谱和 XRD 图谱证实哑铃状颗粒为方解石，球状颗粒为球霰石，如图 5.50 所示。哑铃状颗粒具有不规则的表面，显示出多晶的特性［图 5.49(g)］，而正交偏振光下观察到的十字消光图案表明球形颗粒中晶粒呈放射性分布［图 5.49(h)］。

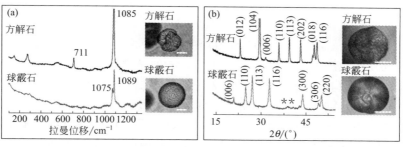

图 5.50　哑铃状颗粒和球形颗粒的拉曼光谱和 XRD 图谱
(a) 拉曼光谱；(b) XRD 图谱

图 5.51 为棒状颗粒和哑铃状颗粒在不同结晶时间的光学显微图像。在结晶的初始阶段，颗粒发育成棒状［图 5.51(a)］，然后在前三天在生长前沿形成新的颗粒［图 5.51(b)、(c)］，这些新的颗粒进一步分枝发展成粒度约为 100μm 的哑铃状颗粒［图 5.51(d)、(e)］，拉曼光谱表明这些哑铃状颗粒为方解石，这与以前的研究也很吻合[19]。

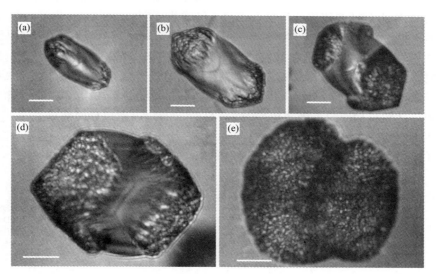

图 5.51　棒状颗粒在第 1 天 (a)；第 2 天 (b)；第 3 天 (c) 的光学显微图像和哑铃状
颗粒在第 5 天 (d)；第 7 天 (e) 的光学显微图像
图 (a)、(b) 和 (c) 为同一颗粒，图 (e) 和 (f) 为同一颗粒，标尺：20μm

作者对反应机理进行了总结。甘氨酸在碱性硅胶中发生去质子化作用形成甘氨酸阴离子，可以阻止方解石的成核，诱导球霰石的形成，也可以通过羧基吸附在方解石晶体的生长位置而阻止其生长。但是由于钙离子和甘氨酸离子不同的扩散速率，方解石的生成不能完全被禁止，而是与球霰石共存。方解石随后的生长也受到甘氨酸阴离子上羧基的影响而使最初形成的棒状颗粒发展成哑铃状颗粒。当甘氨酸的加入量较小时，界面处的甘氨酸阴离子只能降低方解石的成核速率而对晶体生长的影响较小，因此导致更大颗粒的菱方状颗粒生成；远离界面处可以形成更多的甘氨酸阴离子，通过羧基在方解石特定生长位置的吸附而使方解石生长成为星状甚至接近球状。

Ni 等[20]研究了在微波辐照下 PAA 对复分解反应过程和产物的影响。先配制浓度分别为 $3.5mol \cdot L^{-1}$ 和 $5mol \cdot L^{-1}$ 的 $CaCl_2$ 和 $NaHCO_3$ 溶液，取 $10mL$ $CaCl_2$ 溶液加入 $20mL$ 浓度约为 $18g \cdot mL^{-1}$ 的 PAA 溶液中搅拌混合，将 $10mL$ $NaHCO_3$ 溶液倒入上述溶液中并持续搅拌，然后将混合溶液移入圆底烧瓶并置于 $700W$、$2.45GHz$ 的微波炉中以不同功率加热 $15min$，最后将沉淀水洗并在 $60℃$ 的空气中干燥。

不同条件下制备的 $CaCO_3$ 样品的 XRD 图谱如图 5.52 所示，SEM 图像如图 5.53～图 5.55 所示。在使用微波炉 60% 的功率加热 15min 的条件下，如果不加入 PAA，产物中全部为方解石 [图 5.52(a)]，但是其 SEM 图像中显示颗粒为立方状和棒状晶体 [图 5.53(a)]。如果加入 $18g \cdot L^{-1}$ 的 PAA，产物中则全部为球霰石 [图 5.52(b)]，SEM 图像中显示为短棒状颗粒构成的多级结构 [图 5.53(c)、(d)]。如果采用同样的功率和 PAA 加入量，加热 5min 得到的则是方解石、文石和球霰石的混合相 [图 5.52(c)]，但是与加热 15min 的样品只存在球霰石相似乎矛盾，通常认为亚稳态球霰石相可以转变成更稳定的文石和方解石相，而稳定相不能向亚稳相转变。当 PAA 的加入量减半时，产物的颗粒形貌与不添加 PAA 类似，也是由立方状和棒状颗粒构成 [图 5.53(b)]。而当 PAA 的加入量增加一倍时，产物的颗粒变成由棒状颗粒自组装而成的近球状颗粒 [图 5.53(e)]。$18g \cdot L^{-1}$ PAA 存在时使用不同功率加热 15min 产物的形貌如图 5.54 所示。当使用的功率仅为 20% 时，得到了棒状和莲花状颗粒 [图 5.54(a)]；功率增加到 40%，颗粒几乎全部为莲花状超结构，棒状颗粒消失 [图 5.54(b)]；而采用 60% 的功率得到的是短棒状颗粒形成的多级结构 [图 5.54(c)]；继续增加功率至 80% 和 100%，莲花状超结构消失，棒状颗粒重新生成 [图 5.54(d)、(e)]。这个结果说明使用不同的功率，可以调节 $CaCO_3$ 的颗粒形貌。另外，加热时间对产物的形貌也会产生影响。加热 5min 的产物为方解石、文石和球霰石的混合相 [图 5.52(c)]，形貌只存在立方状和棒状 [图 5.55(a)]；当加热 10min 时，产物中棒状颗粒增多，立方状颗粒减少 [图 5.55(b)]；加热到 15min 则为短棒状颗粒构成的多级结构 [图 5.54(c)、(d)]；当加热时间延长至 30min，小棒状颗粒自组装成大的棒状颗粒 [图 5.55(c)]。作者认为 PAA 中的—COOH 官能团可以与 HCO_3^- 或 CO_3^{2-} 形成氢键，从而影响 $CaCO_3$ 晶体的生长过程。

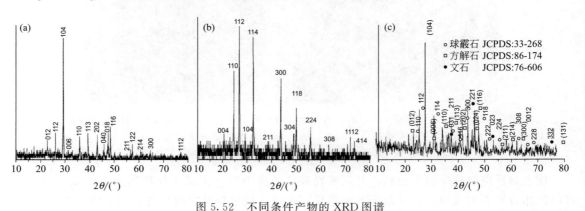

图 5.52　不同条件产物的 XRD 图谱

(a) 不添加 PAA、功率 60%、15min；(b) 添加 $18g \cdot L^{-1}$ PAA、功率 60%、15min；

(c) 添加 $18g \cdot L^{-1}$ PAA、功率 60%、5min

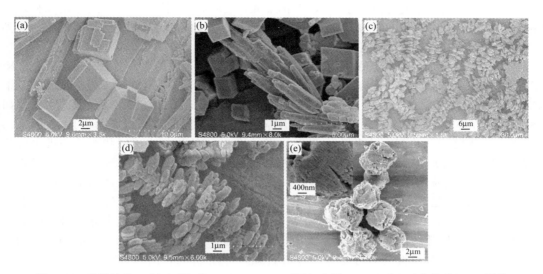

图 5.53 以微波炉 60％功率加热 15min，PAA 不同加入量（g·L^{-1}）时产物的 SEM 图像

(a) 0；(b) 9；(c)，(d) 18；(e) 36

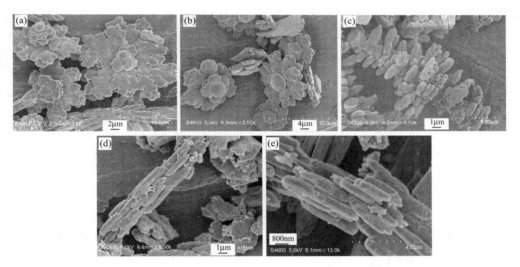

图 5.54 18g·L^{-1} PAA 存在时以微波炉不同功率（％）加热 15min 产物的 SEM 图像

(a) 20；(b) 40；(c) 60；(c) 80；(d)，(e) 100

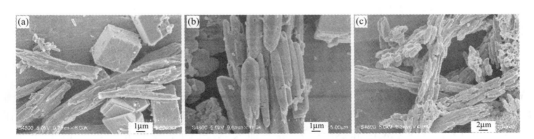

图 5.55 18g·L^{-1} PAA、60％功率加热不同时间（min）产物的 SEM 图像

(a) 5；(b) 10；(c) 30

Takita 等[21]研究了复分解体系中 NaCl 的加入对 CaCO$_3$ 晶体生长的促进作用和机理，将 150mL 浓度为 0.5mol·L^{-1} 的 Na$_2$CO$_3$ 溶液逐滴滴入预先加入 NaCl 的 CaCl$_2$ 溶液中，强烈搅拌，将合成的 CaCO$_3$ 进行醇洗并在 350K 下干燥。

不同 NaCl 浓度的反应体系在不同反应时间产物中方解石相的含量如图 5.56 所示，NaCl 浓度为 0.5mol·L^{-1} 的体系反应 5min 和 240min 产物的 XRD 图谱如图 5.57 所示，不添加 NaCl 和 NaCl 浓度为 0.5mol·L^{-1} 的体系反应 5min、30min 和 240min 产物的 SEM 图像如图 5.58 所示。在不添加 NaCl 的反应系统中，反应 5min 时得到的产物中方解石的含量约 36%（图 5.56），SEM 图像中显示产物为大量平均直径约 3μm 的片状或透镜状颗粒和极少数菱方状颗粒［图 5.58(a)］。反应 30min 产物中方解石的含量增加至 50%（图 5.56），SEM 图像中显示为由片状颗粒团聚而成的球状颗粒［图 5.58(b)］。反应 240min 产物中方解石的含量没有明显变化，但是形貌为直径约 5~7μm、具有很多褶皱的球体［图 5.58(c)］。作者认为这些片状和球状颗粒为球霰石相，但是 SEM 图像与 XRD 结果似乎不是十分吻合，可能是因为 SEM 反映的是局部区域，而 XRD 反映的是全部晶粒。在 NaCl 浓度为 0.5mol·L^{-1} 的反应体系中，反应 5min 时产物全部为菱方状方解石颗粒［图 5.56，图 5.57(a) 和图 5.58(d)］。反应 30min 产物中方解石的含量有所降低（图 5.56），SEM 图像中出现了凸透镜状颗粒，方解石的颗粒大小和形貌都没有明显变化［图 5.58(e)］。反应 240min 产物中方解石的含量进一步降低（图 5.56），并出现了极微量的文石相［图 5.57(b)］，SEM 图像中颗粒呈片状颗粒交叉而成的球形颗粒，粒径约 10μm［图 5.58(f)］。另外，NaCl 浓度为 0.1mol·L^{-1} 的反应系统反应 5min 产物全部为方解石，而 30min 时方解石全部消失，240min 时方解石含量又增加为约 78%（图 5.56）。NaCl 浓度为 2.5mol·L^{-1} 的反应系统虽然在反应 240min 时方解石的含量比反应 5min 时有所增加，但是依然出现了反应 30min 时方解石全部消失的现象（图 5.56）。通常认为亚稳态球霰石可以向更稳定的文石或方解石转变，而最稳定的方解石不能向亚稳态转变。

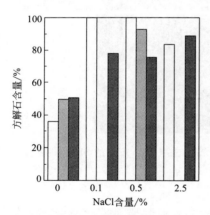

图 5.56　不同氯化钠浓度和反应时间
产物中方解石的含量
□ 5min；▨ 30min；■ 240min

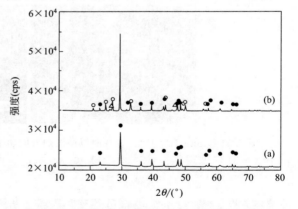

图 5.57　氯化钠浓度为 0.5mol·L^{-1}，不同
时间（min）产物的 XRD 图谱
(a) 5；(b) 240（● 方解石；○ 球霰石；△ 文石）

Wang 等[22]研究了复分解反应体系中大量甲醇存在的条件下 NaSt 的加入量对复分解反应过程和产物的影响。先将不同质量的 NaSt 分别溶于 90mL 甲醇配成溶液，各取 50mL 浓度均为 0.1mol·L^{-1} 的 CaCl$_2$ 和 Na$_2$CO$_3$ 溶液加入 NaSt 的甲醇溶液中，在 60℃下于氮气气氛中反应 15h，整个过程施以温和搅拌，最后将产物用水和乙醇清洗，在 80℃下干燥 24h。

图 5.58　不添加氯化钠 [(a)~(c)] 和添加 0.5mol·L^{-1}氯化钠 [(d)~(f)]
的反应体系反应不同时间（min）产物的 SEM 图像
(a), (d) 5；(b), (e) 30；(c), (f) 240

　　NaSt 不同添加量时产物的 XRD 和 FTIR 图谱以及颗粒的微观形貌如图 5.59~图 5.61 所示。当不添加 NaSt 时，产物以方解石为主晶相，文石为次晶相 [图 5.59(a)]。加入 0.1％的 NaSt 时，产物中依然只有方解石和文石，但是方解石的含量大幅度降低 [图 5.59(b)]。随着 NaSt 加入量的增加，方解石的含量进一步降低直至完全消失 [图 5.59(c)、(d)]。样品的 FTIR 图谱也与 XRD 结果一致（图 5.60）。当不添加 NaSt 时，产物为不均匀的纺锤形颗粒 [图 5.61(a)]，而添加 0.5％的 NaSt 得到了层状的颗粒 [图 5.61(b)]。结合 XRD 结果可以看出，这些层状 CaCO$_3$ 颗粒为文石相。这些结果表明，在含有大量甲醇的复分解反应体系中，NaSt 的加入不但可以改变 CaCO$_3$ 颗粒的形貌，还可以改变其晶体类型。

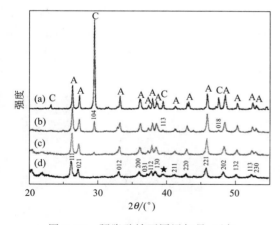

图 5.59　硬脂酸钠不同添加量（％）
时产物的 XRD 图谱
(a) 0；(b) 0.1；(c) 0.25；(d) 0.5

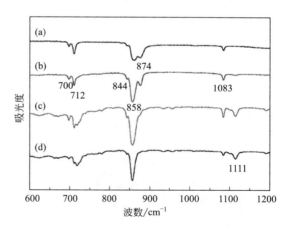

图 5.60　硬脂酸钠不同添加量（％）
时产物的 FTIR 图谱
(a) 0；(b) 0.1；(c) 0.25；(d) 0.5

　　Wang 等[23,24]采用如图 5.62 所示的双扩散反应装置研究了不同晶体类型和形貌的 CaCO$_3$ 的制备。分别将 150mL CaCl$_2$ 溶液、蒸馏水和 Na$_2$CO$_3$ 溶液倒入反应装置的三个单元中，将整个反应装置置于水浴中加热至指定的温度，迅速撤掉三个单元之间的挡板，扩散反应开始。

图 5.61　硬脂酸钠不同添加量（%）时产物的 SEM 图像

(a) 0；(b) 0.5

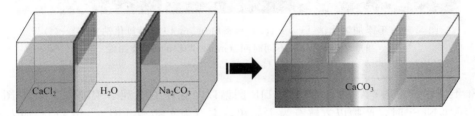

图 5.62　双扩散反应装置示意图

　　图 5.63 是在反应温度为 70℃、$CaCl_2$ 和 Na_2CO_3 溶液浓度为 0.1mol·L^{-1} 时产物的 SEM、TEM、高分辨 TEM 图像和 SAED 图谱。产物中雪花状颗粒为主要颗粒形态，针状颗粒为次要颗粒形态 [图 5.63(a)]。更详细的观察表明雪花状颗粒的中心有一个球形颗粒，其他颗粒与球形颗粒相连，形成六条对称分布的躯干，躯干两边规则地排列着一些相互平行的侧枝，这些边界明显的侧枝在两个躯干之间相互连接，如图 5.63(b) 所示。图 5.63(c) 是一个具有六重对称雪花状颗粒的 TEM 图像，可以看出是由纳米颗粒聚集而成。图 5.63(d) 所示的雪花状颗粒边缘 SAED 图谱说明所选区域为单晶或者是排列方向一致的多晶，衍射斑点表明晶粒具有六角对称的球霰石晶体结构。雪花状颗粒边缘的高分辨 TEM 图像表明 2.98Å（1Å＝0.1nm，全书同）为球霰石（200）晶面的面间距 [图 5.63(e)、(f)]。

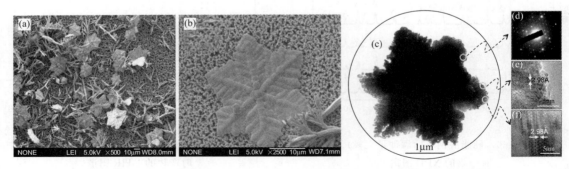

图 5.63　70℃，反应物浓度为 0.1mol·L^{-1} 时产物的 SEM 图像 [(a)、(b)]；
TEM 图像 [(c)]；SAED 图谱 [(d)] 和高分辨 TEM 图像 [(e)、(f)]

　　为了揭示雪花状球霰石形成的机制，作者基于 Bogoyavlenskiy 等提出的模型[25]进行了蒙特卡罗模拟实验。根据该模型，生长单元在反应之前扩散并与生长面碰撞，碰撞频率取决于生长单元的扩散速率，反应速率取决于热力学条件，而热力学条件与传热速率有关。定义 η 为反应速率与扩散速率之比，不同 η 值时的模拟结果如图 5.64 所示。当 η 值较小时，反应为颗粒形成的控制环节（reaction limited aggregation，RLA），小颗粒在吸附之前经历多次碰撞，导致紧密团聚体的生成，如图 5.64（a）所示；当 η 值较大时，扩散为颗粒形成的控制环节（diffusion limited aggregation，DLA），小颗粒一经碰撞就团聚在一起，导致形成开放的树枝状结构，如图 5.64（c）所示；当 η 值在 1.2～2.5 之间时，得到了如图 5.64（b）所示的六角分枝结构，类似于雪花状。

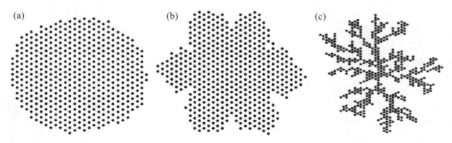

图 5.64　不同 η 值产物的形貌演变
（a）η 较小时；（b）$\eta = 1.2～2.5$；（c）η 较大时

　　为了验证这一模拟结果，作者初步实施了两个实验：一是将 $CaCl_2$ 和 Na_2CO_3 溶液快速倒入烧杯中并施以强烈搅拌来制造一个反应控制的环境，得到的产物为如图 5.65（a）所示的球形颗粒；二是采用如图 5.62 所示的反应装置并将蒸馏水换成琼脂凝胶来制造一个扩散控制的环境，得到的产物为如图 5.65（c）所示的树枝状颗粒；这与模拟结果非常吻合。

图 5.65　不同扩散速率和反应速率下 $CaCO_3$ 产物的形貌
（a）反应控制的实验中（$CaCl_2$ 和 Na_2CO_3 直接混合并强烈搅拌）得到的球形颗粒；
（b）反应速率和扩散速率适中时得到的六角状颗粒；（c）扩散控制实验中得到的树枝状颗粒

　　作者进一步研究不同温度下不同的扩散速率和反应速率产物的晶体类型和颗粒形貌。40℃下，将浓度为 $0.1mol \cdot L^{-1}$ 的 $CaCl_2$ 溶液和 Na_2CO_3 溶液直接混合并施以 $300r \cdot min^{-1}$ 的磁力搅拌，产物的 SEM 形貌和 XRD 图谱如图 5.66（a）～（c）所示；将 $0.1mol \cdot L^{-1}$ 的 $CaCl_2$ 溶液和 Na_2CO_3 溶液通过双扩散装置反应，产物的 SEM 形貌和 XRD 图谱如图 5.66（d）～（f）所示。直接混合得到的产物以球霰石为主晶相，方解石为次晶相，以及极微量的文石，其中方解石为菱方状颗粒，球霰石为球形颗粒［图 5.66（a）～（c）］。通过双扩散装置得到的产物以方解石为主晶相，含量为 78.7%，球霰石和文石的含量分别为 13% 和 8.3%［图 5.66（a）～（c）］。作者认为两者的巨大差异是由不同的超饱和度造成的。一般地，由于球霰石的结构较疏松，其成核速度比方解石大，但是球霰石为亚稳晶型，会通过在水中溶解而以方解石析出。在直接混合实验中，在强力搅拌下，溶液直接全部互相接触，瞬间造成很高的超饱和度，此时方解石和球霰石同时成核，最终产物为球霰石和方解石的混合相。而在双扩散实验中，相互分离的反应溶液通过扩散进入中间的反应室进行反应，超饱和度很低，有利于球霰石向方解石的转变，导致最终产物中含有大量方解石。

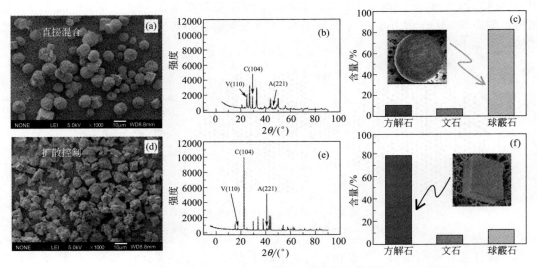

图 5.66　40℃下不同因素控制下 $CaCO_3$ 产物的 SEM 形貌和 XRD 图谱

（a）～（c）反应控制的实验（0.1mol·L^{-1}的 $CaCl_2$ 和 Na_2CO_3 直接混合，300r·min^{-1}的磁力搅拌）；

（d）～（f）扩散控制实验（0.1mol·L^{-1}的 $CaCl_2$ 和 Na_2CO_3 通过双扩散反应装置进行扩散反应）

作者还详细研究了双扩散反应过程中温度和反应物浓度对产物晶相组成和颗粒形貌的影响，结果如图 5.67 和图 5.68 所示。当温度一定，浓度逐渐增加时，产物中方解石的含量逐渐增加，球霰石的含量也有所增加，文石的含量逐渐降低。当浓度一定，温度逐渐升高时，方解石的含量逐渐降低，球霰石的含量稍微增加，文石的含量逐渐增加（图 5.67 和图 5.68）。

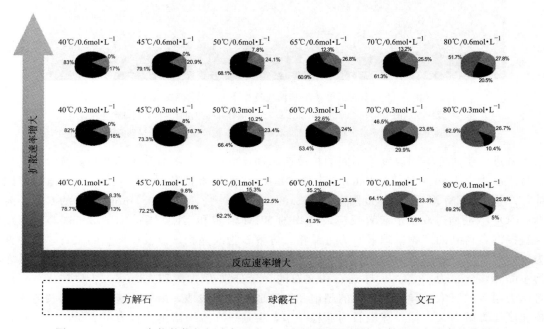

图 5.67　$CaCO_3$ 产物的物相组成与温度、反应物浓度、扩散速率和反应速率的关系

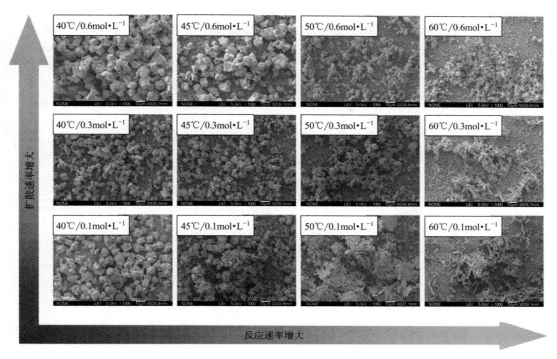

图5.68　$CaCO_3$产物的SEM形貌与温度、反应物浓度、扩散速率和反应速率的关系

　　根据上述结果，作者对方解石、文石和雪花状球霰石颗粒的形成机理进行总结，如图5.69所示。

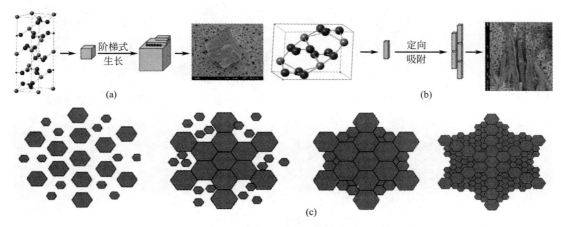

图5.69　$CaCO_3$颗粒的生长机理

（a）方解石；（b）文石；（c）球霰石

　　Gopi等研究了不同温度下氨三乙酸纳（NTA）、乙二胺四乙酸（EDTA）和羟基亚乙基二膦酸（HEDP）对以$CaCl_2$和Na_2CO_3为反应原料的复分解产物的影响[26,27]。分别将浓度为0.1mol·L^{-1}的$CaCl_2$、NTA和Na_2CO_3溶液50mL、20mL和60mL连续加入烧杯中并用玻璃盖上以防污染，置于一定温度的高压釜中2h后将沉淀在低温下过滤，然后将上层清液重新置于该温度的高压釜中放置72h，最后将沉淀冷却、过滤水洗和干燥。

　　作者采用XRD、FTIR和SEM首先考察了不同温度下添加NTA时产物的晶相组成和颗粒形貌，结果如表5.3和图5.70所示。虽然晶相组成与温度的变化关系并非简单的递增或递减关系，但是与不添加NTA的情况相比，NTA的添加促进了球霰石相的生成，特别是100℃和230℃下分别有73%和92%的球霰石生成。60℃时，产物呈由针状结构构成的团聚状颗粒［图5.70(a)、(b)］。根据XRD和FTIR结果，这些颗粒全部为文石。80℃和100℃时产物中的团聚体呈近球状或球状［图5.70(c)、(d)］，说明生成了球霰石相，XRD和FTIR结果也证实了这一点。130℃时，除了球状和针状颗粒，还出现了三角锥体状颗粒［图5.70(e)］，XRD和FTIR结果表明该晶相属于方解石。150℃时的产物几乎全部为三角锥体状颗粒［图5.70(f)］，XRD结果表明该产物中方解石的含量高达88%。在170～230℃之间，随着反应温度的升高，产物颗粒逐渐由三角锥体状变成球状［图5.70(g)～(i)］，这也与XRD和FTIR结果一致。

表5.3 不同温度下有无添加剂存在时产物的晶相组成

温度 /℃	无添加剂[28]			添加 NTA			添加 EDTA 和 HEDP		
	C/%	A/%	V/%	C/%	A/%	V/%	C/%	A/%	V/%
60	81	19	0	0①	1①	50①	4	46	50
80	—	—	—	0	33	67	—	—	—
100	12	88	0	0	27	73	2	4	94
130	45	55	0	10	38	52	13	22	65
150	—	—	—	88	12	0	—	—	—
170	—	—	—	10	37	53	—	—	—
200	95	5	0	8	21	71	5	14	81
230	97	3	0	0	8	92	3	9	88

① 作者正文中已指出该温度下产物中只含有文石。

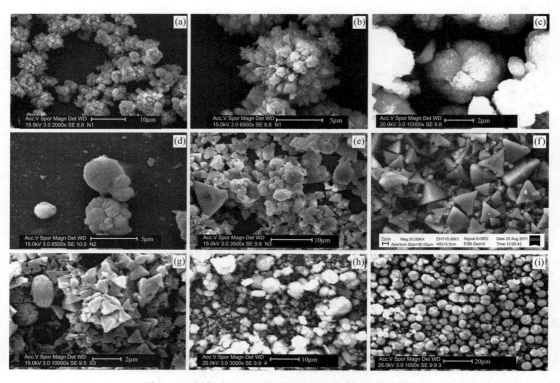

图 5.70 添加 NTA 时不同温度下产物的 SEM 图像

(a)、(b) 60℃；(c) 80℃；(d) 100℃；(e) 130℃；(f) 150℃；(g) 170℃；(h) 200℃；(i) 230℃

　　作者采用同样的表征手段对不同温度下添加 EDTA 和 HEDP 时产物的晶相组成和颗粒形貌晶相也进行了研究，结果如表 5.3 和图 5.71 所示。与添加 NTA 的情况一样，在所研究的温度下，EDTA 和 HEDP 的添加也促进了球霰石相的生成，且促进作用更强。但是，产物的颗粒形貌与添加 NTA 时有显著不同，如图 5.71 所示。60℃时，产物颗粒形貌包括球状、纺锤状以及由纺锤状组装成的花状［图 5.71(a)、(b)］。根据前面的结果，作者认为纺锤形颗粒以及由其组装成的花状颗粒属于文石相。100℃时产物几乎全部为球形颗粒［图 5.71(c)］，130℃时产物出现了球形颗粒和菱方状颗粒［图 5.71(d)］，两者与 XRD 结果基本一致。而200℃时产物中除了大块的方形颗粒，还有表面呈多孔状的微米级球形颗粒［图 5.71(e)］。对球形颗粒表面进行更详细的观察发现，表面为由片状形成的玫瑰花状［图 5.71(f)］。230℃时产物中多为由片状形成的玫瑰花状颗粒，其粒度为亚微米级［图 5.71(g)、(h)］。XRD 结果显示这些颗粒为球霰石。

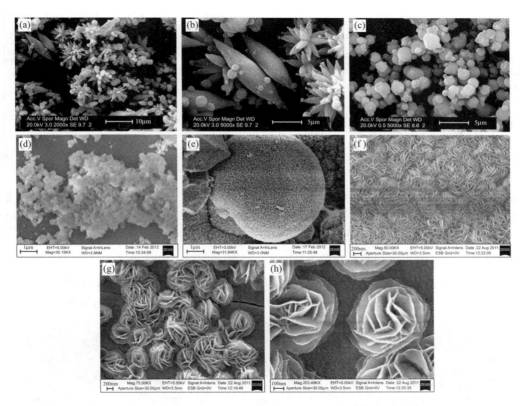

图 5.71　不同温度下添加 EDTA 和 HEDP 时产物的 SEM 图像

(a)、(b) 60℃；(c) 100℃；(d) 130℃；(e)、(f) 200℃；(g)、(h) 230℃

　　除了选用 $CaCl_2$ 和 Na_2CO_3 作为反应原料，还有一些研究选用其他可溶性钙盐和碳酸盐作为原料。Tang 等[29]以 $CaCl_2$ 和 $NaHCO_3$ 作为反应原料，研究了 Na_2SO_4 和双 1,6-亚己基三胺五亚甲基膦酸（BHTPMP）的加入对 $CaCO_3$ 结晶速率、相组成和颗粒形貌的影响。分别将 31mL 和 60mL 浓度为 0.2mol·L^{-1} 的 $CaCl_2$ 和 Na_2CO_3 溶液倒入盛有 850mL 蒸馏水的烧瓶中，当加入一定量的 Na_2SO_4 和 BHTPMP 后将反应体系稀释至 1000mL，然后将烧瓶置于 60℃的水浴中并向烧瓶中以 80L·h^{-1} 的速度通入洁净空气以排除反应过程中产生的 CO_2。

　　不添加和添加 Na_2SO_4 和 BHTPMP 时产物的 XRD 图谱和 FTIR 图谱如图 5.72 和图 5.73 所示。当不添加添加剂时，产物的 XRD 图谱中方解石相的衍射峰很强，文石的衍射峰很弱［图 5.72(a)］，基于 XRD 结果的物相组成表明方解石和文石的含量分别为 72.7% 和 27.3%。而当添加 10mmol·L^{-1} Na_2SO_4 时 XRD 图谱中文石相的衍射峰强于方解石相的衍射峰［图 5.72(b)］，方解石和文石的含量变为 12.8% 和 87.2%。产物的 FTIR 图谱与 XRD 结果吻合，713cm^{-1} 处是方解石和文石的重合峰，但 699cm^{-1} 处为文石的面内弯曲振动特征吸收峰［图 5.73(a)、(b)］，说明添加 Na_2SO_4 的体系中文石的含量大大增加。同时，添加 Na_2SO_4 和 BHTPMP 产物的 XRD 图谱中文石的衍射峰极其微弱［图 5.72(c)］，通过计算，方解石和文石的含量分别为 96% 和 4%，FTIR 图谱中 699cm^{-1} 处的吸收峰也基本消失［图 5.73(c)］。

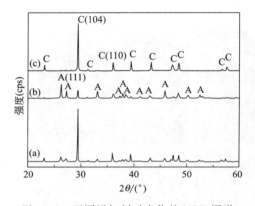

图 5.72　不同添加剂时产物的 XRD 图谱
(a) 不添加；(b) 10mmol·L^{-1} Na_2SO_4；(c) 10mmol·L^{-1} Na_2SO_4＋4mg·L^{-1} BHTPMP

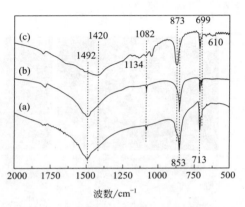

图 5.73　不同添加剂时产物的 FTIR 图谱
(a) 不添加；(b) 10mmol·L^{-1} Na_2SO_4；(c) 10mmol·L^{-1} Na_2SO_4＋4mg·L^{-1} BHTPMP

　　图 5.74 为不添加和添加 Na_2SO_4 和 BHTPMP 时产物的 SEM 图像。当不添加添加剂时，产物中存在两种形貌的颗粒——规则的菱方状颗粒和棒状形成的簇状颗粒，分属于方解石和文石［图 5.74(a)、(b)］。当添加 10mmol·L^{-1} Na_2SO_4 时，产物以棒状物质形成的簇状颗粒

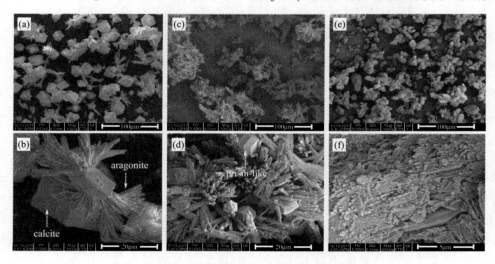

图 5.74　不同添加剂时产物的 SEM 图像
(a)、(b) 不添加；(c)、(d) 10mmol·L^{-1} Na_2SO_4；(e)、(f) 10mmol·L^{-1} Na_2SO_4＋4mg·L^{-1} BHTPMP

为主［图 5.74(c)］，但是对方解石颗粒更深入的观察表明，在硫酸盐的影响下，方解石由菱方状变成棱柱形的棒状颗粒［图 5.74(d)］。同时，添加 Na_2SO_4 和 BHTPMP 时，产物中的方解石小晶粒团聚成不规则的大颗粒［图 5.74(e)、(f)］。

为了考察硫酸盐离子是否进入 $CaCO_3$ 晶格，作者对沉淀产物进行了能谱分析（EDX），结果如图 5.75 所示。可以看出，在添加 Na_2SO_4 的两个体系的产物中都有微量的 S 存在，含量分别为 0.98% 和 0.76%，这说明硫酸盐离子进入了 $CaCO_3$ 的晶格。

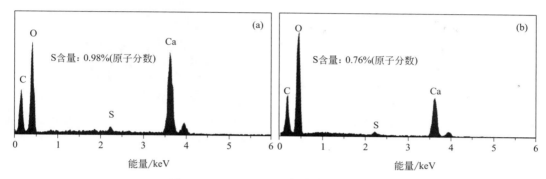

图 5.75 不同添加剂时产物的 EDX 图谱

(a) $10mmol \cdot L^{-1}$ Na_2SO_4；(b) $10mmol \cdot L^{-1}$ Na_2SO_4 + $4mg \cdot L^{-1}$ BHTPMP

Zhao 等[30] 以 $Ca(Ac)_2$ 和 $NaHCO_3$ 为原料，在水/乙二醇（EG）体系中制备了球霰石空心微球。将 1mL 浓度为 $0.3mol \cdot L^{-1}$ 的 $Ca(Ac)_2$、2mL 蒸馏水和 10mL EG 组成的混合溶液与 1mL 浓度为 $0.3mol \cdot L^{-1}$ 的 $NaHCO_3$、2mL 蒸馏水和 10mL EG 组成的混合溶液在室温下迅速混合并搅拌，4h 后得到 $CaCO_3$ 的悬浊液，最后将沉淀离心、水洗、醇洗、80℃下干燥。

$CaCO_3$ 沉淀的 XRD 图谱如图 5.76 所示，图谱中只出现了球霰石相的衍射峰，说明产物中只含有球霰石，没有方解石和文石。产物的 SEM 和 TEM 图像如图 5.77 所示，$CaCO_3$ 产物为平均粒径约 800nm 的球形颗粒［图 5.77(a)］，其中存在一些未闭合的空心球形颗粒［图 5.77(a)、(b)］。对完整球形颗粒的 TEM 观察表明也是空心球体［图 5.77(c)］，说明以 $Ca(Ac)_2$ 和 $NaHCO_3$ 为原料，在水/乙二醇（EG）体系中制备的 $CaCO_3$ 为空心球霰石微球。作者根据不同反应阶段得到的产物的颗粒形貌提出了大致的反应机理，如图 5.78 所示。

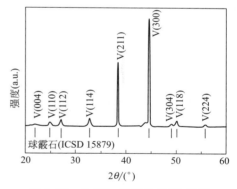

图 5.76 $CaCO_3$ 沉淀的 XRD 图谱

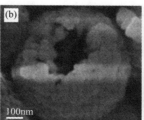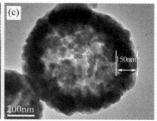

图 5.77 产物的 SEM 和 TEM 图像

(a) 产物的 SEM 图像；(b) 未完全闭合的空心球的 SEM 图像；(c) 产物的 TEM 图像

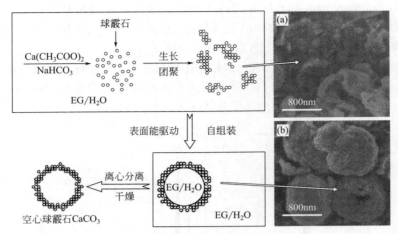

图 5.78 空心球霰石微球的制备机理和反应不同时间（min）产物大颗粒的 SEM 形貌

（a）5；（b）30

5.2.2 Ca²⁺-碳酸铵/碳酸氢铵反应体系

以可溶性钙盐和 $(NH_4)_2CO_3$ 为原料制备 $CaCO_3$ 有两种方法：一种是扩散法，即 $(NH_4)_2CO_3$ 固体粉末分解释放的 CO_2 气体溶于可溶性钙盐溶液而与 Ca^{2+} 发生反应；另一种是复分解法，即 $(NH_4)_2CO_3$ 溶液中的 CO_3^{2-} 与可溶性钙盐溶液中的 Ca^{2+} 发生反应。前者我们已经在 4.2.2 中详细介绍，关于第二种情况的研究较少，在这里做简单介绍。

Huang 等[31]提出了一种称为"碳酸盐控制加入"的可以控制 ACC 微球大小和稳定性的简易方法，具体地，就是在不同的络合时间将 $(NH_4)_2CO_3$ 溶液加入含有 PAA 的 $CaCl_2$ 溶液中，如图 5.79 所示。具体过程为：先制备浓度为 2mmol·L^{-1} 的 PAA 水溶液并用 NaOH 溶液调整至不同的 pH 值，在 30℃ 下将 5mL 浓度为 0.1mol·L^{-1}、用氨水调整 pH 值为 8.5 的 $CaCl_2$ 溶液以 1mL·min^{-1} 的速度逐滴滴入 90mL PAA 水溶液中并温和搅拌，在搅拌不同的时间（络合时间）后将 5mL 浓度为 0.1mol·L^{-1}、用氨水调整 pH 值为 10 的 $(NH_4)_2CO_3$ 溶液以同样速度逐滴滴入上述混合溶液中，然后将此反应系统在 30℃ 下温和搅拌或者静置 1d，最后将沉淀用 0.1μm 的滤膜过滤、甲醇清洗数次、室温下减压干燥。

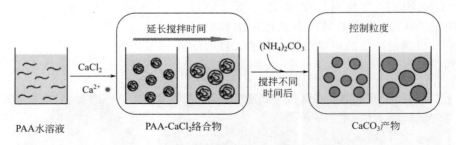

图 5.79 "碳酸盐控制添加法"示意图

作者首先研究了在络合时间为 3min、30min、1h、3h、5h、18h 和 24h 时加入 $(NH_4)_2CO_3$ 溶液对 $CaCO_3$ 结晶及其稳定性的影响。对产物的 XRD 表征结果显示，所有样品的衍射图谱中都没有衍射峰出现，说明产物为 ACC。图 5.80 是在络合时间为 3min、1h 和 18h 加入 $(NH_4)_2CO_3$ 溶液得到的产物的 DSC 曲线，图 5.81 是在络合时间为 3min、5h 和 24h 加入

（NH$_4$）$_2$CO$_3$ 溶液得到的产物的 TGA 曲线，图 5.82 是在络合时间为 3min、30min、1h、5h、18h 和 24h 加入（NH$_4$）$_2$CO$_3$ 溶液得到的产物的 SEM 图像。DSC 曲线显示 ACC 在 145～190℃存在一个吸热峰，对应着水分的解吸，并且解吸温度随着 PAA-CaCl$_2$ 溶液络合时间的延长而升高。另一个结果是 400℃并没有出现 ACC 向晶态 CaCO$_3$ 转变对应的放热峰，说明该方法得到的 ACC 具有较好的热稳定性。TGA 曲线显示随着（NH$_4$）$_2$CO$_3$ 溶液加入时间的延长，产物 ACC 中的水分从 19％降低到 13％。在 500～700℃之间质量损失在 39％～43％之间，与 CaCO$_3$ 分解成氧化钙的理论损失 44％相近。而在 400～500℃之间更多的失重为有机物的分解。根据产物的失重，可以得出络合时间为 3min 和 24h 加入（NH$_4$）$_2$CO$_3$ 溶液得到的产物的分子式分别为 CaCO$_3$·1.93H$_2$O 和 CaCO$_3$·1.33H$_2$O，以及产物中 CaCO$_3$ 含量约 50％～55％、PAA 约 30％和 H$_2$O 约 15％～20％。SEM 形貌显示所有情况下的产物粒径在 180～550nm 之间，并且随着（NH$_4$）$_2$CO$_3$ 溶液加入时间的延长而增大，并且每个样品的粒度比对应的 PAA-Ca^{2+}-H$_2$O 胶束颗粒稍大（详见表 5.4），这个结果说明产物 ACC 的颗粒大小可以由（NH$_4$）$_2$CO$_3$ 的加入时间来调控。

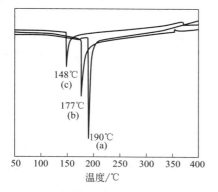 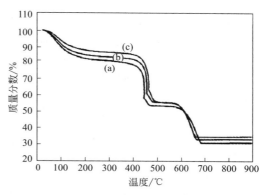

图 5.80　（NH$_4$）$_2$CO$_3$ 不同添加时间产物的 DSC 曲线　　图 5.81　（NH$_4$）$_2$CO$_3$ 不同添加时间产物的 TGA 曲线
（a）3min；（b）1h；（c）18h　　　　　　　　　　（a）3min；（b）5h；（c）24h

图 5.82　搅拌不同时间添加（NH$_4$）$_2$CO$_3$ 溶液获得的产物的 SEM 图像
（a）3min；（b）30min；（c）1h；（d）5h；（e）18h；（f）24h

表 5.4 不同时间加入 $(NH_4)_2CO_3$ 溶液得到的产物的性质

$(NH_4)_2CO_3$ 加入时间	物相	PAA-Ca^{2+}胶粒粒径/nm	产物粒径/nm	产物成分/%			分子式
				$CaCO_3$	PAA	H_2O	
3min	ACC	160±40	180±40	53.54	27.82	18.64	$CaCO_3 \cdot 1.93H_2O$
30min	ACC	170±50	240±50	51.64	30.81	17.55	$CaCO_3 \cdot 1.88H_2O$
1h	ACC	200±50	290±60	54.10	28.23	17.67	$CaCO_3 \cdot 1.81H_2O$
3h	ACC	290±40	350±70	53.52	29.15	17.33	$CaCO_3 \cdot 1.80H_2O$
5h	ACC	360±40	390±80	55.57	28.25	16.18	$CaCO_3 \cdot 1.62H_2O$
18h	ACC	410±80	480±110	55.97	28.09	15.94	$CaCO_3 \cdot 1.58H_2O$
24h	ACC	490±100	550±120	55.97	30.7	13.33	$CaCO_3 \cdot 1.33H_2O$

作者还研究了 PAA 的分子量和 pH 值对 $CaCO_3$ 结晶及其稳定性的影响。图 5.83～图 5.85 分别是不同 PAA 分子量和 pH 值时产物的 XRD、FTIR 图谱和 SEM 图像。PAA 的分子量为 5000 的条件下，pH 值为 6 和 9 时，产物 XRD 图谱中没有衍射峰 [图 5.83(b)]，说明产物为 ACC。当 pH 值增加至 11 时，出现了方解石相微弱的衍射峰，其余衍射角度依然具有非晶态的特性 [图 5.83(c)]，说明产物中含有大量 ACC 和少量方解石。当 PAA 的分子量为 1200 时，pH 值为 9 和 11 的体系分别需要 3d 和 2d 才能出现浑浊，这有利于 ACC 向方解石相的转变 [图 5.83(a)]。当 PAA 的分子量增加至 25000 时，产物为 ACC、球霰石和方解石的混合相 [图 5.83(d)]。产物的 FTIR 图谱与 XRD 结果一致。从 SEM 图像看出，当 PAA 的分子量较小（1200）时，经过较长时间反应，可以生成无规则形状的纳米颗粒 [图 5.85(a)]。当 PAA 的分子量为 5000 时，pH 值为 6 和 11 的体系都生成了亚微米级的球形颗粒 [图 5.85(b)、(c)]，但是在 pH 值为 6 的体系中还生成一些平板状的 ACC 颗粒 [图 5.85(b)]。当 PAA 的分子量进一步增大至 25000 时，pH 值为 9 的体系得到了粒度更大的球形颗粒 [图 5.85(d)]。而 pH 值为 11 时，不同络合时间加入 $(NH_4)_2CO_3$ 的体系得到的产物形貌有所不同，络合 6h 得到的是粒径较小、形状规则的球形颗粒 [图 5.85(e)]，而络合 18h 得到了形状不规则的颗粒 [图 5.85(f)]。

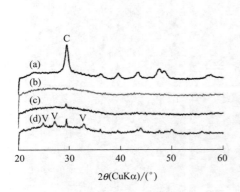

图 5.83 不同 PAA 分子量和 pH 值时 $CaCO_3$
产物的 XRD 图谱
(a) 1200、9；(b) 5000、9；
(c) 5000、11；(d) 25000、9

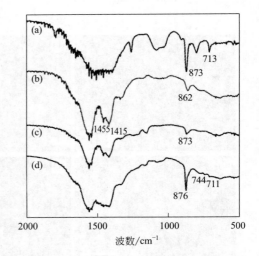

图 5.84 不同 PAA 分子量和 pH 值时 $CaCO_3$
产物的 FTIR 图谱
(a) 1200、9；(b) 5000、9；
(c) 5000、11；(d) 25000、9

图 5.85　不同 PAA 分子量和 pH 值时 $CaCO_3$ 产物的 SEM 图像

(a) 1200、9 (72h)；(b) 5000、6 (18h)；(c) 5000、11 (18h)；(d) 25000、9 (18h)；
(e) 25000、11 (6h)；(f) 25000、11 (18h)

对 PAA 分子量为 5000、pH 值为 9、络合时间为 3min 的产物 ACC 稳定性研究表明，在搅拌状态下保持 10d 后依然为非晶态，在静置状态下保持 90d 也没有发生向晶态相的转变。但对于络合时间为 24h 的产物，在搅拌状态下保持 3d 依然为非晶态，5d 时就全部转变成方解石相。相同条件下的 ACC 产物在 400℃ 下分别保持 1h、3h 和 6h，依然保持非晶态。

作者提出了 PAA 和 $CaCl_2$ 溶液的络合过程以及 $CaCO_3$ 的形成过程，如图 5.86 所示。通过 PAA 与 Ca^{2+} 和水分子的络合形成了胶粒，胶粒随着络合时间的延长而变大。当 $(NH_4)_2CO_3$ 加入时，快速形成粒径随络合时间延长而增大的 ACC 颗粒，并在 PAA 作用下在水溶液中以及干态下稳定存在。

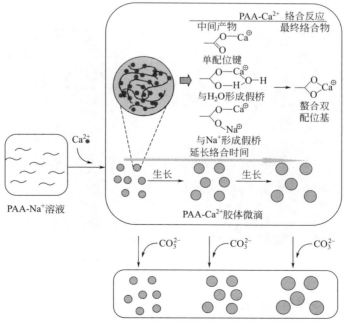

图 5.86　PAA 与 $CaCl_2$ 溶液的络合过程以及碳酸钙形成过程

　　Kojima 等[32]以 CaCl$_2$ 和（NH$_4$）$_2$CO$_3$ 为原料研究了超声辐射的振幅和频率对 CaCO$_3$ 形貌的影响。在室温下将 0.2mol·L^{-1} 的（NH$_4$）$_2$CO$_3$ 溶液和同浓度的 CaCl$_2$ 溶液混合，并施以 200r·min^{-1} 的机械搅拌或不同频率和振幅的超声辐射，辐射时间为 5min，将反应后的产物过滤、水洗和干燥。

　　图 5.87 是 20kHz 时不同振幅产物的 XRD 图谱。可以看出，当施加 200r·min^{-1} 的机械搅拌时，产物 XRD 图谱中方解石相的衍射峰很强，球霰石相的衍射峰较弱，说明方解石为主晶相。但是施加超声辐射后，方解石的衍射峰大大减弱，并且随着超声波振幅的增加而减弱，在振幅为 81μm 和 105μm 时完全消失。

　　图 5.88 和图 5.89 分别是 20kHz 时不同振幅产物的粒径和比表面积以及颗粒的 SEM 形貌。施加机械搅拌时，颗粒的粒径约为 20μm，比表面积约为 3m^2·g^{-1}。而施加超声辐射后，产物的粒径大大降低，约为 2μm，比表面积大大增加，约为 25～30m^2·g^{-1}。超声波振幅的增加对颗粒的粒径和比表面积没有显著影响（图 5.88）。颗粒的 SEM 形貌显示球霰石呈不规则的球形，表面光滑，粒度在 0.5～2μm 之间，超声波振幅的大小对颗粒的外观也没有显著影响（图 5.89）。

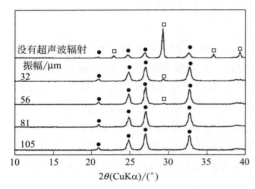

图 5.87　20kHz 时不同振幅产物的 XRD 图谱

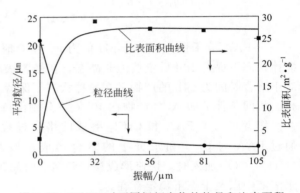

图 5.88　20kHz 时不同振幅产物的粒径和比表面积

图 5.89　20kHz 时不同振幅（μm）产物的 SEM 图像
(a) 32；(b) 56；(c) 81；(d) 105

　　图 5.90～图 5.92 分别是 40kHz 时不同振幅产物的 XRD 图谱、粒径和比表面积以及颗粒的 SEM 形貌。施加超声辐射后，方解石相的衍射峰大大减弱，随着超声波振幅的增加衍射峰

基本不变（图 5.90）。产物的粒径虽然比施加机械搅拌时有大幅度降低，但基本上也不随超声波振幅的增加而改变，但是比表面积随着超声波振幅的增加而有所增大（图 5.91）。颗粒的 SEM 图像显示的形貌与施加 20kHz 时类似，粒度在 0.5～4μm 之间，超声波振幅为 5μm 和 9μm 时的颗粒比振幅为 13μm 和 16μm 的稍大一些（图 5.92）。

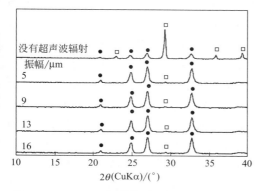

图 5.90　40kHz 时不同振幅产物的 XRD 图谱

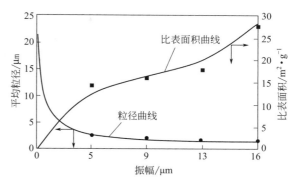

图 5.91　40kHz 时不同振幅产物的粒径和比表面积

图 5.92　40kHz 时不同振幅（μm）产物的 SEM 图像

(a) 5；(b) 9；(c) 13；(d) 16

5.2.3　其他无机复分解反应体系

在复分解法制备 $CaCO_3$ 粉体时，通常选用溶解度较大的钙盐和碳酸盐，比如钙盐选用 $CaCl_2$、$Ca(NO_3)_2$ 或 $Ca(Ac)_2$ 等，碳酸盐选用 Na_2CO_3、K_2CO_3 或 $(NH_4)_2CO_3$ 等，极少选用微溶性钙盐和碳酸盐。

Qi 等[33]以 $Ca(Ac)_2$ 和 K_2CO_3 为原料，采用如图 5.93 所示的装置在电场中合成并控制 $CaCO_3$ 的结晶，其中注射器的注射针和不锈钢容器作为产生电场的两极，使反应处于电场中。将 3.52g $Ca(Ac)_2$ 溶于

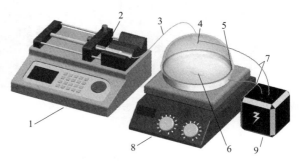

图 5.93　反应装置示意图

1—注射泵；2—注射器；3—注射管；4—注射针；

5—不锈钢反应容器；6—磁力搅拌转子；

7—导线；8—磁力搅拌器；9—高压电源

10mL 无水乙醇并移入注射器，2.76g K_2CO_3 溶解于 200mL 蒸馏水置于不锈钢容器中，将 $Ca(Ac)_2$ 的无水乙醇溶液以 $80\mu L \cdot min^{-1}$ 的速度注射入 K_2CO_3 水溶液中，同时施以磁力搅拌，电极两端电压选取 0kV 和 8kV；注射完成后将沉淀过滤、水洗并真空干燥。

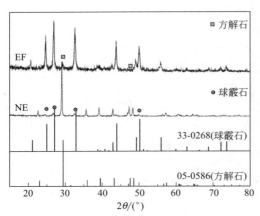

图 5.94　有电场（EF）和无电场（NE）条件下产物 $CaCO_3$ 的 XRD 图谱

图 5.94 和图 5.95 分别是有无电场时产物的 XRD 图谱和 SEM 图像。没有电场时，产物的 XRD 图谱中方解石相的衍射峰很强，球霰石相的衍射峰很弱，说明产物中方解石为主晶相；而施加电场时，产物 XRD 图谱中球霰石相的衍射峰很强，方解石相的衍射峰很微弱，说明产物中几乎全部为球霰石相（图 5.94）。产物的 SEM 图像也证实了 XRD 结果。当施加电场时，产物为球霰石的玫瑰花状多级结构 ［图 5.95（c）、（d）］。该多级结构是先由棒状颗粒 ［图 5.95（a）］构成花瓣层 ［图 5.95（b）］，再由花瓣层组装成玫瑰花状颗粒。而没有电场时，产物中大多数为菱方状的方解石颗粒，少数为球形球霰石颗粒 ［图 5.95（e）、（f）］。

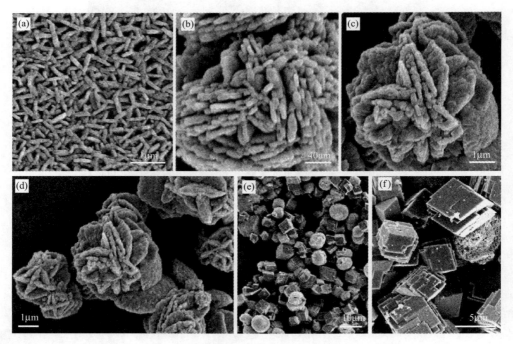

图 5.95　有无电场条件下产物 $CaCO_3$ 的 SEM 图像

（a）～（d）有电场（EF）；（e），（f）无电场（NE）

Hu 和 Deng 以 $CaSO_4/Ca(IO_3)_2/CaF_2/Ca(OH)_2$ 和 Na_2CO_3[34] 以及 $CaCl_2$ 和 $MgCO_3$[35] 为原料制备了 $CaCO_3$。在采用 $CaSO_4 \cdot 2H_2O$ 和 Na_2CO_3 制备 $CaCO_3$ 的研究中，将 0.03mol $CaSO_4 \cdot 2H_2O$ 加入 50mL 蒸馏水中并加热至 70℃，磁力搅拌 15min，然后在同样的搅拌条件下以 $8mL \cdot min^{-1}$ 的速度滴加不同浓度的 Na_2CO_3 溶液并使 Na_2CO_3 过量 20%，滴加完成后

即将悬浊液过滤、水洗并在120℃干燥2h。

作者首先对由不同原料制备的产物物相进行了 XRD 表征，结果如图 5.96 所示。原料为 $Ca(OH)_2$ 和 $CaSO_4 \cdot 2H_2O$ 时，产物都是方解石，这是由高浓度的 Na_2CO_3 溶液（$1.00 mol \cdot L^{-1}$）造成的；$Ca(IO_3)_2$ 为原料时的产物为方解石和球霰石的混合相，CaF_2 为原料时产物的 XRD 图谱中只出现了球霰石相极微弱的衍射峰，而 CaF_2 的衍射峰极强。在 CaF_2 为原料的体系中，根据 CaF_2 和方解石相 $CaCO_3$ 的溶度积常数（分别为 3.45×10^{-11} 和 3.36×10^{-9}），在热力学平衡时 $CaCO_3$ 的含量应该为 9.37%（质量分数），而 XRD 结果中 $CaCO_3$ 含量并没有达到这个数值，说明反应并没有达到热力学平衡。CaF_2、$CaSO_4 \cdot 2H_2O$ 和 $Ca(IO_3)_2$ 的饱和浓度依次升高，对于各反应系统中的 $CaCO_3$，其超饱和度依次增大。因此，从超饱和度对产物 $CaCO_3$ 晶相的影响而言，$Ca(IO_3)_2$ 的反应系统应该生成更多的方解石，CaF_2 的反应系统应该生成更多的文石。但是 $Ca(IO_3)_2$ 和 CaF_2 系统都生成了球霰石，特别是 CaF_2 系统，产物 $CaCO_3$ 全部为球霰石，作者认为溶解度或者饱和度并不是影响产物晶相的唯一因素。

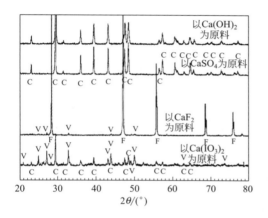

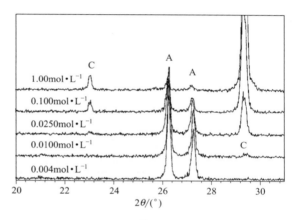

图 5.96 不同原料得到产物的 XRD 图谱

图 5.97 $CaSO_4$ 体系中不同 Na_2CO_3 浓度时得到的产物的 XRD 图谱

作者还研究了 Na_2CO_3 的浓度和滴加速度对产物晶体类型和颗粒形貌的影响，如图 5.97 和图 5.98 所示。70℃下，以 $CaSO_4 \cdot 2H_2O$ 为反应原料，在 Na_2CO_3 浓度为 $1.0 mol \cdot L^{-1}$ 时，产物中以方解石为主晶相，文石为次晶相，两者含量分别为 84% 和 16%。随着 Na_2CO_3 浓度的降低，方解石的含量逐渐降低，并且在 Na_2CO_3 溶液浓度降低至 $0.01 mol \cdot L^{-1}$ 时几乎全部消失，如图 5.97 所示。当 Na_2CO_3 溶液浓度为 $0.004 mol \cdot L^{-1}$ 时，文石为长径比很大的针状

图 5.98 $CaSO_4$ 体系中不同 Na_2CO_3 浓度（$mol \cdot L^{-1}$）时得到的产物的 SEM 图像

(a) 0.004；(b) 0.01；(c) 0.025

晶体 [图 5.98(a)]。Na_2CO_3 浓度增加至 $0.01mol \cdot L^{-1}$ 时，文石颗粒的长径比变小，变为棒状颗粒 [图 5.98(b)]。Na_2CO_3 浓度进一步增加至 $0.025mol \cdot L^{-1}$ 时，文石颗粒的长径比进一步变小，变为短棒状颗粒 [图 5.98(c)]。

在以 $CaCl_2$ 和 $MgCO_3$ 为原料制备 $CaCO_3$ 的研究中，先将 1000mL 浓度为 $0.5mol \cdot L^{-1}$ 的 $MgCl_2$ 溶液与 500mL 浓度为 $1.0mol \cdot L^{-1}$ 的 Na_2CO_3 溶液混合、搅拌、过滤、水洗、干燥获得 $MgCO_3$ 粉体；将得到的 $MgCO_3$ 加入蒸馏水中，施以磁力搅拌 15min，并加热至指定温度，然后以一定速度滴入不同浓度的 $CaCl_2$ 溶液，滴加完成后即将悬浊液过滤、水洗并在 120℃干燥 2h。

作者首先研究了 $CaCl_2$ 浓度对产物晶相组成的影响并与以 $CaSO_4$ 为原料的体系进行了对比，如图 5.99 和表 5.5 所示。当 $CaCl_2$ 浓度超过 $0.1mol \cdot L^{-1}$ 时，产物为方解石和文石的混合相，方解石的含量随 $CaCl_2$ 浓度降低而减小，在 $CaCl_2$ 浓度降低到 $0.0025mol \cdot L^{-1}$ 时，方解石相完全消失，全部为文石相。图 5.100(a) 给出了反应温度为 70℃、$CaCl_2$ 浓度为 $0.025mol \cdot L^{-1}$，$MgCO_3$ 加入量为 2.52g、滴加速度为 $8.0mL \cdot min^{-1}$ 时得到的文石的 SEM 形貌，显示文石呈长径比较大的针状颗粒。

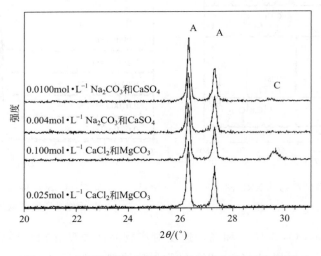

图 5.99　不同原料和不同浓度得到产物的 XRD 图谱

表 5.5　不同 $CaCl_2$ 浓度产物中文石的含量及其颗粒长径比

$CaCl_2$ 浓度/$mol \cdot L^{-1}$	3.00	1.00	0.1	0.025
文石相含量/%	19.7	60.3	92.9	100
文石颗粒长径比	—	11.2	9.97	7.93

作者还研究了不同反应温度下产物的晶相组成和颗粒形貌。$CaCl_2$ 浓度为 $1.0mol \cdot L^{-1}$，$MgCO_3$ 加入量为 2.52g、$MgCl_2$ 浓度为 $0.16mol \cdot L^{-1}$、滴加速度为 $0.4mL \cdot min^{-1}$ 时产物的 XRD 结果表明，反应温度升高到 70℃时，产物全部为文石。该反应条件下，50℃和 90℃时产物的形貌以及文石颗粒的长径比与反应温度的关系如图 5.100(b)、(c) 和图 5.101 所示。可以看出，随着温度的升高，文石颗粒的长径比总体呈增大的趋势。另外，70℃下，随 pH 值的增大，产物中的文石相的含量总体上也呈增加的趋势，如图 5.102 所示。

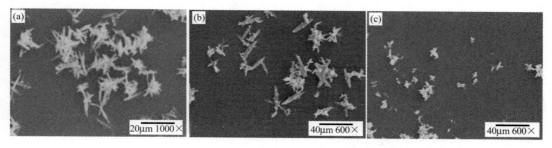

图 5.100 不同条件下得到的产物的 SEM 图像

(a) 70℃，$CaCl_2$ 浓度为 $0.025mol \cdot L^{-1}$，$2.52g\ MgCO_3$，滴加速度 $8.0mL \cdot min^{-1}$；(b) 50℃，$CaCl_2$ 浓度为 $1.0mol \cdot L^{-1}$，$2.52g\ MgCO_3 + 0.16mol \cdot L^{-1}\ MgCl_2$，滴加速度 $0.4mL \cdot min^{-1}$；(c) 90℃，$CaCl_2$ 浓度为 $1.0mol \cdot L^{-1}$，$2.52g\ MgCO_3 + 0.16mol \cdot L^{-1}\ MgCl_2$，滴加速度 $0.4mL \cdot min^{-1}$

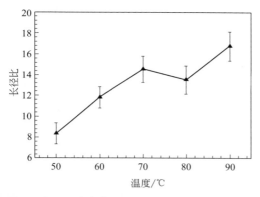

图 5.101 $CaCl_2$ 浓度为 $1.0mol \cdot L^{-1}$，$2.52g\ MgCO_3 + 0.16mol \cdot L^{-1}\ MgCl_2$，滴加速度 $0.4mL \cdot min^{-1}$ 时文石颗粒的长径比与温度的关系

图 5.102 70℃下产物中文石的含量与 pH 值的关系

在 $CaSO_4$ 和 Na_2CO_3 以及 $CaCl_2$ 和 $MgCO_3$ 两个反应体系中，Na_2SO_4 和 $MgCl_2$ 分别为两个反应体系的产物之一，反应体系预先加入部分产物会影响反应过程。另外，前一个反应体系中加入 Na_2SO_4 会影响体系中钙离子的含量，后一个反应体系中加入 $MgCl_2$ 会影响碳酸根离子的含量，这也会对反应过程乃至产物造成影响。因此，作者研究了在两个反应体系中分别加入 Na_2SO_4 和 $MgCl_2$ 对产物性质的影响。图 5.103 为 70℃下产物中文石含量与 Na_2SO_4 加入量的关系，可以看出文石相的含量随着 Na_2SO_4 加入量的增加而增多，并且在加入量为 $0.64mol \cdot L^{-1}$ 时达到最大值，约为 73%，Na_2SO_4 加入量增加至 $1.0mol \cdot L^{-1}$ 时，文石相含量稍有下降。

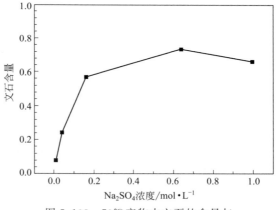

图 5.103 70℃产物中文石的含量与 Na_2SO_4 含量的关系

Na_2SO_4 为 $0.64mol \cdot L^{-1}$ 时产物的 SEM 形貌显示，长径比很小的文石小晶粒团聚成大颗粒，如图 5.104 所示。图 5.105 为 60℃下产物中文石含量与 $MgCl_2$ 加入量的关系。当 $MgCl_2$

加入量为 $0.01mol \cdot L^{-1}$ 时，文石的含量从 96% 下降到 93%，然后文石相的含量随着 $MgCl_2$ 的加入量增加而增加，当 $MgCl_2$ 含量超过 $0.05mol \cdot L^{-1}$ 时，产物中全部为文石相。

图 5.104　Na_2SO_4 含量为 $0.64mol \cdot L^{-1}$ 时产物的 SEM 形貌

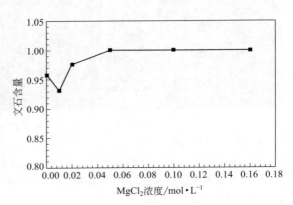

图 5.105　60℃产物中文石的含量与 $MgCl_2$ 含量的关系

5.3　Ca^{2+}-有机物体系制备碳酸钙

Ca^{2+}-有机物制备 $CaCO_3$ 的复分解反应体系中常用的有机物有碳酸酯、尿素和一些聚合物等。

5.3.1　Ca^{2+}-碳酸酯反应体系

碳酸酯是指碳酸分子中两个羟基（—OH）中的氢原子部分或全部被烷基（R、R′）取代后的物质，其通式为 RO—CO—OH 或 RO—CO—OR′，碳酸酯遇强酸分解为 CO_2 和醇。

碳酸二甲酯（dimethylcarbonate，DMC）和碳酸二乙酯（diethylcarbonate，DEC）是常见的碳酸酯，在强碱溶液中水解生成 CO_2，CO_2 溶于水电离成碳酸根离子。基于此，Faatz 等[36,37]利用 DMC 和 DEC 在强碱溶液中水解释放的碳酸根离子制备了 $CaCO_3$。作者采用了两个配方：配方一是将 450mg（0.005mol，过量）的 DMC 与 147mg（0.001mol）$CaCl_2$ 溶于 80mL 蒸馏水中，然后加入 20mL 浓度为 $0.5mol \cdot L^{-1}$ 的 NaOH 溶液，搅拌反应 2.5min 后离心分离沉淀，最后用丙酮清洗并在真空中干燥；配方二是将 90mg（0.001mol，适量）的 DMC 与 147mg（0.001mol）$CaCl_2$ 溶于 50mL 蒸馏水中，然后加入 50mL 浓度为 $0.4mol \cdot L^{-1}$ 的 NaOH 溶液，搅拌反应 30s 后用同样方法获得产物。配方一的反应温度为 25℃，配方二的反应温度为 15℃、20℃和 30℃。

在配方一中，25℃时，$0.5mol \cdot L^{-1}$ 的 NaOH 溶液加入 DMC 和 $CaCl_2$ 的混合溶液中 90s 后出现浑浊，图 5.106 为产物的 XRD、SEM、TGA 和 DSC 表征结果。结果表明，产物为直径约 $1\mu m$ 的球形非晶态 $CaCO_3$ [图 5.106(a)、(b)]，149℃和 500℃左右的失重分别对应着水分失去和 $CaCO_3$ 的分解 [图 5.106(c)]，DSC 曲线中 105℃（378K）出现的放热峰对应着非晶态 $CaCO_3$ 向能量更低、更稳定的晶态 $CaCO_3$ 的转变 [图 5.106(d)]。

图 5.107 为配方二在不同温度下反应产物的 SEM 图像。15℃、20℃和 30℃下的产物均为球形，平均粒径分别为 759nm、595nm 和 475nm，说明产物粒径随温度升高而减小，而且各温度下产物的粒径分布范围很窄。从这些 SEM 图像中还可以看出，一些小的球形颗粒附着

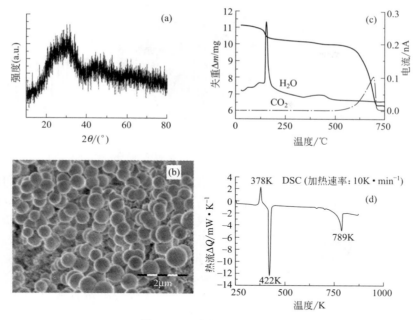

图 5.106　产物的表征结果

(a) XRD 图谱；(b) SEM 形貌；(c) TGA 曲线；(d) DSC 曲线

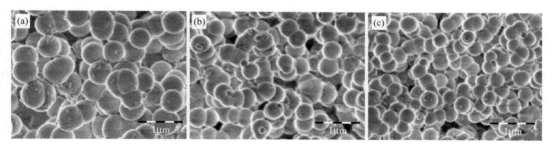

图 5.107　不同温度（℃）下产物的 SEM 形貌

(a) 15；(b) 20；(c) 30

在较大的球形颗粒表面，因此作者认为无定形 $CaCO_3$ 最初从溶液中分离后迅速胶凝成玻璃态。

　　在对反应过程中生成的粒子的粒径进行光散射表征时，为了避免沉淀的快速生成，在反应体系中加入了 EA3007 $[(EO)_{68}-(MAA)_8-C_{12}H_{25}]$：将 147mg $CaCl_2$、118mg DEC 和 100mg EA3007 溶解在 100mL pH 值为 7 的蒸馏水中，搅拌均匀后取 50mL 该溶液过滤 6 次，然后加入 0.7mL 浓度为 0.5mol·L^{-1} 的 NaOH 溶液开始反应，并对反应过程中生成粒子的粒径进行光散射测定。光散射装置包含波长为 647nm 的氪离子激光器和 ALV5000 相关器，散射角为 90°，测得的不同时间沉淀的粒径如图 5.108(a) 所示。可以看出，经过 1h 甚至更长时间的孵化才能成核，然后是颗粒的长大。最终得到的颗粒为粒径分布较窄、粒径约为 2μm 的球形颗粒 [图 5.108(b)]，XRD 图谱中球霰石相对宽钝的衍射峰表明非晶态 $CaCO_3$ 向球霰石的不完全转变 [图 5.108(c)]。

　　基于实验数据，作者对球形颗粒的形成过程进行了探讨，如图 5.109 所示。在恒定温度下，$A\sim F$ 代表含水非晶态球形 $CaCO_3$ 的形成过程。A 点为包含钙离子和碳酸根离子的均质

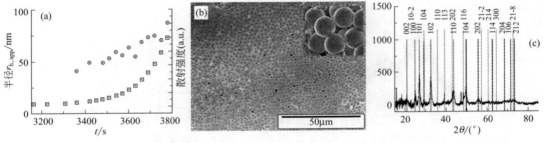

图 5.108 光散射测得的粒径随时间的变化（a）、产物的 SEM 图像（b）和产物的 XRD 图谱（c）

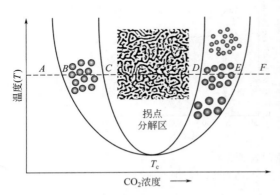

图 5.109 球形颗粒的形成示意图

溶液；随着碳酸酯的水解，溶液中碳酸根离子的浓度逐渐增大，到达双节点 B 点，开始分离成两种不同的液相：一种是介于 B 和 C 之间的低浓度区；另一种是介于 D 和 E 之间的高浓度区；在 F 点又出现了均质溶液，虽然此时 $CaCO_3$ 的浓度很高。在双节点区（B 和 C 之间）和拐点区（C 和 D 之间）分别对应着液相颗粒的成核和生长，D 和 E 之间对应着液相颗粒的胶凝化，液相颗粒失水之后就形成了无定形 $CaCO_3$ 核，继而生长成为球形颗粒。

Gorna 等[38]研究了同种反应体系中不同浓度的 $CaCl_2$（DMC）和 NaOH 溶液对产物 $CaCO_3$ 的晶相和颗粒形貌的影响。在 20℃下，将等物质的量的 $CaCl_2$ 和 DMC 溶于蒸馏水中配制成总浓度为 $10\sim100$mmol·L^{-1} 的混合溶液，然后加入不同浓度的 NaOH 溶液，搅拌，完全反应后将生成的沉淀离心分离，最后用丙酮清洗并在真空中干燥。

采用不同浓度的反应物得到的产物颗粒的形貌和 XRD 图谱分别如图 5.110 和图 5.111 所示。当 NaOH 的浓度保持为 20mmol·L^{-1}，产物均为球形颗粒，颗粒粒径随着 $CaCl_2$ 和 DMC 浓度的增加而减小，从 20mmol·L^{-1} 的平均 790nm 降低到 20mmol·L^{-1} 的 430nm，并且粒径的分布范围变宽。XRD 结果表明，当 $CaCl_2$ 和 DMC 的浓度为 40mmol·L^{-1} 时，产物完全为非晶态的，而当 $CaCl_2$ 和 DMC 的浓度为 60mmol·L^{-1} 时，图谱中虽然出现了球霰石和方解石的衍射峰，但在很大程度上保留了非晶态的特性，说明非晶态向晶态相的转变并不彻底，晶体发育不良。继续将 $CaCl_2$ 和 DMC 的浓度以及 NaOH 的浓度增加至 100mmol·L^{-1}，产物中颗粒的粒径变得更小，并且发生团聚。

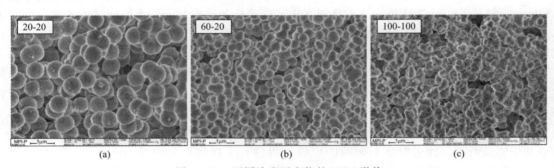

图 5.110 不同浓度下产物的 SEM 形貌

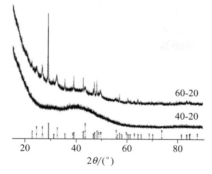

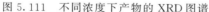

图 5.111 不同浓度下产物的 XRD 图谱

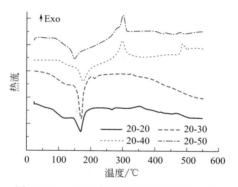

图 5.112 不同浓度下产物的 DSC 曲线

$CaCl_2$ 和 DMC 的浓度为 $20mmol \cdot L^{-1}$、NaOH 溶液的浓度为 $20mmol \cdot L^{-1}$、$30mmol \cdot L^{-1}$、$40mmol \cdot L^{-1}$ 和 $50mmol \cdot L^{-1}$ 时得到的样品的 DSC 曲线如图 5.112 所示。在 $100 \sim 200℃$ 较宽的温度范围内出现一个吸热峰，对应着水分的蒸发。在这个温度范围内实质上包含两个吸热峰，$100 \sim 120℃$ 之间较宽的吸热峰和 $150 \sim 175℃$ 之间较尖锐的吸热峰。NaOH 溶液浓度越低，前一个吸热峰越容易分辨，当 NaOH 溶液的浓度增加为 $50mmol \cdot L^{-1}$ 时，该吸热峰基本消失。后一个吸热峰随着 NaOH 溶液浓度增加稍微后移，但是当 NaOH 溶液的浓度增加为 $50mmol \cdot L^{-1}$ 时，该吸热峰有较大幅度前移。当 NaOH 溶液的浓度为 $40mmol \cdot L^{-1}$ 和 $50mmol \cdot L^{-1}$ 时，在 $290℃$ 左右出现了一个放热峰，而当 NaOH 溶液的浓度为 $20mmol \cdot L^{-1}$ 和 $30mmol \cdot L^{-1}$ 时，该放热峰并不明显。作者认为该放热峰对应着非晶态 $CaCO_3$ 向晶态相的转变，而 NaOH 溶液浓度较低的产物中部分为晶态相。

Vilela 等[39]采用 Faatz 等提出的方法在纤维素存在的情况下制备了 $CaCO_3$/纤维素纳米复合材料，并研究了反应时间、温度、纤维素种类和添加量等反应参数对纳米复合材料性能的影响。先以纤维素为原料在 $25℃$ 和 $40℃$ 下制备出改性纤维素——羧甲基纤维素（分别为 CMC Ⅰ 和 CMC Ⅱ）；然后将 $111mg\ CaCl_2$ 和 $420\mu L$ DMC 加入 $80mL$ 含有纤维素/CMC 的蒸馏水中并持续搅拌，其中纤维素/CMC 的质量分数分别取 0.1% 和 1.0%；加入 $20mL$ 浓度为 $0.5mol \cdot L^{-1}$ 的 NaOH 溶液使反应开始；将生成的沉淀过滤、丙酮洗涤并在 $40℃$ 下干燥。样品具体制备条件如表 5.6 所示。

表 5.6 样品具体制备条件

样品	基质	反应时间/min	反应温度/℃	纤维素质量分数/%	羧基含量/%
A	纤维素	2.5	25	0.1	0.1
B	纤维素	3.5	25	0.1	0.1
C	纤维素	5.0	25	0.1	0.1
D	纤维素	7.5	25	0.1	0.1
E	纤维素	3.5	70	0.1	0.1
F	纤维素	3.5	25	1.0	0.1
G	纤维素	5.0	25	1.0	0.1
H	CMC Ⅰ	3.5	25	0.1	0.49
I	CMC Ⅰ	5.0	25	0.1	0.49
J	CMC Ⅱ	2.5	25	0.1	0.83
K	CMC Ⅱ	3.5	25	0.1	0.83
L	CMC Ⅱ	5.0	25	0.1	0.83
M	CMC Ⅱ	7.5	25	0.1	0.83

作者首先研究了不同反应时间、温度、纤维素含量和种类对产物中 $CaCO_3$ 含量的影响，如图 5.113 所示。可以看出，随着反应时间的延长和反应温度的升高，产物中 $CaCO_3$ 的质量分数呈逐渐增加的趋势 [图 5.113(a)、(b)]；加入较多的纤维素会导致产物中 $CaCO_3$ 含量降低 [图 5.113(c)]；在加入未改性的纤维素的体系中，$CaCO_3$ 的含量要高于加入改性纤维素的体系 [图 5.113(d)]。

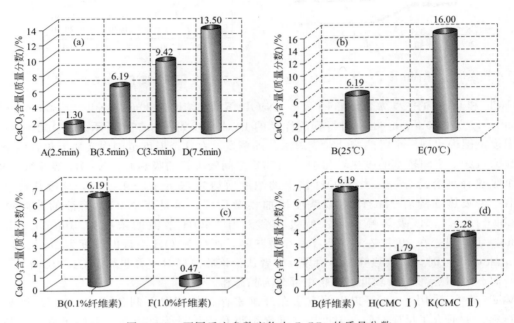

图 5.113　不同反应参数产物中 $CaCO_3$ 的质量分数
(a) 反应时间；(b) 反应温度；(c) 纤维素含量；(d) 纤维素种类

图 5.114 和图 5.115 分别为不同反应时间、温度、纤维素含量和种类时产物的 XRD 图谱和 SEM 图像。从 XRD 图谱可以看出，$CaCO_3$/纤维素纳米复合材料的衍射图谱与原料纤维素的衍射图谱总体上保持一致，说明并没有改变纤维素的结构；25℃下，反应 3.5min 后得到了以方解石为主晶相、球霰石为次晶相的 $CaCO_3$（样品 B）。7.5min 后，产物依然为方

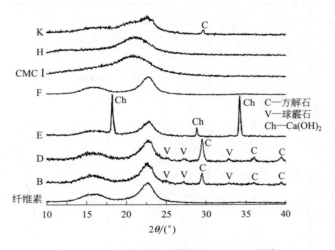

图 5.114　纤维素和不同样品的 XRD 图谱

解石和球霰石的混合相（样品 D）。粒度小于 $1\mu m$ 的 $CaCO_3$ 小颗粒附着在纤维素纤维上［图 5.115(a)、(b)］。而 70℃下只出现 $Ca(OH)_2$ 的衍射峰，并没有发现 $CaCO_3$ 的衍射峰，这可能由两方面的原因造成：一方面 DMC 的蒸发（其沸点为 86～89℃）导致没有足够数量的 CO_2 产生；另一方面是该温度下的水解程度极弱，不能产生足够数量的碳酸根离子。SEM 图像中也出现了 $Ca(OH)_2$ 大颗粒［图 5.115(c)］。对于样品 F 和 H，虽然在纤维素纤维表面观察到一些颗粒［图 5.115(d)、(e)］，但是 XRD 图谱并没有出现 $CaCO_3$ 的衍射峰，作者认为产物中 $CaCO_3$ 的含量太少，低于 XRD 仪器的检测极限。但是在样品 K 中纤维素纤维表面也发现了一些颗粒［图 5.115(f)］，对应的 XRD 衍射图谱中出现了方解石相的最强峰，说明形成的 $CaCO_3$ 为单相方解石晶体。

图 5.115 不同样品的 SEM 图像

（a）样品 B；（b）样品 D；（c）样品 E；（d）样品 F；（e）样品 H；（f）样品 K

5.3.2 Ca^{2+}-尿素反应体系

尿素 $[CO(NH_2)_2]$ 的结构式为 $NH_2\!-\!CO\!-\!NH_2$，在水中发生下列反应：

$$CO(NH_2)_2 + H_2O \longrightarrow NH_2COOH + NH_3 \tag{5-1}$$

$$NH_2COOH + H_2O \longrightarrow H_2CO_3 + NH_3 \tag{5-2}$$

$$H_2CO_3 \longrightarrow HCO_3^- + H^+ \tag{5-3}$$

$$2NH_3 + 2H_2O \longrightarrow 2NH_4^+ + 2OH^- \tag{5-4}$$

$$HCO_3^- + H^+ + 2NH_4^+ + 2OH^- \longrightarrow CO_3^{2-} + 2NH_4^+ + 2H_2O \tag{5-5}$$

最终生成 CO_3^{2-}，如果溶液中含有 Ca^{2+}，就会发生反应生成 $CaCO_3$ 沉淀。

在 Ca^{2+}-尿素反应体系中，$CaCl_2$ 是常用的钙盐。此外，还有 $Ca(Ac)_2$ 和 $Ca(NO_3)_2$；具有氨基的胺也可作为尿素的替代原料。

Wang 等[40]将浓度为 $0.05～1.0 mol \cdot L^{-1}$ 的 $CaCl_2$ 溶液和浓度为 $0.25～2.25 mol \cdot L^{-1}$ 的尿素溶液混合，在强制对流箱中反应 2.5～72h，得到 $CaCO_3$ 沉淀；详细研究了反应物浓度、反应温度和时间、搅拌、溶液的混合方式、表面活性剂以及 Mg^{2+}、Sr^{2+} 和 Ba^{2+} 等存在时的反应过程以及产物的晶体类型和颗粒形貌。

　　不同反应条件下产物的性质列于表 5.7 中。从表中可以看出，除了样品 E 和 F 之外，90℃下的产物都为单一的文石相，70℃下的样品 L 也为纯净的文石相。不同条件下制备的样品的 SEM 图像如图 5.116 所示，标准反应条件（0.25mol·L⁻¹ CaCl₂＋0.75mol·L⁻¹ 尿素，90℃，3h）下制备的样品 B 中为长径比为 10、平均长度为 45μm 的文石颗粒［图 5.116(a)］，用 Ca(NO₃)₂ 和 Ca(Ac)₂ 替代 CaCl₂，也得到了同样结果。在标准条件基础上，如果仅改变尿素的浓度（0.25～2.25mol·L⁻¹），得到的产物都为文石，只是颗粒的大小稍有增加。但是如果其他条件不变，只增加 CaCl₂ 溶液的浓度至 0.5mol·L⁻¹，产物为文石、球霰石和方解石的混合相（样品 E），增加 CaCl₂ 溶液的浓度至 1.0mol·L⁻¹，产物中为球霰石和方解石的混合相，文石相则完全消失（样品 F），这说明 CaCl₂ 浓度的增加抑制了文石相的生成。反应温度和搅拌方式对反应过程有显著影响。当反应温度为 50℃时，反应 7d 也观察不到沉淀的生成，而反应温度为 70℃时，反应 1d 后有文石相生成（样品 L）。当反应温度增加到 90℃，不施加搅拌的情况下反应 2.5h 就有文石生成［样品 G 和 H，图 5.116(b)］。如果在 90℃的反应体系中施加超声搅拌，反应 1h 就有纺锤形文石颗粒生成［图 5.116(c)］，但是相同反应条件下对反应系统施加磁力搅拌反应 3h 得到的却是方解石［图 5.116(d)］。对于其他二价阳离子——Mg²⁺、Sr²⁺ 和 Ba²⁺，同时存在于反应系统的产物性质列于表 5.8 中，除了样品 R 是以文石为主晶相、含有少量方解石外［图 5.116(e)］，其他均为纯净的文石相。有趣的是，溶液的加热和混合顺序不同时，产物的晶体类型和颗粒形貌截然不同。基于标准条件，将各溶液加热至反应温度并保持 3h 后再迅速混合，产物的 SEM 形貌如图 5.117(a)、(b) 所示，该花状颗粒为球霰石相 CaCO₃。在标准条件下向反应体系中加入不同的表面活性剂，产物的性质列于表 5.9 中，添加 0.5g·L⁻¹ AVANEL S-150 时产物的 SEM 图像如图 5.117(c) 所示。可以看出，添加烷基醚磺酸钠（AVANEL S-150）和 Dextran sulfate（葡聚糖硫酸盐）反应系统的产物为球形方解石和球霰石的混合相，添加 PVP 和 Dextran 的产物均为单一的针状文石相，而添加 Tween-20 的产物为不规则的文石相。

表 5.7　不同反应条件下产物 CaCO₃ 的性质

样品编号	CaCl₂ 浓度 /mol·L⁻¹	尿素浓度 /mol·L⁻¹	反应温度 /℃	反应时间 /h	颗粒长度 /μm	长径比	均匀性
A	0.25	0.25	90	3	45	10	Y
B①	0.25	0.75	90	3	45	10	Y
C	0.25	2.25	90	3	40	10	Y
D	0.05	0.75	90	3	60	15	Y
E	0.50	0.75	90	3	约 2②		N
F	1.00	0.75	90	3	约 3③		N
G	0.25	2.25	90	2.5	30	10	Y
H	0.25	0.75	90	2.5	40	10	Y
I	0.25	0.75	90	8	约 50	约 10	N
J	0.25	0.75	90	24	约 50	约 12	N
K	0.25	0.75	90	72	约 60	约 12	N
L	0.25	0.75	70	24	约 100	约 11	N

① 标准条件。
② 为文石、球霰石和方解石的混合相。
③ 为球霰石和方解石的混合相。

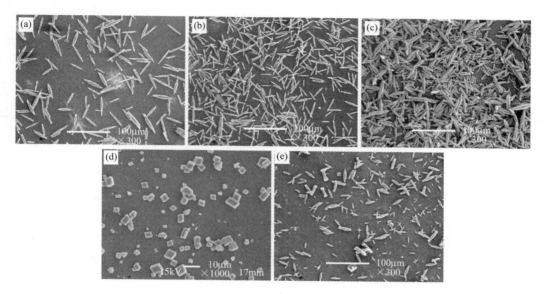

图 5.116 不同样品或条件下制备的样品的 SEM 图像

（a）样品 B；（b）样品 G；（c）0.25mol・L⁻¹ CaCl₂＋0.75mol・L⁻¹尿素，90℃，1h，超声搅拌；

（d）0.25mol・L⁻¹ CaCl₂＋0.75mol・L⁻¹尿素，90℃，3h，磁力搅拌；（e）样品 R

表 5.8 **Mg²⁺、Sr²⁺ 和 Ba²⁺ 等存在时产物 CaCO₃ 的性质**

样品编号	CaCl₂ 浓度 /mol・L⁻¹	Mg²⁺ 浓度 /mol・L⁻¹	Sr²⁺ 浓度 /mol・L⁻¹	Ba²⁺ 浓度 /mol・L⁻¹	尿素浓度 /mol・L⁻¹	颗粒长度 /μm	长径比
M	0.25	0.0025	0	0	0.75	45	10
N	0.225	0.025	0	0	0.75	45	10
O	0.25	0	0.0025	0	0.75	45	10
P	0.225	0	0.025	0	0.75	35	8
Q	0.25	0	0	0.0025	0.75	40	10
R	0.225	0	0	0.025	0.75	20	4

注：反应温度 90℃，反应时间 3h。除了样品 R 为方解石和文石的混合相，其他样品均为文石晶相。

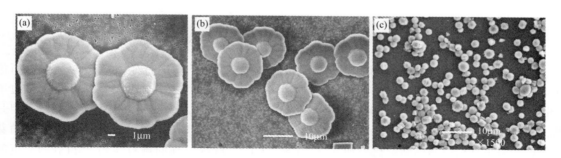

图 5.117 0.25mol・L⁻¹ CaCl₂，0.75mol・L⁻¹尿素，先加热至 90℃并保温 3h，

然后快速混合得到的产物的 SEM 图像 〔（a）、（b）〕和标准条件下

添加 AVANEL S-150 时产物的 SEM 图像 〔（c）〕

表 5.9　在标准条件下向体系加入不同的表面活性剂时产物 CaCO$_3$ 的性质

样品编号	添加剂	添加剂数量/g·L^{-1}	晶相组成	颗粒形貌
S	AVANEL S-150	0.5	方解石/球霰石	球形
T	Tween-20	1.0	文石	不规则
U	PVP	10	文石	针状
V	Dextran	10	文石	针状
W	Dextran sulfate	1.0	方解石/球霰石	球形

Huang 等[41]研究了阴离子表面活性剂对 CaCl$_2$ 和尿素反应体系制备 CaCO$_3$ 的影响。先在室温下将浓度为 0.5mol·L^{-1} 的 CaCl$_2$ 溶液和 1.5mol·L^{-1} 的尿素溶液在比色皿中等体积混合,然后在 90℃反应 3h;在研究 SDS 和十二烷基苯磺酸钠(SDBS)对产物的影响时,在混合之前将其加入尿素溶液中;最后将沉淀离心、水/醇洗、在 50℃的真空中干燥 12h。

作者首先研究了低添加量的 SDS 对产物晶体类型和颗粒形貌的影响,结果如图 5.118 所示。当 SDS 的添加量为 0.092mmol·L^{-1} 时,产物为具有单层花瓣的六角花状颗粒 [图 5.118(a)],但是 XRD 图谱中显示产物中还含有 7.4% 的方解石和 4.3% 的文石 [图 5.118(e)]。随着 SDS 添加量的增加,花瓣由单层变成了多层 [图 5.118(b)、(c)],方解石和文石相的衍射峰强度稍有减弱 [图 5.118(e)]。更详细的观察表明花瓣是由小于 100nm 的纳米晶构成的 [图 5.118(d)]。

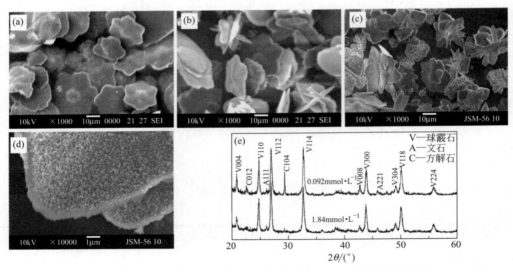

图 5.118　SDS 不同添加量(mmol·L^{-1})产物的 SEM 图像 [(a) 0.092;(b) 0.184;
(c)、(d) 1.84] 和 SDS 不同添加量时产物的 XRD 图谱 [(e)]

作者还研究了高添加量的 SDBS 对产物晶型和颗粒形貌的影响,如图 5.119 所示。当添加 2.86mmol·L^{-1} 的 SDBS 时,产物为表面粗糙的玫瑰花状颗粒,颗粒无明显六边形边角 [图 5.119(a)]。当 SDBS 的添加量增加至 14.3mmol·L^{-1} 时,产物虽然仍为玫瑰花状,但是颗粒表面变得光滑 [图 5.119(b)]。继续增加 SDBS 的量至 28.6mmol·L^{-1},产物为六角花状颗粒,但是颗粒中间的凸起比添加 0.092mmol·L^{-1} SDS 得到的颗粒 [图 5.118(a)] 更明显 [图 5.119(c)]。当 SDBS 的添加量继续增加至 143mmol·L^{-1} 时,产物为双锥体状颗粒 [图 5.119(d)]。产物的 FTIR 和 XRD 表征结果(图 5.120、图 5.121)显示不同 SDBS 添加量的产物均为球霰石相。

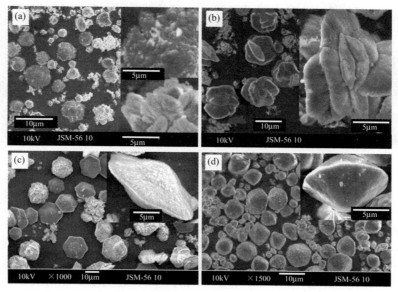

图 5.119　SDBS 不同添加量（mmol·L^{-1}）产物的 SEM 图像

（a）2.86mmol·L^{-1}；（b）14.3mmol·L^{-1}；（c）28.6mmol·L^{-1}；（d）143mmol·L^{-1}

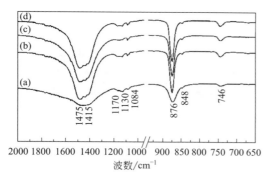

图 5.120　添加不同量 SDBS（mmol·L^{-1}）
产物的 FTIR 图谱

（a）2.86；（b）14.3；（c）28.6；（d）143

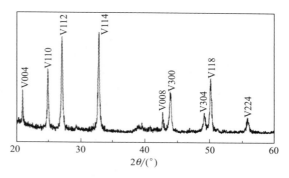

图 5.121　添加 14.3mmol·L^{-1} SDBS 时
产物的 XRD 图谱

　　为做比较，作者在不添加添加剂的情况下直接将浓度为 0.5mol·L^{-1} 的 CaCl$_2$ 溶液和 3mol·L^{-1} 的尿素溶液在 90℃下混合，最后获得的产物的 FTIR 表征结果显示有方解石和球霰石两种晶相，SEM 图像显示菱方状颗粒为方解石，六角花状颗粒为球霰石（图 5.122）。其中六角花状球霰石颗粒有两种情况：一是表面光滑的未溶解花状颗粒［图 5.122(a)］；二是有较多孔隙的部分溶解花状颗粒［图 5.122(b)］。

　　根据以上实验结果，作者提出了球霰石花状颗粒的形成机理，如图 5.123 所示。颗粒的形成分为两个阶段，六边形内核形成和外围花瓣的生长。内核六边形和外围六边形有共用的边界，但是排列时交错 30°，如图 5.122(a) 和图 5.123(b) 所示。而且，外围花瓣边角位置能量较高，具有较高的溶解度，导致花状颗粒边缘凹槽的形成。同时，内核颗粒表面边角位置较高的溶解度，导致锥形内核的形成，如图 5.122(b) 和图 5.123(c) 所示。如果花状颗粒在中心沿 c 轴生长，就形成了双椎体状颗粒，如图 5.119(d) 和图 5.123(d) 所示。如果板状颗粒按照不同角度［图 5.123(e)］，就形成了如图 5.119(b) 所示的花状颗粒。图 5.124 为不同表面

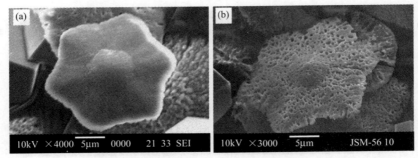

图 5.122　0.5mol·L^{-1} CaCl$_2$ 和 3mol·L^{-1} 尿素在 90℃ 反应时产物的 SEM 图像
(a) 未溶解的颗粒；(b) 部分溶解的颗粒

活性剂添加量时不同形状颗粒的形成机理。当活性剂浓度低于临界胶束浓度（CMC）时，活性剂以单分子层的形式吸附在 CaCO$_3$ 的 (001) 晶面上，吸附在 CaCO$_3$ 颗粒上的活性剂分子越多，它们之间的相互作用力越大，就有越多层的板状颗粒组装在一起，并在各层生长成花瓣状，最终形成单层至多层的花状颗粒。如果活性剂的添加量大于 CMC，活性剂就会形成胶束并以胶束的形式吸附在 CaCO$_3$ 的 (001) 晶面上，两个板状 CaCO$_3$ 颗粒就会产生排斥，使之组装在一起的机会减少，就导致了单层花状颗粒的形成。同时，由于胶束之间的相互排斥，胶束不会像单分子那样在 (001) 晶面上排列，这会导致较厚的花状颗粒形成。然后颗粒在 c 轴生长，形成了双锥体状颗粒。

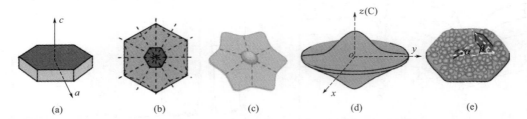

图 5.123　六角形花状、双锥体状和玫瑰花状颗粒的形成模型
(a) 花状颗粒最初的内核；(b) 花状颗粒的几何模型；(c) 部分溶解的花状颗粒；(d) 花状颗粒沿 c 轴生长而成的双锥体状颗粒；(e) 玫瑰花状颗粒生长初期形成的亚单元平板（这些平板以不同角度堆积成玫瑰花状颗粒）

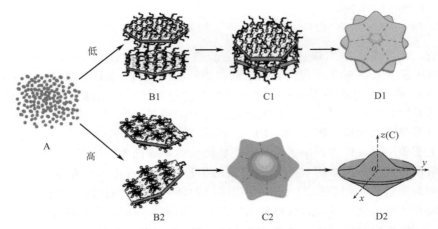

图 5.124　不同阴离子表面活性剂存在时不同形状的六角形颗粒的形成机理
A 近乎球状的无定形颗粒；B1 (001) 面上的单分子吸附；C1 由于疏水分子相互作用形成的多层板状内核；
D1 多层花瓣的花状颗粒；B2 (001) 面上的胶束；C2 单层花瓣的花状颗粒；D2 双锥体状颗粒

Nan 等[42,43]研究了 Ca(Ac)$_2$ 和尿素反应体系在不同反应温度和不同添加剂种类和数量条件下制备的 CaCO$_3$ 晶体类型和颗粒形貌的变化：将浓度分别为 50mmol·L^{-1} 和 250mmol·L^{-1} 的 Ca(Ac)$_2$ 和尿素溶液加入不锈钢高压釜中混合，同时添加不同量的添加剂；高压釜在 90℃、120℃ 和 150℃ 保持 24h，然后冷却到室温；将沉淀过滤、水/醇洗数次、在室温下真空干燥 24h。

作者首先研究了 PAAM 和 CTAB 的混合添加对产物 CaCO$_3$ 的晶体类型和颗粒形貌的影响。图 5.125 和图 5.126 分别为 90℃ 和 120℃、不添加和添加 0.2g·L^{-1} PAAM 和 2g·L^{-1} CTAB 条件下产物的 XRD 图谱和 SEM 图像。90℃ 下不添加添加剂时，XRD 图谱中只出现了文石相的衍射峰 [图 5.125(A)(a)]，说明产物中只有文石相，SEM 图像显示产物为棒状颗粒 [图 5.126(A)(a)]，这是文石相的典型形貌。当添加 0.2g·L^{-1} PAAM 时，XRD 图谱中除了方解石相的一个最强衍射峰外，其余全部是球霰石的衍射峰 [图 5.125(A)(b)]，说明产物中主要是球霰石相 CaCO$_3$，颗粒形貌呈无规则形 [图 5.126(A)(b)]。当添加 0.2g·L^{-1} PAAM 和 2g·L^{-1} CTAB 时，虽然 XRD 图谱中方解石的最强衍射峰甚至超过了文石相，但是基于 XRD 数据的计算结果表明，文石相的含量为 71.9% [图 5.125(A)(c)]，SEM 图像中除了棒状的文石颗粒，还出现了形状不太规则的菱方状方解石颗粒 [图 5.126(A)(c)]。

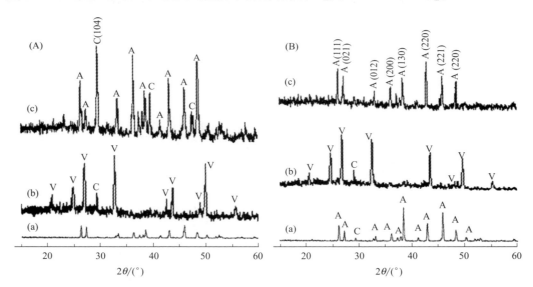

图 5.125 不同温度、不添加添加剂与添加 0.2g·L^{-1} PAAM 以及添加 0.2g·L^{-1} PAAM 和 2g·L^{-1} CTAB 条件下产物的 XRD 图谱

(A) 90℃；(B) 120℃；(a) 不添加添加剂；(b) 添加 0.2g·L^{-1} PAAM；(c) 添加 0.2g·L^{-1} PAAM 和 2g·L^{-1} CTAB

在 120℃ 下不添加添加剂时，XRD 图谱中只出现了方解石相的最强衍射峰，其余全部为文石相的衍射峰 [图 5.125(B)(a)]，说明产物中基本上只有文石相，方解石的含量极少，SEM 图像也显示产物为棒状颗粒 [图 5.126(B)(a)]。添加 0.2g·L^{-1} PAAM 产物的晶体类型和颗粒形貌与 90℃ 时没有明显差异。当添加 0.2g·L^{-1} PAAM 和 2g·L^{-1} CTAB 时，XRD 图谱中方解石的最强衍射峰虽然更加微弱，但似乎还存在 [图 5.125(B)(b)]，SEM 图像中除了棒状的文石颗粒，还出现了极少量菱方状方解石颗粒 [图 5.126(B)(b)]。

作者还详细研究了不同温度下 SDBS 的添加对产物 CaCO$_3$ 的晶体类型和颗粒形貌的影响，如图 5.127 和图 5.128 所示。在 90℃ 下，当不添加添加剂时，产物中只有棒状文石颗粒 [图 5.125(A)(a) 和图 5.126(A)(a)]。当添加 0.5mmol·L^{-1} 的 SDBS 时，XRD 图谱中方解石相的衍射峰最强，球霰石和文石相的衍射峰较弱 [图 5.127(A)(a)]，说明产物以

图 5.126　不同温度、不添加添加剂与添加 0.2g·L⁻¹ PAAM 以及添加 0.2g·L⁻¹ PAAM 和
2g·L⁻¹ CTAB 条件下产物的 SEM 图像

（A）90℃；（B）120℃；（a）不添加添加剂；（b）添加 0.2g·L⁻¹ PAAM；（c）添加 0.2g·L⁻¹ PAAM 和 2g·L⁻¹ CTAB

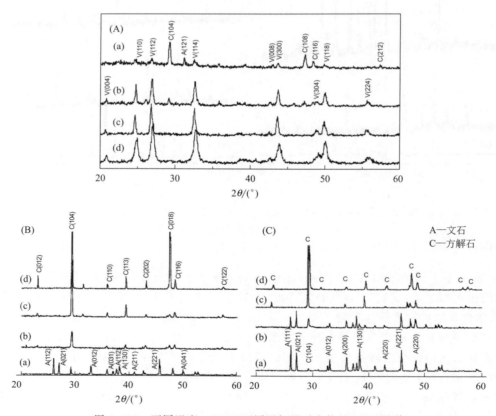

图 5.127　不同温度、SDBS 不同添加量时产物的 XRD 图谱

（A）90℃；（B）120℃；（C）150℃；（A）（a），（B）（a）0.5mmol·L⁻¹；（C）（a）0mmol·L⁻¹；
（b）1.0mmol·L⁻¹；（c）2.5mmol·L⁻¹；（d）5.0mmol·L⁻¹

方解石为主晶相，球霰石和文石为次晶相，但是 SEM 图像中并没有明显出现方解石和文石的典型形貌，而是不规则的颗粒形貌 [图 5.128(A)(a)]。当 SDBS 的添加量为 1.0mmol·L⁻¹ 时，XRD 图谱中球霰石相的衍射峰变为最强，方解石相的衍射峰很弱，文石相的衍射峰完全消失 [图 5.127(A)(b)]，颗粒形貌依然是不规则的 [图 5.128(A)(b)]。增加 SDBS 的添加量至 2.5mmol·L⁻¹ 和 5.0mmol·L⁻¹，XRD 图谱中只出现球霰石相的衍射峰 [图 5.127(A)(c)、(d)]，形貌也有不规则变为由小球体组装成的球形颗粒 [图 5.128(A)(c)、(d)]。这些结果说明 90℃的反应温度下，低 SDBS 添加量有助于方解石相的形成，高 SDBS 添加量有助于球霰石相的形成。

图 5.128　不同温度、不同 SDBS 添加量时产物的 SEM 图像

(A) 90℃；(B) 120℃；(C) 150℃；(A)(a), (B)(a) 0.5mmol·L⁻¹；(C)(a) 0mmol·L⁻¹；(b) 1.0mmol·L⁻¹；
(c) 2.5mmol·L⁻¹；(d) 5.0mmol·L⁻¹

在 120℃下，不添加添加剂时，产物几乎全部为棒状文石颗粒 [图 5.125(B)(a) 和图 5.126(B)(a)]。当添加 0.5mmol·L⁻¹ 的 SDBS 时，XRD 图谱中文石相的衍射峰较强，方解石相的衍射峰较弱 [图 5.127(B)(a)]，说明产物以文石为主晶相，方解石为次晶相。随着

SDBS 的添加量增加至 1.0mmol·L⁻¹ 以上，XRD 图谱中只出现方解石的衍射峰，文石相的衍射峰完全消失 [图 5.127(B)(b)~(d)]。SEM 图像中显示的颗粒形貌与 XRD 结果完全一致 (图 5.128)。这个结果说明在 120℃ 的反应温度下，SDBS 的添加有助于方解石相的形成。

150℃ 下不添加添加剂时的产物与 120℃ 的类似，只是方解石相的含量更少 [图 5.127(C)(a)]。当添加 1.0mmol·L⁻¹ SDBS 时，文石相的衍射峰依然高于方解石 [图 5.127(C)(b)]，产物颗粒形貌包含短棒状和菱方状 [图 5.128(C)(b)]。当 SDBS 的添加量增加至 2.5mmol·L⁻¹ 时，XRD 图谱中文石相的衍射峰完全消失，只有方解石尖锐的衍射峰 [图 5.127(C)(c)]，产物的颗粒形貌大多为形状规则的菱方状 [图 5.128(C)(c)]。当 SDBS 的添加量进一步增加至 5.0mmol·L⁻¹ 时，XRD 图谱中方解石衍射峰较为宽钝 [图 5.127(C)(d)]，产物颗粒为不十分规则的小颗粒 [图 5.128(C)(d)]。

Chen 等[44]研究了 Ca(Ac)₂ 和尿素反应体系中 SDS 对产物 CaCO₃ 晶体类型转变的影响：将浓度分别为 50mmol·L⁻¹ 和 250mmol·L⁻¹ 的 Ca(Ac)₂ 和尿素溶液加入不锈钢高压釜中混合，同时添加不同量的 SDS；高压釜在 90℃ 保持 24h，然后冷却到室温；将沉淀过滤、水/醇洗数次、在室温下真空干燥 24h。

图 5.129 和图 5.130 分别为 90℃ 下不同 SDS 添加量时产物的 XRD 图谱以及基于 XRD 数据得到的产物中各相与 SDS 添加量的关系。当不添加和添加 0.5mmol·L⁻¹ SDS 时，产物为纯净的文石相 [图 5.129(a) 和图 5.130]，颗粒形貌呈由小片状晶体堆积而成的棒状 [图 5.131(a)]，这种形貌的文石颗粒在以前的研究中并不常见。当 SDS 的添加量为 1.0mmol·L⁻¹ 时，XRD 图谱中全部为球霰石的衍射峰 [图 5.129(b)]，说明产物中没有方解石和文石 (图 5.130)，此时球霰石呈特殊的花状 [图 5.131(b)]。当 SDS 的添加量增加为 2.5mmol·L⁻¹ 时，XRD 图中发现了球霰石相和方解石相的衍射峰 [图 5.129(c)]，二者含量分别约为 72% 和 28% (图 5.130)，而球霰石和方解石颗粒的形貌呈现为由管状颗粒 [图 5.131(c)、(d)]、菱方体和棒状颗粒 [图 5.131(e)、(f)]、六边形板状颗粒 [图 5.131(g)、(h)] 构成的球形。管状颗粒的内径约为 100nm，壁厚约为 15nm，长度约为 300~380nm，这些管状颗粒可能是由图 5.131(d) 中箭头指示的假层状结构卷曲而成的。菱方体和棒状颗粒构成的球形颗粒中，菱方体颗粒先部分构成棒状颗粒，然后菱方体和棒状颗粒共同构成球形颗粒。根据以前的研究结果[45,46]，作者认为图 5.131(g) 和 (h) 中的板状颗粒为球霰石颗粒。

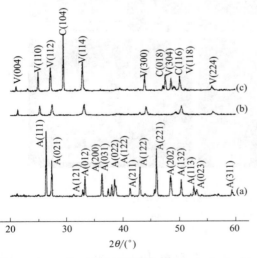

图 5.129　90℃、SDS 不同添加量（mmol·L⁻¹）时产物的 XRD 图谱
(a) 0.5；(b) 1.0；(c) 2.5

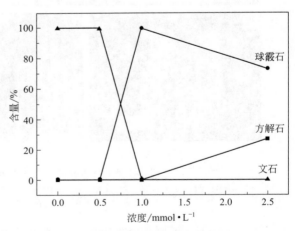

图 5.130　90℃时产物中各相与 SDS 添加量的关系

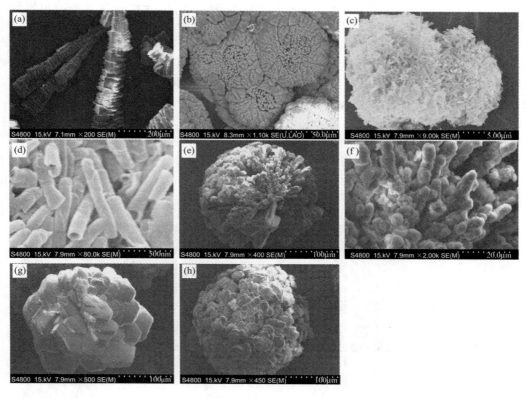

图 5.131　90℃、SDS 不同添加量（mmol·L⁻¹）时产物的 SEM 图像

(a) 0.5；(b) 1.0；(c)~(h) 2.5

　　然后作者研究了 90℃、添加 1.0mmol·L⁻¹ SDS 的反应体系经过不同反应时间得到产物的晶体类型和颗粒形貌，并提出了 $CaCO_3$ 晶体的形成和生长过程。图 5.132 和图 5.133 分

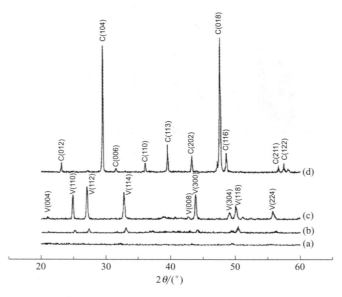

图 5.132　90℃、添加 1.0mmol·L⁻¹ SDS 不同反应时间（h）产物的 XRD 图谱

(a) 6；(b) 12；(c) 48；(d) 72

别为产物的 XRD 图谱和 SEM 形貌。当反应进行到 6h 时，并没有出现明显的衍射峰 [图 5.132(a)]，说明产物为非晶态的，颗粒呈花状 [图 5.133(a)] 和球状 [图 5.133(b)]。当反应时间延长至 12h 时，XRD 图谱中只出现球霰石的衍射峰 [图 5.132(b)]，但是衍射峰较为宽钝，强度也较弱，说明球霰石相是由非晶态转变而来，而且晶体发育不完整，颗粒呈由线状结构构成的扫帚状 [图 5.133(c)、(d)]。当反应时间为 24h 时，产物为花状球霰石颗粒 [图 5.129(b) 和图 5.131(b)]。反应 48h 后，XRD 图谱中几乎全部为球霰石的衍射峰 [图 5.132(c)]，而颗粒形貌表现为多样性 [图 5.133(e)、(f)]，与图 5.133(a) 类似的花状颗粒镶嵌在球霰石块状颗粒中 [图 5.133(e)] 以及六边形板状颗粒组装成的球状颗粒 [图 5.133(f)]。进一步延长反应时间至 72h，XRD 图谱中全部为方解石的衍射峰 [图 5.132(d)]，说明球霰石全部转变成方解石，而颗粒形貌为由小菱方状晶粒组装而成的带状颗粒 [图 5.133(g)、(h)]。具体的形貌发展过程如图 5.134 所示。

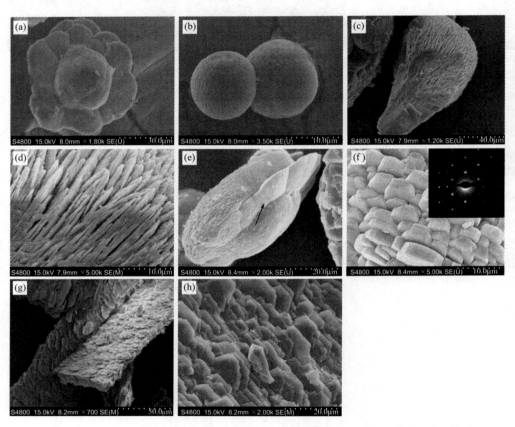

图 5.133　90℃、添加 1.0mmol·L⁻¹ SDS 时不同反应时间 (h) 产物的 SEM 图像
(a)、(b) 6；(c)、(d) 12；(e)、(f) 48；(g)、(h) 72

　　Wang[47] 以 Ca(Ac)₂ 和尿素为原料制备了不同晶型和形貌的 CaCO₃：将 17.62g（0.1mol）Ca(Ac)₂ 和 12.00g（0.2mol）尿素溶解在 100mL 蒸馏水中，强烈搅拌至澄清，然后加入 2mL 油酸和 0.2g 分子量为 3000000 的 PAAM，强烈搅拌至完全溶解；将上述溶液在 80℃温和搅拌 15h，最后将沉淀过滤、水/乙醇洗并在 50℃下干燥。

　　图 5.135 为添加和不添加油酸和 PAAM 分别得到的产物的 XRD 图谱。不添加油酸和 PAAM 时，产物的 XRD 图谱中只出现文石相的衍射峰 [图 5.135(a)]。而添加油酸和 PAAM 时产物的 XRD 图谱中的衍射峰全部属于球霰石相 [图 5.135(b)]。两种情况下产物的 FTIR

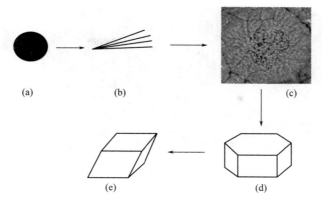

图 5.134 不同反应时间（h）碳酸钙晶体的形成过程
(a) 6；(b) 12；(c) 24；(d) 48；(e) 72

表征结果与 XRD 结果完全一致（图 5.136）。不添加油酸和 PAAM 时，产物为棒状颗粒 ［图 5.137(a)］，而棒状颗粒是文石相的典型形貌；添加油酸和 PAAM 时，颗粒形貌为球形或者其团聚体 ［图 5.137(b)］，这也与球霰石的典型形貌相吻合。该研究结果表明，在较高反应温度下，以 $Ca(Ac)_2$ 和尿素为原料，既可以制备纯净的文石相 $CaCO_3$，也可以通过添加有机添加剂制备出纯净的球霰石 $CaCO_3$。

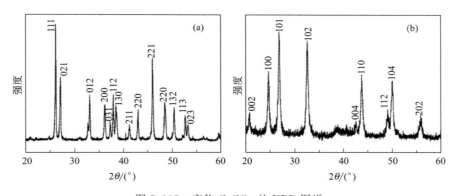

图 5.135 产物 $CaCO_3$ 的 XRD 图谱
(a) 不添加油酸和 PAAM；(b) 添加油酸和 PAAM

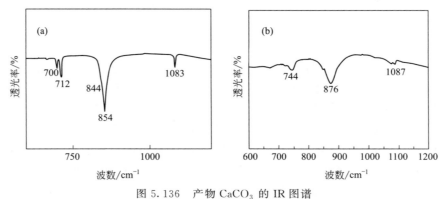

图 5.136 产物 $CaCO_3$ 的 IR 图谱
(a) 不添加油酸和 PAAM；(b) 添加油酸和 PAAM

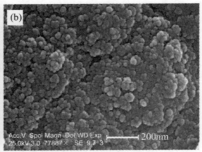

图 5.137　产物 CaCO$_3$ 的 SEM 图像

(a) 不添加油酸和 PAAM；(b) 添加油酸和 PAAM

Guo 等[48] 以 Ca(Ac)$_2$ 和尿素为原料制备了具有复合结构的 CaCO$_3$：先将浓度为 2.0mol·L^{-1} 的 Ca(Ac)$_2$ 与等体积不同浓度的尿素溶液在室温下混合后加入分子量为 10000 的 PVP，将混合溶液搅拌至透明后移入 100mL 比色管，然后将混合溶液在 90℃下反应 24h，将沉淀过滤并在 60℃下真空干燥。具体反应条件和产物性质列于表 5.10。

表 5.10　反应参数及产物 CaCO$_3$ 的性质

样品编号	Ca(Ac)$_2$ 溶液浓度/mol·L^{-1}	尿素溶液浓度/mol·L^{-1}	PVP 加入量/g·cm^{-3}	颗粒形貌	颗粒直径/nm
1#	2.0	4.0	2.5	棒状	39.64
2#(6#)	2.0	6.0	2.5	束状	41.69
3#	2.0	8.0	2.5	花束状、哑铃状	44.24
4#	2.0	10.0	2.5	花束状/哑铃状	44.44
5#	2.0	6.0	0	棒状	49.24
7#	2.0	6.0	5.0	花束状、哑铃状	41.02
8#	2.0	6.0	7.5	花束状、哑铃状	39.77

作者首先在 Ca(Ac)$_2$ 浓度、PVP 添加量、反应时间一定的条件下研究了尿素加入量对产物性质的影响，产物的 SEM 图像和 XRD 图谱如图 5.138 所示。当尿素的加入量为 4.0mol·L^{-1} 时，产物颗粒为棒状，这些棒状颗粒只有少数呈束状 (1#)。随着尿素含量的增加，棒状颗粒的直径稍微增大 (表 5.10)，并且逐渐聚集成尾端相连的束状 (2#)、两端发散的花束状和哑铃状 (3# 和 4#) (图 5.138)。XRD 结果表明这些棒状颗粒及其聚集体都属于文石相 CaCO$_3$。

作者还在 Ca(Ac)$_2$ 浓度、尿素加入量、反应时间一定的条件下研究了 PVP 添加量对产物性质的影响，产物的 SEM 图像如图 5.138 所示。可以看出，无论添加 PVP 与否，产物中一次颗粒都为棒状文石颗粒，但是 PVP 添加量不同，颗粒大小和聚集状态不同。当不添加 PVP 时，产物为分散的棒状，虽然颗粒的平均直径为 49.24nm，但是颗粒的粒径分布范围较宽 (5#)。当 PVP 添加量为 2.5g·cm^{-3} 时，棒状颗粒的直径减小到 41.69nm，并且部分分散的棒状颗粒团聚成尾端相连的束状 (6#)。随着 PVP 添加量的进一步增加，棒状颗粒除了团聚成尾端相连的束状外，还可以团聚成两端发散的花束状和哑铃状 (7# 和 8#)。添加不同 PVP 时的产物的 TG 表征结果如图 5.139 所示。在不添加 PVP 时，产物在 380～430℃范围内基本无失重，只在 400～650℃范围内有明显的失重，而添加 PVP 时的产物在两个温度范围内都有

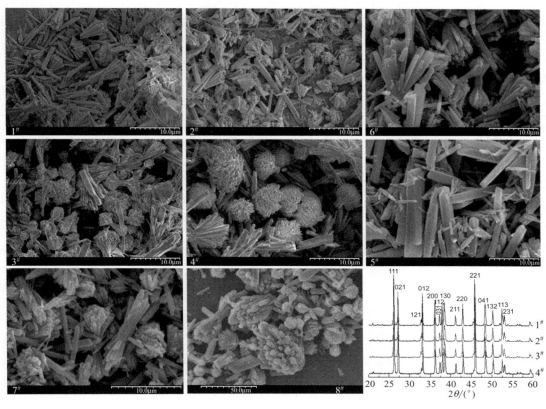

图 5.138 产物碳酸钙的 SEM 图像和 XRD 图谱

失重。两个温度区间的失重率分别为 0.6%～2.5%（质量分数）和 39.5%～42.2%（质量分数），分别对应着 PVP 和 $CaCO_3$ 的分解。

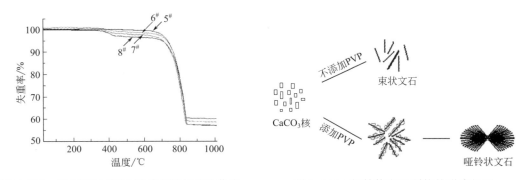

图 5.139 添加不同 PVP 时碳酸钙的 TG 曲线　　图 5.140 超结构文石颗粒的形成机理

　　作者对束状、花束状和哑铃状文石超结构的形成机理进行了探讨，如图 5.140 所示。不添加 PVP 时，从反应体系中析出的 $CaCO_3$ 晶核沿 c 轴生长成棒状颗粒。在添加 PVP 的体系中，PVP 吸附在 $CaCO_3$ 晶核和棒状晶粒表面，通过形成多脚状的束状、花束状和哑铃状团聚体以尽可能地降低晶核和晶粒的表面能。另外，PVP 大分子在水溶液中的预组装也控制着 $CaCO_3$ 的成核和生长。通过与尿素分解产物 NH_3 的作用，PVP 可以加速 $CaCO_3$ 的成核和团聚，因此，随着尿素浓度的增大，更容易形成哑铃状团聚体。

Kosma 等[49]在添加有机添加剂的情况下以 $Ca(NO_3)_2$ 为钙源利用尿素和胺的水解制备了不同晶型和形貌的 $CaCO_3$：先在 50℃下将 5g 明胶溶于 100mL 蒸馏水中，然后加入 0.0167mol $Ca(NO_3)_2$ 和不同量的尿素或六甲基二胺，在不同温度下反应一定时间后将沉淀过滤、水/醇洗、干燥。具体的反应条件和产物的晶体类型列于表 5.11，不同反应条件下产物的 XRD 图谱和 SEM 图像分别如图 5.141 和图 5.142 所示。

表 5.11 反应参数及产物 $CaCO_3$ 的性质

样品编号	反应温度/℃	反应时间/h	$Ca(NO_3)_2$/mol	尿素/mol	六甲基二胺/mol	明胶/g	晶体类型
S_1	95	3	0.0167	0.0501	—	0	A
S_2	95	3	0.0167	0.0501	—	5	V
S_3	95	24	0.0167	0.0501	—	0	C+A
S_4	95	24	0.0167	0.0501	—	5	V
S_5	20	0.3	0.0167	—	0.0501	0	①
S_6	95	3	0.0167	—	0.0501	0	C②
S_7	95	7	0.0167	—	0.0501	0	C②
S_8	95	24	0.0167	—	0.0501	0	C②
S_9	95	72	0.0167	—	0.0501	0	C②
S_{10}	95	24	0.0334	—	0.0167	0	C
S_{11}	95	24	0.0167	0.0167	0.0334	0	C+A

① 一个无法确定的晶相为主晶相。

② 主晶相为方解石，次晶相为一个不能确定的相。

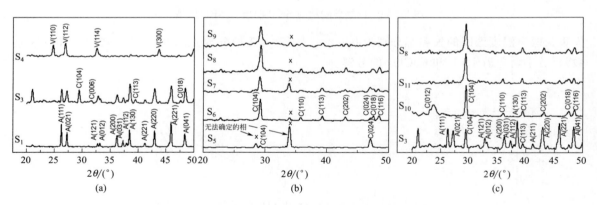

图 5.141 不同反应条件下产物 $CaCO_3$ 的 XRD 图谱

作者首先研究了添加和不添加明胶、尿素分解不同时间条件下 $CaCO_3$ 的合成。当不添加明胶、尿素分解 3h（S_1），产物 XRD 图谱中只出现文石相的衍射峰（表 5.11 和图 5.141），其形貌为大小和形状均一的棒状颗粒 [图 5.142(a)]，长径比在 10～20 之间。而添加 5g 明胶、尿素分解 3h（S_2）的产物为单一的球霰石相（表 5.11），大部分颗粒呈块状和不完整的球状 [图 5.142(b)]，图 5.142(b) 的插图为某些球状颗粒的高倍数图像，可以看出这些球形颗粒具有放射性的内部结构，类似于柑橘类水果。如果将反应时间延长至 24h，不添加明胶（S_3）的产物 XRD 图谱中出现了文石相和方解石相的衍射峰，并且文石相的衍射峰强于方解石的（图 5.141），说明产物中文石为主晶相，方解石为次晶相。而在添加明胶的情况下（S_4），文石和方解石的衍射峰全部消失，只出现球霰石的衍射峰（图 5.141），说明产物中

图 5.142 不同反应条件下产物 CaCO₃ 的 SEM 图像

(a) S₁；(b) S₂；(c) S₆；(d)、(e) S₈；(f) S₁₀；(g) S₁₁

全部为球霰石（表 5.11）。

作者用六甲基二胺代替尿素，研究了不同反应时间时产物的晶体类型和颗粒形貌。当反应 0.3h 时（S₅），产物 XRD 图谱中除了方解石相的衍射峰，还出现了两个无法确定的衍射峰，其强度高于方解石（图 5.141）。当反应时间延长为 3h（S₆），XRD 图谱中方解石的衍射峰强度大大增强，未知相的衍射峰强度很弱（图 5.141）。当反应时间延长至 7h 时（S₇），方解石的衍射峰强度稍有减弱，未知相的衍射峰强度稍有增强（图 5.141）。再延长反应时间至 24h 甚至 72h（S₈ 和 S₉），产物的 XRD 图谱与 S₆ 类似。从 S₅～S₉ 的 XRD 图谱还可以看出，方解石的衍射峰都比较宽钝，说明方解石晶粒的结晶程度较差。至于方解石颗粒的形状，当反应时间为 3h 时，产物中出现无规则颗粒和纺锤状颗粒 [图 5.142(c)]，此外，在反应 24h 时还得到了纤维状和六边形板状颗粒 [图 5.142(c)～(e)]。这些纤维直径小（约为 20～30nm），长径比大。通过比较图 5.142(d) 和图 5.142(e)，纤维似乎具有六边形的轮廓，可以认为是由六边形板状颗粒分解而成的。

作者还研究了不同比例的尿素和六甲基二胺为原料反应 24h 时产物的晶体类型和颗粒形貌。当全部以尿素为原料（S₃）时，产物以文石为主晶相，方解石为次晶相。当尿素和六甲基二胺的比例为 2∶1 时（S₁₀），产物 XRD 图谱中只含有方解石的衍射峰，说明产物中只含有方解石（图 5.141），方解石为表面有绒毛或者凸起的不规则块状颗粒 [图 5.142(f)]。当以尿素和六甲基二胺的比例为 1∶2 时（S₁₁），产物 XRD 图谱中除了方解石相较强的衍射峰，还出现了文石相的微弱衍射峰（图 5.141），说明产物中方解石为主晶相，方解石颗粒的形貌有两种情况：大部分结晶不完整的偏三角状颗粒和少部分扭曲的菱方状颗粒［图 5.142(g)］。当完全以六甲基二胺为原料时（S_8），产物以方解石为主晶相，同时含有极少量不确定相（表 5.10 和图 5.141），颗粒形貌包括纤维状、纺锤状和六边形板状。

Ping 等[50]以 $Ca(NO_3)_2 \cdot 4H_2O$ 和 $CO(NH_2)_2$ 为原料、以碳质多糖球为模板（碳球模板）制备了笼状球形 $CaCO_3$ 颗粒。先将西红柿中提取的淀粉［$(C_6H_{10}O_5)_n$］利用水热法在不同的温度和时间等条件下制备成碳球模板；先后将 4.72g $Ca(NO_3)_2 \cdot 4H_2O$ 和 4.8g $CO(NH_2)_2$ 溶解在 100mL 蒸馏水中形成澄清溶液，再加入 2g 碳球模板；混合溶液在 80℃搅拌 6h，确保尿素的水解和 $CaCO_3$ 的生成；最后将产物过滤、水洗、60℃干燥 8h 并在 500℃下煅烧 2h。

图 5.143 为不同水热温度和时间时得到的碳球模板的 SEM 图像。随着反应温度的提高和反应时间的延长，碳球模板的尺寸逐渐变大，表面逐渐变光滑。以不同水热条件下获得的碳球为模板制备的 $CaCO_3$ 粉体的 XRD 图谱如图 5.144 所示。可以看出，三种碳球模板制备的产物均为纯的方解石相。图 5.145 为以不同水热条件下获得的碳球为模板制备的 $CaCO_3$ 粉体的 SEM 和 TEM 图像以及 SAED 图谱。和工业生产的纳米 $CaCO_3$ 粉体相比，虽然单个小颗粒的粒径差别不显著，但是以碳球为模板制备的 $CaCO_3$ 小颗粒形成了笼状结构。球形笼状结构的粒径随碳球模板制备温度的提高和时间的延长而显著增大。边缘和中心颜色衬度的差异也证实了球形颗粒为中空结构，SAED 图谱说明球形笼状颗粒是由多晶组成的［图 5.145(e)］。

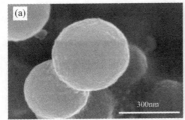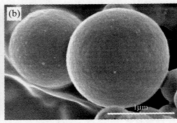

图 5.143 不同条件下碳球模板的 SEM 图像
(a) 180℃、6h；(b) 180℃、8h；(c) 190℃、10h

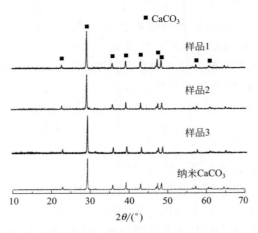

图 5.144 不同碳球模板产物 $CaCO_3$ 的 XRD 图谱

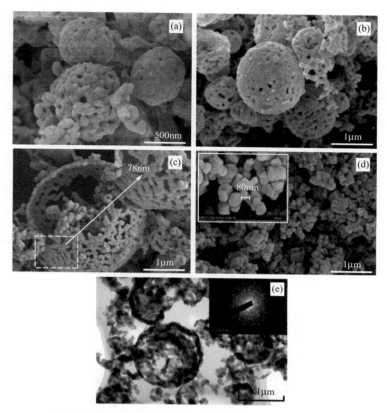

图 5.145 不同碳球模板产物 CaCO₃ 的 SEM 图像 [(a)~(c)]; 工业 CaCO₃ 的

SEM 图像 [(d)] 和以 180℃、8h 条件下获得的碳球为模板制备的 CaCO₃

的 TEM 图像以及 SAED 图谱 [(e)]

参 考 文 献

[1] Beck R, Andreassen J P. The onset of spherulitic growth in crystallization of calcium carbonate. Journal of Crystal Growth, 2010, 312: 2226-2238.

[2] Chen Y X, Ji X B, Wang X B. Facile synthesis and characterization of hydrophobic vaterite CaCO₃ with novel spike-like morphology via a solution route. Materials Letters, 2010, 64: 2184-2187.

[3] Wei H, Shen Q, Zhao Y, et al. Influence of polyvinylpyrrolidone on the precipitation of calcium carbonate and on the transformation of vaterite to calcite. Journal of Crystal Growth, 2003, 250: 516-524.

[4] Shen Q, Wei H, Wang L C, et al. Crystallization and Aggregation Behaviors of Calcium Carbonate in the Presence of Poly (vinylpyrrolidone) and Sodium Dodecyl Sulfate. The Journal of Physical Chemistry B, 2005, 109: 18342-18347.

[5] Wei H, Shen Q, Zhao Y, et al. Crystallization habit of calcium carbonate in the presence of sodium dodecyl sulfate and/or polypyrrolidone. Journal of Crystal Growth, 2004, 260: 511-516.

[6] Ji X X, Li G Y, Huang X T. The synthesis of hollow CaCO₃ microspheres in mixed solutions of surfactant and polymer. Materials Letters, 2008, 62: 751-754.

[7] Xu X Y, Zhao Y, Lai Q Y, et al. Effect of Polyethylene Glycol on Phase and Morphology of Calcium Carbonate. Journal of Applied Polymer Science, 2011, 119: 319-324.

[8] Yu J G, Lei M, Cheng B, et al. Effects of PAA additive and temperature on morphology of calcium carbonate particles. Journal of Solid State Chemistry, 2004, 177: 681-689.

[9] Blue C R, Giuffre A, Mergelsberg S, et al. Chemical and physical controls on the transformation of amorphous calcium carbonate into crystalline CaCO₃ polymorphs. Geochimica et Cosmochimica Acta, 2017, 196: 179-196.

[10] Ouhenia S, Chateigner D, Belkhir M A, et al. Synthesis of calcium carbonate polymorphs in the presence of polyacrylic acid. Journal of Crystal Growth, 2008, 310: 2832-2841.

[11] Yu J G, Lei M, Cheng B. Facile preparation of monodispersed calcium carbonate spherical particles via a simple precipitation reaction. Materials Chemistry and Physics, 2004, 88: 1-4.

［12］ Zhang Z，Yang B J，Tang H W，et al. High-yield synthesis of vaterite CaCO₃ microspheres in ethanol/water：structural characterization and formation mechanisms. Journal of Materials Science，2015，50：5540-5548.

［13］ Zhao D H，Zhu Y C，Li F，et al. Polymorph selection and nanocrystallite rearrangement of calcium carbonate in carboxymethyl chitosan aqueous solution：thermodynamic and kinetic analysis. Materials Research Bulletin，2010，45：80-87.

［14］ Hou W T，Feng Q L. Morphology and formation mechanism of vaterite particles grown in glycine-containing aqueous solutions. Materials Science and Engineering C，2006，26：644-647.

［15］ Gan X，He K H，Qian B S，et al. The effect of glycine on the growth of calcium carbonate in alkaline silica gel. Journal of Crystal Growth，2017，458：60-65.

［16］ Domínguez-Bella S，Garcia-Ruiz J M. Textures in induced morphology crystal aggregates of CaCO₃：sheaf of wheat morphologies. Journal of Crystal Growth，1986，79：236-240.

［17］ Domínguez-Bella S，Garcia-Ruiz J M. Banding structures in induced morphology crystal aggregates of CaCO₃. Journal of Materials Science，1987，22：3095-3102.

［18］ Yang D，Qi L，Ma J. Well-defined star-shaped calcite crystals formed in agarose gels. Chemical Communications，2003，10 (10)：1180-1181.

［19］ Kontoyannis C G，Vagenas N V. Calcium carbonate phase analysis using XRD and FT-Raman spectroscopy. Analyst，2000，125：251-255.

［20］ Ni Y H，Zhang H Y，Zhou Y Y. PAA-assisted synthesis of CaCO₃ microcrystals and affecting factors under microwave irradiation. Journal of Physics and Chemistry of Solids，2009，70：197-201.

［21］ Takita Y，Eto M，Sugihara H，et al. Promotion mechanism of co-existing NaCl in the synthesis of CaCO₃. Materials Letters，2007，61：3083-3085.

［22］ Wang C Y，Xu Y，Liu Y L，et al. Synthesis and characterization of lamellar aragonite with hydrophobic property. Materials Science and Engineering C，2009，29：843-846.

［23］ Wang H，Han Y S，Li J H. Dominant role of compromise between diffusion and reaction in the formation of snow-shaped vaterite. Crystal Growth & Design，2013，13：1820-1825.

［24］ Wang H，Huang W L，Han Y S. Diffusion-reaction compromise the polymorphs of precipitated calcium carbonate. Particuology，2013，11：301-308.

［25］ Bogoyavlenskiy V A，Chernova N A. Diffusion-limited aggregation：A relationship between surface thermodynamics and crystal morphology. Physics Review E，2000，61：1629.

［26］ Gopi S P，Palanisamy K，Subramanian V K. Effect of NTA and temperature on crystal growth and phase transformations of CaCO₃. Desalination and Water Treatment，2015，54：316-324.

［27］ Gopi S P，Subramanian V K，Palanisamy K. Synergistic effect of EDTA and HEDP on the crystal growth，polymorphism，and morphology of CaCO₃. Industrial & Engineering Chemistry Research，2015，54：3618-3625.

［28］ Qi L M，Li J，Ma J. Biomimetic morphogenesis of calcium carbonate in mixed solutions of surfactants and double-hydrophilic block copolymers. Advanced Materials，2002，14，300-303.

［29］ Tang Y M，Zhang F，Cao Z Y，et al. Crystallization of CaCO₃ in the presence of sulfate and additives：Experimental and molecular dynamics simulation studies. Journal of Colloid and Interface Science，2012，377：430-437.

［30］ Zhao D Z，Jiang J H，Xu J N，et al. Synthesis of template-free hollow vaterite CaCO₃ microspheres in the H₂O/EG system. Materials Letters，2013，104：28-30.

［31］ Huang S C，Naka K，Chujo Y. A Carbonate controlled-addition method for amorphous calcium carbonate spheres stabilized by poly (acrylic acid) s. Langmuir，2007，23：12086-12095.

［32］ Kojima Y，Yamaguchi K，Nishimiya N. Effect of amplitude and frequency of ultrasonic irradiation on morphological characteristics control of calcium carbonate. Ultrasonics Sonochemistry，2010，17：617-620.

［33］ Qi J Q，Guo R，Wang Y，et al. Electric field-controlled crystallizing CaCO₃ nanostructures from solution. Nanoscale Research Letters，2016，11：120.

［34］ Hu Z S，Deng Y L. Supersaturation control in aragonite synthesis using sparingly soluble calcium sulfate as reactants. Journal of Colloid and Interface Science，2003，266：359-365.

［35］ Hu Z S，Deng Y L. Synthesis of needle-like aragonite from calcium chloride and sparingly soluble magnesium carbonate. Powder Technology，2004，140：10-16.

［36］ Faatz M，Gröhn F，Wegner G. Amorphous calcium carbonate：synthesis and potential intermediate in biomineralization. Advanced Materials，2004，16：996-1000.

［37］ Faatz M，Gröhn F，Wegner G. Mineralization of calcium carbonate by controlled release of carbonate in aqueous solution. Materials Science and Engineering C，2005，25：153-159.

［38］ Gorna K，Hund M，Vučak M，et al. Amorphous calcium carbonate in form of spherical nanosized particles and its application as fillers for polymers. Materials Science and Engineering A，2008，477：217-225.

［39］ Vilela C，Freire C S R，Marques P A A P，et al. Synthesis and characterization of new CaCO₃/cellulose nanocomposites prepared by controlled hydrolysis of dimethylcarbonate. Carbohydrate Polymers，2010，79：1150-1156.

［40］ Wang L F，Sondi I，Matijević E. Preparation of uniform needle-like aragonite particles by homogeneous precipitation. Journal of Colloid and Interface Science，1999，218：545-553.

[41] Huang J H，Mao Z F，Luo M F. Effect of anionic surfactant on vaterite $CaCO_3$. Materials Research Bulletin，2007，42：2184-2191.

[42] Nan Z D，Shi Z Y，Yan B Q，et al. A novel morphology of aragonite and an abnormal polymorph transformation from calcite to aragonite with PAM and CTAB as additives. Journal of Colloid and Interface Science，2008，317：77-82.

[43] Nan Z D，Chen X N，Yang Q Q，et al. Structure transition from aragonite to vaterite and calcite by the assistance of SDBS. Journal of Colloid and Interface Science，2008，325：331-336.

[44] Chen Z Y，Li C F，Yang Q Q，et al. Transformation of novel morphologies and polymorphs of $CaCO_3$ crystals induced by the anionic surfactant SDS. Materials Chemistry and Physics，2010，123：534-539.

[45] Xu A W，Antonietti M，Cölfen H，et al. Uniform hexagonal plates of vaterite $CaCO_3$ mesocrystals formed by biomimetic mineralization. Advanced Functional Materials，2006，16：903-908.

[46] Sedlák M，Cölfen H. Synthesis of double-hydrophilic block copolymers with hydrophobic moieties for the controlled crystallization of minerals. Macromolecular Chemistry and Physics，2001，202：587-597.

[47] Wang C Y. Control the polymorphism and morphology of calcium carbonate precipitation from a calcium acetate and urea solution. Materials Letters，2008，62：2377-2380.

[48] Guo H X，Qin Z P，Qian P，et al. Crystallization of aragonite $CaCO_3$ with complex structures. Advanced Powder Technology，2011，22：777-783.

[49] Kosma V A，Beltsios K G. Simple solution routes for targeted carbonate phases and intricate carbonate and silicate morphologies. Materials Science and Engineering C，2013，33：289-297.

[50] Ping H L，Wu S F. Preparation of cage-like nano-$CaCO_3$ hollow spheres for enhanced CO_2 sorption. RSC Advances，2015，5：65052-65057.

第**6**章

碳酸钙粉体的微乳液法制备

CaCO$_3$ 的微乳液法制备是指以 Ca^{2+}-R-CO$_3^{2-}$ 为反应体系的制备工艺，通过有机介质 R 来调节 Ca^{2+} 和 CO$_3^{2-}$ 之间的传质，从而达到控制晶核生长的目的。根据有机介质 R 的不同，可将该体系分为乳液法和凝胶法。前者一般采用液体油为有机介质，如石蜡油、煤油等；后者则采用有机凝胶，如有机硅凝胶、琼脂糖凝胶等。

6.1 微乳液的类型、结构、性质、制备和用途

1943 年，Hoar 和 Schulman 首次发现了由水、油、表面活性剂和醇等自发形成的澄清透明、热力学稳定的均匀分散体系[1]。Schulman 等用 X 射线衍射、电子显微镜、黏度和光散射等表征手段分析了该"透明乳状液"中分散相液滴的形状和大小。1959 年，Schulman 等将上述均匀分散体系首次命名为"微乳液"[2]。1981 年，Danielsson 和 Lindman 等给出了微乳液的定义：由水、油和表面活性剂构成的澄清透明、光学各向同性、热力学稳定的液体分散体系[3]。

6.1.1 微乳液的类型和结构

微乳液的分类方法很多[4]，主要的几种分类方法包括：按分散相和连续相的种类分为 O/W 型微乳液、W/O 型微乳液和双连续型微乳液；按微乳液是否与多余的油或水共存可分为多相微乳液和单相微乳液；按微乳液体系中是否含水分为含水微乳液和非水微乳液；按微乳液的形态分为普通微乳液和微乳液凝胶。

6.1.1.1 按照分散相和连续相的种类分类

按分散相和连续相的种类分为 O/W 型微乳液、W/O 型微乳液和双连续型微乳液。

(1) O/W 型微乳液

O/W 型微乳液，又称水包油型微乳液或正相微乳液，是以水相为连续相，油相以极小的油滴（核）分散于水中，水相和油滴的界面为界面膜，如图 6.1(a) 所示。

(2) W/O 型微乳液

W/O 型微乳液，又称油包水型微乳液或反相微乳液，是以油相为连续相，水相以极小的水滴（核）分散于油中，油相和水滴的界面为界面膜，如图 6.1(b) 所示。

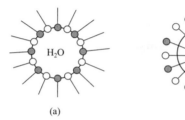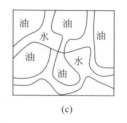

图 6.1　微乳液的类型

（a）O/W 型；（b）W/O 型；（c）双连续型

（3）双连续型微乳液

双连续型微乳液具有 W/O 和 O/W 两种微乳液结构的综合特性，其中水相和油相都不再是球状，而是类似于水管在油相中形成的网络。在双连续型结构中，任一部分油/水在形成液滴被水/油连续相包围的同时，也与其他部分的油/水滴一起组成油/水连续相，将介于油/水滴之间的水/油包围，如图 6.1（c）所示。

6.1.1.2　按照微乳液是否有多余的油和水共存分类

（1）多相微乳液

多相微乳液是由微乳液和多余的油和（或）水形成的稳定分散体系。根据微乳液和多余油和（或）水的密度和相对位置，多相微乳液分为 Winsor Ⅰ 型、Winsor Ⅱ 型和 Winsor Ⅲ 型微乳液，如图 6.2 所示。

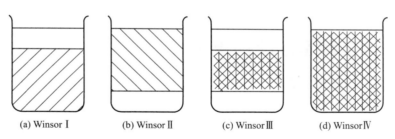

图 6.2　多相微乳液 〔(a)～(c)〕和单相微乳液 （d）

① Winsor Ⅰ 型微乳液　是指 O/W 型微乳液与过量油相共存形成的微乳液，如图 6.2(a) 所示。由于水的密度大于油的密度，O/W 型微乳液在体系的下层，多余的油相浮在体系的上层，因此 Winsor Ⅰ 型微乳液又称下相微乳液。

② Winsor Ⅱ 型微乳液　是指 W/O 型微乳液与过量水相共存形成的微乳液，如图 6.2(b) 所示。O/W 型微乳液在体系的上层，多余的水相在体系的下层，因此 Winsor Ⅱ 型微乳液又称上相微乳液。

③ Winsor Ⅲ 型微乳液　是指微乳液与过量水相和过量油相共存形成的微乳液，如图 6.2(c) 所示。多余的油相在体系的最上层，多余的水相在体系的下层，而微乳液在体系的中层，因此 Winsor Ⅲ 型微乳液又称中相微乳液。Winsor Ⅲ 型微乳液是 Winsor Ⅰ 型微乳液向 Winsor Ⅱ 型微乳液连续转变途径中的中间结构。

（2）单相微乳液

Winsor Ⅳ 型微乳液属于单相微乳液，体系中只有微乳液，没有多余的油或水，如图 6.2(d) 所示。

6.1.1.1 中的 O/W 型微乳液、W/O 型微乳液和双连续型微乳液都属于 Winsor Ⅳ 型微乳液，为单相微乳液。

6.1.2 微乳液的性质

微乳液是热力学稳定的液体分散体系，具有如下性质：

① 微乳液是热力学稳定体系　微乳液经过长时间静置不会发生分相、分层现象。

② 微乳液呈透明或半透明状　微乳液的质点尺寸在 $10\sim100nm$ 之间，远小于可见光（白光）的波长（$400\sim780nm$），因此白光能通过微乳液，用肉眼观察微乳液是透明或半透明的。

③ 微乳液的分散程度大而且均匀　微乳液分散相的液滴的尺度一般在 $10\sim100nm$ 之间，介于表面活性剂胶束和乳状液之间，并且大小非常均匀。

④ 微乳液具有较低的界面张力　形成微乳液时，油/水界面张力可以低至 $10^{-4}\sim10^{-3}mN\cdot m^{-1}$，远低于一般油/水界面的几毫牛・米$^{-1}$。

6.1.3 微乳液的制备和用途

微乳液的制备方法主要有两种，即 Schulman 法和 Shah 法。Schulman 法是向混合均匀的油、水（反应物水溶液）和表面活性剂的体系中加入助表面活性剂，在一定用量比例条件下混合直至体系变得澄清透明，最终得到正相微乳液（即 O/W 型）；Shah 法是在混合均匀的油、表面活性剂和助表面活性剂的体系中加入反应物水溶液，在一定用量比例条件下混合使体系变得澄清透明，最终得到反相微乳液（即 W/O 型）。

微乳液在萃取分离、材料合成、石油工业、生物医药、皮革、涂料、日用品和食品中有着非常广泛的用途[5]。

6.2　微乳液法制备碳酸钙粉体

6.2.1　微乳液法制备材料的发展

采用微乳液法制备纳米材料始于 20 世纪 80 年代。1980 年，Stoffer 等[6]首先以微乳液为介质进行了微乳液的聚合研究。1982 年，Boutonnet 等[7]在微乳液体系中制备了 Pt、Pd、Ru 和 Ir 单质纳米颗粒。随着人们对微乳液的组成、结构、流变性、稳定性和热力学等性质理解的不断加深，微乳液体系已经用来制备有机纳米材料、无机纳米材料和纳米复合材料。

6.2.1.1　微乳液法制备有机物

在利用微乳液法制备有机材料方面，Holmberg 等[8]于 1988 年在微乳液体系中利用酶催化制备了单甘酯；宋根萍等[9]在 SDBS/苯胺/H_2O 三组分 O/W 微乳液与苯胺单体共存的两相体系中，以单体相为单体源进行了苯胺聚合，得到了粒径为 3nm、分布较均匀且具有较好的导电性能的聚苯胺粒子；陈龙武等[10]在甲基丙烯酸甲酯/环己烷/CTAB/水体系的 W/O 微乳液中制备了粒径约 21nm、平均聚合度为 340 的聚甲基丙烯酸甲酯超细颗粒；郭振良等[11]通过微乳液聚合制备了未交联及交联的聚 N-异丙基丙烯酰胺温敏超细微粒；方治齐等[12]以自制可聚合大分子表面活性剂 HTP 与丙烯酸酯类单体进行无皂微乳液五元共聚，制备了可热固化双亲聚合物；谢彩峰等[13]以环己烷和氯仿为油相，Span-80 和 Tween-60 作为复合乳化剂，碱性淀粉溶液为水相，采用微乳液法制备了粒度分布均匀、满足药物控释要求的淀粉微球；王慧珺等[14]利用马来酸单十二醇酯钠盐为可聚合表面活性剂，以甲基丙烯酸羟乙酯为助表面活性剂，通过甲基丙烯酸甲酯的微乳液聚合制得了具有连续孔结构的半透明至白色不透明状高分子材料；刘艳军等[15]以液体石蜡为油相，二硫苏糖醇（DTT）还原的麦醇蛋白乙醇溶液为水相，Tween-80-Span-80 为复合乳化剂，采用反相微乳液法制备了粒径小于 100nm 的麦醇蛋白纳米颗粒。

6.2.1.2 微乳液法制备金属粒子

自从 1982 年 Boutonnet 等人开创了微乳液法制备金属单质纳米颗粒以来，各种金属单质纳米粒子就不断地在微乳液体系中被制备出来。梁桂勇等[16]采用 SDS/异戊醇/二甲苯/水体系，用水合肼还原硝酸银制备了纳米级银粒子；高保娇等[17]采用水（溶液）/二甲苯/SDS/正戊醇反相微乳液体系，用水合肼还原硫酸镍制备了粒径为 15～100nm 的镍单质纳米颗粒；蔡逸飞等[18]以 $CuSO_4 \cdot 5H_2O$、Span-80、Tween-80、SDBS、$NaBH_4$ 等为主要原料，采用微乳液法制备了粒径在 10～20nm 的铜单质纳米颗粒并研究了其摩擦性能；陆仙娟等[19]在 AOT/异辛烷/水组成的反相微乳液中采用 $NaBH_4$ 还原 $FeCl_2$ 制备了铁基纳米颗粒。

6.2.1.3 微乳液法制备无机粒子

微乳液法在无机非金属纳米颗粒的制备领域具有独特的优势，包括金属氧化物、硫化物、氟化物和各种酸盐。

史苏华等[20]采用微乳液法合成了表面包覆有一层十二烷基苯磺酸分子的单分散 Co_2O_3 超微粒溶胶并研究了表面活性剂和酸度等参数对产物的影响；陈龙武等[21]以正己醇为辅助表面活性剂，采用水/辛烷基苯酚聚氧乙烯醚（Triton X-100）/环己烷组成的反相微乳液制备了粒径约为 50nm 的均匀球状 $\alpha\text{-}Fe_2O_3$ 和 Fe_3O_4 超细粒子；杨传芳等[22]以 $ZrOCl_2 \cdot 5H_2O$ 为原料，以磷酸三丁酯（TBP）为萃取剂，煤油为稀释剂，在硝酸溶液中萃取锆，控制条件使有机相形成微乳液，然后以碱作反萃沉淀剂，使在微乳液中发生化学反应，最终得到超细单分散 ZrO_2 粉体；甘礼华等[23]以 $Al(OH)_3$ 溶胶/Triton X-100/环乙烷体系的微乳液反应为基础，制取了平均直径约为 9nm 并具有较好的单分散性的超细 $\gamma\text{-}Al_2O_3$ 粒子；关蓉伊[24]用微乳液法制备了经 SDBS 和 ST 表面修饰的 Cr_2O_3 超微粒子并讨论了影响超微粒子粒度和萃取率的因素；石硕等[25]以 $Ce(NO_3)_3$ 为原料，以 Triton N-101/$n\text{-}C_8H_{18}$/$n\text{-}C_5H_{11}OH$/H_2O 体系 W/O 微乳液为反应介质，制备了超细 CeO_2 微粒；潘庆谊等[26]以脂肪醇醚硫酸钠（AES）或 SDS 和丁醇组成的微乳液制备了平均晶粒度为 6nm，平均颗粒尺寸小于 20nm 的均匀分散的 SnO_2 超细颗粒；施利毅等[27]以 $TiCl_4$ 为原料，在 Triton X-100/正己醇/环己烷组成的微乳液中合成了 TiO_2 超细粒子的前驱体——水合 TiO_2，经 650℃ 热处理得到平均粒径为 24.6nm 的锐钛型 TiO_2 超细颗粒，经 1000℃ 热处理得到平均粒径为 53.5nm 的锐钛型 TiO_2 超细颗粒；吴宗斌等[28]将 CTAB/环己烷/正丁醇/硝酸钇和 CTAB/环己烷/正丁醇/氨水两种微乳液快速混合，并将产物进行热处理，得到粒径小于 30nm 的 Y_2O_3 超细粒子；崔若梅等[29]在 80～90℃ 下采用不同的微乳液体系制备了粒径为 25～30nm 的 ZnO 和 50～75nm 的 CuO 超微粒子；何秋星等[30]采用双微乳液混合法制备了平均粒径为 27nm，粒径尺寸分布范围较窄的 ZnO 球形纳米粒子；耿寿花等[31]采用 CTAB/正丁醇/正辛烷/钐盐水溶液（氨水）所形成的反相微乳液体系，控制合成了平均粒径约为 20nm 的 Sm_2O_3 球形粒子。

吕彤等[32]在 AOT/环己烷/$Cd(NO_3)_2$ 微乳液中采用沉淀剂硫代乙酰胺（TAA）和 H_2S 制备了粒径小于 10nm 的 CdS 超细粒子；单民瑜等[33]采用 Span-80-Tween-60/正丁醇/120$^\#$汽油/乙酸锌水溶液的反相微乳液体系，制备了平均粒径为 10～20nm，分散良好的立方 ZnS 纳米粒子；李红[34]采用 CTAB/正戊醇/正辛烷/水反相微乳液体系制备了粒径在 80～800nm 之间的 BaF_2 粉体。

王世权等[35]利用非离子型表面活性剂组成的微乳液，制备了均匀分散的纺锤形 $SrCO_3$ 粒子；郭广生等[36]通过微乳液法制备了直径为 30～200nm，长度达十几个微米的 $La_2(CO_3)_3$ 纳米线并研究了反应物浓度、pH 值、反应温度和反应时间对纳米线生长的影响；杨汉民等[37]

以 Triton X-100/n-$C_{10}H_{21}OH$/H_2O 体系的反相微乳液制备了粒径为 20～40nm 的 $LaPO_4$ 球状粒子；田中青等[38]采用环己烷/Span-80-Tween-80/正丁醇/水溶液的微乳液体系制备了平均粒径为 30～60nm 的 $LaAlO_3$ 单分散球形粒子；曹丽云等[39]采用 Span-80-Tween-60/正己醇/120#汽油的微乳液体系制备了平均粒径为 20nm 的 $CoAl_2O_4$ 天蓝纳米陶瓷颜料；肖旭贤等[40]以 TX 10＋AEO9/正戊醇/环己烷/水微乳液体系制备了粒径为 20～50nm 的 $CoFe_2O_4$ 纳米颗粒；沈水发等[41]采用 Triton X-100-正己醇/环己烷/水溶液组成的微乳液体系制备 $Bi_2Sn_2O_7$ 的前驱体，并在 500℃下热处理，制得了平均晶粒尺寸为 10nm，具有烧绿石结构的四方晶相的 $Bi_2Sn_2O_7$ 球形纳米颗粒；邓兆等[42]以 $Ba(OH)_2 \cdot 8H_2O$ 和钛酸四丁酯为原料，在水/OP-10/正己醇/环己烷微乳液体系中制备了平均粒径为 18～35nm 的 $BaTiO_3$ 纳米粉体；邢光建等[43]采用 CTAB/H_2O/环己烷/正丁醇的反相微乳液体系，通过调整表面活性剂和反应物浓度以及反应时间等参数，得到了近球状、哑铃状、纺锤体状、花簇状等特殊形貌的 $SrMoO_4$ 微晶材料；杨惠芳等[44]采用 CTAB/正丁醇/正己烷/水四元反相微乳液体系制备了颗粒分散均匀，粒度为 30nm 的羟基磷灰石（HA）球形颗粒；马洪岭等[45]利用 Triton X-100、正丁醇、环己烷、$MgCl_2$ 和 Na_2SiO_3 溶液的反相微乳液体系制备了粒径为 60～90nm 的羟基硅酸镁 [$Mg_3Si_2O_5(OH)_4$]；丁益等[46]在 CTAB/水/戊烷/戊醇微乳液体系中，以 Na_2MoO_4 和 $La(NO_3)_3$ 为原料制备了具有不同微结构的 $La_2(MoO_4)_3$ 并研究了其发光性能。

6.2.1.4 微乳液法制备复合材料

微乳液法也经常用来制备各种复合材料。李文华等[47]在 Triton X-100/正己醇/正己烷/$HAuCl_4$ 和 $Fe(NO_3)_3$ 溶液的微乳液体系中制备了 4～6nm 的 Au/Fe_2O_3 超细复合粒子；羊亿等[48]利用微乳液法合成 CdS 纳米微粒，并对其进行表面修饰，得到具有 CdS/ZnS 包覆结构的纳米微粒，CdS 内核的直径为 5nm，CdS/ZnS 包覆结构总粒径为 8～10nm；张朝平等[49]利用微乳液法制备了粒径小于 30nm 的 Fe-Ni 超细磁性复合粒子；金小平等[50]将硅溶胶引入微乳液中，成功地制备出负载型 Ag/SiO_2 过氧化氢分解催化剂，Ag 粒子粒径在 10nm 左右；郑一雄等[51]在反相微乳液中用 KBH_4 还原 $Ni(Ac)_2$ 制备 Ni-B 非晶态合金团簇，团簇为尺寸为 10～15nm、分布较均匀、基本达到单分散的球形粒子；丁建旭等[52]采用微乳液法成功制备了 Fe_2B 包覆的纳米 α-Fe，解决了纳米 α-Fe 的氧化问题，其中 α-Fe 粒度在 20～100nm 之间，复合粒子具有较高的磁化强度、剩余磁化强度和矫顽力；刘冰等[53]在 Triton X-100/正己醇/环己烷/水反相微乳体系中，以超顺磁性 Fe_3O_4 纳米粒子为种子，采用碱催化正硅酸己酯（TEOS）水解、缩合，制备了核壳结构的 SiO_2/Fe_3O_4 复合纳米粒子；罗广圣等[54]在以正己醇为油相，CTAB 为表面活性剂，$FeSO_4$、$MnSO_4$、$ZnSO_4$ 混合溶液为水相的反相微乳液中制备了平均粒径约为 10nm 的 Mn-Zn 铁氧体磁性纳米粒子；温九平等[55]用微乳液法制备了以 $NiFe_2O_4$ 为核，SiO_2 为包覆层的核壳型纳米复合粒子 $NiFe_2O_4/SiO_2$，平均粒径约为 40nm，与未包覆的 $NiFe_2O_4$ 相比，核壳复合粒子团聚趋势减弱，保持了良好的超顺磁性；刘才林等[56]采用柠檬酸钠为稳定剂，PVP 为分散剂，以水合肼还原银氨络离子制备出稳定的单分散胶态纳米 Ag，然后以制得的纳米 Ag 溶胶，通过正相微乳液聚合，制备纳米 Ag/聚苯乙烯复合材料；胡荣等[57]以 SDS、乙醇、正丁醇和异辛烷的混合物作为复合乳化剂，采用超声微乳液法制备了粒径范围在 300～750nm 的 Ag/AgCl 复合纳米颗粒；许湧深等[58]采用甲苯/水/十二烷基苯磺酸/正戊醇的反相微乳液，TEOS 在水核中形成 SiO_2 纳米粒子，然后加入通过溶液聚合制备的甲基丙烯酸甲酯（MMA）和 γ-甲基丙烯酰氧基丙基三甲氧基硅烷（KH570）共聚物的甲苯溶液，实现共聚物对纳米 SiO_2 的包覆，制备了平均粒径约为 36nm 的 $PMMA/SiO_2$ 核壳结构纳米粒子；杨昆等[59]以 3-巯基丙酸为稳定剂，亚硒酸钠为硒源，合成水溶性 CdSe

量子点，然后采用反相微乳液技术制备了以 CdSe 量子点为核的 SiO_2 荧光纳米颗粒，颗粒大小均匀，平均粒径为 45nm，水溶性和光稳定性好；赵青等[60]利用微乳液法在温和条件下合成 Li_2FeSiO_4/C 的前驱体，热处理后得到直径为 200nm，长度在 $300\sim500nm$ 之间的蠕虫形纳米 Li_2FeSiO_4/C 正极材料。

6.2.2　微乳液法制备碳酸钙粉体

在微乳液法制备无机纳米材料时，通常采用反相微乳液（W/O 型微乳液）。反相微乳液中，表面活性剂和助表面活性剂构成的单分子层包围形成了微乳液滴，这些微小的"水池"彼此分离，形成了很多"微反应器"，如图 6.3 所示。这些"微反应器"的粒径通常小于 100nm，拥有很大的界面，非常有利于化学反应。

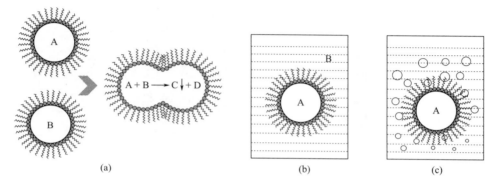

图 6.3　微乳液体系内的物质交换
（a）不同成分的"微反应器"进行物质交换；（b）"微反应器"与溶液之间进行物质交换；
（c）"微反应器"与气体之间进行物质交换

无机纳米粒子的合成是在"微反应器"内部进行的，其形成机理分为三种情况：不同成分的"微反应器"进行物质交换、"微反应器"与溶液之间进行物质交换以及"微反应器"与气体之间进行物质交换。

（1）不同成分的"微反应器"进行物质交换

该方法是将含有 A、B 两种反应物的反相微乳液混合，由于胶束微粒的碰撞和结合，两种"微反应器"进行物质交换，A 进入 B 的"微反应器"内或者 B 进入 A 的"微反应器"内，发生反应生成产物 C，结晶并长大，最终生成纳米颗粒，如图 6.3(a) 所示。含 $CaCl_2$ 和 Na_2CO_3 的两种反相微乳液混合制备 $CaCO_3$ 颗粒就属于此类。

（2）"微反应器"与溶液之间进行物质交换

该方法是含有反应物 A 的反相微乳液与以溶液形式存在的反应物 B 混合，B 物质从微乳液的界面膜渗透进入含 A 的"微反应器"内与 A 发生化学反应，经过成核、结晶和生长，最终生成纳米颗粒，如图 6.3(b) 所示。含 $CaCl_2$ 或 Na_2CO_3 的反相微乳液与 Na_2CO_3 或 $CaCl_2$ 的溶液混合制备 $CaCO_3$ 颗粒就属于此类。

（3）"微反应器"与气体之间进行物质交换

该方法是将作为反应物之一的气体通入含有反应物 A 的微乳液体系中，充分混合后气体进入"微反应器"内与 A 发生反应，经过成核、结晶和生长，最终生成纳米颗粒，如图 6.3(c) 所示。含 $Ca(OH)_2$ 的微乳液通入 CO_2 被碳化制备 $CaCO_3$ 颗粒就属于此类。

与微乳液法制备其他无机纳米材料一样，纳米 $CaCO_3$ 的微乳液法制备所选用的微乳液基本上都是反相微乳液，并且反应过程中物质交换的形式多为不同成分的"微反应器"进行物质交换，还有一些为"微反应器"与气体之间进行物质交换。

Niemann 等[61]利用微乳液法制备了平均粒径仅为 5nm 的 $CaCO_3$ 超微粉体并研究了不同条件下产物的形貌。先将环己烷和十三醇（13/40）在烧杯中混合成均匀的油相，分别添加 $CaCl_2$ 和 Na_2CO_3 溶液，形成两种微乳液；然后将等体积的两种微乳液混合使之反应生成 $CaCO_3$ 沉淀。

在 40℃下盐溶液浓度为 $0.1mol \cdot L^{-1}$、反应时间为 30min 时，不同微乳液组分获得的产物的粒度和 TEM 形貌如图 6.4 所示。在 $\alpha=0.86$、$\gamma=0.15$ 和 $\alpha=0.92$、$\gamma=0.15$ 两种情况下产物的粒径和形貌并没有显著区别，平均粒径约为 4nm。而对产物的更进一步研究表明，该产物并不是无定形态 $CaCO_3$。改变反应物的浓度和比值，反应 30min 后产物的粒度和形貌也没有显著改变。

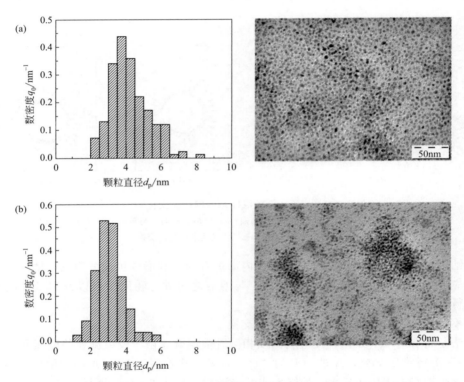

图 6.4　反应温度 40℃时，不同条件下产物的粒度分布和 TEM 形貌
(a) $\alpha=0.86$，$\gamma=0.15$；(b) $\alpha=0.92$，$\gamma=0.15$ ［其中 $\alpha=m_{油}/(m_{水}+m_{油})$，$\gamma=m_{活性剂}/(m_{水}+m_{油}+m_{活性剂})$］

值得注意的是，两种情况下反应物在混合和反应的初期，体系都是透明的。延长反应时间约 4h，反应体系开始变浑浊，浑浊程度取决于微乳液组分和反应物浓度。$\alpha=0.92$，$\gamma=0.15$ 组分在反应 24h 时得到了白色的浑浊液，这说明有大颗粒形成，颗粒的 TEM 形貌、电子衍射及其 EDX 结果如图 6.5 所示。可以看出，反应 24h 后，产物由约 4nm 的等轴状颗粒变成了针状颗粒，直径为 10～100nm，长度约为几到几十微米。EDX 分析结果表明产物中含有 C、O、Ca 元素，但电子衍射图谱显示针状颗粒是由球霰石多晶组成的。

Kang 等[62]利用含 Na_2CO_3 和 $CaCl_2$ 的微乳液制备了不同晶型和形貌的 $CaCO_3$ 粉体。分别制备含有 Na_2CO_3 和 $CaCl_2$ 的环己烷/SDS 或 AOT/盐溶液的微乳液，然后将两种微乳液快速混合，反应 1h 后将沉淀过滤、水洗和干燥。

作者首先研究了水溶液、正相微乳液和反相微乳液三种反应体系产物的晶体类型和颗

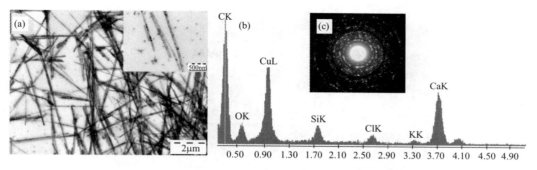

图 6.5　反应温度 40℃时，$\alpha=0.92$，$\gamma=0.15$ 组分产物的 TEM 形貌（a）；
针状颗粒的 EDX 图谱（b）和针状颗粒的电子衍射图谱（c）

粒形貌，如图 6.6 和图 6.7 所示。没有油相和表面活性剂的水溶液反应体系的产物 XRD 中出现了方解石相和球霰石相的衍射峰 [图 6.6(a)]，根据公式以及公开的研究，球霰石相的含量大于方解石[63,64]；其中方解石为棱角不是十分鲜明的菱方状颗粒，球霰石为浑圆状颗粒 [图 6.7(a)]。$R=1500$ 的 SDS 正相微乳液反应体系的产物 XRD 中只出现了方解石相的衍射峰 [图 6.6(b)]，说明只生成了方解石相；方解石小晶粒团聚成了球形大颗粒 [图 6.7(b)]。而 $R=150$ 的 SDS 反相微乳液反应体系的产物 XRD 中只有球霰石相的衍射峰 [图 6.6(c)]，说明产物中只含有球霰石；此时球霰石呈颗粒大小不均匀的球形 [图 6.7(c)]。$R=7.5$ 的 AOT 反相微乳液反应体系的产物 XRD 中球霰石相的衍射峰强度高于方解石的衍射峰 [图 6.6(d)]，说明球霰石相为主晶相，因此 SEM 图像中大部分颗粒呈球形 [图 6.7(d)]。

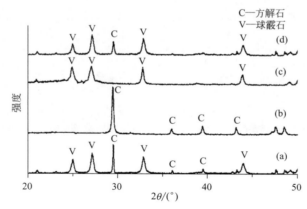

图 6.6　不同反应体系下产物 CaCO₃ 的 XRD 图谱
（a）水溶液；（b）SDS 正相微乳液（$R=1500$）；（c）SDS 反相微乳液（$R=150$）；
（d）AOT 反相微乳液（$R=7.5$）（$R=$水/活性剂）

作者还进一步研究了含 SDS 和 AOT 的两个反相微乳液体系中 R 对产物颗粒形貌和晶体类型的影响，如图 6.8 和图 6.9 所示。在添加 SDS 的反相微乳液体系中，产物为较规则的球霰石球形颗粒 [图 6.8(a)、(b) 和图 6.9]，说明当 R 为 150～600 时体系中能形成稳定的球形胶束。而不添加 SDS 时，产物部分为球形，部分为菱方状及其聚集体 [图 6.8(c)]，分别对应球霰石和方解石（图 6.9）。另外，当 SDS 的加入量较大时（$R<150$），形成了非晶态 CaCO₃ 粉体。添加 AOT 的反相微乳液反应体系，只有当 AOT 的添加量很大时才能形成球霰石球形颗粒 [$R=3.75$，图 6.8(d)]。随着 AOT 加入量的减少，产物中球形颗粒的数量逐渐减少，不规则形貌的方解石颗粒增加 [图 6.8(e)、(f)]。

图 6.7　不同反应体系下产物 $CaCO_3$ 的 SEM 图像

（a）水溶液；（b）SDS 正相微乳液（$R=1500$）；（c）SDS 反相微乳液（$R=150$）；

（d）AOT 反相微乳液（$R=7.5$）（$R=$水/活性剂）

图 6.8　不同反相微乳液体系下产物 $CaCO_3$ 的 SEM 图像

（a）$R=150$ SDS；（b）$R=600$ SDS；（c）R 无限大；（d）$R=3.75$ AOT；（e）$R=15$ AOT；（f）$R=150$ AOT

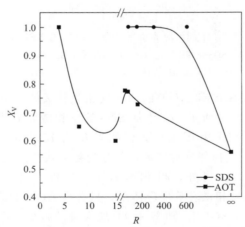

图 6.9　SDS 和 AOT 的加入量对产物 $CaCO_3$ 物相组成的影响

Tai 等[65]详细研究了 AOT/异辛烷/水组成的反相微乳液体系中各参数对制备的 $CaCO_3$ 晶相组成、颗粒形貌和粒径的影响。先在 25℃ 下分别配制含 $CaCl_2$ 和 Na_2CO_3 的两种反相微乳液；然后将两种微乳液混合并施以搅拌，由透明逐渐变浑浊，当体系变为不透明时停止反应；最后将沉淀在 8000r·min^{-1} 下离心 10min、80/20 的乙醇/水溶剂清洗、热空气下干燥 30min。

不同实验参数及其产物 $CaCO_3$ 的性质列于表 6.1，其 SEM 图像如图 6.10 所示。当水溶液的量不变，随着油相量的降低和表面活性剂的增加，产物 $CaCO_3$ 的形貌由棒状变为无规则，无规则颗粒的粒径与棒状颗粒的长度相当 [图 6.10(a)～(c)]。当降低水相含量，增加油相含量时，产物颗粒由无规则变为球形或甜甜圈状 [图 6.10(d)～(f)]。

表 6.1　实验参数以及产物 $CaCO_3$ 的性质（一）

样品	反相微乳液组成/%			ω	S	时间/min	颗粒形貌	粒径/μm
	AOT	异辛烷	水溶液					
A	34	44	22	15.96	3.16	30	棒状	长 1～2,宽 0.4
B	48	30	22	11.30	4.65	30	无规则	1～3
C	55	23	22	9.87	6.07	30	无规则	1～3
D	25	63	12	12.34	1.27	75	球形	1～2
E	25	67	8	7.90	0.76	80	甜甜圈状	1～3
F	39	53	8	5.06	0.95	900	球形	1～2

注：ω＝水/活性剂（摩尔比）；S＝水/油（摩尔比）；R＝1（$CaCl_2/Na_2CO_3$ 摩尔比）。

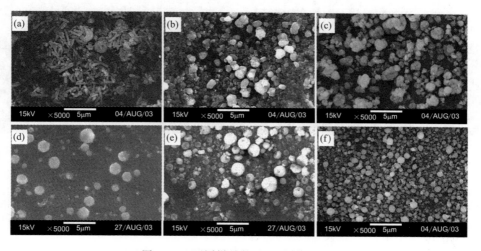

图 6.10　不同样品的 SEM 图像（一）
(a) A；(b) B；(c) C；(d) D；(e) E；(f) F

为了研究添加剂对产物晶型和颗粒形貌的影响，作者在 25℃、ω＝15.96、S＝3.16、R＝4 的反应体系中加入不同种类和数量的添加剂，添加剂的种类和数量及其产物的性质如表 6.2 和图 6.11 所示。不添加任何添加剂的样品 G 与上述样品 A 的区别在于 $CaCl_2$ 和 Na_2CO_3 摩尔比不同，虽然表 6.1 中没有给出样品 A 的晶体类型，但是棒状晶粒是文石相的典型形貌，因此可以认为样品 A 中的 $CaCO_3$ 为文石。而样品 G 中颗粒形貌为无规则 [图 6.11(a)]，其晶相却属于文石（表 6.2）。加入 $Na_5P_3O_{10}$ 时产物颗粒虽然变为球形，粒径也有较大幅度的降低 [图 6.11(b)]，但却属于方解石相（表 6.2）。当加入 Fe^{3+}、Cu^{2+}、EDA 和 DETA 时，产物颗粒均为盘状，粒径逐渐增加，但均低于不加添加剂时产物的粒径（表 6.2）。而添加 1000×10^{-6} 的马铃薯淀粉时，产物的形貌依然是无规则，粒径与不加添加剂时相当，但其晶相却属于方解石（表 6.2）。

表 6.2 实验参数以及产物 $CaCO_3$ 的性质（二）

样品	添加剂	添加剂数量/10^{-6}	晶相	颗粒形貌	粒径/μm
G	—	—	A(V,C)	无规则	1～2
H	$Na_5P_3O_{10}$	200	C	球形	0.2～0.3
I	Cu^{2+}	10	C	盘状	0.2～0.3
J	Fe^{3+}	10	C	盘状	0.4～0.5
K	乙二胺（EDA）	3000	C	盘状	0.5～0.6
L	二亚乙基三胺（DETA）	3000	C	盘状	0.7～0.8
M	马铃薯淀粉	1000	C(A)	不规则球状	1～2

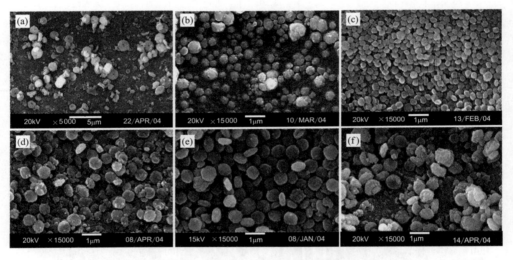

图 6.11 不同样品的 SEM 图像（二）

(a) G；(b) H；(c) I；(d) K；(e) L；(f) M

当 $CaCl_2$ 和 Na_2CO_3 的浓度和用量一定时，不同的 ω 和 S 值对产物形貌和粒径的影响列于表 6.3。

表 6.3 不同 ω 和 S 值时产物 $CaCO_3$ 的形貌和粒径

S \ ω	12.3	14.0	16.0	20.0
3.16	球状 0.4～0.5μm	盘状 0.2～0.6μm	盘状 0.4～0.5μm	不规则 1μm
2.0	球状 0.1～0.2μm	不规则 1μm	盘状 0.4～0.5μm	不规则 1μm
1.26	球状 0.1～0.2μm	不规则 1μm	量少，无法检测	不规则 1μm

注：$T=25℃$；$R=4$；$[Na_5P_3O_{10}]=135 \times 10^{-6}$；0.1mol·$L^{-1}$ $CaCl_2$ 乳液 22g，0.05mol·L^{-1} Na_2CO_3 乳液 11g。

当反应温度、ω 和 S 值、$CaCl_2$ 和 Na_2CO_3 的浓度一定时，不同的 R 值也会对产物的晶相和颗粒形貌产生影响，如表 6.4 所示。

表 6.4　不同 R 值时产物 $CaCO_3$ 的形貌和粒径

CaCl₂ 溶液		Na₂CO₃ 溶液		R 值	晶相	颗粒形状和粒径
质量/g	浓度/mol·L⁻¹	质量/g	浓度/mol·L⁻¹			
100	0.05	50	0.2	1:2	A(C)	六角板状 1～3μm
100	0.05	100	0.2	1:4	C(A)	纺锤状 0.5～0.6μm
50	0.05	100	0.2	1:8	量少	无规则 3～5μm

注：$T=25℃$；$\omega=15.96$；$S=3.16$；水相含量 22%（质量分数）；$[Na_5P_3O_{10}]=135×10^{-6}$。

当反应温度、ω、S 和 R 值一定时，$CaCl_2$ 和 Na_2CO_3 溶液的不同加入量和浓度也会对产物的晶相和颗粒形貌产生影响，如表 6.5 和图 6.12 所示。样品 N 中颗粒全部为六角板状，样品 P 和 Q 中除了大量六角板状颗粒外，还有少量方解石小颗粒，而样品 O 中方解石小颗粒的数目比样品 P 和 Q 中多得多。

表 6.5　$CaCl_2$ 和 Na_2CO_3 溶液的不同加入量和浓度时产物 $CaCO_3$ 的形貌和粒径

样品	CaCl₂ 溶液		Na₂CO₃ 溶液		晶相	颗粒形状和粒径
	质量/g	浓度/mol·L⁻¹	质量/g	浓度/mol·L⁻¹		
N	22	0.05	11	0.2	A	六角板状 2～2.5μm
O	11	0.1	22	0.1	A(C)	六角板状 1.5～3μm
P	16.5	0.067	16.5	0.133	A(C)	六角板状 1.5μm
Q	5	0.2	27.5	0.08	A(C)	六角板状 1.5～2μm

注：$T=25℃$；$\omega=15.96$；$S=3.16$；$R=0.5$；不加添加剂。

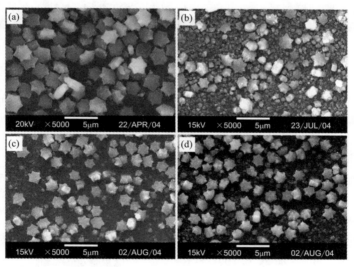

图 6.12　不同样品的 SEM 图像
(a) N；(b) O；(c) P；(d) Q

Jiang 等[66]在 CO_2/N_2 开关表面活性剂（N'-十二烷基-N、N-二甲基乙基脒碳酸氢盐）的反相微乳液中制备了具有不同颗粒形貌的 $CaCO_3$ 粉体：分别将 $CaCl_2$ 和 Na_2CO_3 的水溶液与 N'-十二烷基-N、N-二甲基乙基脒碳酸氢盐/正庚烷/己醇的混合液混合形成反相微乳液，然后将两种微乳液混合，在室温下搅拌反应 6h，将混合物加热到 65℃、鼓入 N_2 持续 30min，直到体系变浑浊，最后将沉淀 8000r·min⁻¹离心、乙醇和丙酮洗 2～3 次、干燥。

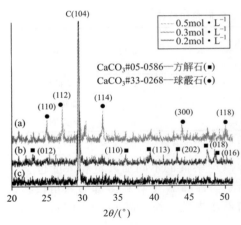

图 6.13　反应物不同浓度（mol·L⁻¹）
时 CaCO₃ 的 XRD 图谱

(a) 0.5；(b) 0.3；(c) 0.2

图 6.13 和图 6.14 是 $CaCl_2$ 和 Na_2CO_3 不同浓度时得到的产物的 XRD 图谱和 SEM 图像（表面活性剂的加入量为 $0.07mol·L^{-1}$）。当反应物浓度为 $0.5mol·L^{-1}$ 时，XRD 图谱中出现了球霰石相和方解石相的衍射峰，通过计算，二者含量分别为 32.2％ 和 67.8％［图 6.13（a）］；球霰石相颗粒呈现其典型的球形形貌，方解石颗粒呈现其典型的菱方体形貌［图 6.14（a）］。当反应物浓度降为 $0.3mol·L^{-1}$ 和 $0.2mol·L^{-1}$ 时，XRD 图谱中只有方解石相的衍射峰［图 6.13（b）、(c)］，但是两个浓度下产物的颗粒形貌却有很大的不同。浓度为 $0.3mol·L^{-1}$ 时产物颗粒呈现了方解石典型的菱方体形貌［图 6.14（b）］，而 $0.2mol·L^{-1}$ 时产物除了菱方状颗粒外，还出现了较多的棒状颗粒［图 6.14(c)］，作者认为这可能是由方解石颗粒在两个方向上不同的生长速率造成的。

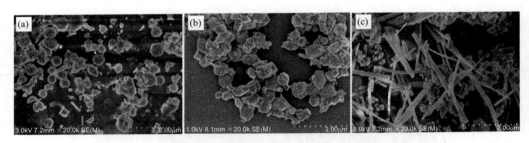

图 6.14　反应物不同浓度（mol·L⁻¹）时 CaCO₃ 的 SEM 图像

(a) 0.5；(b) 0.3；(c) 0.2

作者选用反应物浓度为 $0.3mol·L^{-1}$ 的体系，研究了不同数量表面活性剂的加入对产物晶体类型和颗粒形貌的影响，如图 6.15 和图 6.16 所示。当表面活性剂的加入量为 $0.04mol·L^{-1}$ 时，XRD 图谱中出现了球霰石相和方解石相的衍射峰，当表面活性剂的加入量增加至 $0.07mol·L^{-1}$ 和 $0.1mol·L^{-1}$ 时，XRD 图谱中只出现了方解石相的衍射峰，作者认为阳离子表面活性剂吸附在 $CaCO_3$ 的负电位置，有利于方解石稳定相的生成。虽然加入 $0.1mol·L^{-1}$ 和 $0.07mol·L^{-1}$ 表面活性剂时产物都是方解石，但是其颗粒形貌却存在显著的差别。前者为由针状颗粒聚集而成的树枝状大颗粒［图 6.16(a)］，后者为菱方体及其聚集体［图 6.16(b)］。而加入 $0.04mol·L^{-1}$ 表面活性剂的产物中出现了菱方体、短棒状颗粒和中空饼状颗粒［图 6.16(c)］。

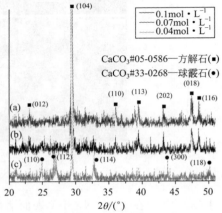

图 6.15　表面活性剂不同浓度（mol·L⁻¹）
时 CaCO₃ 的 XRD 图谱

(a) 0.1；(b) 0.07；(c) 0.04

图 6.16　活性剂不同浓度（mol·L^{-1}）时 CaCO$_3$ 的 SEM 图像

（a）0.1；（b）0.07；（c）0.04

Ahmed 等[67]在微乳液体系中制备了不同颗粒形状的纳米 CaCO$_3$：先以异辛烷为油相、CTAB 为表面活性剂、正丁醇为助活性剂，分别制备含有 Ca(NO$_3$)$_2$ 和（NH$_4$)$_2$CO$_3$ 的两种反相微乳液（质量分数分别为 59.29%、16.76%、13.90% 和 10.05%），然后将两种微乳液缓慢混合，并施以磁力搅拌，在 20℃或 40℃下反应 3h 并于同样温度下离心、将氯仿/甲醇混合液清洗、干燥。

作者首先研究了 20℃下 Ca(NO$_3$)$_2$ 和（NH$_4$)$_2$CO$_3$（二者摩尔比为 1:1）的不同量对产物晶体类型和颗粒形貌的影响，如图 6.17 和图 6.18 所示。当反应物的量为 0.625μmol 时，产物为纯的方解石相［图 6.18(a)］，颗粒形貌大部分为菱方状，少部分形状不规则［图 6.17(a)、(b)］。反应物的量为 3.125μmol 和 6.25μmol 时，产物为方解石和球霰石的混合相［图 6.18(b)、(c)］。当反应物的量增加为 9.375μmol 时，产物 XRD 图谱中方解石相的衍射峰极微弱［图 6.18(d)］，说明产物可以近似看成纯球霰石相。球霰石颗粒呈六角板状，直径约为 1μm［图 6.18(c)］。对其在更高放大倍数下的观察表明，六角板状颗粒是由直径大约为 50nm 的球形颗粒聚集而成的［图 6.18(c)］。作者认为高的反应物浓度会形成更多的胶束，从而使

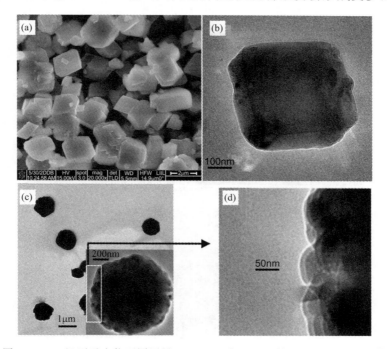

图 6.17　20℃下反应物不同用量（μmol）时 CaCO$_3$ 的 SEM 和 TEM 图像

（a）、（b）0.625；（c）、（d）9.375

生成的球霰石小颗粒容易聚集成大颗粒。事实上，很多研究都证明，球霰石的球形、板状、花状大颗粒都可以看作是由其典型的形貌——纳米球形颗粒构成的，但是这些单分散的球霰石纳米球形颗粒是很难得到的。

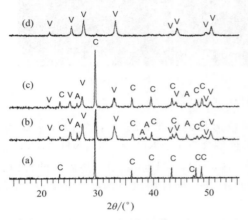

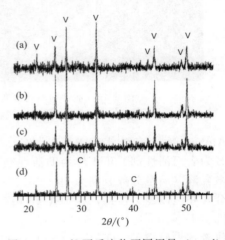

图 6.18 20℃下反应物不同用量（μmol）时 CaCO₃ 的 XRD 图谱

(a) 0.625；(b) 3.125；(c) 6.25；(d) 9.375

图 6.19 40℃下反应物不同用量（μmol）时 CaCO₃ 的 XRD 图谱

(a) 0.625；(b) 3.125；(c) 6.25；(d) 9.375

为了在较低用量下获得纯的球霰石相 $CaCO_3$，作者考察了在 40℃、不同反应物用量时合成的 $CaCO_3$ 的晶体类型和颗粒形貌，如图 6.19 和图 6.20 所示。40℃时反应物用量对合成 $CaCO_3$ 的晶体类型的影响与 20℃相反，即在低用量（0.625μmol、3.125μmol 和 6.25μmol）下生成纯的球霰石相，而在高用量（9.375μmol）下生成了球霰石和方解石的混合相。当反应物用量为 0.625μmol 时，一次颗粒为粒径约 100nm 的不规则球形颗粒，小颗粒聚集成形状不太规

图 6.20 40℃下反应物不同用量（μmol）时 CaCO₃ 的 SEM 和 TEM 图像

(a) 0.625；(b)，(c) 3.125；(d) 6.25

则的大颗粒 [图 6.20(a)]。当反应物用量增加为 3.125μmol 时，除了一些无规则形貌的颗粒，还出现了一些棒状或纺锤状的颗粒 [图 6.20(b)]，对这些颗粒的 TEM 观察结果表明这些颗粒是由直径和长度约 30nm 和 250nm 的纳米棒聚集而成的 [图 6.20(c)]。当反应物用量进一步增加为 6.25μmol 时，除了一些粒径约 100nm 的不规则球形颗粒进行不规则聚集外，还出现了菱方状颗粒 [图 6.20(d)]，这显然是方解石颗粒，但是其 XRD 图谱中并未出现方解石相的衍射峰。

微乳液法还用于制备中空 $CaCO_3$ 颗粒以实现一些生物大分子的封装和输送。Fujiwara 等[68] 采用微乳液体系制备了中空 $CaCO_3$ 微胶囊并成功地实现了一些生物大分子的封装：先将 32mL 浓度为 3mol·L^{-1} 的 K_2CO_3 水溶液与 48mL 含 0.67g Tween 和 0.33g Span 的正己烷混合、搅拌形成反相微乳液，然后快速倒入 640mL 浓度为 0.3mol·L^{-1} 的 $CaCl_2$ 水溶液中，反应 10min 后将沉淀过滤、水洗三次、100℃干燥 12h 以上，反应示意图如图 6.21 所示。

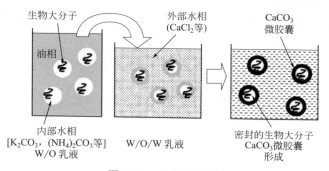

图 6.21 反应示意图

图 6.22 为 K_2CO_3-$CaCl_2$ 和 $(NH_4)_2CO_3$-$CaCl_2$ 微乳液反应体系产物的 XRD 图谱。图 6.23 为 K_2CO_3-$CaCl_2$ 和 $(NH_4)_2CO_3$-$CaCl_2$ 微乳液以及 K_2CO_3-$CaCl_2$ 溶液反应体系产物的 SEM 和 TEM 图像。可以看出，K_2CO_3-$CaCl_2$ 微乳液体系的产物以球霰石为主晶相，方解石为次晶相，产物颗粒为球形，粒径在 1~10μm。而 $(NH_4)_2CO_3$-$CaCl_2$ 微乳液反应体系的产物几乎全部为球霰石，产物颗粒为单分散性较好的球形，其粒径在 2~5μm 之间。但是在图 6.23(a) 中并未发现具有方解石相的典型形貌的菱方状颗粒，作者认为 XRD 表征样品是在过滤 10min 后获得的，其中的方解石是由球霰石转变而来的。另外，从 TEM 图像可以看出，球形颗粒内部的密度低于边缘的密度，可以认为是中空的。作者试图获得不完整的球形颗粒以给出其为中空的直接证据，但是发现颗粒极易粉碎。因此，作

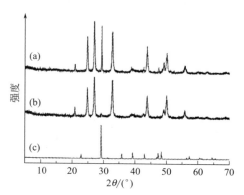

图 6.22 不同微溶液体系下产物 $CaCO_3$ 的 XRD 图谱
(a) K_2CO_3-$CaCl_2$；(b) $(NH_4)_2CO_3$-$CaCl_2$；(c) 方解石

者通过与直接混合 K_2CO_3 和 $CaCl_2$ 溶液得到的 $CaCO_3$ 颗粒的 TEM 图像对比发现，该方法获得的颗粒内部和边缘的密度没有差别 [图 6.23(f)、(g)]，间接说明了 K_2CO_3-$CaCl_2$ 微乳液反应体系的产物颗粒是中空的。作者通过对球形颗粒进一步观察发现，球形颗粒是由小晶粒堆积而成的，小晶粒之间的空隙在 50~80nm 之间 [图 6.23(e)]，构成了产物颗粒的介孔。

Fujiwara 等[69] 还在微乳液体系中制备了 $CaCO_3$ 并利用球霰石向方解石的转变实现了对蛋

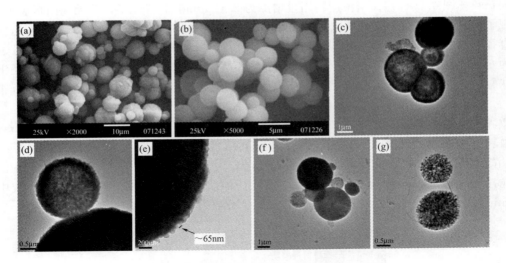

图 6.23 不同反应体系产物的 SEM 和 TEM 图像

(a)，(c)～(e) K₂CO₃-CaCl₂ 微乳液；(b) (NH₄)₂CO₃-CaCl₂ 微乳液；(f)，(g) K₂CO₃-CaCl₂ 溶液；

(a)，(b) SEM 图像；(c)～(g) TEM 图像

白质的封装：先将 32mL 浓度为 3mol·L⁻¹ 的 (NH₄)₂CO₃ 水溶液与 48mL 含 1.0g Tween-85 的正己烷混合、搅拌形成反相微乳液，然后快速倒入 640mL 浓度为 0.3mol·L⁻¹ 的 CaCl₂ 水溶液，在 300r·min⁻¹ 的搅拌速度下反应 5min 后将沉淀过滤、水/醇洗、80℃干燥 12h，整个反应过程保持在 30℃下进行；将上述合成的 CaCO₃ 放在三羟甲基氨基甲烷盐酸盐（Tris-HCl）缓冲液和盐溶液中，96～140h 之后过滤、水洗、干燥。

图 6.24 为在微乳液体系中制备的 CaCO₃ 以及室温下经 96～140h 相转变后的 XRD 图谱，图 6.25 为相转变前在不同溶液中相转变后 CaCO₃ 的 SEM 图像。微乳液体系中制备的 CaCO₃ 为纯净的球霰石相，而经过在溶液中长时间的放置后全部转变为方解石。转变前的球霰石相为粒度较均匀的中空球体［图 6.25(a)、(b)］，转变后变成了菱方体颗粒及其团聚体［图 6.25(c)～(f)］，比表面积由 2.02m²·g⁻¹ 减小为 0.61m²·g⁻¹。

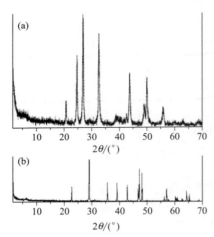

图 6.24 相转变前后 CaCO₃ 的 XRD 图谱

(a) 转变前；(b) 转变后

作者还对 Tris-HCl 缓冲液中 CaCO₃ 的相转变过程进行了研究，不同转变时间 CaCO₃ 的 XRD 图谱和 SEM 形貌如图 6.26 和图 6.27 所示。从图 6.26 中可以看出，微乳液反应体系生成的 CaCO₃ 全部为球霰石，随着转变时间的延长，球霰石相的衍射峰逐渐减弱，方解石相的衍射峰逐渐增强，放置 140h 的样品中球霰石相的衍射峰完全消失，说明全部转变成了方解石。

SEM 图像也得出了相同的结果。转变 24h 时，球形颗粒依然是数量最多的颗粒，出现了少量由小菱方体组成的方解石大颗粒，这些方解石大颗粒的形状不规则，表面和棱角处存在一些球形球霰石颗粒［图 6.27(a)］。转变 60h 时，球霰石颗粒数目减少，方解石颗粒长大，形状也不规则，表面和棱角处依然吸附一些球形球霰石颗粒［图 6.27(b)］。随着转变时间的进一步延长，球霰石颗粒的数目进一步减少，方解石颗粒进一步长大，形状也逐步趋于完整

图 6.25　相转变前 [（a）、（b）] 和室温下在不同溶液中经 96～140h 相转变后 CaCO₃ 的 SEM 图像
[（c）Tris-HCl 缓冲液；（d）0.2mol·L⁻¹ CaCl₂ 溶液；（e）生理盐水（0.9% NaCl 溶液）；
（f）1mol·L⁻¹ NaCl 溶液]

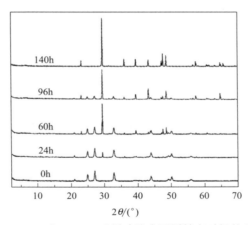

图 6.26　CaCO₃ 在 Tris-HCl 缓冲液中不同转变时间的 XRD 图谱

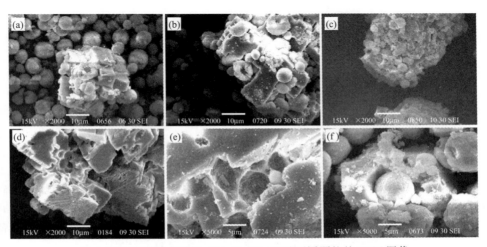

图 6.27　不同转变时间（h）CaCO₃ 以及不同颗粒的 SEM 图像

（a）24；（b）60；（c）96；（d）140；（e）镶嵌在方解石颗粒中的半球形颗粒；（f）镶嵌在方解石大颗粒中的球形颗粒

[图 6.27(c)、(d)]。在球霰石向方解石转变的过程中，球霰石是中空的球形颗粒，密度较低，在转化成密度更高的菱方状方解石颗粒后，就会在方解石颗粒内部或表面留下空隙。如果在微乳液合成 $CaCO_3$ 的过程中可以将大分子封装于中空球形球霰石颗粒内部，经过相转变也可以将大分子保留在方解石颗粒的空隙中，从而实现方解石相对大分子的封装，作者对此也做了研究。

Badnore 等[70]采用微乳液结合超声化学法制备了形状均匀的纳米 $CaCO_3$：分别配制浓度为 $0.01mol \cdot L^{-1}$ 的 $CaCl_2$ 和 Na_2CO_3 溶液，将 17.64g Span-80、18.36g Tween-80 和 48g 甲苯混合均匀后，在超声作用下分别将 15mL $CaCl_2$ 和 Na_2CO_3 溶液逐滴加入形成两种微乳液，然后在超声作用下将 100g 含 Na_2CO_3 的微乳液逐滴滴加到 100g 含 $CaCl_2$ 的微乳液中，滴加完成后再进行超声作用 22min，随后在 $500r \cdot min^{-1}$ 转速下搅拌 30min，最后将沉淀离心、甲醇/水洗、100℃下干燥 2h。

作者重点研究了不同的超声功率下产物的晶体类型、颗粒大小和形貌，如图 6.28～图 6.30 所示。从图 6.28 可以看出，采用常规微乳液法制备的 $CaCO_3$ 的 XRD 图谱中出现了球霰石和方解石的衍射峰，其中球霰石为主晶相。而采用微乳液结合超声化学法制备的 $CaCO_3$ 的 XRD 图谱中只出现了球霰石相的衍射峰，并且随着超声波功率的增大，球霰石衍射峰有变宽钝的趋势。作者认为这是颗粒表面残留的活性剂造成的，活性剂清洗完全的样品呈纯白色，衍射峰尖锐且强度高，活性剂清洗不完全的样品呈类白色，衍射峰宽钝且强度低。从图 6.29 和图 6.30 可以看出，采用常规微乳液法制备的 $CaCO_3$ 颗粒呈球形和菱方状，分别对应球霰石和方解石颗粒 [图 6.29(a)]，粒度分布在 0.1～7μm [图 6.30(a)]。当超声波功率为 25% 时，产物的一次颗粒聚集成形状不规则的团聚体 [图 6.29(b)]。随着超声波功率的增加，产物的团聚体逐渐变得规则，当超声波功率为 40% 时，团聚体变成较规则的球形 [图 6.29(e)]。总体上，采用微乳液结合超声化学法制备的碳酸钙颗粒粒径大致呈正态分布 [图 6.30(b)]。

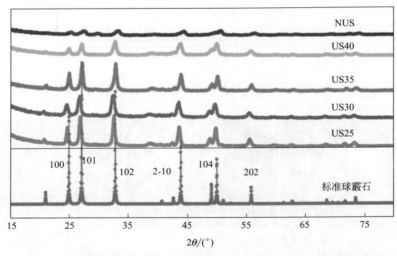

图 6.28　不同超声功率以及常规微乳液法（NUS）产物 $CaCO_3$ 的 XRD 图谱

Liu 等[71]在不同类型微乳液系统中合成了树枝状、球形、片岩方块状和椭球状的碳酸钙：先分别制备以十四烷基三甲基溴化铵（TTABr）和 SDS 为表面活性剂的四种微乳液，2.0% 活性剂/4.0% 正丁醇/异辛烷/（不同量）Na_2CO_3、2.0% 活性剂/（不同量）正丁醇/异辛烷/12.0% Na_2CO_3、2.0% 活性剂/4.0% 正丁醇/异辛烷/（不同量）$CaCl_2$ 和 2.0% 活性剂/（不同量）4.0% 正丁醇/异辛烷/9.0% $CaCl_2$，其中油和水的体积比为 1∶1，并于（25.0±0.1）℃下

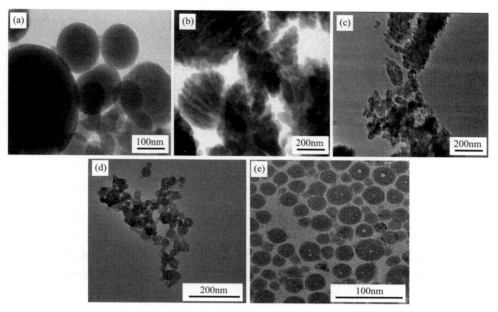

图 6.29 常规微乳液法和不同超声功率时产物 $CaCO_3$ 的 TEM 图像

(a) NUS；(b) US25；(c) US30；(d) US35；(e) US40

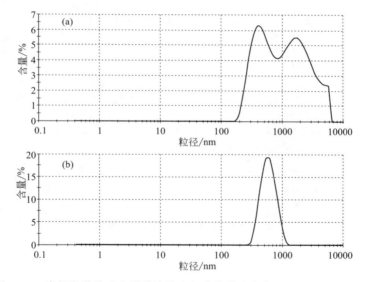

图 6.30 常规微乳液法和微乳液结合超声化学法产物 $CaCO_3$ 的粒度分布

(a) NUS；(b) US

静置至少 4 周以达到相平衡；然后将分别含有同种表面活性剂的 Na_2CO_3 微乳液和 $CaCl_2$ 微乳液混合，搅拌，并将生成的沉淀在室温下放置 24h；最后将沉淀醇洗、室温下空气中干燥。

作者首先分别对含有阳离子表面活性剂 TTABr 和阴离子表面活性剂 SDS 的微乳液的相行为进行了观察，并在冷冻刻蚀透射电镜上观察不同类型的微乳液的形貌，如图 6.31 所示。下层的 O/W 微乳液中显示膨胀的液滴分散于盐水溶液中；中间相的条纹结构表明油相和水相都是连续的，称为双连续微乳液；上层的膨胀液滴表示盐溶液被连续的油相包裹。

图 6.31　不同结构微乳液的 FF-TEM 图像
(a) 下层的 O/W 微乳液；(b) 中间层的 BC 微乳液；(c) 上层的 W/O 微乳液

　　然后作者研究了不同微乳液体系中产物的形貌和晶体类型，如图 6.32 和图 6.33 所示。在添加阳离子表面活性 TTABr 的微乳液体系中，产物呈树枝状、球状和片岩方块状 [图 6.32(a)～(d)]。虽然菱方状是方解石的典型形貌，但是有趣的是树枝状和椭球状颗粒的衍射图谱中也只有方解石的衍射峰（图 6.33），说明这些颗粒为方解石。添加阴离子表面活性剂 SDS 的微乳液体系得到的产物以规则的椭球体为主，同时含有少量方形片状颗粒 [图 6.32(e)、(f)]，其中椭球体的长轴和短轴的长度分别在 300～800nm 和 200～400nm 之间。

图 6.32　不同组分的 W/O 微乳液体系产物的 SEM 和 TEM 图像
(a)，(b) 2.0% TTABr/4.0%正丁醇/异辛烷/22.0% Na$_2$CO$_3$ 和 2.0%TTABr/4.0%正丁醇/异辛烷/36.2% CaCl$_2$；
(c)，(d) 2.0% TTABr/6.5%正丁醇/异辛烷/17.0% Na$_2$CO$_3$ 和 2.0% TTABr/6.5%正丁醇/异辛烷/18.0% CaCl$_2$；
(e)，(f) 2.0% TTABr/4.0%正丁醇/异辛烷/18.4% Na$_2$CO$_3$ 和 2.0% TTABr/4.0%正丁醇/异辛烷/18.0%CaCl$_2$

　　Shen 等[72]在不同的双连续微乳液体系中合成了具有多种形貌的碳酸钙纳米颗粒。25℃下将 6mL 聚乙二醇辛基苯基醚（OP）、3mL 戊醇和 10mL 环己烷分别作为活性剂、助活性剂和油相混合均匀后置于双层玻璃烧杯中，然后将 10mL 不同浓度的 Na$_2$CO$_3$ 溶液和 CaCl$_2$ 溶液 [或添加天冬氨酸（D，L-Asp）并调节成不同的 pH 值] 分别添加到上述混合液中形成两种双连续型微乳液，再将两种微乳液混合快速搅拌 2min、慢速搅拌 4h、静置不同时间，取出部分用于 TEM 形貌表征，其余在 12000r·min^{-1} 的转速下离心，将沉淀依次用蒸馏水、丙酮和无水乙醇清洗三次，最后在真空干燥箱中干燥。

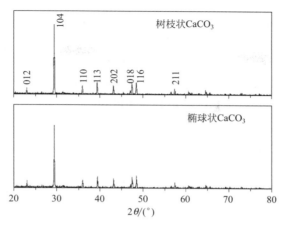

图 6.33　添加 TTABr 的上层 W/O 微乳液中制备的树枝状
和椭球状 $CaCO_3$ 的 XRD 图谱

作者首先研究了不同双连续微乳液体系反应 96h 得到的产物的晶体类型和颗粒形貌，如图 6.34 和图 6.35 所示。当 Na_2CO_3 与 $CaCl_2$ 溶液的浓度分别为 0.05mol·L^{-1} 和 0.05mol·L^{-1} 时，产物为形貌均一的球形颗粒，部分颗粒聚集在一起 [图 6.34(a)]。其粒径分布在 5～25nm 之间，平均粒径为 10.2nm，7.9～12.0nm 之间的颗粒约占 76.3% [图 6.34(f)]。当 $CaCl_2$ 溶液的浓度降低至 0.01mol·L^{-1} 时，颗粒的尺寸有所增加，平均粒径为 40～50nm，大部分纳米颗粒聚集形成网络结构，少部分纳米颗粒呈分散状态 [图 6.34(b)]。当 Na_2CO_3 溶液的浓度增加为 0.50mol·L^{-1} 时，形成了由宽度约为 50～100nm，最大长度为 2.5μm 的纳米带构成的纳米纤维 [图 6.34(c)]。反应物浓度的不同，体系中的超饱和度也不同，超饱和度越高，成核速率越大，生成的纳米颗粒越多，颗粒粒径越小。当超饱和度过大时，初始阶段会生成过多的小晶粒，高表面能使小晶粒发生团聚。随着反应的进行，双连续结构逐渐被破

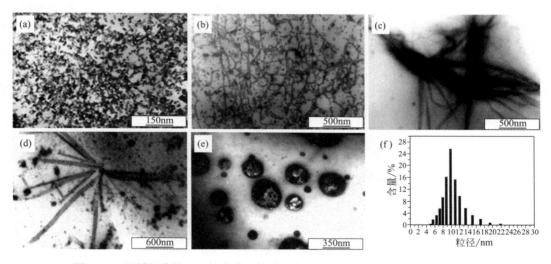

图 6.34　不同组分的双连续微乳液体系反应 96h 产物的 TEM 图像和粒径分布

(a) 0.05mol·L^{-1} Na_2CO_3，0.05mol·L^{-1} $CaCl_2$；(b) 0.05mol·L^{-1} Na_2CO_3，0.01mol·L^{-1} $CaCl_2$；

(c) 0.50mol·L^{-1} Na_2CO_3，0.05mol·L^{-1} $CaCl_2$；(d) 0.05mol·L^{-1} Na_2CO_3，0.01mol·L^{-1} $CaCl_2$，

天冬氨酸，pH=2.0；(e) 0.05mol·L^{-1} Na_2CO_3，0.01mol·L^{-1} $CaCl_2$，天冬氨酸，pH=7.4；

(f) (a) 中纳米颗粒的粒径分布

坏，小晶粒就生长成纳米晶须。XRD 图谱显示以上三种情况下产物全部为方解石相 ［图 6.35 (a)～(c)］。当在 CaCl₂ 溶液中添加 D，L-Asp 并调节 pH 值为 2.0 时，球形纳米晶粒团聚成长径比为 10～15 的棒状颗粒，并且棒状颗粒的一端聚在一起 ［图 6.34(d)］。当调节 D，L-Asp/CaCl₂ 溶液的 pH 值为 7.4 时，产物为中空的球形颗粒，粒径从几十到几百纳米不等 ［图 6.34 (e)］。但是与不添加 D，L-Asp 的反应体系相比，产物中出现了球霰石相 ［图 6.35(e)、(f)］，特别在 pH 值为 7.4 的体系中，产物中球霰石为主晶相。

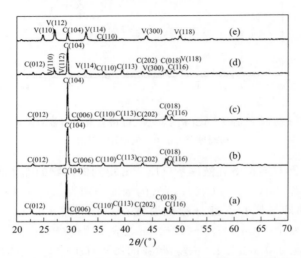

图 6.35 不同组分的双连续微乳液体系反应 96h 产物的 XRD 图谱

(a) $0.05mol \cdot L^{-1} Na_2CO_3$，$0.05mol \cdot L^{-1} CaCl_2$；(b) $0.05mol \cdot L^{-1} Na_2CO_3$，$0.01mol \cdot L^{-1} CaCl_2$；

(c) $0.50mol \cdot L^{-1} Na_2CO_3$，$0.05mol \cdot L^{-1} CaCl_2$；(d) $0.05mol \cdot L^{-1} Na_2CO_3$，$0.01mol \cdot L^{-1} CaCl_2$，

天冬氨酸，pH＝2.0；(e) $0.05mol \cdot L^{-1} Na_2CO_3$，$0.01mol \cdot L^{-1} CaCl_2$，天冬氨酸，pH＝7.4

作者还研究了 Na_2CO_3 与 $CaCl_2$ 溶液的浓度分别为 $0.05mol \cdot L^{-1}$ 和 $0.01mol \cdot L^{-1}$ 的微乳液体系中反应不同时间得到的产物的形貌，如图 6.36 所示。反应进行 6h 时，产物为球状颗粒，部分颗粒呈"点画线"式分布，另一些颗粒散布在"点画线"两边 ［图 6.36(a)］。当反应进行 36h 时，更多的"点画线"形成，部分变成直线和曲线并交织在一起 ［图 6.36(b)］。反应进行 66h 时，有更多的直线或曲线形成，隐约可以观察到线条交织的网状结构 ［图 6.36 (c)］。当反应进行 96h 时，大部分纳米颗粒聚集形成清晰的网状结构，少部分纳米颗粒呈分散状态 ［图 6.36(b)］。

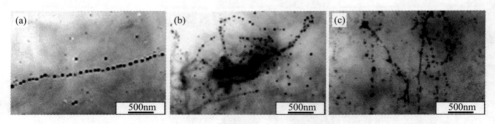

图 6.36 $0.05mol \cdot L^{-1} Na_2CO_3$ ＋$0.01mol \cdot L^{-1} CaCl_2$ 的双连续微乳液体系

反应不同时间 (h) 产物的 TEM 图像

(a) 6；(b) 36；(c) 66

Dagaonkar 等[73]采用碳化 $Ca(OH)_2$ 微乳液的方法制备了纳米碳酸钙并研究了反相胶束的粒径以及产物的粒径和形貌。先在室温下将 $0.02mol \cdot L^{-1}$ 的 $Ca(OH)_2$ 溶液加入 $0.01mol \cdot L^{-1}$ 的

1,2-二(2-乙基己基氧碳基)乙烷磺酸钙（CaOT）的环己烷溶液中，搅拌至澄清得到含 $Ca(OH)_2$ 的微乳液；然后先通入 N_2 再以 $0.04L \cdot min^{-1}$ 的流速通入 CO_2 气体使 $Ca(OH)_2$ 碳化得到产物碳酸钙。

作者首先用扫描探针图像分析仪（scanning probe image analyser，SPIA）对反相胶束粒子和产物碳酸钙粒子的粒径进行了测量，如图 6.37 和图 6.38 所示。当 R 值在 5～30 之间改变时，反胶束粒子的平均粒径在 13～30nm 范围内，而合成的碳酸钙颗粒的平均粒径在 62～194nm 之间，如图 6.37 所示。当 $R=15$ 时，产物颗粒的粒径分布在 0～200nm；当 $R=30$ 时，产物颗粒的粒径分布在 50～400nm 之间，如图 6.38 所示。

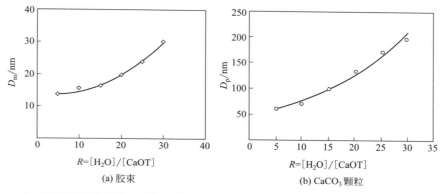

图 6.37　CaOT-环己烷微乳液中反相胶束和产物 $CaCO_3$ 颗粒的粒径（D_m 和 D_p）与 R 值的关系

（25℃，$[CaOT]=0.10mol \cdot kg^{-1}$，$[Ca(OH)_2]/[CaOT]=1.67 \times 10^{-3}$）

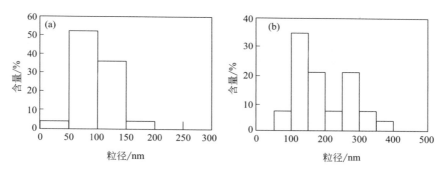

图 6.38　CaOT-环己烷微乳液体系中不同 R 值时产物的粒径分布

（a）15；（b）30

$R=15$ 和 30 时产物碳酸钙颗粒的 SEM 形貌如图 6.39 所示。可以看出，两种情况下产物

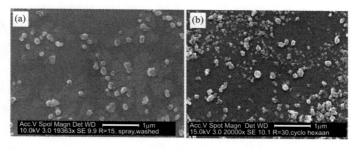

图 6.39　CaOT-环己烷微乳液体系中不同 R 值时产物的 SEM 图像

（a）15；（b）30

颗粒都是无规则的，$R=15$ 时的产物颗粒基本不发生团聚，而 $R=30$ 时的产物颗粒则发生团聚，并且粒径分布范围较宽。但是对于产物的晶相组成作者并未详细介绍。

作者还研究了 CaOT 与不同溶剂形成的微乳液体系在不同 R 值时得到的碳酸钙产物的平均粒径，如表 6.6 所示。在 $R \leqslant 25$ 时，以庚烷为溶剂的微乳液体系制备的碳酸钙平均粒径最小，以环己烷为溶剂的产物的平均粒径最大。当 $R=30$ 时，随着溶剂中碳链长度的增加，产物的平均粒径减小。

表 6.6 不同溶剂体系中颗粒平均粒径与 R 的关系

R 值	颗粒平均粒径/nm		
	环己烷	庚烷	癸烷
5	62	25	43
10	68	42	71
15	101	57	81
20	137	72	92
25	173	88	114
30	194	167	125

Sugih 等[74] 也采用类似的体系对 Ca(OH)$_2$ 微乳液进行碳化，制备了纳米碳酸钙并研究了不同溶剂以及不同 R 值对产物粒径和形貌的影响。先将不同质量自制的 CaOT 活性剂溶于 100g 不同的溶剂（煤油、甲苯、邻二甲苯、对二甲苯或庚烷）中，再加入 Ca(OH)$_2$ 溶液使 Ca(OH)$_2$ 与活性剂的摩尔比为 1.67×10^{-3}，然后加入蒸馏水使 R 达到预定值，制成反相微乳液；最后按照 N$_2$、CO$_2$、N$_2$ 的顺序通入气体对 Ca(OH)$_2$ 进行碳化得到产物碳酸钙。

作者首先研究了 $R=10$ 和 25 时在各种有机溶剂中形成微乳液的情况，如表 6.7 所示。在 $R=10$ 时，几种溶剂都可以形成单相澄清的微乳液；而在 $R=25$ 时，只有煤油可以形成单相澄清的微乳液。

表 6.7 不同溶剂形成微乳液的情况

溶剂	$R=10$	$R=25$
煤油	单相澄清	单相澄清
甲苯	单相澄清	两相浑浊
邻二甲苯	单相澄清	两相浑浊
对二甲苯	单相澄清	两相浑浊

作者详细研究了 CaOT-煤油微乳液体系在不同 R 值时得到的碳酸钙产物的 SEM 形貌以及由扫描探针图像分析仪得出的粒度分布，结果如图 6.40 和表 6.8 所示。随着 R 值的增加，产物颗粒的平均粒径呈先增加再减小的趋势，在 $R=20$ 时达到最大值 118。粒径的分布范围也由窄变宽再变窄，在 $R=15$ 时达到最宽。颗粒的形状除了 $R=20$ 时为圆形，其他情况下均匀立方状，从图 6.40(c) 可以看出颗粒为团聚体。作者根据以前的研究结果[75] 从活性剂层的刚度和结合水对晶体生长的影响角度对此进行了解释。当 R 小于 20 时，胶束内部的水分非常少，表面活性剂的极性端堆积紧密，导致活性剂层的刚度增加。而当 R 超过 20 时，胶束内部的水分类似于自由水。由于反相胶束结构的改变，成核速率增加，形成的颗粒数目增加，平均粒径减小。

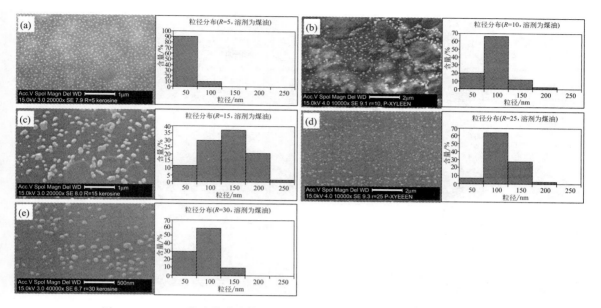

图 6.40 CaOT-煤油微乳液体系中不同 R 值时产物的 SEM 图像和粒径分布

表 6.8 CaOT/煤油微乳液体系中不同 R 值时产物的粒径和形状

R	平均粒径/nm	标准偏差/nm	颗粒形状
5	38	10	立方状
10	75	30	立方状
15	108	44	立方状
20	118	47	圆形
25	87	26	立方状
30	64	24	立方状

注：$[\text{CaOT}] = 0.10\,\text{mol} \cdot \text{kg}^{-1}$，$[\text{Ca(OH)}_2]/[\text{CaOT}] = 1.67 \times 10^{-3}$。

随后作者研究了 CaOT/庚烷体系在不同 R 值和 CaOT 浓度情况下产物的形貌和粒径分布，结果如图 6.41 和表 6.9 所示。可以看出，无论 R 值是 10 或 35，产物的平均粒径都随表面活性剂的增加呈逐渐减小的趋势；产物形貌只有在平均粒径较大时呈圆形，粒径较小时呈立方状。当 R 值一定时，表面活性剂浓度越高，系统中水分含量越多和 Ca(OH)₂ 数量越多，胶束数目也越多，胶束粒子和产物粒子的尺度就越小。

表 6.9 CaOT/庚烷微乳液体系 （$R=10$，35）CaOT 不同浓度时产物的粒径和形状

$R=10$				$R=35$			
CaOT 浓度 /mol·kg⁻¹	平均粒径 /nm	标准偏差 /nm	颗粒形状	CaOT 浓度 /mol·kg⁻¹	平均粒径 /nm	标准偏差 /nm	颗粒形状
—	—	—		0.10	117	65	圆形
0.20	106	53	立方状/圆形	0.20	95	97	圆形
0.30	79	60	立方状	0.30	87	36	立方状
0.45	68	25	立方状	0.45	69	33	立方状
0.60	46	9	立方状	0.60	73	43	立方状

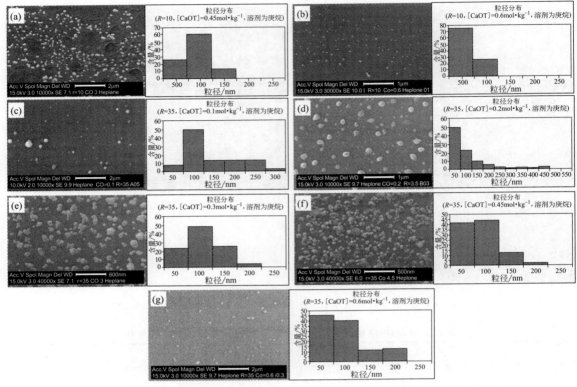

图 6.41　CaOT-庚烷微乳液体系中不同 R 值和 CaOT 浓度时产物的 SEM 图像和粒径分布

　　作者还研究了施加不同搅拌速度得到的产物的形貌和粒径分布,结果如图 6.42 所示。随着搅拌速度的增加,产物的平均粒径增大,粒径分布也变宽。作者认为可能是高速搅拌造成颗粒间的碰撞,导致了颗粒的团聚。

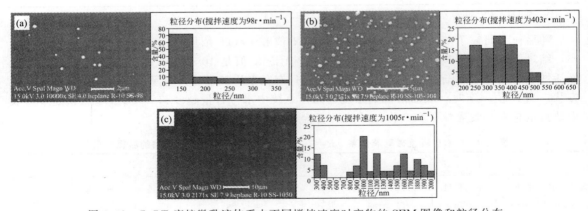

图 6.42　CaOT-庚烷微乳液体系中不同搅拌速度时产物的 SEM 图像和粒径分布

参 考 文 献

[1] Hoar T P, Schulman J H. Transparent water-in-oil dispersions: the oleopathic hydro-micelle. Nature, 1943, 152: 102-103.

[2] Schulman J H, Stoeckenius W, Prince L M. Mechanism of formation and structure of microemulsions by electron microscopy. The Journal of Physical Chemistry, 1959, 63 (10): 1677-1680.

[3]　Danielsson I，Lindman B. The definition of microemulsion. Colloids and Surface A，1981，3（4）：391-392.

[4]　Winsor P A. Hydrotropy，Solubilisation and Related Emulsification Processes. Transactions of the Faraday Society，1948，44：376-398.

[5]　王军. 微乳液的制备及其应用. 北京：中国纺织出版社，2011.

[6]　Stoffer J O，Bone T. Polymerization in water-in-oil microemulsion systems Ⅱ：SEM investigation of structure. Journal of Dispersion Science and Technology，1980，18（4）：2641-2648.

[7]　Boutonnet M，Kizling J，Stenius P，et al. The preparation of monodisperse colloidal metal particles from microemulsions. Colloids and Surface，1982，5：209-225.

[8]　Holmberg K，Osterberg E. Enzymatic preparation of monoglycerides in microemulsion. Journal of the American Oil Chemists' Society，1988，65：1544-1548.

[9]　宋根萍，郭荣. O/W 微乳液中聚苯胺超微粒子的制备. 物理化学学报，1996，12（9）：812-816.

[10]　陈龙武，甘礼华，李光明，等. 微乳液反应法制备聚内烯酸甲酯超细粒子. 应用化学，1999，(6)：25-28.

[11]　郭振良，王锦堂，朱红军. 微乳液聚合制备聚 N-异丙基丙烯酰胺温敏超细微粒. 高分子学报，2001，(4)：489-493.

[12]　方治齐，李志明，刘春华，等. 无皂微乳液法制备热固性双亲聚合物. 高分子材料科学与工程，2004，20（5）：70-72.

[13]　谢彩峰，杨连生，莫佳林. 反相微乳液的研究及其在淀粉微球制备的应用. 食品科学，2005，26（9）：137-141.

[14]　王慧珺，李大松，彭懋. 可聚合阴离子表面活性剂微乳液聚合制备多孔高分子材料. 高分子材料科学与工程，2008，24（12）：70-73.

[15]　刘艳军，陈静，胡少东，等. 反相微乳液法制备麦醇蛋白纳米颗粒的初步研究. 生物医学工程与临床，2013（5）：411-415.

[16]　梁桂勇，翟学良. 微乳液法制备纳米银粒子. 功能材料，1999，(5)：484-485.

[17]　高保娇，高建峰，周加其，等. 超微镍粉的微乳液法制备研究. 无机化学学报，2001，17（4）：491-495.

[18]　蔡逸飞，徐建生，郭志光，等. 微乳液法制备纳米金属铜及其摩擦学性能研究. 材料导报，2006，20（sl）：172-174.

[19]　陆仙娟，王彪，唐艳芳，等. 反相微乳液法制备形貌可控的铁基纳米粒子. 材料导报，2008，22（s3）：91-93.

[20]　史苏华，张岩，邹炳锁，等. 微乳液法合成单分散 Co_2O_3 超微粒子及其表征. 吉林大学学报：理学版，1991，(4)：78-82.

[21]　陈龙武，甘礼华，岳天仪，等. 微乳液反应法制备 α-Fe_2O_3 超细粒子的研究. 物理化学学报，1994，10（8）：750-754.

[22]　杨传芳，陈家镛. ZrO_2 超细粉的微乳液法制备及表征. 过程工程学报，1995，(2)：128-132.

[23]　甘礼华，岳天仪，李光明，等. 微乳液法制备 γ-Al_2O_3 超细粉及其表征. 同济大学学报：自然科学版，1996，(2)：194-197.

[24]　关荐伊. 微乳液法制备单分散的 Cr_2O_3 超微粒子及其表征. 河北师范大学学报：自然科学版，1996，(2)：68-71.

[25]　石硕，鲁润华，汪汉卿. W/O 微乳液中 CeO_2 超细粒子的制备. 化学通报，1998，(12)：51-53.

[26]　潘庆谊，徐甲强，刘宏民，等. 微乳液法纳米 SnO_2 材料的合成、结构与气敏性能. 无机材料学报，1999，14（1）：83-89.

[27]　施利毅，胡莹玉，张剑平，等. 微乳液反应法合成二氧化钛超细粒子. 功能材料，1999（5）：495-497.

[28]　吴宗斌，王丽萍，洪广言. 反相胶束微乳液法制备氧化钇纳米微晶. 应用化学，1999，16（6）：9-12.

[29]　崔若梅，庞海龙. 微乳液中制备 ZnO、CuO 超微粒子. 西北师范大学学报：自然科学版，2000，36（4）：46-49.

[30]　何秋星，刘蕤，杨华，等. 微乳液法制备纳米 ZnO 粉体. 兰州理工大学学报，2003，29（3）：72-75.

[31]　耿寿花，朱文庆，常鹏梅，等. 反相微乳液介质中纳米 Sm_2O_3 的制备. 物理化学学报，2008，24（9）：1609-1614.

[32]　吕彤，张玉亭. 微乳液法制备 CdS 超细粒子的研究. 云南大学学报：自然科学版，2002，(S1)：187-189.

[33]　单民瑜，杨觉明，张海礁，等. 微乳液法制备 ZnS 纳米颗粒. 西安工业大学学报，2005，25（3）：258-261.

[34]　李红. 微乳液法制备 BaF_2 纳米粉体. 陶瓷学报，2009，30（3）：9-11.

[35]　王世权，伍世英. 用微乳液法制备均分散碳酸锶粒子. 青岛科技大学学报：自然科学版，1996（2）：126-128.

[36]　郭广生，顾福博，王志华，等. $La_2(CO_3)_3$ 纳米线的微乳液法制备与表征. 无机化学学报，2004，20（7）：860-862.

[37]　杨汉民，葛永辉，宋光森，等. 反相微乳液中 $LaPO_4$ 纳米粒子的制备. 中南民族大学学报：自然科学版，2002，21（3）：19-21.

[38]　田中青，黄伟九. 反相微乳液的制备及其在纳米 $LaAlO_3$ 制备中的应用. 粉末冶金材料科学与工程，2008，13（6）：369-372.

[39]　曹丽云，邓飞，张新河，等. 微乳液法制备 $CoAl_2O_4$ 天蓝纳米陶瓷颜料. 玻璃与搪瓷，2005，33（5）：41-44.

[40]　肖旭贤，黄可龙，卢凌彬，等. 微乳液法制备纳米 $CoFe_2O_4$. 中南大学学报：自然科学版，2005，36（1）：65-68.

[41]　沈水发，李长青，潘海波，等. 纳米 $Bi_2Sn_2O_7$ 的微乳液法制备与表征. 应用化学，2006，23（6）：641-645.

[42]　邓兆，张仕钧，林松，等. 微乳液法低温制备纳米 $BaTiO_3$ 粉体. 武汉理工大学学报，2009（23）：1-5.

[43]　邢光建，李钰梅，孙璞. 不同形貌的 $SrMoO_4$ 材料的微乳液及其辅助的溶剂热法制备. 无机化学学报，2010，26（9）：1651-1656.

[44]　杨惠芳，肖凤娟，徐华. 反相微乳液合成纳米羟基磷灰石的新方法. 硅酸盐通报，2006，25（3）：29-32.

[45]　马洪岭，肖舟，侯根良，等. 反相微乳液法制备纳米羟基硅酸镁. 材料导报，2012，26（S2）：86-88.

[46]　丁益，方辉，张峰君，等. 微乳液法合成的 Eu 掺杂 $La_2(MoO_4)_3$ 材料及其发光性能. 发光学报，2015，35（7）：775-781.

[47] 李文华，王洪鉴，刘明翠，等. W/O 微乳液中 Au/Fe$_2$O$_3$ 超细微粒的制备. 山东师范大学学报：自然科学版，1997，（4）：406-410.

[48] 羊亿，申德振，于广友，等. CdS/ZnS 包覆结构纳米微粒的微乳液合成及光学特性. 发光学报，1999，20（3）：251-253.

[49] 张朝平，邓伟，胡林，等. 微乳液法制备超细 Ni-Fe 复合物微粒. 无机材料学报，2001，16（3）：481-485.

[50] 金小平，丛昱，周志江，等. 以新的沉积方法在微乳液中制备 Ag/SiO$_2$ 催化剂. 催化学报，2005，26（7）：536-538.

[51] 郑一雄，周绍民. 反相微乳液法制备 Ni-B 非晶态合金团簇. 华侨大学学报：自然版，2007，28（1）：42-45.

[52] 丁建旭，廖其龙，杨定明，等. 微乳液体系制备 Fe$_2$B 包覆纳米 α-Fe 及其性能研究. 化工新型材料，2007，35（2）：25-26.

[53] 刘冰，王德平，姚爱华，等. 反相微乳液法制备核壳 SiO$_2$/Fe$_3$O$_4$ 复合纳米粒子. 硅酸盐学报，2008，36（4）：149-154.

[54] 罗广圣，李建德，姜贵文，等. 微乳液法制备 Mn-Zn 铁氧体磁性纳米粒子. 南昌大学学报：理科版，2010，34（4）：373-377.

[55] 温九平，胡军，倪哲明. 微乳液法制备 NiFe$_2$O$_4$/SiO$_2$ 核壳纳米复合粒子. 材料科学与工程学报，2011，29（6）：889-892.

[56] 刘才林，李俊江，任先艳，等. 微乳液聚合制备纳米银/聚苯乙烯复合材料. 强激光与粒子束，2012，24（2）：349-352.

[57] 胡荣，任志敏，陈超，等. 超声微乳液法制备 Ag/AgCl 复合纳米颗粒及其光催化性能研究. 材料导报，2012，26（4）：27-29.

[58] 许湧深，邱守季，杨磊，等. 反相微乳液法制备纳米 PMMA-SiO$_2$ 复合微粒. 天津大学学报：自然科学与工程技术版，2014，47（4）：321-325.

[59] 杨昆，秦泽华，王益林. 反相微乳液法制备以 CdSe 量子点为核的 SiO$_2$ 荧光纳米颗粒. 贵州师范大学学报：自然版，2014，32（4）：78-82.

[60] 赵青，邓坤发，庞秀芬，等. 微乳液合成法制备锂离子电池正极材料 Li$_2$FeSiO$_4$/C. 稀有金属材料与工程，2015，12：3065-3068.

[61] Niemann B，Rauscher F，Adityawarman D，et al. Microemulsion-assisted precipitation of particles：Experimental and model-based process analysis. Chemical Engineering and Processing，2006，45：917-935.

[62] Kang S H，Hirasawa I，Kim W S，et al. Morphological control of calcium carbonate crystallized in reverse micelle system with anionic surfactants SDS and AOT. Journal of Colloid and Interface Science，2005，288：496-502.

[63] Kontoyannis C G，Vagenas N V. Calcium carbonate phase analysis using XRD and FT-Raman spectroscopy. Analyst，2000，125：251-255.

[64] Jiang J X，Zhang Y，Xu D D，et al. Can agitation determine the polymorphs of calcium carbonate during the decomposition of calcium bicarbonate? CrystEngComm，2014，16：5221-5226.

[65] Tai C Y，Chen C K. Particle morphology，habit，and size control of CaCO$_3$ using reverse microemulsion technique. Chemical Engineering Science，2008，63：3632-3642.

[66] Jiang J Z，Ma Y X，Zhang T，et al. Morphology and size control of calcium carbonate crystallised in reverse micelle system with switchable surfactants. RSC Advances，2015，5：80216-80219.

[67] Ahmed J，Menaka，Ganguli A. Controlled growth of nanocrystalline rods，hexagonal plates and spherical particles of the vaterite form of calcium carbonate. CrystEngComm，2009，11：927-932.

[68] Fujiwara M，Shiokawa K，Morigaki K，et al. Calcium carbonate microcapsules encapsulating biomacromolecules. Chemical Engineering Journal，2008，137：14-22.

[69] Fujiwara M，Shiokawa K，Araki M，et al. Encapsulation of proteins into CaCO$_3$ by phase transition from vaterite to calcite. Crystal Growth & Design，2010，10（9）：4030-4037.

[70] Badnore A U，Pandit A B. Synthesis of nanosized calcium carbonate using reverse miniemulsion technique：Comparison between sonochemical and conventional method. Chemical Engineering and Processing，2015，98：13-21.

[71] Liu L P，Fan D W，Mao H Z，et al. Multi-phase equilibrium microemulsions and synthesis of hierarchically structured calcium carbonate through microemulsion-based routes. Journal of Colloid and Interface Science，2007，306：154-160.

[72] Shen Y H，Xie A J，Chen Z X，et al. Controlled synthesis of calcium carbonate nanocrystals with multi-morphologies in different bicontinuous microemulsions. Materials Science and Engineering A，2007，443：95-100.

[73] Dagaonkar M V，Mehra A，Jain R，et al. Synthesis of CaCO$_3$ nanoparticles by carbonation of lime solutions in reverse micellar systems. Chemical Engineering Research and Design，2004，82（A11）：1438-1443.

[74] Sugih A K，Shukla D，Heeres H J，et al. CaCO$_3$ nanoparticle synthesis by carbonation of lime solution in microemulsion systems. Nanotechnology，2007，18：035607.

[75] Bagwe R P，Khilar K C. Effects of the intermicellar exchange rate and cations on the size of silver chloride nanoparticles formed in reverse micelles of AOT. Langmuir，1997，13：6432-6438.

第7章

碳酸钙粉体的生物矿化法制备

7.1 概述

7.1.1 生物矿化

生物矿化是指在生物体体内有机基质的调控下，形成具有特殊高级结构和组装方式的生物矿物过程。不同于地质矿化，生物矿化是通过有机大分子和无机离子在界面处的相互作用，从分子水平控制无机矿物相的析出，从而使生物矿物具有特殊的多级结构和组装方式。在生物矿化过程中，由细胞分泌的自组装有机物对无机物的形成起到模板作用，从而使形成的生物矿物具有一定的形状、尺寸、取向和结构[1,2]。

生物矿化包括两种形式：正常矿化和病理矿化。正常矿化是指生物体内正常组织和器官，如骨骼、牙齿和贝壳等的形成；病理矿化是指生物体内非正常组织，如结石、骨质增生、牙石和龋齿等的形成[3,4]。

7.1.2 生物矿物的种类和分布

生物矿物是指生物体内通过生物矿化作用形成的矿物材料，包括无机材料和有机/无机复合材料。

目前生物体内的已知矿物有 60 多种，其中含钙矿物约占生物矿物总数的 1/2，如表 7.1 所示[2,5]。

表 7.1　部分含钙生物矿物在生物体内的分布及功能

矿物名称	分子式	生物体	位置	功能
碳酸钙（方解石）	$CaCO_3$	有孔虫 三叶虫 软体动物 甲壳类动物 鸟类 哺乳动物	壳 眼晶状体 贝壳 角质层 蛋壳 内耳	外骨骼 光学成像 外骨骼 机械强度 保护 重力感受器
碳酸钙（文石）	$CaCO_3$	造礁石珊瑚 软体动物 头足类动物 鱼类	细胞壁 贝壳 贝壳 头部	外骨骼 外骨骼 浮力装置 重力感受器

矿物名称	分子式	生物体	位置	功能
碳酸钙（球霰石）	$CaCO_3$	腹足类动物 海鞘类动物	贝壳 骨针	外骨骼 保护
碳酸钙（无定形）	$CaCO_3 \cdot nH_2O$	甲壳类动物 植物	角质层 叶子	机械强度 钙库
镁方解石	$(Mg,Ca)CO_3$	八射珊瑚亚纲 棘皮动物	骨针 贝壳/脊骨	机械强度 强度/保护
磷酸钙（羟基磷灰石）	$Ca_{10}(PO_4)_6(OH)_2$	脊椎动物 哺乳动物 鱼类	骨骼 牙齿 鳞骨片	内骨骼 切断/磨碎 保护
磷酸八钙	$Ca_8H_2(PO_4)_6$	脊椎动物	骨骼/牙齿	前驱相
磷酸钙（无定形）	不定	石鳖 腹足类动物 哺乳动物	牙齿 砂囊盘 线粒体/乳房	前驱相 破碎 粒子库
石膏	$CaSO_4 \cdot 2H_2O$	水母	内耳砂	重力感受器
一水草酸钙	$CaC_2O_4 \cdot H_2O$	植物/真菌	叶子/根	钙库
二水草酸钙	$CaC_2O_4 \cdot 2H_2O$	植物/真菌	叶子/根	钙库

（1）碳酸钙

$CaCO_3$ 矿物是生物矿物中最广泛的矿物之一，广泛存在于活水和海洋生物中，如海胆、海绵、珊瑚、软体动物、甲壳类动物等，发挥着多种多样的主要功能。目前对 $CaCO_3$ 生物矿化研究的开展也最为普遍。

生物体中的 $CaCO_3$ 矿物主要分为四种常见的结晶形态，即方解石（calcite）、文石（aroganite）、球霰石（vaterite）和无定形 $CaCO_3$（ACC），其稳定性逐渐降低。由于在生物体内不同部位的物理化学条件不同，$CaCO_3$ 矿物存在的晶相形式也有所不同。在软体动物贝壳中，非晶相为无定形 $CaCO_3$，过渡相为球霰石相，成熟相为文石相，石化相为方解石；软体动物的珍珠层中主要为文石相，棱柱层则主要是方解石；在海鞘类动物的骨针中，$CaCO_3$ 主要以球霰石形式存在；海螺壳中文石的含量高达 99.5%；蛋壳中主要是方解石。

$CaCO_3$ 生物矿物在生物体内除了起结构支撑作用外，还发挥着其他功能。动物内耳中小方解石单晶体构成的惰性物质和人耳中方解石晶体起到重力传感器的作用，其作用方式类似于液体在半循环管中的作用（探测角动量的变化）。三叶虫眼睛里的方解石晶体起到透镜的作用，其中每个晶体都按照特殊的规律排列，使所有晶体的 c 轴都垂直于透镜表面，在这个方向上方解石晶体表现出像玻璃一样的各向同性，这样保证三叶虫看到的是一个单一图像而不是双影。棘皮动物海蛇尾是敏感的光响应物种，其骨骼里的方解石球形微结构起到双透镜的作用，可以根据白天和黑夜改变身体的颜色，也可以探测捕食者的阴影而迅速逃离危险[6]。

（2）磷酸钙

磷酸钙是生物硬组织中最重要的生物矿物之一，主要存在于骨骼、软体动物的壳、牙齿以及作为生物传感器的耳蜗等矿化产物中。

生物体中的磷酸钙主要有羟基磷灰石（hydroxyapatite，HA）、缺钙磷灰石（calcium-deficient hydroxyapatite，CDHA）和磷酸八钙（octacalcium phosphate，OCP）等。这些物相在不同条件下形成，主要区别是 Ca/P 值、PO_4^{3-} 质子化及分子的羟基化不同，非晶磷酸钙主要在骨和软骨矿化的早期阶段出现。

骨骼中的磷酸钙——羟基磷灰石被认为是一种"活矿物"。骨骼的力学性能表明，磷酸钙不仅起结构支撑作用，还能为保持体内平衡而储存钙，并且在机体需要时提供钙。另外，骨骼中磷酸钙矿物的非化学计量性质造成这种钙化组织有压电反应，因此压力刺激对骨骼矿物生长具有促进作用[7]。

牙齿的结构和组织也源于一种高度复杂的设计系统，以便能适应各种特殊类型的应力。长丝带状的羟基磷灰石晶体在牙釉质的成熟组织中占95%（质量分数）。在牙釉质的形成过程中，羟基磷灰石晶体的生长消耗了有机质。伴随着矿物的成熟，成釉蛋白逐渐减少，逐渐得到高矿物含量的牙釉质。而位于内部的牙本质含有较多胶原，其结构和成分比牙釉质更类似于骨[8]。

骨骼、牙釉质和牙本质中的羟基磷灰石中常含有 $CaCO_3$、其他磷酸钙组分和有机基质，其部分理化性质和组分列于表 7.2[9]。

表 7.2　骨骼、牙本质、牙釉质和 HAP 的主要理化性质和组分含量比较

项目	骨骼	牙本质	牙釉质	HAP
无机物总量(质量分数)/%	65	70	97	100
有机基质总量(质量分数)/%	25	20	1.5	—
a 轴/Å	9.41	9.421	9.441	9.430
c 轴/Å	6.89	6.887	6.880	6.891
密度/g·cm^{-3}	2.1~2.2	2.1~2.4	2.9~3.0	3.16
钙(质量分数)/%	34.8	35.1	36.5	39.6
Ca/P	1.71	1.61	1.63	1.67
镁(质量分数)/%	0.72	1.23	0.44	—
碳酸根(质量分数)/%	7.4	5.6	3.5	—

（3）其他含钙生物矿物

生物矿物中还含有少量草酸钙和硫酸钙。作为生物矿物，草酸钙有一水草酸钙和二水草酸钙两种存在类型，通常存在于植物的叶子和根部，起到防虫、支撑和储存钙的作用。人体的泌尿系统结石的主要成分为一水草酸钙、二水草酸钙和尿酸，也含有一定比例的三水草酸钙、羟基磷灰石、磷酸三钙、磷酸八钙、磷酸镁铵、尿酸钙和 L-胱氨酸等[6]。此外，草酸钙还存在于真菌中。硫酸钙的沉积是植物新陈代谢、储钙和储硫的一种有效手段。水母的内耳砂的主要成分为石膏（二水硫酸钙），起到重力感受器的作用。

7.1.3　碳酸钙生物矿物的微观结构和特征

材料的组分、结构、制备工艺和性能之间的关系如图 7.1 所示。材料的性能主要决定于它的化学成分和组织结构。化学成分不同的材料一般具有不同的性能，成分相同而结构不同的材料会具有不同性能，而不同的结构通常是通过不同制备工艺获得的。

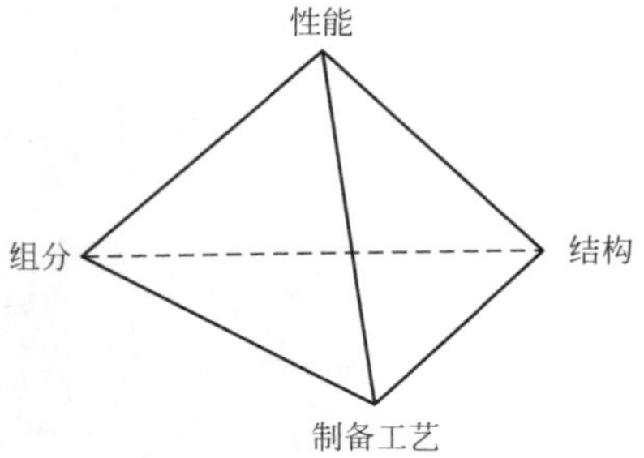

生物矿物是在温和条件下，在生物机体内在机制的调制下，生物体通过对反应进行高度精密控制以及对能量、空间和原料进行充分利用，实现从分子水平到介观水平上对晶体结构、形状、大小、位向和排列的精确控制和组装而形成的复杂的分级结构。对于生物矿物而言，结构对于性能的影响似乎更大，因为生物矿物是经过极其复杂的工艺过程而形成的极其特殊的结构，其性能也极其优越[10]。例如，$CaCO_3$ 生物矿物的硬度是普通 $CaCO_3$ 晶体的两倍，韧性则是普通 $CaCO_3$ 晶体的一千多倍[11]。

图 7.1　材料组分、结构、制备工艺与性能的关系

7.1.3.1 CaCO₃ 生物矿物的微观结构

（1）珍珠和珍珠层

当杂物（寄生虫、沙粒等）侵入双壳类软体动物的外套膜时，受到刺激的表皮细胞以杂物为核内陷形成珍珠囊，外套膜外层细胞分泌珍珠质，将中心核层包裹起来形成珍珠。

珍珠层是珍珠的主要结构，其中生物矿物通常是板状的文石相 CaCO₃，如图 7.2 所示[12]。Mann 提出了珍珠层的结构：少量有机质（占总质量的 1%～5%）填充在 CaCO₃ 之间，而层间的有机质具有三明治结构，中间为甲壳质，外层是憎水的丝心蛋白质和亲水的酸性蛋白质，如图 7.3 所示[2]。

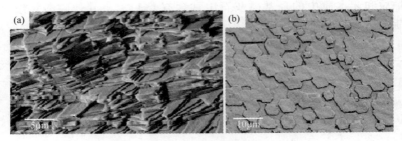

图 7.2　珍珠层的微观结构
（a）截面图；（b）俯视图

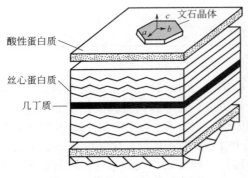

图 7.3　珍珠层的结构示意图

但是，少数有机体中的 CaCO₃ 为球霰石相。杭云明在鄂州珍珠中发现主要晶相为球霰石以及少量的方解石[13]；马红艳等人在浙江雷甸淡水无光珍珠中确认了球霰石的存在[14]。对淡水珍珠更详细的研究发现[15]，板状结构的球霰石在淡水珍珠中出现概率很高，性质非常稳定。图 7.4 是淡水珍珠中球霰石的微观结构及其结构示意图。优质珍珠层中的文石相 CaCO₃ 呈等轴板片状，而淡水珍珠里的球霰石板片形状不规则，中间厚，边缘薄。力学性能的结果表明，无光珍珠的硬度（约 1.7GPa）

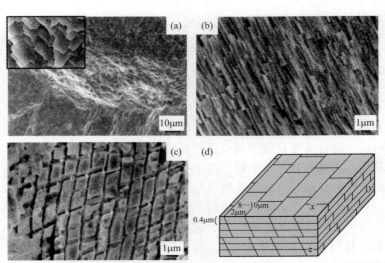

图 7.4　淡水珍珠中球霰石板状结构的扫描电镜图 [（a）～（c）] 和其三维结构示意图（d）

较正常珍珠的硬度（2～3GPa）低。

（2）贝壳

在绝大多数非脊椎动物中都发现了钙化组织，其中以贝壳和珍珠最具代表性。对贝壳的研究开展得比较早，也比较深入[16,17]。表7.3列出了自然界中存在的物种主要类型的贝壳材料[6]。目前已知，除了少数几种特殊的贝壳，其他贝壳都是由纯$CaCO_3$构成。

表 7.3　贝壳材料的类型和性能

类型	形状	晶体	蛋白质基体含量（质量分数）/%	强度（括号中为最大值）/MPa			刚度（右面括号为试验次数，下面括号为最大值）/GPa	维氏硬度（括号中为实验次数）/GPa
				拉伸	压缩	弯曲		
棱柱	多边形柱状	方解石和文石	薄层(5μm)环绕每个棱柱(1～4)	60(60)	250(300)	140	30(2)(40)	1.62(1)
珍珠层	平面层状	文石	层间薄片(1～4)	130(湿)167(干)	380(420)	220	60(湿)70(干)	1.68(8)
交叉叠片	胶合板型层片	文石	超薄(0.01～4)	40(60)	250(340)	100(170)	60(40)(80)	2.50(9)
簇叶	长薄晶体叠加	方解石	超薄(0.1～4)	30(40)	150(200)	100(180)	40(6)(60)	1.10(1)
均匀分布	精细毛石	文石	超薄	30	250	80	60(1)	—

图7.5是在扫描电镜下观察到的软体动物贝壳的截面微观形貌[18]。贝壳由角质层、棱柱层和珍珠层组成。角质层是贝壳的最外层，由壳质蛋白构成，如图7.5(a)所示。斜棱柱层位于角质层内侧，通常又包括斜棱柱层和正常棱柱层。正常棱柱层由垂直于贝壳壳面、相互平行的棱柱状方解石组成，斜棱柱层位于角质层和正常棱柱层之间，与正常棱柱层有一定夹角，如图7.5(b)所示。贝壳中的珍珠层与珍珠中的珍珠层结构是相同的，是由一些平行于贝壳壳面的小平板状结构单元平行累积而成的，如图7.5(b)所示。

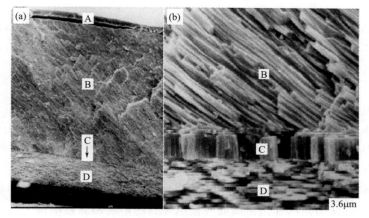

图 7.5　贝壳的截面微观形貌
(a) 全貌图；(b) 局部放大图（A—角质层；B—斜棱柱层；C—正常棱柱层；D—珍珠层）

贝壳和珍珠的珍珠层最突出的力学性能就是其高韧性，其韧性大约是天然文石的3000多倍。因此，珍珠层的韧化机制及其对材料设计和制备的指导作用值得深入研究。

（3）蛋壳

蛋壳由石灰质外层硬壳和紧贴壳层的蛋白膜组成，其中石灰质外层硬壳的主要成分是方解石相 $CaCO_3$。蛋壳中 $CaCO_3$ 的含量大约占总体积的 $96\% \sim 98\%$，其余是有机质，扩展分布于整个壳材料中。

图 7.6 是鸡蛋壳截面结构示意图[19]。硬壳体外表面有一层有机保护膜，硬壳体中的方解石晶体规整取向，堆积成柱状结构，硬壳体内层是许多穹顶状结构（乳头状层），与外层通过膜纤维紧密相连。

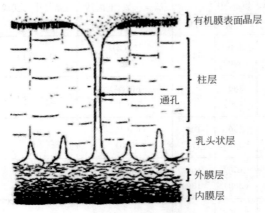

图 7.6　鸡蛋壳截面结构示意图

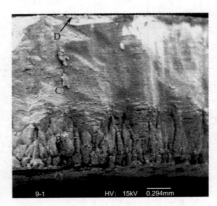

图 7.7　鸵鸟蛋壳截面结构示意图
A—有机层；B—椎体层；C—栅栏层；D—晶体层

图 7.7 是鸵鸟蛋壳的截面图[20]。鸵鸟蛋壳由内向外依次是有机层、锥体层、栅栏层和晶体层。锥状层中的单个椎体由若干个乳突结构发展而成，沿 [001] 方向呈辐射状生长，整个椎体层是由方解石微晶组成的片状集合体，其断裂面呈晶态断裂形貌。方解石矿物在锥体层末端成核生长成栅栏层，整个栅栏层是由沿 [001] 方向生长的方解石片状晶体组成的集合体。栅栏层是蛋壳的主要厚度层，其断裂表面呈碎屑状的复合物断裂形貌。晶体层是由尺寸为几十纳米的微晶组成，晶粒的排列高度有序，其断面整齐致密。

（4）红鲍鱼

红鲍鱼（*Haliotis rufescens*）壳层结构的剖面图如图 7.8 所示[21]。角质层位于壳的最外层，向内依次是柱状方解石、珍珠层的文石、块状方解石、有机质、球状方解石、珍珠层文石，最内层是文石的生长面。

（5）耳石

$CaCO_3$ 生物矿物也常作为海洋动物的传感器，比如平衡石、耳石和内耳砂。这些传感器的工作原理与液体在半循环导管中的作用方式（探测角动量变化）类似。

存在于鱼类内耳中的耳石，是硬骨鱼类的声音传感器，在平衡系统中起重要作用。耳石包括微耳石、矢耳石和星耳石各一对，如图 7.9 所示[22]。清华大学生物材料研究组对大量健康鲤鱼耳石进行了研究，表明星耳石中的 $CaCO_3$ 为球霰石相，而微耳石和矢耳石中的 $CaCO_3$ 为文石相[6]。Söllner 等认为基因和蛋白质能够控制耳石的形貌和晶格结构[23]。

（6）海蛇尾

海蛇尾没有眼睛，它是如何发现危险并及时逃避的呢？原来海蛇尾是对光很敏感的动物，不但可以根据外界光线的强弱相应改变身体的颜色，还可以探测到捕食者的阴影。Aizenberg 从矿化生物材料的结构-功能关系角度详细讨论了海蛇尾骨骼的光受体系统，如图 7.10 所

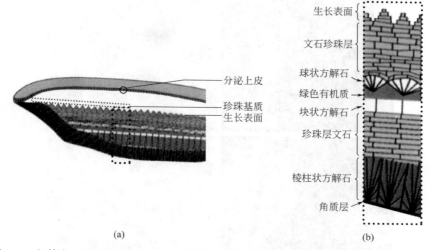

图 7.8 红鲍鱼（*Haliotis rufescens*）壳层结构剖面图（a）和左图虚线框的放大图（b）

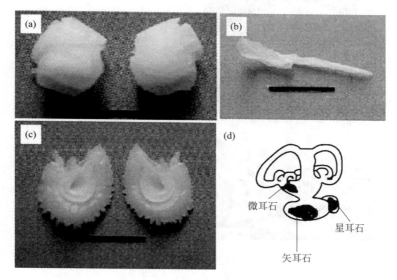

图 7.9 鲤鱼耳石形貌

（a）微耳石；（b）矢耳石；（c）星耳石；（d）耳石解剖示意图

示[24]。海蛇尾骨骼中的 $CaCO_3$ 是方解石相，方解石晶体排列成有序的球形微结构。这些微结构具有双透镜的特性，可以将可见光聚焦到神经中枢系统。在 $CaCO_3$ 的矿化过程中，通过构筑方解石单晶体的上下表面及其取向，最大限度地减小相差和双折射，使微结构达到了智能化的排列设计。而一些非光敏物种的骨骼内方解石矿物形成的结构就没有双透镜的作用。

（7）海胆牙齿和骨针

海胆牙齿是以镁方解石为主要矿物相的生物矿化结构。海胆牙齿具有优异的力学性能，比如可以碾碎同由方解石组成的石灰岩，这归结于其精美的矿化结构。一般情况下，热力学上能够稳定存在的镁方解石中镁的含量最高可达 10%（摩尔分数）[25]，但是海胆牙齿中镁方解石中镁的含量高达 43.5%（摩尔分数）[26,27]。图 7.11 为海胆穿齿的结构示意图[26]，其主要结构组织单元为片状和针状的镁方解石单晶（5%～13%，摩尔分数）和高镁方解石多晶基质

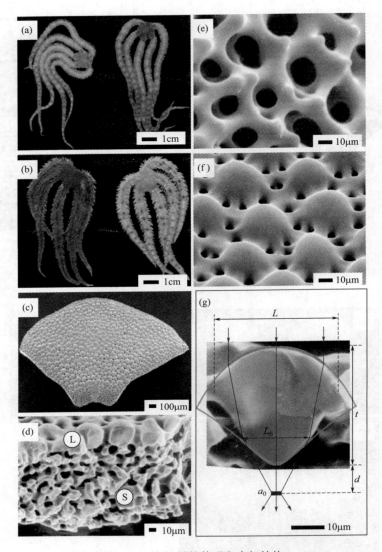

图 7.10　海蛇尾的外观和支架结构

（a）非光敏物种 *Ophiocoma pumila* 白天（左）和夜间（右）颜色无变化；（b）光敏物种 *Ophiocoma wendtii*
白天（左）和夜间（右）颜色发生显著变化；（c）清除有机组织后海蛇尾的背腕板（DAP）的 SEM 图像；
（d）DAP 的横截面 SEM 图像显示典型的方解石结构（L）和外层的透镜结构（S）；（e）*Ophiocoma*
pumila 的 DAP 外围层的 SEM 图像表明其没有透镜结构；（f）*Ophiocoma wendtii* 的 DAP 外围层的
SEM 图像表明其具有透镜结构；（g）*Ophiocoma wendtii* 中单个镜头横截面的高分辨 SEM 图像

（40%～45%，摩尔分数）。Ma 等人对海胆牙齿进行的深入研究表明，海胆牙齿中片状和针状
镁方解石单晶以及高镁方解石多晶基质是有序排列的，并且镁离子含量沿着牙尖方向增加，这
可能是牙尖端具有更高硬度的原因[27]。

海胆骨针也是以镁方解石为主要矿物相的生物矿化结构。海胆骨针是具有多孔的棒状或针
状结构，如图 7.12 所示[28]。Berman 等的研究发现，整个骨针具有镁方解石单晶结构，最高
镁含量可达 43.7%（摩尔分数），有机质占总质量的 5% 左右[29]。与普通镁方解石明显不同的
是海胆骨针中的镁方解石结构具有很高的断裂韧性，且不会沿解离面解离，这可能是由镁方解
石晶体中嵌入的有机基质吸附在一些特定的晶面造成的[28]。

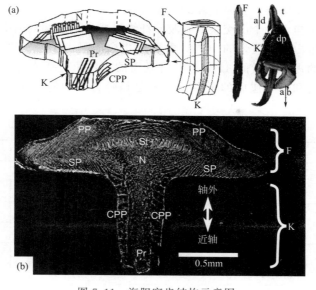

图 7.11　海胆穿齿结构示意图

（a）从左至右是牙齿横断面示意图；（b）牙齿横切面的 SEM 图像

PP—初级板片区；SP—次级板片区；St—石质部；N—针状体；CPP—棱柱化过程；

Pr—棱柱；F—凸缘；K—龙骨区

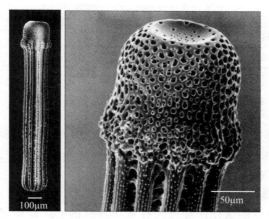

图 7.12　成年海胆骨针的 FESEM 图像

7.1.3.2　$CaCO_3$ 生物矿物的特征

与地质 $CaCO_3$ 矿物相比，其生物矿物具有如下特征[5]：

① $CaCO_3$ 的结构是高度有序的，并因此具有极高的强度和良好的断裂韧性；

② $CaCO_3$ 一般具有确定的晶体取向；

③ $CaCO_3$ 矿物质与有机基质发生相互作用；

④ $CaCO_3$ 矿物质在生物的新陈代谢过程中形成，并参与代谢过程。

7.2　碳酸钙的生物矿化制备

7.2.1　生物矿物中的有机基质

欧阳健明将生物矿物中的有机基质定义为任何由有机成分组成的局域化表面[5]，通常为有机大分子，如蛋白质、磷脂、胶原质和碳水化合物等。

骨中的基体大分子包含一个由交联的骨胶原纤维组成的不溶性的网络和溶于水的非胶原蛋白质，其中骨胶原占蛋白质总质量的 90%，非胶原蛋白质只占 10%。骨胶原中的有机成分主要是 I 型胶原纤维，约占总质量的 34%[30]。牙釉质的蛋白质包括成釉蛋白、鞘蛋白、牙釉蛋白和蛋白酶等。而贝壳和珍珠层中的蛋白质种类更是随着物种的不同而显示出多样性，如表 7.4 所示[31]。

表 7.4　来源于文石矿物和方解石矿物的基质蛋白

蛋白名称	物种	来源	分子量/10^3	参考文献
Lustrin A	红螺鲍	珍珠层	65	Shen 等[32]
MSI60	合浦珠母贝	珍珠层	60	Sudo 等[33]
N16	合浦珠母贝	珍珠层	16	Samata 等[34]
Pearlin	合浦珠母贝	珍珠层	14	Miyashita 等[35]
N14	大珠母贝	珍珠层	16	Kono 等[36]
Perlucin	平滑鲍螺	珍珠层	17~21	Weiss 等[37]
Perlustrin	平滑鲍螺	珍珠层	9.326	Weiss 等[37]
AP7	红螺鲍	珍珠层	7.565	Michenfelder 等[38]
AP24	红螺鲍	珍珠层	24	Michenfelder 等[38]
MSI31	合浦珠母贝	棱柱层	31	Sudo 等[33]
Aspein	合浦珠母贝	棱柱层	41	Sarashina 等[39]
Prismalin-14	合浦珠母贝	棱柱层	11.89	Suzuki 等[40]
Asprich 家族	栉江杜松	棱柱层	20~30	Gotliv 等[41]

7.2.2　碳酸钙生物矿物的体外模拟矿化

研究有机基质对 $CaCO_3$ 矿化的影响以及 $CaCO_3$ 矿物的生物矿化过程最常用的方法是先从天然生物中提取并分离有机质，然后将其加入矿化体系，研究在不同体外模拟条件下生物矿化的过程以及有机基质的功能。

7.2.2.1　$CaCO_3$ 生物矿物的体外矿化

Jiao 等人[42]将不同质量的氯化镁加入含有 0.02mol 的 $CaCl_2$ 溶液中，配制成 Mg/Ca（摩尔比）分别为 0:1、1:1、2:1、3:1、4:1 和 5:1 的混合溶液，并在混合溶液中加入胶原蛋白，搅拌均匀后将混合溶液移入培养皿中并置于放有 NH_4HCO_3 的密闭干燥器中进行碳化反应，最后将沉淀在 40℃下干燥 12h。

各种条件下产物的 XRD 图谱和 SEM 形貌如图 7.13 和图 7.14 所示。当体系中没有镁离子或者镁离子与钙离子比例较小时（摩尔比为 1:1），产物中只有方解石相，而没有球霰石和文石生成，不添加镁离子产物方解石呈不规则的菱方状，而添加了 1:1 的镁离子产物方解石为不规则块状，并且表面呈片状，如图 7.13(a) 和图 7.14(a)、(b) 所示。当镁离子与钙离子的摩尔比增加至 2:1 时，产物中除了主晶相方解石外，还出现了少量的球霰石和文石，如图 7.13(b) 所示；增大镁离子的添加量，得到了盘状和哑铃状晶体，如图 7.14(c)~(e) 所示。当镁离子与钙离子的摩尔比增加至 4:1 时，产物中的主晶相为文石，少量方解石为次晶相。特别地，当镁离子与钙离子摩尔比增加至 5:1 时，产物几乎全部为文石相，如图 7.13(c)、(d) 所示。作者还研究了 Mg/Ca 摩尔比为 5:1 时胶原蛋白的加入量对产物晶体类型和颗粒形貌的影响。当不添加胶原蛋白时，产物的主晶相为方解石，添加 $0.1g \cdot L^{-1}$ 时的产物则几乎全部为文石相，如图 7.13(d)、(e) 所示。而不添加胶原蛋白得到的却是针状的晶体 [图 7.14(h)]，添加 $0.1g \cdot L^{-1}$ 和 $0.4g \cdot L^{-1}$ 胶原蛋白得到的是非常规则的球形文石 [图 7.14(f)、(g)]，这个结论与文石的典型形貌为针状和方解石的典型形貌为菱方体不是十分符合。

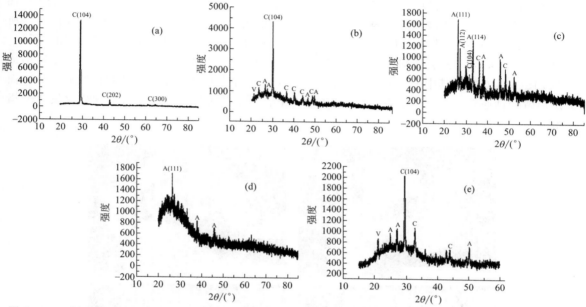

图 7.13　Ca^{2+} 浓度为 $0.02mol \cdot L^{-1}$、胶原蛋白加入量为 $0.1g \cdot L^{-1}$ 条件下，不同 Mg/Ca 摩尔比得到的不同晶体及其 XRD 图谱 [(a) 0:1 或 1:1，方解石；(b) 2:1，方解石和少量球霰石和文石；(c) 4:1，文石和少量方解石；(d) 5:1，文石] 和 Ca^{2+} 浓度为 $0.02mol \cdot L^{-1}$、不添加胶原蛋白、Mg/Ca 摩尔比为 5:1 时得到的方解石和文石及其 XRD 图谱 (e)

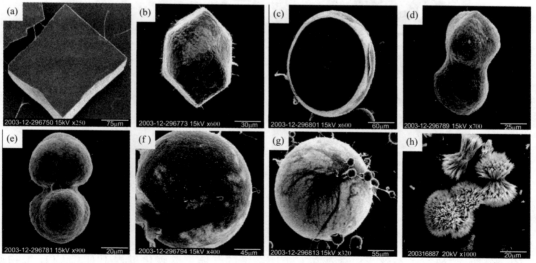

图 7.14　胶原蛋白加入量为 $0.1g \cdot L^{-1}$ 时不同 Mg/Ca 摩尔比得到的碳化产物的 SEM 图像 [(a) 不规则菱方体方解石，Mg/Ca 为 0:1；(b) 呈层状生长的不规则块状晶体，Mg/Ca 为 1:1；(c)~(e) 圆盘状和哑铃状 $CaCO_3$ 晶体；(f) 球状文石晶体，Mg/Ca 为 5:1] 和 Mg/Ca 为 5:1 时不同胶原蛋白加入量得到的碳化产物的 SEM 图像 [(g) 更规则的球状文石晶体，胶原蛋白 $0.1g \cdot L^{-1}$；(h) 针状文石晶体，不添加胶原蛋白]

Liang 等[43]研究了蓝藻的三个菌属 PCC8806、LS0519 和 ARC21 存在下 $CaCO_3$ 的生物矿化过程，具体实验过程是在 20℃下用注射器将 $0.32mmol \cdot L^{-1}$ $CaCl_2$ 溶液逐滴加入 $1.5mmol \cdot L^{-1}$ 的 $NaHCO_3$ 溶液中，然后快速加入蓝藻细胞培养液。

不同菌属存在下矿化产物的 SEM 形貌如图 7.15 所示。在 PCC8806 存在的情况下，球状 $CaCO_3$ 晶体位于蓝藻细胞附近或者附着在细胞表面，如图 7.15（a）、（b）所示。LS0519 存在时，针状或莲花座状 $CaCO_3$ 晶体也出现在细胞附近或者附着在细胞表面，如图 7.15（c）所示。而 ARC21 存在时生成的 $CaCO_3$ 为规则球形，并且附着在细胞表面，如图 7.15（d）所示。穿过 $CaCO_3$ 球形颗粒的 SEM-EDX 线扫描表明，颗粒表面主要由 Ca、P 和 O 三种元素构成 [图 7.15（e）、（f）]，其中 P 元素是生物诱导 $CaCO_3$ 沉淀的前驱体无定形磷酸钙的一部分，而无定形磷酸钙通常会迅速转变为结晶 $CaCO_3$，因此 P 元素的存在可以作为生物矿化发生的指示剂[44,45]。

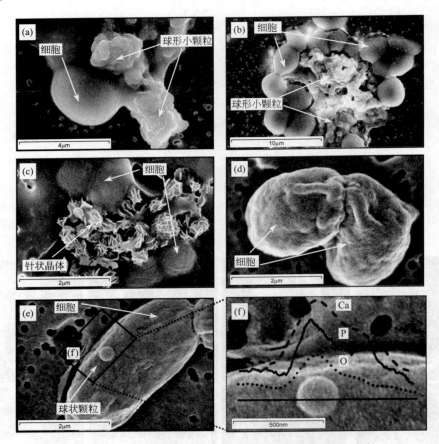

图 7.15　不同菌属存在下矿化产物的 SEM 图像

（a），（b）PCC8806，球形晶体；（c）LS0519，针状或莲花座形晶体；（d），（e）ARC21，球形晶体；
（f）图（e）中方框内 Ca、P、O 元素的 EDX 线扫描

Zhang 等[46]研究了蚕丝蛋白微球在 $CaCl_2$ 溶液的气体扩散碳化过程中对 $CaCO_3$ 生物矿化的诱导作用。在干燥器中，NH_4HCO_3 分解产生的气体扩散至含有蚕丝蛋白微球的 $0.01mol \cdot L^{-1}$ 的 $CaCl_2$ 溶液中，矿化过程结束后，用蒸馏水清洗后在冷冻干燥器内完成干燥。

不同矿化时间得到的 $CaCO_3$ 的 SEM 形貌和 XRD 图谱如图 7.16 和图 7.17 所示。在气体扩散法制备 $CaCO_3$ 时，如果不通过生物聚合物来控制 $CaCO_3$ 的成核和结晶，通常会得到菱方

体方解石，如图 7.16(a) 所示；但是在蚕丝蛋白微球的存在下，$CaCO_3$ 出现了多种形貌。在矿化的早期阶段，$CaCO_3$ 沉积在蚕丝蛋白微球上，形成尺度为 $100\sim1000nm$、具有纳米孔的不规则结构，如图 7.16(c) 所示。矿化 8h 得到了尺度在 $1\sim2\mu m$、形状规则的 $CaCO_3$/蛋白微球，如图 7.16(d) 所示。当矿化时间延长至 16h 和 24h，$CaCO_3$ 微球"熔化"生成哑铃形、球形以及菱方状颗粒，并伴随着微球周围 $CaCO_3$ 晶体的持续生长，如图 7.16(e)、(f) 所示。与没有添加蚕丝蛋白时生成的纯方解石 $CaCO_3$ 相比，蚕丝蛋白调控生成的 $CaCO_3$ 具有粗糙的台阶表面，这表明菱方状方解石是由 $CaCO_3$ 微球表面的纳米粒子生长而成的。对矿化产物的 XRD 表征表明，矿化 4h 生成的是纯净的方解石，而矿化 8h 出现了球霰石和文石，并且球霰石和方解石相的衍射峰随矿化时间的延长都有所增强（图 7.17）。作者认为方解石的生长是发生在球霰石的表面而不是由球霰石转化而来的。矿化 8h 得到的 $CaCO_3$ 微球不同部位的 EDX 结果表明，蚕丝蛋白位于 $CaCO_3$ 微球的中心（图 7.18），证明了在矿化过程中 $CaCO_3$ 的成核和结晶是在蚕丝蛋白的周围进行的。矿化 24h 得到的 $CaCO_3$ 微球不同部位的 TEM 形貌和 SAED 结果表明，微球内部为球霰石和方解石多晶，而外部为纯的方解石，如图 7.19 所示。

图 7.16　纯方解石的 SEM 形貌（a）、蚕丝蛋白微球的形貌（b）和不同矿化时间（h）
产物的 SEM 图像 [（c）4；（d）8；（e）16；（f）24]

Xue 等[47]将浓度为 $8.67\times10^{-7}mol\cdot L^{-1}$ 的胶原蛋白（含 582 个氨基酸残基）溶液分别散布在蒸馏水、Ca^{2+} 浓度为 $5mmol\cdot L^{-1}$ 的 $CaCl_2$ 溶液和碳酸氢钙溶液表面制备出胶原朗缪尔单分子层。$CaCO_3$ 的结晶发生在 $CaCl_2$ 溶液和碳酸氢钙溶液中制备的胶原蛋白朗缪尔单分子层上，每隔一定时间将单分子层以 $3mm\cdot min^{-1}$ 的速度从溶液中提拉出来转移至玻璃板上，结晶过程结束。

不同结晶时间产物的 XRD 和 TEM 形貌如图 7.20 和图 7.21 所示。结晶 6h 获得的 $CaCO_3$ 的 XRD 图谱上没有衍射峰 [图 7.20(a)]，而其电子衍射（ED）图谱也没有衍射环或衍射斑

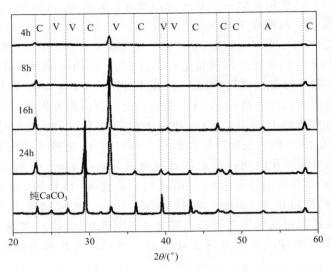

图 7.17　蚕丝蛋白微球存在时不同矿化时间（4h、8h、16h、24h）得到的产物 $CaCO_3$ 以及纯 $CaCO_3$ 的 XRD 图谱（C 为方解石；V 为球霰石；A 为文石；参考 PDF：33-0268 和 47-1743）

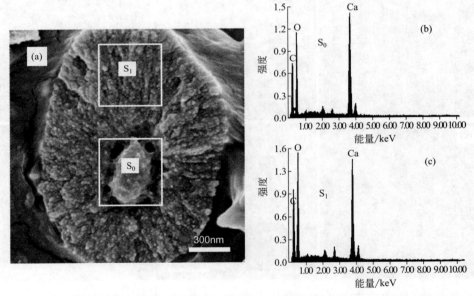

图 7.18　蚕丝蛋白微球存在下矿化 8h 的 $CaCO_3$ 微球的 SEM 形貌（a）和不同部位的 EDX 能谱 [（b）（a）中的 S_0 部位；（c）（a）中的 S_1 部位]

点 [图 7.21(b)]，说明此时的 $CaCO_3$ 为非晶态的，其形态为立方状的纳米颗粒，并且团聚成链状结构。当结晶时间为 12h 时，$CaCO_3$ 的 XRD 图谱上出现了方解石的衍射峰 [图 7.20(b)]，ED 图谱上出现了方解石的衍射斑点 [图 7.21(c)]，说明结晶发生 12h 后，非晶态 $CaCO_3$ 转变成了方解石相，其颗粒形貌也是纳米颗粒团聚而成的链状结构。结晶时间延长至 24h，XRD 和 ED 图谱都表明 $CaCO_3$ 为方解石，只是其颗粒形貌完全变成了棒状，如图 7.20(c) 和图 7.21(d) 所示；棒状颗粒不同区域的高分辨 TEM 图像也表明 $CaCO_3$ 为方解石，如图 7.21(f)～(i) 所示。当结晶时间达到 36h 后，$CaCO_3$ 的 XRD 图谱上仍然只有方解石的衍射峰 [图 7.20(d)]，而

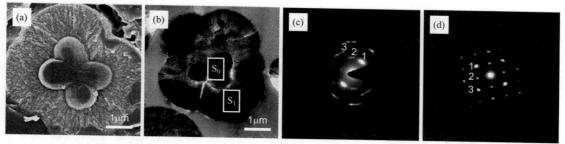

图 7.19 蚕丝蛋白微球存在下矿化 24h 的 $CaCO_3$ 微球的形貌 [(a) SEM 形貌；(b) TEM 形貌] 和
不同部位的电子衍射图谱 [(c) (b) 中的 S_0 区域 1 (104)，2 (114)，3 (304)；
(d) (b) 中的 S_1 区域 1 (104)，2 (012)，3 (110)]

其形貌为单一的棒状 [图 7.21(l)]，单个棒状颗粒的高分辨和电子衍射结果表明，棒状颗粒为方解石单晶 [图 7.21(e)、(k)]。作者给出了胶原蛋白诱导下棒状方解石相 $CaCO_3$ 的形成机制和过程，如图 7.22 所示。由于静电作用和界面自由能，胶原蛋白分子（纤维）在 $CaCO_3$ 晶体生长中的团聚和组装方面起着重要作用。首先，最初形成的 ACC 纳米粒子通过 Ca^{2+} 和带电氨基酸残基之间的强静电作用吸附在胶原蛋白纤维表面，$CaCO_3$ 团聚体的形貌通过复制胶原蛋白纤维的对称性和形状来控制，而且吸附的 ACC 粒子通过静电和疏水等作用团聚在胶原蛋白纤维周围 [图 7.21(b) 和图 7.22]；然后，吸附在胶原蛋白纤维表面的 ACC 进行组装和结晶 [图 7.21(c) 和图 7.22] 最后变成棒状单晶 [图 7.21(d)、(e) 和图 7.22]。

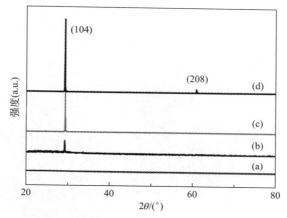

图 7.20 胶原蛋白存在下不同结晶时间产物 $CaCO_3$ 的 XRD 图谱
(a) 6h；(b) 12h；(c) 24h；(d) 36h

Tseng 等[48]以 $CaCl_2$ 和 $NaHCO_3$ 为原料，在以甘氨酸、天冬氨酸和谷氨酸为主要成分的蛋白质 （soluble organic matrix，SOM） 诱导下，合成了 $CaCO_3$ 纳米晶。将实验室提取的 SOM 粉末溶于蒸馏水制备含量为 1350×10^{-6} 的溶液；然后将不同体积的该溶液加入 5mL 浓度为 $54 mmol \cdot L^{-1}$ 的 $CaCl_2$ 溶液中，并将等体积同浓度的 $NaHCO_3$ 溶液加入混合溶液中；将上述反应体系轻摇 10s 后置于 20℃ 下静置 1d；最后将生成的沉淀过滤、真空干燥 1d。

图 7.23～图 7.25 分别为 SOM 添加量不同时产物 $CaCO_3$ 的 XRD 图谱、FTIR 图谱和 SEM 图像。当不添加 SOM 时，产物为纯净的方解石相 [图 7.23(a) 和图 7.24(a)]，颗粒形状为规则的菱方状 [图 7.25(a)]，这说明不添加 SOM 时经过一天的反应，生成了 $CaCO_3$ 的

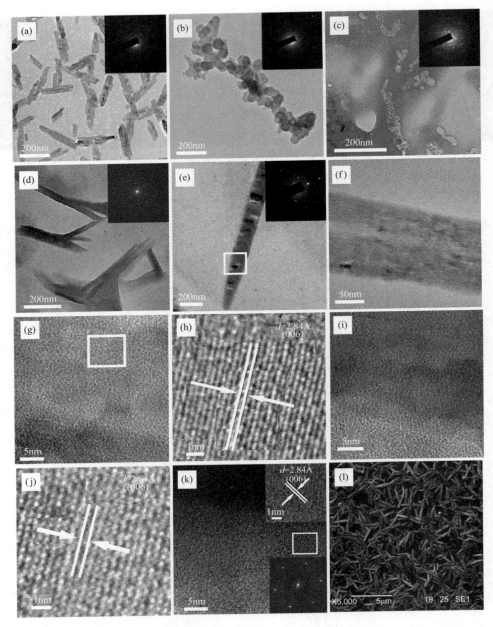

图 7.21　胶原蛋白纤维及其存在下不同结晶时间（h）CaCO₃ 的 TEM 形貌及电子衍射图谱 [（a）胶原蛋白纤维；（b）6；（c）12；（d）24；（e）36；（f）（d）图的高倍图]、24h 和 36h CaCO₃ 的高分辨 TEM 形貌 [（g）～（j）24h；（k）36h] 和结晶 36h CaCO₃ 的 SEM 形貌（l）

稳定相。当 SOM 的含量为 3.1×10^{-6} 时，XRD 图谱中方解石相的衍射峰很强，但是出现了球霰石相的弱衍射峰 [图 7.23（b）]，FTIR 图谱也出现了球霰石的特征峰 [图 7.24（b）]，通过定量分析，方解石和球霰石的含量分别为 65% 和 35%；方解石颗粒依然为菱方状，但其表面变得粗糙 [图 7.25（b）]。当 SOM 的含量为 6.3×10^{-6} 时，XRD 图谱中球霰石相的衍射峰变强，方解石相的衍射峰变弱 [图 7.23（c）]，FTIR 图谱中球霰石的特征峰也进一步增强 [图 7.24（c）]，方解石和球霰石的含量分别为 14% 和 86%；球霰石颗粒呈花状 [图 7.25（c）]。

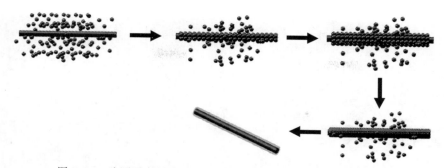

图 7.22　胶原蛋白纤维诱导下棒状方解石相 CaCO₃ 的形成机制

当 SOM 的含量增加至 25×10^{-6}、50×10^{-6} 和 100×10^{-6} 时，XRD 图谱中球霰石相的衍射峰减弱，方解石相的衍射峰增强，三者相差不明显 [图 7.23(d)～(f)]。但是，三种浓度下方解石的形状却有所不同，分别由多层 [图 7.25(e)、(g)、(i)] 堆积成瘦长状 [图 7.25(d)]、球状 [图 7.25(f)] 和不规则树枝状 [图 7.25(h)]，而球霰石颗粒呈不规则的团聚状。对 SOM 含量为 100×10^{-6} 时产物颗粒更加细致的观察发现，这些片状的方解石颗粒是由粒径为 (16.1 ± 3.0)nm 的纳米颗粒紧密堆积而成的 [图 7.25(k)、(l)]。这说明这些蛋白质的加入不仅可以改变产物的晶体类型，而且可以改变产物的颗粒形貌。

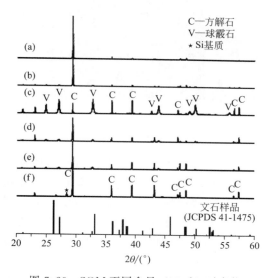

图 7.23　SOM 不同含量（10^{-6}）时产物 CaCO₃ 的 XRD 图谱

(a) 0；(b) 3.1；(c) 6.3；(d) 25；(e) 50；(f) 100

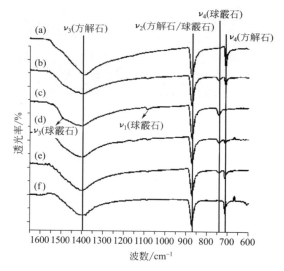

图 7.24　SOM 不同含量（10^{-6}）时产物 CaCO₃ 的 FTIR 图谱

(a) 0；(b) 3.1；(c) 6.3；(d) 25；(e) 50；(f) 100

Wang 等[49]以 CaCl₂ 和 NaHCO₃ 为原料，在甲壳质和重组蛋白质（ChiCaSifi）的诱导下合成了不同形貌的球霰石相 CaCO₃。先室温下向浓度为 10mmol·L⁻¹ 的 NaHCO₃ 溶液中加入不同数量的甲壳质和 ChiCaSifi，充分搅拌后向其中加入同浓度的 CaCl₂ 溶液，反应不同时间后将沉淀离心、干燥。

图 7.26 为不同添加情况下产物的 XRD 图谱和 SEM 图像。当不添加任何添加剂和仅添加甲壳质时，产物均为单一的方解石相，而添加 0.1% 和 1% ChiCaSifi 时产物的 XRD 图谱中出现了与方解石衍射峰强度相当的球霰石的衍射峰，随着 ChiCaSifi 的加入量增加到 2%，产物的 XRD 图谱中球霰石衍射峰的强度大大增强，方解石衍射峰的强度非常微弱 [图 7.26(a)]，

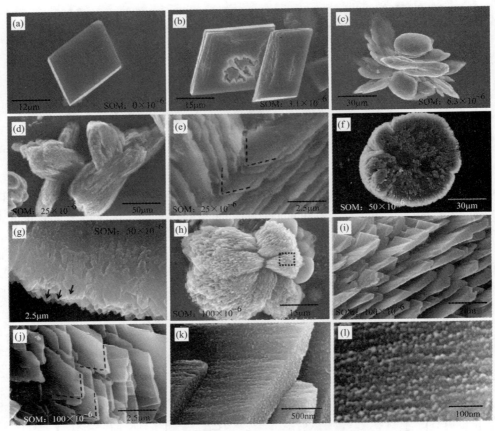

图 7.25　SOM 不同含量（10^{-6}）时产物 $CaCO_3$ 的 SEM 形貌
(a) 0；(b) 3.1；(c) 6.3；(d)，(e) 25；(f)，(g) 50；(h)~(l) 100

这说明 ChiCaSifi 的加入有利于亚稳态球霰石相的生成。虽然添加与不添加甲壳质时的产物均为方解石，但其颗粒形貌有差异。不添加甲壳质时方解石为棱角不完整的立方状颗粒，粒径超过 $10\mu m$ [图 7.26(b)]，而添加甲壳质时方解石为棱角相对完整的菱方状颗粒，粒度也降低到 $1\mu m$ 以下 [图 7.26(c)]。添加 0.1% 和 1% ChiCaSifi 时产物中除了菱方状方解石颗粒，还出现了形状不规则的球霰石颗粒 [图 7.26(d)、(e)]。当 ChiCaSifi 的加入量增加到 2% 时，产物以由小颗粒组装成的球形超结构为主 [图 7.26(f)]。

作者还研究了不同反应时间添加 0.1% ChiCaSifi 的体系在不同反应时间产物晶体类型和颗粒形貌的演变，如图 7.27 所示。当反应进行 5min 和 2h 时，产物的 XRD 图谱中几乎观察不到方解石相的衍射峰，球霰石相的衍射峰也不尖锐 [图 7.27(a)]，说明此时产物为结晶不良的球霰石相，其形貌为小颗粒团聚而成的空心球体 [图 7.27(b)、(c)]。随着反应时间延长至 8h 和 12h，产物中出现了方解石并且其含量随时间延长而增加，但是 SEM 图像显示颗粒为不规则的块状颗粒，很难发现方解石典型的菱方体形貌 [图 7.27(a)、(d)、(e)]。

Lu 等[50] 在 $CaCl_2$ 和（NH_4）$_2CO_3$ 溶液的反应体系中考察了三嵌段共聚物聚谷氨基酸-聚环氧丙烷-聚谷氨基酸（PLGA-b-PPO-b-PLGA，GPG）囊泡中聚谷氨基酸的链长、反应温度和反应物浓度对 $CaCO_3$ 结晶的影响。先于 5℃ 下将自制的 GPG 溶解在 NaOH 溶液中，并加入一定量的 $CaCl_2$，过滤后将透明溶液分别在 20℃、35℃ 和 50℃ 的炉子内放置 4h 使 GPG 自组装成囊泡；然后将（NH_4）$_2CO_3$ 溶液移入，保持最终的 Ca^{2+} 和 CO_3^{2-} 浓度之比为 1:1；反应

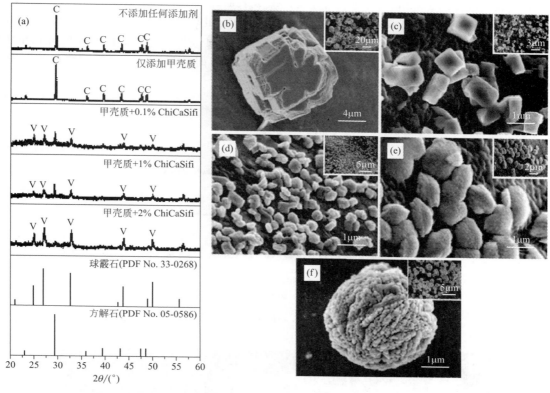

图 7.26 不同添加情况下产物的 XRD 图谱（a）和 SEM 形貌 [（b）不添加；（c）甲壳质；
（d）甲壳质＋0.1％ ChiCaSifi；（e）甲壳质＋1％ ChiCaSifi；（f）甲壳质＋2％ ChiCaSifi]

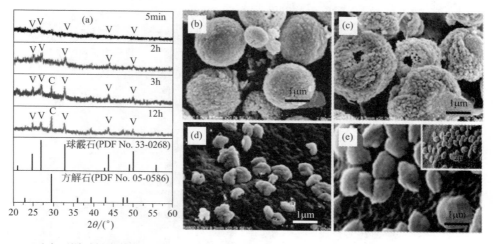

图 7.27 反应不同时间产物的 XRD 图谱（a）和 SEM 形貌 [（b）5min；（c）2h；（d）8h；（e）12h]

48h 后将沉淀水洗和干燥。

图 7.28 和图 7.29 分别为由不同链长 PLGA 构成的囊泡诱导下 $CaCO_3$ 的 XRD 图谱和 SEM 形貌。可以看出，链长为 36、61 和 124 时产物的 XRD 图中球霰石相的衍射峰很强，方解石相的衍射峰很弱（图 7.28），说明产物以球霰石相为主，只含有很少量的方解石相；对应产物的微观形貌也有差异，但均表现为珊瑚状的团簇结构。当 PLGA 的链长为 36 时，纳米小

颗粒先组装成直径约 100nm 的纤维，纤维再组装成表面疏松多孔的毛绒状球体 [图 7.29(a)、(d)、(g)]；当 PLGA 的链长增加为 61 时，纳米小颗粒组装成的纤维直径增加至约 400nm，组装成的球体表面也和前者类似 [图 7.29(b)、(e)、(h)]；进一步增加 PLGA 的链长至 124 时，纳米小颗粒构成的纤维变成一端尖，纤维的直径也增加至约 1μm，纤维团聚成较紧密的近球体 [图 7.29(c)、(f)、(i)]。

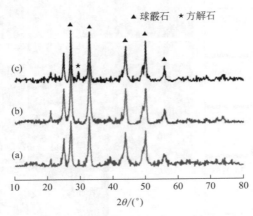

图 7.28　50℃下 PLGA 不同链长时产物的 XRD 图谱

(a) 36；(b) 61；(c) 124

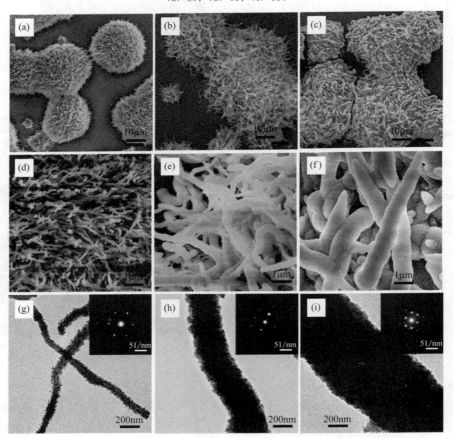

图 7.29　50℃下 PLGA 不同链长时产物的 SEM 形貌 [(a)～(f)] 以及 TEM 图像和 ED 图谱 [(g)～(i)]

(a)，(d)，(g) GPG36；(b)，(e)，(h) GPG61；(c)，(f)，(i) GPG124

图 7.30 和图 7.31 分别为 35℃、20℃和 5℃产物 CaCO₃ 的 XRD 图谱、SEM 和 TEM 形貌。从 XRD 图谱看出，当反应温度为 35℃时，球霰石的衍射峰很强，方解石较弱 [图 7.30(a)]；当反应温度降低为 20℃时，方解石的衍射峰变得很强，球霰石很弱 [图 7.30(b)]；进一步降低反应温度至 5℃，产物中只有方解石的衍射峰 [图 7.30(c)]。结合图 7.28 中 50℃产物中几乎全部为球霰石的结果，方解石相的含量随温度的降低而增加。随着温度的降低，产物的形貌也发生了变化，由 50℃时的纤维状 [图 7.29(e)、(h)] 变为 35℃时的底端粗上端尖的直刺状 [图 7.31(a)、(b)]、20℃时的短而粗的锥状 [图 7.31(c)、(d)] 和 5℃时的规则球状 [图 7.31(e)、(f)]。作者认为直径近 20μm 的球状颗粒是具有纤维结构的单晶体。

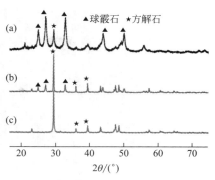

图 7.30　不同温度（℃）下 GPG61 产物的 XRD 图谱

(a) 35；(b) 20；(c) 5

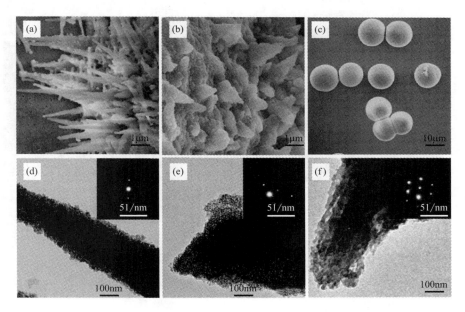

图 7.31　不同温度（℃）下产物的 SEM 形貌 [(a)～(c)] 和 TEM 形貌 [(d)～(f)]

(a)，(d) 35；(b)，(e) 20；(c)，(f) 5

作者还研究了 Ca²⁺ 浓度和 GPG61 浓度对产物形貌的影响，如图 7.32 所示。当 Ca²⁺ 浓度为较低的 10mmol·L⁻¹ 时，产物为由小球形颗粒组成的玫瑰花状大颗粒，随着 GPG61 浓度的增加，球形小颗粒和玫瑰花状大颗粒的粒径有所增加 [图 7.32(a)～(c)]；而当 Ca²⁺ 浓度为 15mmol·L⁻¹ 和 20mmol·L⁻¹ 时，形成了长纤维的团簇，纤维的直径随 Ca²⁺ 浓度变化不明显，但是随 GPG61 浓度的增加显著增加 [图 7.32(d)～(i)]。作者给出了 GPG 囊泡诱导下 CaCO₃ 的结晶方式，如图 7.33 所示。

Rodríguez-Navarro 等[51] 研究了鸡蛋壳中 CaCO₃ 的生物矿化过程。在收取蛋壳时，为了保存可能出现的非晶态矿物，将蛋壳内层薄膜和正在形成的蛋壳迅速用蒸馏水清洗、在空气中干燥并冷冻或者置于无水乙醇中。

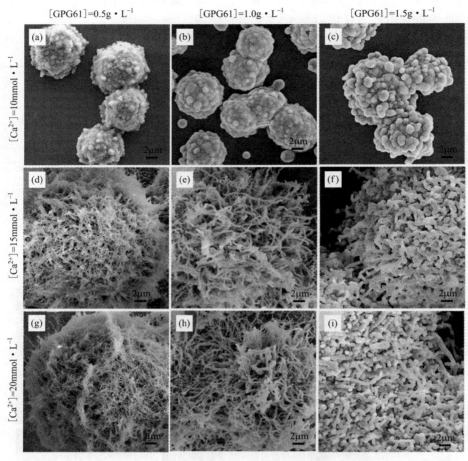

图 7.32 不同 Ca^{2+} 和 GPG61 浓度时产物的 SEM 形貌

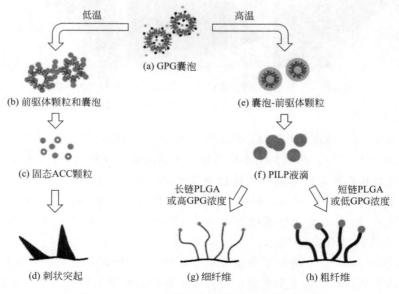

图 7.33 GPG 囊泡诱导下 $CaCO_3$ 的结晶方式

蛋壳在空气中矿化不同时间后的增重如表 7.5 所示，矿化产物的 SEM 图像和 XRD 图谱如图 7.34 和图 7.35 所示。矿化 5h 之后的蛋壳呈现出不同的形貌，有的尚未发生矿化，依然为分布均匀的富含有机物的结构 [乳头状核，如图 7.34(a) 所示]，将此类蛋壳标记为 5^a-h NM (non-mineralized)；有的蛋壳已经发生矿化，扁平盘状颗粒已经在膜纤维上成核，聚集在乳头状的核心，覆盖在蛋壳的大部分表面，如图 7.34(b)、(c) 所示，将此类蛋壳标记为 5^b-h。蛋壳 5^a-h NM 的 XRD 表征结果表明，虽然有两个较宽的峰，但不是 $CaCO_3$ 造成的，而是归因于膜中的有机成分，因为对蛋壳的 EDX 和 FTIR 分析表明，蛋壳中并不含有 Ca 和碳酸盐 (图 7.35)。蛋壳 5^b-h 的 XRD 图谱中也没有出现新的衍射峰，说明此蛋壳中的矿化产物 $CaCO_3$ 为非晶态。在矿化进行到 6h 的蛋壳中，ACC 形成了大块矿物，沉积在乳头状核心，并由扁平盘状变成与乳头状核心相适应的凸肩 [图 7.34(d)]。更近距离的观察表明这些矿物是由 $100\sim300nm$ 的球形纳米颗粒团聚而成的，并且有些矿化产物已经转变为方解石纳米晶 [图 7.34(e)]；而有些蛋壳中大块沉积矿物已经部分溶解，只有少量扁平盘状颗粒保留在大块沉积矿物周围的膜表面 [图 7.34(f)]；另外一些蛋壳中的矿化程度更大些，一些大块矿物已经转变成浑圆的方解石晶体，尽管这些晶体还保持着方解石晶体最初形成时的典型特征——凸肩 [图 7.34(g)]。6^a-h 的 XRD 图谱中出现了方解石相的较强的几个衍射峰，而方解石相的衍射峰都出现在 6^b-h 的 XRD 图谱中 (图 7.35)。矿化 7h 后的蛋壳中只发现了具有清晰表面的方解石大块晶体，这些晶体或者由一些较小的晶体聚合成大的团聚体，或者单独存在于乳头状核心处，并且这些蛋壳中不再有扁平盘状颗粒存在 [图 7.34(h)]。而矿化 14h 的蛋壳中方解石大块晶体合并形成一个表面连续、矿化完全的蛋壳 [图 7.34(i)]，并且蛋壳中方解石呈层状分布 [图 7.34(i) 插图]，这可能是由于先前的非晶态纳米颗粒在晶体表面的沉积和结晶是逐层进行的。矿化 7h 和 14h 蛋壳的 XRD 表征结果表明方解石结晶良好，特别是矿化 14h 后，方解石相的 (104)、(018) 和 (116) 晶面的衍射强度异常强 (图 7.35)，似乎存在这些晶面的择优取向生长。

表 7.5　不同矿化时间蛋壳的质量（每个时间取 8 个样品）

时间/h	5	6	7	14	16
蛋壳质量/g	0.18 ± 0.04	0.28 ± 0.08	0.39 ± 0.07	2.73 ± 0.39	3.33 ± 0.42

Zuykov 等[52]采用 CO_2 气体扩散法和共沉淀法研究了 $CaCO_3$ 晶体在双壳类贝壳上的体外矿化。在 CO_2 气体扩散法中，将粘有贝壳生长模板的泡沫聚苯乙烯放入盛有 1000mL 浓度为 $10mmol \cdot L^{-1}$ $CaCl_2$ 溶液的烧杯中，使之沉入液面以下 5mm，将 100g NH_4HCO_3 固体粉末放入培养皿中并用多孔塑料盖封盖；然后将烧杯和培养皿于室温下置于密封容器内，不同反应时间后将生长模板取出。在共沉淀方法中，将浓度为 $1mol \cdot L^{-1}$ 的硝酸钙水溶液 10mL 与氯化镁水溶液 40mL 混合，然后加入同浓度的 $NaHCO_3$ 水溶液 20mL，快速搅拌 30s 后立即将贝壳生长模板放入溶液底部中心，将体系置于 45℃ 的恒温炉中，反应不同时间后取出生长模板。

分别采用 CO_2 气体扩散法和共沉淀法在玻璃模板和贻贝珍珠层上的矿化产物的 XRD 图谱如图 7.36 所示。采用 CO_2 气体扩散法在玻璃模板上矿化 3d 得到的主要矿物为方解石相，其含量约为 86%，文石和球霰石的含量分别约为 9% 和 4% [图 7.36(a)]；同样在玻璃模板上，采用共沉淀法得到的矿化产物中文石和方解石的含量大致相当 [图 7.36(b)]；而采用共沉淀法在贻贝珍珠层上矿化同样时间得到的矿化产物主晶相为文石，含量约为 90%，方解石的含量约为 10% [图 7.36(c)]。这说明矿化方法和模板都会对矿化产物的晶相组成产生重要影响。

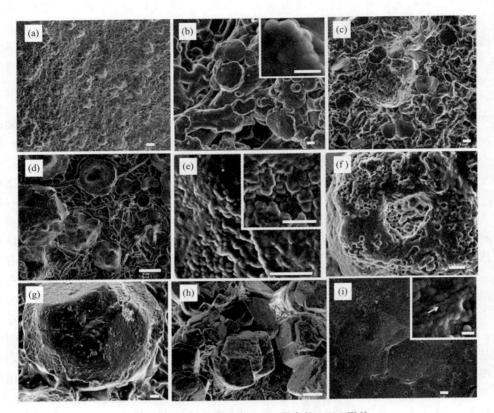

图 7.34 不同矿化阶段（h）蛋壳的 SEM 形貌

(a)～(c) 5；(d)～(g) 6；(h) 7；(i) 14 [标尺：(a)，(d)，(h)，(i) 10μm；
(b)，(c)，(e)，(f)，(g) 1μm；嵌入图 (e) 1μm；(b)，(i) 300nm]

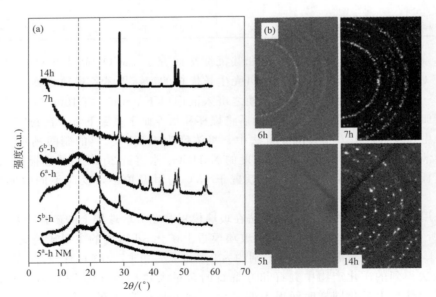

图 7.35 不同矿化时间蛋壳的 XRD 图谱

(a) 1D-XRD 图谱；(b) 2D-XRD 图谱

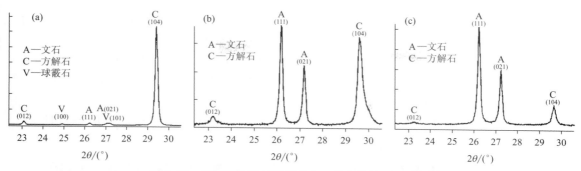

图 7.36 不同方法不同模板矿化 72h 产物的 XRD 图谱

(a) CO_2 扩散法，玻璃模板；(b) 共沉淀法，玻璃模板；(c) 共沉淀法，贻贝珍珠层

图 7.37 为分别采用 CO_2 气体扩散法和共沉淀法在玻璃模板和贻贝珍珠层上的矿化产物的 SEM 图像。从图 7.37(a) 中可以发现，采用 CO_2 气体扩散法在玻璃模板上的矿化产物中出现了 $CaCO_3$ 三种晶型的颗粒，方解石为单个菱方体颗粒，文石为棒状晶粒组装的束状颗粒，球霰石为小晶粒团聚而成的不规则颗粒。对方解石颗粒更详细的观察发现，方解石的某些晶面中心甚至棱角尚未生长完整 [图 7.37(b)]，类似 Ouhenia 等[53] 的结果。采用 CO_2 气体扩散法在贻贝珍珠层的矿化结果表明，新沉积的 $CaCO_3$ 晶体与珍珠层模板之间似乎完全没有关联 [图 7.37(c)]。采用共沉淀法在玻璃模板上矿化 3d 的矿化产物绝大部分为棱角清晰的方解石颗粒，粒径在 10 与 $100\mu m$ 之间，此外还含有少量形状不十分规则的颗粒 [图 7.37(d)]。如果在共沉淀体系中添加 $MgCl_2$，不但会生成由棱柱状文石晶粒构成的发散状颗粒，方解石（实质上为镁方解石）颗粒的形状也转变为多面晶体 [图 7.37(e)]。在贻贝珍珠层模板上采用共沉淀法，从 $CaCO_3$ 的矿化结果可以看出，新沉淀的 $CaCO_3$ 晶体与珍珠层模板之间似乎有所关联 [图 7.37(f)]。

图 7.37 不同条件下矿化产物的 SEM 图像

(a) CO_2 扩散法，玻璃模板，21d；(b) CO_2 扩散法，玻璃模板，3d；(c) CO_2 扩散法，贻贝珍珠层，3d；

(d) 共沉淀法，玻璃模板，3d；(e) 共沉淀法，玻璃模板，3d，加 $MgCl_2$；(f) 共沉淀法，贻贝珍珠层，3d

(Ar—文石；Ca—方解石；V—球霰石；Cr—$CaCO_3$ 晶体；Nk—珍珠层；Pl—塑料)

作者详细研究了分别采用 CO_2 气体扩散法和共沉淀法在贻贝和冰岛扇贝的不同部位矿化

不同时间产物的微观形貌，如图 7.38 和图 7.39 所示。采用 CO_2 气体扩散法在贻贝的文石珍珠层上矿化 2h 只出现了 $CaCO_3$ 微颗粒 [图 7.38(a)]，而在棱柱层的表面并未出现晶粒生长。矿化 3h 后，在棱柱层、片状层和珍珠层都出现了 $CaCO_3$ 晶体 [图 7.38(b)~(f)]。$CaCO_3$ 在棱柱层上的成核和结晶开始于棱柱层每个棱柱的顶端 [图 7.38(b)]，有意思的是在幼体贻贝和成年贻贝的棱柱层上可以形成不同形貌的 $CaCO_3$ 晶体 [图 7.38(b)~(d)]，在珍珠层上形成了与壳表面大致垂直的针状或塔状晶体 [图 7.38(e)、(f)]。对于冰岛扇贝，矿化 3d 后，在文石棱柱层形成了微观堆积构造的文石晶体 [图 7.38(g)]，并与叶状层发生重叠；而叶状层具有两种不同的结构 [图 7.38(h)、(i)]。

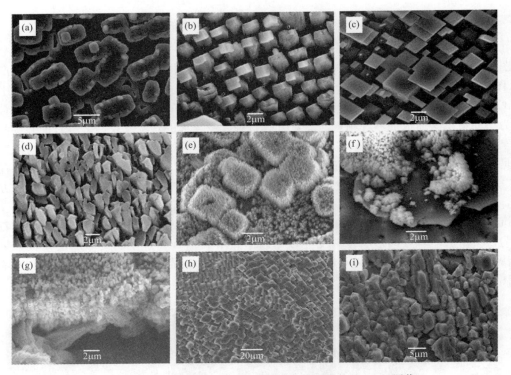

图 7.38　CO_2 扩散法不同时间不同矿化模板产物的 SEM 图像

(a)~(f) 贻贝贝壳内表面；(g)~(i) 冰岛扇贝；(a) 珍珠层，2h；(e)、(f) 珍珠层，3h；(b)~(d) 棱柱层，3h；(g) 文石棱柱，3d；(h)、(i) 片状层，3d；(a)~(c)、(e) 幼体贝壳；(d)、(f)~(i) 成年贝壳

采用共沉淀法在贻贝的棱柱层和珍珠层上矿化 10min，出现了 $CaCO_3$ 微颗粒构成的一层薄膜。矿化 30min 后，整个棱柱层和珍珠层都沉积了一层 $CaCO_3$ 晶体，其粒径约 $2\sim3\mu m$ [图 7.39(a)、(c)、(d)]，珍珠层上的 $CaCO_3$ 具有微观堆积构造 [图 7.39(d)]。经过 1h 的矿化，贻贝棱柱层上的 $CaCO_3$ 产生聚集 [图 7.39(b)]，珍珠层上的 $CaCO_3$ 为六边形棱柱 [图 7.39(e)]。3h 后，文石棱柱晶粒长大，覆盖了贝壳的整个内表面 [图 7.39(f)]；对于冰岛扇贝，晶粒覆盖了文石棱柱的表面 [图 7.39(h)]。在冰岛扇贝的叶状层聚集的方解石被文石覆盖，此处文石晶粒的粒径大于棱柱层的文石晶粒 [图 7.39(i)]。

Szcześ[54] 研究了二棕榈酰磷脂酰胆碱（DPPC）和胆固醇脂质体 $CaCO_3$ 的生物矿化过程。先在圆底烧瓶中将适量的 DPPC（或 DPPC 与胆固醇）溶于氯仿/甲醇（体积比为 2∶1）混合溶剂中，蒸发溶剂得到脂质薄膜；将其与 10mL 浓度为 $0.1mol \cdot L^{-1}$ 的 $CaCl_2$ 溶液水化后进行超声处理后在 47℃下放置 1h；然后将 10mL Na_2CO_3 溶液加入上述脂质体悬浊液中，在 $1000r \cdot min^{-1}$

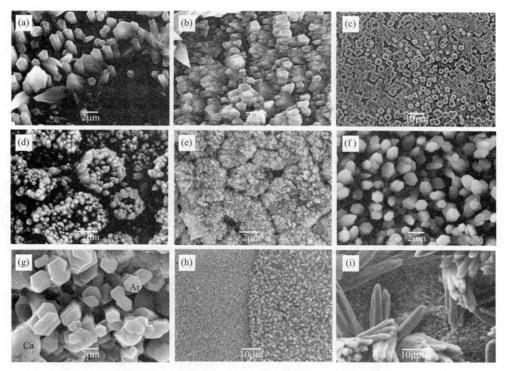

图 7.39 共沉淀法不同时间不同矿化模板产物的 SEM 图像

(a)~(g) 贻贝贝壳内表面；(h), (i) 冰岛扇贝；(a) 棱柱层, 30min；(b) 棱柱层, 1h；(c), (d) 珍珠层,
30min；(e) 珍珠层, 1h；(f) 珍珠层, 3h；(g) 珍珠层 3d；(h) 文石棱柱, 3h；(i) 片状层, 3h

的转速下磁力搅拌 2h，最后将沉淀离心、水/丙酮洗、在干燥器中室温干燥。

作者研究了不添加 DPPC/胆固醇脂质体的复分解体系以及添加 DPPC/胆固醇脂质体的复分解体系在不同胆固醇/DPPC 摩尔比时产物的晶体类型和颗粒形貌，如图 7.40 和图 7.41 所示。从图 7.41 可以看出，无论添加 DPPC/胆固醇与否，产物中只含有方解石，也就是说 DPPC/胆固醇的加入不改变产物的晶体类型。当不添加 DPPC/胆固醇时，产物的一次颗粒为粒径为 1~4μm 的菱方体颗粒，多个菱方体颗粒团聚成形状不规则的大颗粒 [图 7.40(a)]。当体系中加入 DPPC 时，产物中除了大部分菱方体颗粒外，还出现了一些球形颗粒和结晶不良的颗粒 [图 7.40(b)]，对球形颗粒表面更加详细的观察表明，颗粒表面有很多孔隙 [图 7.40(b-3)]，非常类似于球霰石球形颗粒。当体系中再引入胆固醇脂质体并且胆固醇与 DPPC 的摩尔比为 0.25 时，除了极少数菱方体颗粒外，大部分为球形颗粒 [图 7.40(b-1)]，其表面形态与不添加胆固醇时类似 [图 7.40(b-2)]，对不完整球形颗粒内部的观察表明多孔球形颗粒是由纳米晶聚集而成的，这一点也与球霰石非常类似 [图 7.40(b-3)]。进一步增加胆固醇的含量，产物的颗粒形貌没有显著变化 [图 7.40(c)、(d)]。作者认为，脂质体在 CaCl$_2$ 溶液中溶胀 DPPC 形成了球形颗粒，其表面吸附了 Ca^{2+} 形成超饱和区。当加入 Na$_2$CO$_3$ 溶液时，在这些颗粒表面的超饱和区形成大量晶核，生长的晶粒团聚成多孔的球形颗粒。

Szcześ 等[55] 还研究了 DPPC 和磷脂酶 A$_2$（PLA$_2$）存在下 CaCO$_3$ 的生物矿化过程。分别在 25℃ 和 37℃ 下将一定体积的 DPPC 悬浊液与 20mL 浓度为 0.05mol·L^{-1} 的 CaCl$_2$ 溶液混合，然后加入 20mL 浓度为 0.05mol·L^{-1} 的 Na$_2$CO$_3$ 溶液并搅拌，将产物离心、水洗并在干燥器中室温干燥；在研究 PLA$_2$ 酶的作用时，将分别溶有 DPPC 和 PLA$_2$ 的 CaCl$_2$ 溶液混合搅

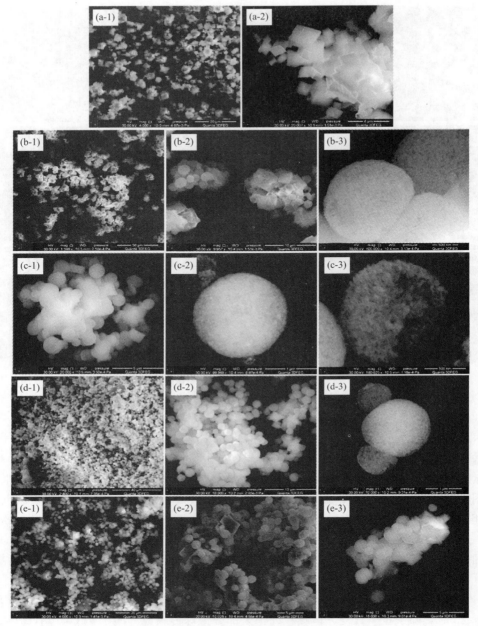

图 7.40 普通复分解（a）和添加 DPPC/脂质体在脂质体/DPPC 不同摩尔比时产物的 SEM 形貌
[（b）0；（c）0.25；（d）0.50；（e）0.75]

拌 15min，然后加入 Na_2CO_3 溶液，将产物离心、水洗并在干燥器中室温干燥。

对产物 XRD 表征结果采用 Rietveld 法计算物相组成，如表 7.6 所示，不添加或添加少量 DPPC（$25mg \cdot L^{-1}$ 和 $50mg \cdot L^{-1}$）以及单独添加 PLA_2 酶，产物都是纯净方解石相，没有球霰石相生成；只有当 DPPC 的加入量为 $100mg \cdot L^{-1}$ 时，才有球霰石相生成。此外，PLA_2 酶对球霰石的量没有明显的影响，而温度对球霰石相的量影响较大，37℃时只有极少量的球霰石生成，25℃时球霰石的量超过 20%。DPPC 和/或 PLA_2 酶存在时产物的 SEM 形貌与 XRD 结果能很好地吻合，如图 7.42 和图 7.43 所示。不添加 DPPC 和单独添加 PLA_2 酶，两个温度下

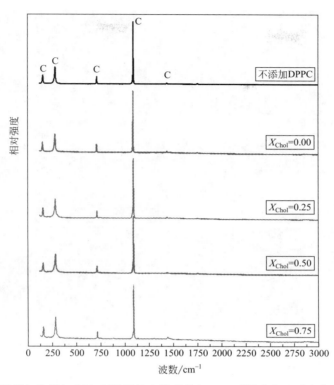

图 7.41 不添加和添加 DPPC/脂质体在脂质体/DPPC 不同摩尔比时产物的拉曼光谱

产物都是表面粗糙并有生长台阶的菱方状方解石颗粒，如图 7.42(a)～(d) 和图 7.43(a)～(d) 所示。25℃下添加 25mg·L^{-1}和 50mg·L^{-1} DPPC 的产物也是表面粗糙并有生长台阶的菱方状方解石颗粒，如图 7.42(e)～(h) 所示。

表 7.6 DPPC 及 PLA$_2$ 存在下 25℃和 37℃矿化产物的物相组成

添加剂	25℃		37℃	
	方解石/%	球霰石/%	方解石/%	球霰石/%
无	100±1	0	100±1	0
PLA$_2$	100±0.3	0	100±0.4	0
DPPC 25mg·L^{-1}	100±1	0	—	—
DPPC 50mg·L^{-1}	100±1	0	—	—
DPPC 100mg·L^{-1}	78.2±1	21.8±0.3	99.3±1	0.7±0.1
DPPC 100mg·L^{-1}+PLA$_2$	78.4±1	21.6±1	98.8±1	1.2±0.2

当 DPPC 的加入量为 100mg·L^{-1}时，无论 PLA$_2$ 酶加入与否，25℃时都有一定量表面粗糙的球形球霰石颗粒存在，如图 7.42(i)～(l) 所示；37℃时只有极少量球形球霰石颗粒存在，如图 7.43(e)～(h) 所示。虽然 PLA$_2$ 酶的加入没有改变产物的物相组成，但是对方解石的表面形态还是有一定影响的，特别是在 37℃时。当不添加 PLA$_2$ 酶时，得到的方解石颗粒表面极不规则，多维扭曲，如图 7.43(e)、(f) 所示；而添加 PLA$_2$ 酶后，方解石的表面变得平整和规则，如图 7.43(g)、(h) 所示。

图 7.42　25℃添加剂不同添加量产物 CaCO$_3$ 的 SEM 形貌

(a)，(b) 不添加 DPPC；(c)，(d) 添加 PLA$_2$；(e)，(f) 25mg・L^{-1} DPPC；(g)，(h) 50mg・L^{-1} DPPC；

(i)，(j) 100mg・L^{-1} DPPC；(k)，(l) 100mg・L^{-1} DPPC+PLA$_2$

[标尺：(a)，(c)，(e)，(g)，(i)，(k) 50μm；(b)，(d)，(f)，(h)，(j)，(l) 10μm]

图 7.43　37℃添加不同添加剂产物 CaCO$_3$ 的 SEM 形貌

(a)，(b) 不添加 DPPC；(c)，(d) 添加 PLA$_2$；(e)，(f) 100mg・L^{-1} DPPC；(g)，(h) 100mg・L^{-1} DPPC+PLA$_2$

Chen 等[56]利用黄鱼鳔的提取物作为 CaCO$_3$ 的晶型和形貌的调控剂对 CaCO$_3$ 的生物矿化进行了研究：先将 18.5g 黄鱼鳔粉碎成汁，溶解在超纯水中，过滤得到 40mL 提取液；分别取 0mL、3.0mL、5.0mL、7.0mL 和 10.0mL 提取液放入 5 个烧杯中，向每个烧杯中加超纯水，使总体积为 10.0mL；然后在每个烧杯中分别加入 0.1110g（1.0mmol）CaCl$_2$，搅拌 10min 后再向每个烧杯中加入 0.1060g（1.0mmol）Na$_2$CO$_3$ 并搅拌 10min；将生成的沉淀离心、水

（无水乙醇）洗三次并在 40℃干燥 48h。

　　由提取物的紫外-可见光谱和红外吸收光谱分析结果可知，黄鱼鳔的提取液中含有大分子蛋白质，如图 7.44 和图 7.45 所示。加入不同量提取物时得到的沉淀的 XRD 图谱和 SEM 形貌如图 7.46 和图 7.47 所示。当不添加提取物时，沉淀中只有方解石相［图 7.46（a）］，并呈现为菱方体的典型形貌，但颗粒表面粗糙、棱角尖锐、有生长台阶［图 7.47（a）］。当提取液的加入量为 3.0mL 时，XRD 图谱中出现了球霰石微弱的衍射峰［图 7.46（b）］，球霰石也呈现为典型的球形，方解石依然为表面粗糙、棱角尖锐、有台阶的菱方体［图 7.47（b）］。当提取液的加入量增加为 5.0mL 时，虽然 XRD 图谱中球霰石衍射峰的强度并没有增强［图 7.46（c）］，但是 SEM 图像中球形球霰石的数量却明显增多，菱方体方解石颗粒表面的台阶有所减少，棱角尖锐程度降低，粗糙程度也有所改善［图 7.47（c）］。当提取液的加入量增加至 7.0mL 时，XRD 图谱中球霰石衍射峰的强度有所增强［图 7.46（d）］，SEM 图像中球形颗粒的数量也进一步增多［图 7.47（d）］。当提取液的加入量进一步增加至 10.0mL 时，XRD 图谱中球霰石衍射峰的强度大幅度增强［图 7.46（e）］，SEM 图像中大部分为球形颗粒，只有极少数为菱方体颗粒［图 7.47（e）］。这些结果说明，黄鱼鳔提取物的加入不但有利于球霰石相的生成，还可以改变方解石颗粒的表面形貌。

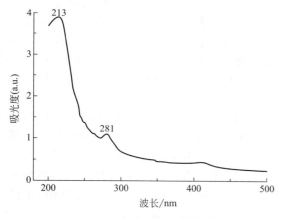

图 7.44　提取物的紫外-可见光吸收光谱

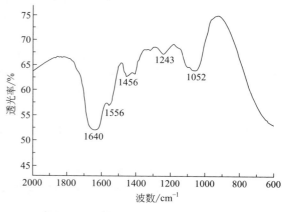

图 7.45　提取物的 FTIR 光谱

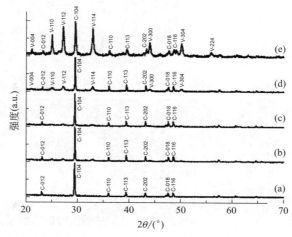

图 7.46　提取物不同加入量（mL）产物 $CaCO_3$ 的 XRD 图谱

（a）0；（b）3.0；（c）5.0；（d）7.0；（e）10.0

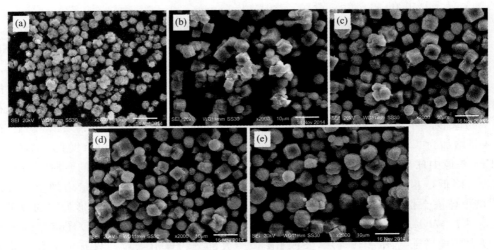

图 7.47　提取物不同加入量（mL）产物 CaCO$_3$ 的 SEM 形貌

(a) 0；(b) 3.0；(c) 5.0；(d) 7.0；(e) 10.0

　　Feng 等[57]以琼脂薄膜为扩散膜，在牛血清白蛋白（BSA）存在下仿生矿化制备了球形 CaCO$_3$：先将琼脂溶于 98℃ 的热水中，放入培养皿，冷却成厚度为 0.5mm 的膜，用内径为 1cm 的试管压切成圆片；然后将 5mL 浓度为 0.2mmol·L^{-1} 的 Na$_2$CO$_3$ 溶液放入内径为 1cm 的试管中，并加入不同质量的 BSA，并将制备的琼脂薄膜放入试管中直至与溶液表面接触；再将 5mL 浓度为 0.2mmol·L^{-1} 的氯化钠溶液置于试管中琼脂薄膜的上方；30℃ 下反应 120h 后将沉淀在超纯水中清洗三次，并在 40℃ 下干燥 4h。

　　图 7.48~图 7.50 分别为加入不同量 BSA 得到的产物的 SEM 图像、FTIR 和 XRD 图谱。当不添加 BSA 时，出现了由薄片聚集成的球形颗粒［图 7.48(a)］，作者认为 FTIR 和 XRD 图谱证实了这种球形颗粒为方解石相［图 7.49(a) 和 7.50(a)］。但是图 7.50(a) 中除了方解石相强的衍射峰外，明显出现了球霰石相微弱的衍射峰，这说明有少量球霰石相存在。当加入 15mg·mL^{-1} 的 BSA 后，产物颗粒的形状变得不规则，但表面光滑［图 7.48(b)］，XRD 图谱

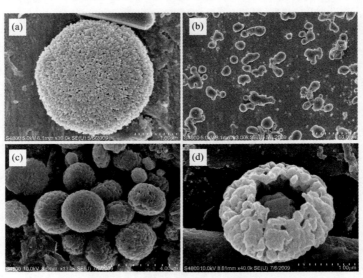

图 7.48　BSA 不同加入量（mg·mL^{-1}）产物 CaCO$_3$ 的 SEM 图像

(a) 0；(b) 15；(c) 30；(d) 45

中出现球霰石相的衍射峰 [图 7.50(b)]。根据 Kontoyannis 等[58] 提出的公式,球霰石的含量为 60.6%。当 BSA 的加入量增加为 30mg·mL^{-1} 时,SEM 图像中除了少数单个菱方体颗粒外,大部分为球状团聚体 [图 7.48(c)],XRD 图谱中球霰石相衍射峰的强度进一步增强 [图 7.50(c)],其含量为 69.3%。当加入 45mg·mL^{-1} BSA 时,XRD 图谱中球霰石相衍射峰的强度稍有减弱 [图 7.50(d)],其含量为 48.5%,SEM 图像中出现内部填充有片状颗粒的空心球形颗粒 [图 7.50(d)]。该反应系统得到的方解石和球霰石颗粒并没有呈现其典型的形貌,作者认为这是由于 BSA 被吸附在颗粒某些晶面上,阻止了原子在该晶面上的沉积,生长速率变慢,从而改变了颗粒的形貌。

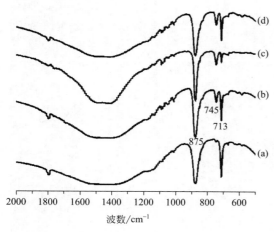

图 7.49 BSA 不同加入量 (mg·mL^{-1}) 产物 CaCO$_3$ 的 FTIR 图谱

(a) 0; (b) 15; (c) 30; (d) 45

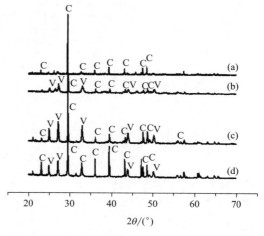

图 7.50 BSA 不同加入量 (mg·mL^{-1}) 产物 CaCO$_3$ 的 XRD 图谱

(a) 0; (b) 15; (c) 30; (d) 45

Profio 等[59] 采用如图 7.51 所示的反应装置和方法,在不同水凝胶复合物薄膜 (hydrogel composite membranes,HCMs) 模板上合成了具有不同颗粒形貌的 CaCO$_3$:将 3g (NH$_4$)$_2$CO$_3$ 粉末置于干燥器底部,然后将 HCMs [或者不含水凝胶的新鲜 PP 和聚醚砜 (PES),有水凝胶的一面向上] 放置于固体粉末的上方并留出一定空间;将一定量浓度为 5mmol·L^{-1} 的 CaCl$_2$ 溶液滴加于水凝胶薄膜上,经过 1 周的结晶后将样品移出干燥器,水洗、室温下干燥。

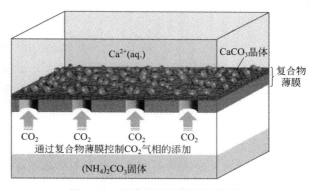

图 7.51 反应过程和装置示意图

作者对各种模板下不同形貌 CaCO$_3$ 颗粒的形成做了详细研究,如图 7.52 所示。当不采用水凝胶,只用洁净的 PP 或 PES 作为模板时,产物均为 20~30μm 的菱方体颗粒 [图 7.52(a)、(b)];当采用丙烯酸/聚乙二醇二甲基丙烯酸酯 (AA/PEGDMA) HCMs 为模板时,方解石颗粒虽然也是规则的菱方状,但是其粒度增大为 50μm 以上 [图 7.52(c)];当模板为甲基丙烯酸羟乙酯/乙二醇二甲基丙烯酸酯 (HEMA/EGDMA) HCMs 时,方解石产物为 10~20μm 的菱方状颗粒 [图 7.52(d)];当以 [2-(甲基丙烯酰基氧基) 乙基] 二甲基-(3-磺酸丙基) 氢氧化铵/N,N'-亚甲基双丙烯酰胺

(SPE/MBA) HCMs 和甲基苯烯酸（MAA）/PEGDMA HCMs 为模板时，方解石颗粒为棱角变形的立方状或菱方状颗粒 ［图 7.52(e)、(f)］；当模板为 MAA-co-HEMA/PEGDMA HCMs 时，方解石颗粒具有被 c 轴方向优先生长所扰乱而形成的或者按照螺旋机制生长的不规则形貌 ［图 7.52(g)、(h)］；而选用 AA-co-HEMA/PEGDMA HCMs 为模板时，产物为由菱方状小颗粒紧密堆积而成的近球状多晶颗粒 ［图 7.52(i)～(l)］。

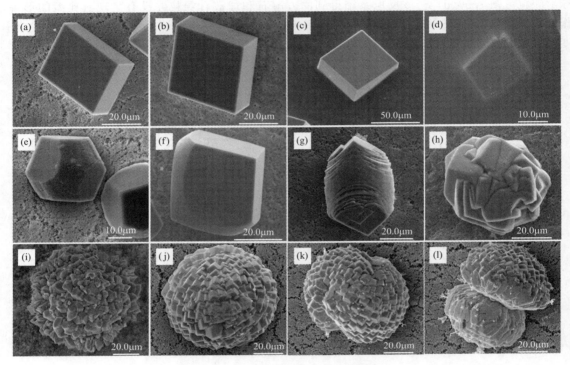

图 7.52　不同模板获得产物的 SEM 形貌
（a）洁净 PP；（b）洁净 PES；（c）AA/PEGDMA HCMs；（d）HEMA/EGDMA HCMs；（e）SPE/MBA HCMs；（f）MAA/PEGDMA HCMs；（g）、（h）MAA-co-HEMA/PEGDMA HCMs；（i）～（l）AA-co-HEMA/PEGDMA HCMs

　　Dang 等[60] 以 $CaCl_2$ 和 NaOH 为原料，以离子液体 1,3-二甲基咪唑磷酸二甲酯盐 ［MMIM］［Me_2PO_4］ 为模板，制备了鸡冠状和蒲公英状的 $CaCO_3$ 颗粒：将 10mL 浓度为 $1mol \cdot L^{-1}$ 的 NaOH 和蒸馏水加入同浓度的离子液体溶液中并充分混合，然后逐滴滴入 20mL 同浓度的 $CaCl_2$ 溶液并轻微搅拌；将玻璃容器用扎有针孔的保鲜膜封口并置于室温空气中；5d 后将沉淀离心、水洗、冷冻干燥。

　　图 7.53 分别为不添加 ［MMIM］［Me_2PO_4］ 时 $CaCO_3$ 的 XRD 图谱和 SEM 形貌。可以看出，经过 5d 的充分结晶和生长，产物为结晶良好的纯净方解石相 ［图 7.53(a)］，颗粒形貌为棱角颗粒形成的团聚体 ［图 7.53(b)］。

　　添加不同浓度 ［MMIM］［Me_2PO_4］ 时 $CaCO_3$ 的物相组成和 SEM 形貌分别如表 7.7 和图 7.54 所示。可以看出，随着 ［MMIM］［Me_2PO_4］ 浓度的增加，方解石相的含量逐渐降低，文石的含量逐渐增加，在 ［MMIM］［Me_2PO_4］ 浓度为 $50mmol \cdot L^{-1}$ 的反应体系中还生成了少量的球霰石。当 ［MMIM］［Me_2PO_4］ 浓度为 $10mmol \cdot L^{-1}$ 时，产物中生成了鸡冠状的颗粒 ［图 7.54(a)、(b)］；当 ［MMIM］［Me_2PO_4］ 浓度增加为 $50mmol \cdot L^{-1}$ 时，产物颗粒为蒲公英球状 ［图 7.54(c)、(d)］；而在 ［MMIM］［Me_2PO_4］ 浓度为 $100mmol \cdot L^{-1}$ 的产物中生成了由针状颗粒团聚而成的不规则颗粒 ［图 7.54(e)、(f)］。

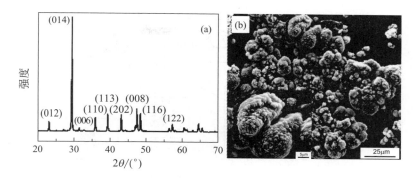

图 7.53　不添加［MMIM］［Me₂PO₄］时产物 CaCO₃ 的 XRD 图谱（a）和 SEM 形貌（b）

表 7.7　［MMIM］［Me₂PO₄］不同浓度时产物的晶相组成和颗粒形貌

浓度/mmol·L⁻¹	晶相组成/%			颗粒形貌
	方解石	球霰石	文石	
0	100	0	0	菱方状
10	74.8	0	25.2	鸡冠状
50	55.9	13.5	30.6	蒲公英球状
100	46.5	0	53.5	不规则球状团聚体

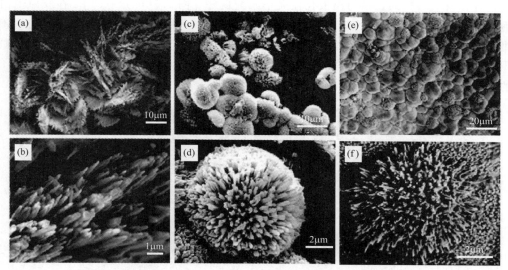

图 7.54　［MMIM］［Me₂PO₄］不同浓度（mmol·L⁻¹）时产物 CaCO₃ 的 SEM 形貌
（a），（b）10；（c），（d）50；（e），（f）100

　　基于上述结果，作者给出了［MMIM］［Me₂PO₄］存在时蒲公英状 CaCO₃ 颗粒的形成机理，如图 7.55 所示。［MMIM］［Me₂PO₄］的加入可以降低成核和结晶的能量势垒，从而使亚稳态的文石相稳定存在。因此，［MMIM］［Me₂PO₄］的加入不仅可以改变产物的晶体类型，而且可以形成特殊的颗粒形貌。

　　Tovani 等[61]以 CaCl₂ 溶液和（NH₄）₂CO₃ 粉末为原料，在 PAA 存在下在聚碳酸酯薄膜的孔隙内制备了管状 CaCO₃ 颗粒，并研究了经胶原蛋白改性后颗粒的生物活性：先将一定量的 PAA 溶于浓度为 0.05mol·L⁻¹ 的 CaCl₂ 溶液中，搅拌 12h 并经纤维素酯薄膜过滤；再将

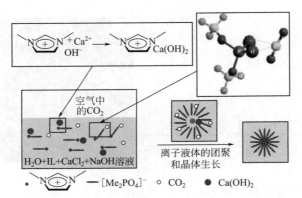

图 7.55　添加［MMIM］［Me₂PO₄］时 CaCO₃ 的形成机理

孔隙直径分别为 100nm、200nm 和 400nm 的聚碳酸酯膜浸泡在 PAA/CaCl₂ 溶液中，在真空中保持 30s 后再在常压下保持 12h；然后将经过上述处理的薄膜置于两片玻璃片之间并在玻璃片之间滴入几滴 PAA/CaCl₂ 溶液；随后将玻璃片置于放有（NH₄）₂CO₃ 粉末的密封干燥器中保持 12h；最后将薄膜表面生成的 CaCO₃ 颗粒收集、清洗、干燥。

图 7.56 为不同孔径模板下 CaCO₃ 颗粒的 SEM 形貌以及经胶原蛋白改性后和经模拟体液（SBF）腐蚀 48h 后 CaCO₃ 颗粒的 SEM 形貌。可以看出，不同孔隙模板下得到的产物均表现为管状，并且管状颗粒的直径与模板孔径大小匹配良好［图 7.56(a)～(c)］。在胶原蛋白溶液中浸泡 12h 后的 CaCO₃ 颗粒管状结构没有发生明显变化，只在表面出现了纤维状结构，说明胶原蛋白实现了对管状颗粒的表面改性［图 7.56(d)～(f)］。另外，由于直径小的管状颗粒的表面积大，因此其表面的胶原蛋白的数量也就多。而在 SBF 中放置 48h 后，100nm 孔径模板生成的管状 CaCO₃ 颗粒已经有大部分生成了羟基磷灰石（HAP）纳米颗粒［图 7.56(g)］；而

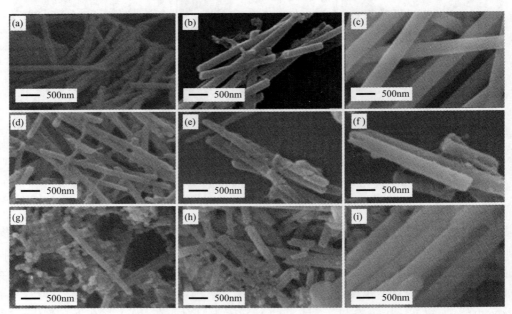

图 7.56　不同孔径（nm）模板下 CaCO₃ 的 SEM 形貌［(a)～(c)］、经胶原蛋白溶液改性后 CaCO₃ 的 SEM 形貌［(d)～(f)］以及经模拟体液浸泡 48h 后 CaCO₃ 的 SEM 形貌［(g)～(i)］
(a)，(d)，(g) 100；(b)，(e)，(h) 200；(c)，(f)，(i) 400

400nm 孔径模板生成的管状 CaCO₃ 颗粒只有少量 HAP 纳米颗粒生成［图 7.56(i)］，200nm 孔径模板生成的管状 CaCO₃ 颗粒生成 HAP 纳米颗粒的量介于两者之间［图 7.56(h)］。这说明管状 CaCO₃ 颗粒的粒径越小，其生物活性越高。

作者还对 100nm 孔径模板生成的管状 CaCO₃ 颗粒放入 SBF 前后的晶相进行了 XRD 表征，如图 7.57 所示。可以看出，放入 SBF 前的 XRD 图谱中有方解石相和球霰石相的衍射峰，且方解石的最强峰的强度远强于球霰石，而在 SBF 中经过 48h 的腐蚀后，衍射图谱中球霰石相的衍射峰强度基本不变，而方解石相的衍射峰大大降低。这说明在 SBF 中，球霰石相相对稳定，方解石相更容易转化成 HAP。

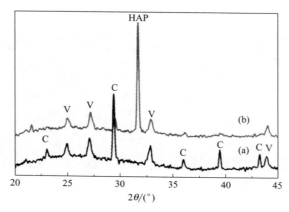

图 7.57　反应不同时间产物的 XRD 图谱
(a) 置于 SBF 前；(b) 置于 SBF 后

7.2.2.2　CaCO₃ 复合材料的生物矿化

一些复合有 Ca²⁺ 的有机物在特定条件下被矿化成 CaCO₃ 复合材料，这些复合材料多用于生物体内的药物输送。

Kumar 等[62]合成了可以进行药物输送的果胶甲壳质/CaCO₃ 复合材料支架，并对复合材料进行了 SEM、FTIR 和 XRD 表征以及对材料的溶胀能力、降解能力、生物矿化能力和药物输送能力进行了研究：将 5g 甲壳质加入 1000mL CaCl₂ 的饱和甲醇溶液中并在 15700r·min⁻¹ 的转速下混合形成透明溶液，并加入蒸馏水配制成甲壳质水溶液，将得到的水凝胶过滤并在蒸馏水中透析除去 Ca²⁺，得到纯净的甲壳质水凝胶；然后将 10% 的果胶水溶液加入水凝胶中并搅拌，并加入 10% 壳聚糖水溶液使聚合物发生交联；之后加入 75mg CaCO₃ 纳米粉体，搅拌 1h 后加入 1% NaOH 溶液中和，中和后冷冻干燥，形成含有 CaCO₃ 的果胶-甲壳质纳米复合材料支架；最后将冷冻干燥后的支架置于 2% 的福善美（Fosamax）药物的水溶液中，得到的含有药物的果胶甲壳质/CaCO₃ 复合材料支架用于治疗骨质疏松。

图 7.58 是果胶-壳聚糖支架和果胶-壳聚糖-CaCO₃ 复合材料的 SEM 图像。果胶-壳聚糖支架具有互相交错的多孔结构，在果胶-壳聚糖-CaCO₃ 复合材料中气孔率有所降低，这是因为聚合物之间的交联作用以及纳米 CaCO₃ 微粒的引入。但是在 XRD 图谱中没有检测到 CaCO₃ 的衍射峰，作者认为果胶-壳聚糖基质的衍射峰掩盖了 CaCO₃ 的衍射峰。

作者还研究了果胶-壳聚糖-CaCO₃ 复合材料在模拟体液（simulated body fluid，SBF）中的矿化，图 7.59 为矿化 7d 和 14d 后材料的 SEM 图像。结果表明，复合材料支架的生物活性足够形成磷灰石层，使之与骨缺陷形成直接结合。钙的存在可以作为成核位置，从而有助于在支架上形成磷灰石矿物。关于药物输送的研究结果本书不做过多叙述。

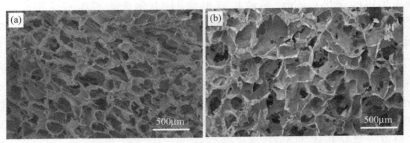

图 7.58 果胶-壳聚糖支架（a）和果胶-壳聚糖-CaCO₃（b）的 SEM 图像

图 7.59 果胶-壳聚糖-CaCO₃ 在模拟体液中矿化不同时间的 SEM 图像

(a) 7d；(b) 14d

Qin 等[63]通过 Ca 参与的层-层组装和 CO_2 诱导矿化的方法制备了具有珍珠结构的聚乙烯亚胺（PEI）/聚对苯乙烯磺酸钠（PSS）-CaCO₃ 纳米复合材料膜。在室温下将聚丙烯腈（PAN）超滤膜基板在 1.0mol·L⁻¹ 的 NaOH 溶液中水解并用蒸馏水清洗，然后将 PEI/PSS 双层组装在其上作为保护层；再将处理后的模板放入含有 0.05mol·L⁻¹ 乙酸钙浓度为 5.0g·L⁻¹ 的 PEI 溶液中浸泡 20min，取出后水洗 1min，再将模板放入浓度为 5.0g·L⁻¹ 的 PEI 溶液中浸泡 20min，取出后水洗 1min；上述浸泡过程重复两次后，将处理好的模板放入封闭的干燥器中，并将 2g NH_4HCO_3 放入干燥器中，将干燥器置于 30℃下进行矿化，如图 7.60 所示。作为对比，作者还采用了交互浸渍法（alternate soaking process，ASP）制备了 PEI/PSS-CaCO₃ 纳米多层膜：将模板放入含有 0.05mol·L⁻¹ 醋酸钙浓度为 5.0g·L⁻¹ 的 PEI 溶液中浸泡 20min，取出后水洗 1min，然后将模板放入含有 0.05mol·L⁻¹ Na_2CO_3 浓度为 5.0g·L⁻¹ 的 PEI 溶液中浸泡 20min，取出后水洗 1min；上述过程重复两次，最终制备出 PEI/PSS-CaCO₃ 纳米多层膜。

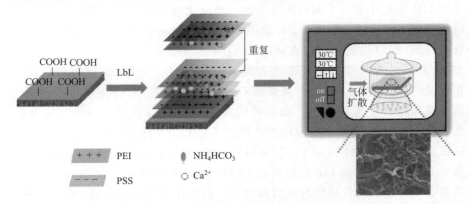

图 7.60 具有珍珠结构的聚乙烯亚胺-CaCO₃ 薄膜的层-层组装和 CO_2 气体扩散法原位制备过程

图 7.61 为 PEI/PSS-Ca^{2+} 薄膜及不同条件下矿化产物的 SEM 图像和 XRD 图谱。PEI/PSS-Ca^{2+} 薄膜的表面为粗糙不平整的相互交错的纤维状结构 [图 7.61(a)]。PEI/PSS-Ca^{2+} 薄膜矿化 24h 后，可以明显观察到分相结构，互相交联的结构开始从表面凸出 [图 7.61(b)]，说明图 7.61(a) 中的交联结构充当 CaCO$_3$ 成核的模板。当 PEI/PSS-Ca^{2+} 薄膜矿化 48h 和 72h 后，凸起更加显著，交联结构逐渐扩展到整个表面 [图 7.61(c)、(d)]，生成的 CaCO$_3$ 位于 PEI/PSS 交联的纤维上 [图 7.61(d)]。而采用 ASP 方法获得的 CaCO$_3$ 为 1～2μm 的菱方体，散布在 PEI/PSS 薄膜表面 [图 7.61(e)]。矿化 24h 和 48h 以及采用 ASP 方法得到的 CaCO$_3$ 均为方解石相 [图 7.61(f)]。

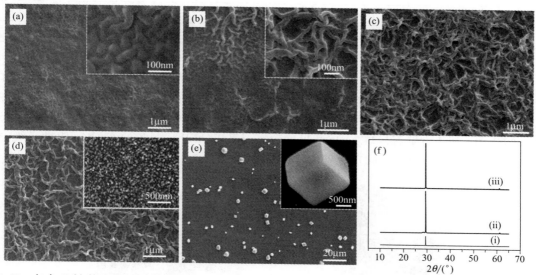

图 7.61 包含 Ca^{2+} 的 PEI/PSS 薄膜的 SEM 图像（a）；包含 Ca^{2+} 的 PEI/PSS 薄膜矿化不同时间（h）后产物的 SEM 图像 [(b) 24；(c) 4；(d) 72]；采用 ASP 法制备的薄膜的 SEM 图像（e）以及不同条件下矿化产物的 XRD 图谱（f）[(i) 矿化 24h，(ii) 矿化 48h，(iii) ASP 法制备]
[(a)(b)(e) 中插图为对应的高倍 SEM 图像，(d) 中插图为 Ca 元素的 EDX 分布图]

为了进一步验证矿化薄膜的表面状态，在原子力显微镜（AFM）下对各样品表面进行了观察，如图 7.62 所示，相应表面的粗糙度列于表 7.8。PEI/PSS 膜具有比 PAN 基板和 PEI/

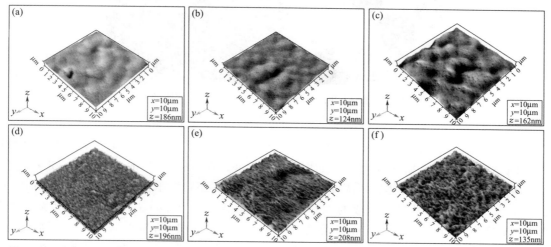

图 7.62 水解 PAN 模板（a）；PSS/PEI 保护层（b）；包含 Ca^{2+} 的 PEI/PSS 薄膜的 AFM 图像（c）和包含 Ca^{2+} 的 PEI/PSS 薄膜矿化不同时间（h）后产物的 AFM 图像 [(d) 24；(e) 48；(f) 72]

PSS-Ca^{2+}薄膜都低的粗糙度，这是因为 PAN 基板的多孔结构以及 PEI/PSS-Ca^{2+}薄膜中形成的相互交错的纤维状结构。矿化 24h 和 48h 后，CaCO$_3$ 在互相交联的表面纤维结构上形成并凸出，表面的粗糙度逐渐增加。但是矿化 72h 后，表面的粗糙度稍有下降，可能是由于产物在交联结构向上的延伸。

表 7.8　由 AFM 得出的模板及矿化产物的粗糙度

粗糙度	PAN 膜	PEI/PSS 膜	PEI/PSS-Ca^{2+} 膜	矿化不同时间的 PEI/PSS-CaCO$_3$		
				24h	48h	72h
S_q/nm	43.7	16	17.6	26.8	33.4	31.8
S_a/nm	34.6	12.6	16.9	20.9	29.7	28.6
S_z/nm	186	124	162	196	208	135

注：S_q 为距离平均面高度偏差的均方根，S_a 为距离平均面高度绝对值偏差的算数平均值，S_z 为高度。

图 7.63 为层-层组装结合 CO$_2$ 气体扩散法以及 ASP 法制备的 PEI/PSS-CaCO$_3$ 的 TEM 图像及其高分辨晶格图像。层-层组装结合 CO$_2$ 气体扩散法制备的 CaCO$_3$ 晶粒的直径分布在 5～15nm，被封闭在聚电解质层中 [图 7.63(a)]，其高分辨晶格图像表明晶面间距为 3.03nm [图 7.63(b)]，属于方解石，与 XRD 结果一致。而采用 ASP 法制备的 CaCO$_3$ 为微米级菱方体方解石颗粒 [图 7.63(c)、(d)]。

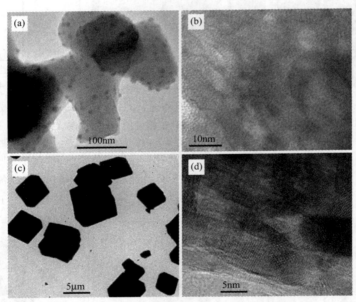

图 7.63　不同方法制备的 PEI/PSS-CaCO$_3$ 复合材料薄膜的 TEM 图像
(a)、(b) 层-层组装和 CO$_2$ 气体扩散法；(c)、(d) ASP

Du 等[64]采用层-层组装的方法制备了 PUA/PSS 包覆的 CaCO$_3$ 颗粒并研究了其对盐酸阿霉素 (DOX) 的吸附、输送和释放，如图 7.64 所示。将 PSS 溶于浓度为 0.2mol·L^{-1} 的 CaCl$_2$ 溶液后，快速倒入等体积同浓度的 Na$_2$CO$_3$ 溶液，在 45℃下保持 30min 后将 Na$_2$CO$_3$/PSS 沉淀水洗并离心；然后将合成的 Na$_2$CO$_3$/PSS 放入含有 2mg·mL^{-1} 聚氨基甲酸乙酯胺 (PUA) 浓度为 0.1mol·L^{-1} 的 NaCl 溶液中，并用盐酸调节 pH 值为 6.5，15min 后离心、水洗 3 次；再将沉淀放入含有 2mg·mL^{-1} PSS 浓度为 0.1mol·L^{-1} 的 NaCl 溶液中，并用 NaOH 调节 pH 值为 6.5，15min 后离心、水洗 3 次；上述过程重复 4 次，最后将沉淀用

0.1mol·L^{-1} 的 NaCl 溶液洗涤 3 次后在 40℃下真空干燥 24h。

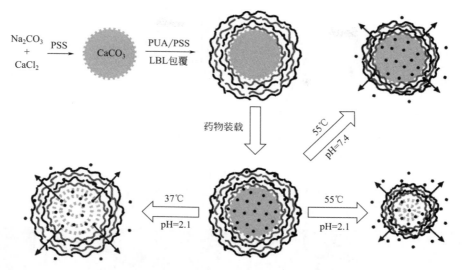

图 7.64　层-层组装的 PUA/PSS-CaCO$_3$ 微粒的制备以及 pH 值控制的 Dox 释放

图 7.65 为制备的 PSS-CaCO$_3$ 和 PUA/PSS-CaCO$_3$ 微粒的 FESEM 图像。通过复分解法制备的 PSS-CaCO$_3$ 为球形颗粒，直径约 4μm［图 7.65(a)］，高分辨图像显示球形颗粒是由许多纳米颗粒构成的，并且存在很多通孔［图 7.65(b)］。经过 4 层 PUA/PSS 组装后，CaCO$_3$ 颗粒也呈球形，但是通孔基本消失，表面状态也发生了很大改变［图 7.65(c)、(d)］。这表明 CaCO$_3$ 颗粒成功地被 PUA/PSS 包覆。对颗粒的 Zeta 电位及热重分析也表明 PUA 和 PSS 被包覆在 CaCO$_3$ 颗粒表面（图 7.66）。

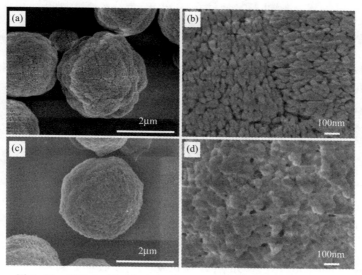

图 7.65　PSS-CaCO$_3$ 和 PUA/PSS-CaCO$_3$ 微粒的 FESEM 图像

图 7.67 为 PUA/PSS-CaCO$_3$ 微粒在不同条件下酸（pH 值为 2.1）处理后的 FESEM 图像。当在 37℃的酸液中处理 5h，颗粒表面变得不规则，CaCO$_3$ 的部分溶解导致包覆的聚电解质开始坍塌［图 7.67(a)、(d)、(g)］；处理 36h 后，CaCO$_3$ 完全溶解，只剩下空心的多层微胶囊［图 7.67 (b)、(e)、(h)］，在胶囊壁上还可以发现直径约 100nm 的孔，这也是由微粒

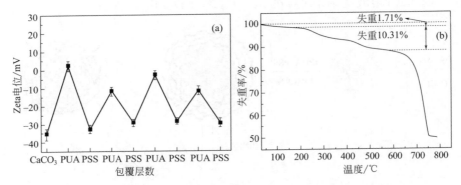

图 7.66 （PUA/PSS）₄多层包覆过程中 CaCO₃微粒表面的 Zeta 电位（a）
和 PUA/PSS-CaCO₃微粒的 TGA 曲线（b）

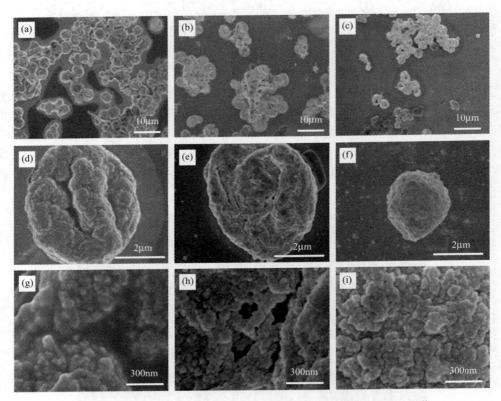

图 7.67 PUA/PSS-CaCO₃微粒在不同条件下处理后的 FESEM 图像

(a) 37℃，pH=2.1，5h；(b) 37℃，pH=2.1，36h；(c) 55℃，pH=2.1，3h；(d)～(f) 分别为
(a)～(c) 中颗粒的高倍图像；(g)～(i) 分别为 (a)～(c) 的表面图像

内部的坍塌造成的。而在 55℃处理 3h 后，颗粒发生明显收缩，粒径由约 $4\mu m$ 减小到 $2\mu m$，这主要是 PUA 链的收缩造成的。因此，PUA 链的收缩对于携带药物的释放起到关键作用，其收缩速度可以调控药物的释放速度［图 7.67(c)、(f)、(i)］。

Yang 等[65]研究了 Dox@CaCO₃-Hesp 纳米微球的制备及 Dox/Hesp 的释放：将 60mg 橘皮苷（Hesp）溶于 pH 值为 11.0 的碱溶液（氨水调节 pH 值），20mg Dox 溶于 20mL 蒸馏水；然后将 Hesp 和 Dox 溶液加入 20mL 浓度为 $1mol \cdot L^{-1}$ 的 CaCl₂ 溶液中，搅拌均匀后盖上分布

有孔洞的铝箔，置于放有（NH$_4$）$_2$CO$_3$ 的封闭干燥器中，于室温下对溶液进行矿化；最后将矿化产物水洗数次并在空气中干燥，如图 7.68 所示。

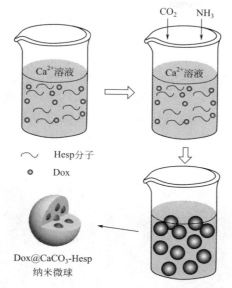

Hesp 分子

Dox

Dox@CaCO$_3$-Hesp
纳米微球

图 7.68　Dox@CaCO$_3$-Hesp 纳米微球的制备

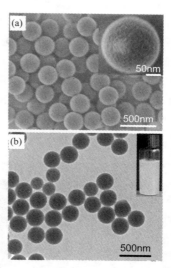

图 7.69　Dox@CaCO$_3$-Hesp 纳米微球的
SEM 图像（a）和 TEM 图像（b）

图 7.69 为矿化产物的 SEM 和 TEM 形貌。可以看出，产物 Dox@CaCO$_3$-Hesp 为形状均匀单一的单分散纳米微球，平均粒径约 200nm，微球表面粗糙。

图 7.70 为 Dox、Hesp 和矿化产物的 FTIR、Dox@CaCO$_3$-Hesp 纳米微球的 XRD 和 EDX 图谱。EDX 图谱显示的 Ca∶C∶O 的摩尔比为 14.94∶16.37∶68.69，与理论的 1∶1∶3 相

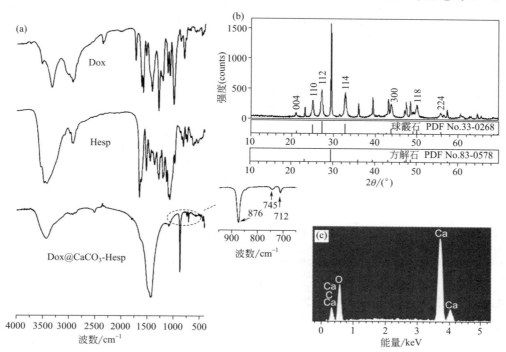

图 7.70　Dox@CaCO$_3$-Hesp 纳米微球的 FTIR 图谱（a）、XRD 图谱（b）和 EDX 图谱（c）

比，C 和 O 的量有所增加，作者认为这是由于纳米微球表面存在 Dox 和（或）Hesp 的有机物残留。Dox@CaCO$_3$-Hesp 纳米微球的 FTIR 图谱中 1625cm^{-1} 和 1088cm^{-1} 处为 Hesp 的特征峰，1798cm^{-1} 处为 Dox 的吸收峰。Dox@CaCO$_3$-Hesp 微球的 XRD 图谱表明产物是方解石和球霰石的混合相，其含量分别约为 56.29% 和 43.71%。FTIR 图谱中 712cm^{-1} 和 876cm^{-1} 处对应方解石的特征峰，745cm^{-1} 处为球霰石的特征峰。

作者的进一步研究表明 Hesp 的加入量对产物的形貌会产生影响，如图 7.71 所示。当不添加 Hesp 时，产物颗粒会发生团聚，一次粒径在 50～150nm 之间［图 7.71(a)］。当加入 20mg 的 Hesp 时，产物颗粒粒径有所增加，团聚现象有所改善，多为两个颗粒形成哑铃状［图 7.71(b)］。当 Hesp 的量为 60mg 时，产物颗粒实现单分散，平均粒径约为 200nm（图 7.69）。当 Hesp 的量进一步增加为 200mg 时，产物颗粒有较大幅度增加，达到微米级，颗粒基本上为单分散［图 7.71(c)］。

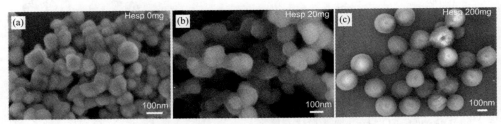

图 7.71　不同 Hesp 量（mg）时 Dox@CaCO$_3$-Hesp 纳米微球的 SEM 形貌

(a) 0；(b) 20；(c) 200

参 考 文 献

[1] Bunker B C，Rieke P C，Tarasevich B J. Ceramic thin-film formation on functionalized interface through biomimetic processing. Science，1994，264（1）：48-55.
[2] Mann S. Biomineralization：Principles and concepts in bioinorganic materials chemistry. Oxford University Press，2001.
[3] 欧阳健明. 基质调控碳酸钙生物矿化过程及其体外模拟的研究进展. 功能材料，2005，36（2）：173-176.
[4] 戴永定，沈继英. 生物矿化作用机理. 动物学杂志，1995，30（5）：55-58.
[5] 欧阳健明. 生物矿化的基质调控及其仿生应用. 北京：化学工业出版社，2006.
[6] 崔福斋. 生物矿化. 第 2 版. 北京：清华大学出版社，2012.
[7] Vincent J. Structural biomaterials. Princeton University Press，1991.
[8] Wen S L. Human enamel structure studied by HRTEM. Electron Microscopy Review，1989，2：1-4.
[9] Dorozhkin S V，Epple M. Biological and medical significance of calcium phosphates. Angewandte Chemie International Edition，2002，41：3310-3146.
[10] Addadi L，Weiner S. Biomineralization-crystals，asymmetry and life. Nature，2001，411：753-755.
[11] Mann S. Molecular recognition in biominerallization. Nature，1998，332（10）：119-124.
[12] Lowenstam H A，Weiner S. On biomineralization. Oxford University Press，1989.
[13] 杭云明. 鄂州淡水珍珠的宝石学特征及其加工工艺的研究. 桂林：桂林工学院，1994.
[14] 马红艳，戴塔根，袁荣奎. 浙江雷甸淡水无光珠中球文石的首次确认. 矿物学报，2001，21（2）：153-157.
[15] Qiao L，Feng Q L，Li Z. Special vaterite found in freshwater lackluster pearls. Crystal Growth & Design，2007，7（2）：275-279.
[16] Huang L J，Li H D. The microstructure of Biomineralized Bivalvia Shells. Materials Research Society Symposium Proceedings，1989，174：164-167.
[17] Suga S，Watabe N. Hard Tissue Mineralization and Demineralization. Springer-Verlag，1992，6：101-105.
[18] Feng Q，Li H，Pu G，et al. Crystallographic alignment of calcite prisms in the oblique prismatic layer of Mytilus edulis shell. Journal of Materials Science，2000，35（13）：3337-3340.
[19] 陈国华，李名春，姚康德. 天然材料微观结构与过程仿生研究进展. 化学通报，1998，1：6-10.
[20] Feng Q L，Zhu X，Li H D，et al. Crystal orientation regulation in ostrich eggshells. Journal of Crystal Growth，2001，233（3）：548-554.
[21] Zaremba C M，Belcher A M，Fritz M，et al. Critical transition in the biofabrication of abalone shells and flat pearls. Chemistry of Materials，1996，8：679-690.

［22］ Ren D，Ma Y，Li Z，et al. Hierarchical structure of asteriscus and in vitro mineralization on asteriscus substrate. Journal of Crystal Growth，2011，325（1）：46-51.

［23］ Söllner C，Burghammer M，Busch-Nentwich E，et al. Control of crystal size and lattice formation by starmaker in otolith biomineralization. Science，2003，302（5643）：282-286.

［24］ Aizenberg J. Calcite microlenses as part of the photoreceptor system in brittlestars. Nature，2001，412：819-822.

［25］ Chave K E，Deffeyes K S，Weyl P K，et al. Observations on the solubility of skeletal carbonates in aqueous solutions. Science，1962，137：33-34.

［26］ Robach J S，Stock S R，Veis A. Mapping of magnesium and of different protein fragments in sea urchin teeth via secondary ion mass spectroscopy. Journal of Structural Biology，2006，155：87-95.

［27］ Ma Y R，Aichmayer B，Pads O，et al. The grinding tip of the sea urchin tooth exhibits exquisite control over calcite crystal orientation and Mg distribution. Proceedings of the National Academy of Sciences，2009，106：6048-6053.

［28］ Douglas T. A Bright Bio-Inspired Future. Science，2003，299：1192-1193.

［29］ Berman A，Addadi L，Kvick A，et al. Intercalation of sea urchin proteins in calcite：study of a crystalline composite material. Science，1990，250：664-667.

［30］ Suga S，Watabe N. Hard tissue mineralization and demineralization. Springer-verlag，1992，6：101-105.

［31］ 马玉菲. 淡水三角帆蚌贝壳珍珠层和珍珠结构及其矿化机理研究. 北京：清华大学，2014.

［32］ Shen X，Belcher A M，Hansma P K，et al. Molecular cloning and characterization of lustrin A，a matrix protein from shell and pearl nacre of Haliotis rufescens. Journal of Biological Chemistry，1997，272（51）：32472-32481.

［33］ Sudo S，Fujikawa T，Nagakura T，et al. Structures of mollusc shell framework proteins. Nature，1997，387（6633）：563-564.

［34］ Samata T，Hayashi N，Kono M，et al. A new matrix protein family related to the nacreous layer formation of Pinctada fucata. Febs Letters，1999，462（1）：225-229.

［35］ Miyashita T，Takagi R，Okushima M，et al. Complementary DNA cloning and characterization of pearlin，a new class of matrix protein in the nacreous layer of oyster pearls. Marine Biotechnology，2000，2（5）：409-418.

［36］ Kono M，Hayashi N，Samata T. Molecular Mechanism of the Nacreous Layer Formation in Pinctada maxima. Biochemical and Biophysical Research Communications，2000，269（1）：213-218.

［37］ Weiss I M，Kaufmann S，Mann K，et al. Purification and characterization of perlucin and perlustrin，two new proteins from the shell of the mollusc haliotis laevigata. Biochemical and Biophysical Research Communications，2000，267（1）：17-21.

［38］ Michenfelder M，Fu G，Lawrence C，et al. Characterization of two molluscan crystal-modulating biominerali-zation proteins and identification of putative mineral binding domains. Biopolymers，2003，70（4）：522-533.

［39］ Tsukamoto D，Sarashina I，Endo K. Structure and expression of an unusually acidic matrix protein of pearl oyster shells. Biochemical and Biophysical Research Communications，2004，320（4）：1175-1180.

［40］ Suzuki M，Murayama E，Inoue H，et al. Characterization of Prismalin-14，a novel matrix protein from the prismatic layer of the Japanese pearl oyster（Pinctada fucata）. The Biochemical Journal，2004，382：205-213.

［41］ Gotliv B A，Kessler N，Sumerel J L，et al. Asprich：A novel aspartic acid-rich protein family from the prismatic shell matrix of the bivalve Atrina rigida. Chembiochem，2005，6（2）：304-314.

［42］ Jiao Y F，Feng Q L，Li X M. The co-effect of collagen and magnesium ions on calcium carbonate biomineralization. Materials Science and Engineering C，2006，26：648-652.

［43］ Liang A Q，Paulo C，Zhu Y，et al. CaCO$_3$ biomineralization on cyanobacterial surfaces：Insights from experiments with three Synechococcus strains. Colloids and Surfaces B：Biointerfaces，2013，111：600-608.

［44］ Weiner S，Mahamid J，Politi Y，et al. Overview of the amorphous precursor phase strategy in biomineralization. Froniers Materials Science in China，2009，3：104-108.

［45］ Xiao J，Wang Z，Tang Y，et al. Biomimetic mineralization of CaCO$_3$ on a phospholipid monolayer：from an amorphous calcium carbonate precursor to calcite via vaterite. Langmuir，2009，26：4977-4983.

［46］ Zhang X L，Fan Z H，Lu Q，et al. Hierarchical biomineralization of calcium carbonate regulated by silk microspheres. Acta Biomaterialia，2013，9：6974-6980.

［47］ Xue Z H，Hu B B，Dai S X，et al. Transformation of amorphous calcium carbonate to rod-like single crystal calcite via "copying" collagen template. Materials Science and Engineering C，2015，55：506-511.

［48］ Tseng Y H，Chevallard C，Dauphin Y，et al. CaCO$_3$ nanostructured crystals induced by nacreous organic extracts. CrystEngComm，2014，16：561-569.

［49］ Wang X L，Xie H，Su B L，et al. A bio-process inspired synthesis of vaterite（CaCO$_3$），directed by a rationally designed multifunctional protein，ChiCaSifi. Journal of Materials Chemistry B，2015，3：5951-5956.

［50］ Lu Y Q，Cai C H，Lin J P，et al. Formation of CaCO$_3$ fibres directed by polypeptide vesicles. Journal of Materials Chemistry B，2016，4：3721-3732.

［51］ Rodríguez-Navarro A B，Marie P，Nys Y，et al. Amorphous calcium carbonate controls avian eggshell mineralization：A new paradigm for understanding rapid eggshell calcification. Journal of Structural Biology，2015，190：291-303.

［52］ Zuykov M，Pelletier E，Anderson J，et al. In vitro growth of calcium carbonate crystals on bivalve shells：Application of two methods of synthesis. Materials Science and Engineering C，2012，32：1158-1163.

［53］ Ouhenia S，Chateigner D，Belkhir M A，et al. Synthesis of calcium carbonate polymorphsin the presence of polyacrylic acid. Journal of Crystal Growth，2008，310：2832-2841.

[54] Szcześ A. Effects of DPPC/Cholesterol liposomes on the properties of freshly precipitated calcium carbonate. Colloids and Surfaces B：Biointerfaces，2013，101：44-48.

[55] Szcześ A，Sternik D. Properties of calcium carbonate precipitated in the presence of DPPC liposomes modified with the phospholipase A2. Journal of Thermal Analysis and Calorimetry，2016，123：2357-2365.

[56] Chen H，Qing C S，Zheng J L，et al. Synthesis of calcium carbonate using extract components of croaker gill as morphology and polymorph adjust control agent. Materials Science and Engineering C，2016，63：485-488.

[57] Feng J H，Wu G，Qing C S. Biomimetic synthesis of hollow calcium carbonate with the existence of the agar matrix and bovine serum albumin. Materials Science and Engineering C，2016，58：409-411.

[58] Kontoyannis C G，Vagenas N V. Calcium carbonate phase analysis using XRD and FT-Raman spectroscopy. Analyst，2000，125：251-255.

[59] Profio G D，Salehi S M，Caliandro R，et al. Bioinspired synthesis of $CaCO_3$ superstructures through a novel hydrogel composite membranes mineralization platform：a comprehensive view. Advanced Materials，2016，28：610-616.

[60] Dang H C，Nie W C，Wang X L，et al. Dandelion-like $CaCO_3$ microspheres：ionic liquidassisted，biomimetic synthesis and in situ fabrication of poly（3-caprolactone）/$CaCO_3$ composites with high performance. RSC Advances，2014，4：53380-53386.

[61] Tovani C B，Zancanela D C，Faria A N，et al. Bio-inspired synthesis of hybrid tube-like structures based on $CaCO_3$ and type I-collagen. RSC Advances，2016，6：90509-90515.

[62] Kumar P T，Ramya C，Jayakumar R，et al. Drug delivery and tissue engineering applications of biocompatible pectin-chitin/nano $CaCO_3$ composite scaffolds. Colloids and Surfaces B：Biointerfaces，2013，106：109-116.

[63] Qin Z P，Ren X Y，Shan L L，et al. Nacrelike-structured multilayered polyelectrolyte/calcium carbonate nanocomposite membrane via Ca-incorporated layer-by-layer-assembly and CO_2-induced biomineralization. Journal of Membrane Science，2016，498：180-191.

[64] Du C，Shi J，Shi J，et al. PUA/PSS multilayer coated $CaCO_3$ microparticles as smart drug delivery vehicles. Materials Science and Engineering C，2013，33：3745-3752.

[65] Yang T Z，Wan Z H，Liu Z Y，et al. In situ mineralization of anticancer drug into calcium carbonate monodisperse nanospheres and their pH-responsive release property. Materials Science and Engineering C，2016，63：384-392.

第8章

碳酸钙粉体的热分解法制备

8.1 概述

众所周知，当一定硬度的水加热到一定温度（80～100℃）后，就会有水垢（主要成分是 $CaCO_3$）形成。硬水是指含有较多可溶性钙镁化合物的水。硬水不仅会给生活带来很多不便，而且会对人体健康造成危害，比如常饮硬度高的水会增加结石的得病率。硬水还会给工业生产带来很多麻烦和危害，最常见的就是产生的水垢沉积在容器底部和管道上，不但会影响热传导，堵塞管道，严重的会导致锅炉爆炸等安全事故。

碳酸氢钙是硬水的主要成分，是一种无机酸式盐，化学式为 $Ca(HCO_3)_2$，分子量为162.06，溶于水。$Ca(HCO_3)_2$ 的特殊性质是只存在溶液中。如果将 $Ca(HCO_3)_2$ 溶液蒸发，$Ca(HCO_3)_2$ 在析出的同时会分解生成 $CaCO_3$ 固体。这个性质为 $CaCO_3$ 的制备提供了新的途径。本书将 $CaCO_3$ 的热分解制备方法定义为 $Ca(HCO_3)_2$ 溶液在一定温度下分解制备 $CaCO_3$ 的方法。

1987 年，Giordani 和 Beruto 首先研究了 $Ca(HCO_3)_2$ 溶液的蒸发速度对 $CaCO_3$ 结晶行为的影响[1]。虽然该研究的重点不是通过 $Ca(HCO_3)_2$ 的分解制备 $CaCO_3$，但是开创了通过 $Ca(HCO_3)_2$ 热分解制备 $CaCO_3$ 粉体的研究。

8.2 碳酸氢钙热分解法制备碳酸钙

8.2.1 碳酸氢钙水溶液的制备

由于不存在固态的 $Ca(HCO_3)_2$，所以 $Ca(HCO_3)_2$ 溶液不能通过在水中溶解 $Ca(HCO_3)_2$ 的物理方法获得，必须通过化学方法来制备。先将固态 CaO 或 $Ca(OH)_2$ 溶解在水中，制成 $Ca(OH)_2$ 悬浊液，然后通入过量的 CO_2 气体，$Ca(OH)_2$ 先与 CO_2 反应生成 $CaCO_3$ 沉淀，生成的 $CaCO_3$ 再与 CO_2 反应生成 $Ca(HCO_3)_2$。如果最终生成的 $Ca(HCO_3)_2$ 的量超出其溶解度，通过过滤则可以得到 $Ca(HCO_3)_2$ 的饱和溶液；如果在其溶解度范围内，形成的则是不饱和溶液。通常情况下，CaO 或 $Ca(OH)_2$ 原料中都会存在一些杂质，因此无论 $Ca(HCO_3)_2$ 溶液是否饱和，都会有一些固态物质无法溶解，在进行热分解前，都需要对溶液进行过滤。

8.2.2 蒸发速率对碳酸钙结晶行为的影响

Giordani 和 Beruto[1] 在 25℃ 的温度下以 $CaCO_3$ 为原料制备了浓度为 $1.29g \cdot L^{-1}$ 的 $Ca(HCO_3)_2$ 溶液，并将 0.25mL 溶液置于下表面接触热源的铝板上表面，整个装置置于一个玻璃腔中，可以控制溶液的蒸发速率，整个蒸发过程环境温度不发生改变。对产生的沉淀进行 XRD 表征和 SEM 观察，结果如图 8.1～图 8.4 所示。

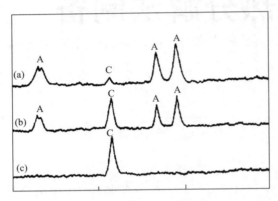

图 8.1　25℃时不同蒸发速率（$\mu L \cdot s^{-1}$）下获得的
$CaCO_3$ 的 XRD 图谱

(a) 0.002；(b) 0.02；(c) 10

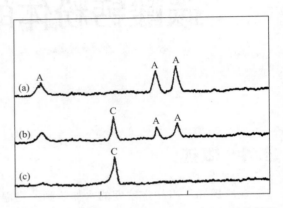

图 8.2　80℃时不同蒸发速率（$\mu L \cdot s^{-1}$）下获得的
$CaCO_3$ 的 XRD 图谱

(a) 0.05；(b) 0.5；(c) 50

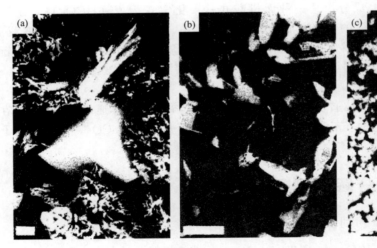

图 8.3　25℃时不同蒸发速率（$\mu L \cdot s^{-1}$）下获得的 $CaCO_3$ 的 SEM 形貌

(a) 0.002；(b) 0.02；(c) 10

温度为 25℃时，当蒸发速率比较缓慢时，形成的 $CaCO_3$ 主要是文石，有少量的方解石；随着蒸发速率的增加，方解石的含量逐渐增加，当蒸发速率增大为 $10\mu L \cdot s^{-1}$ 时，沉淀中只有方解石。温度为 80℃时，得到类似的结果，只不过蒸发速率为 $0.05\mu L \cdot s^{-1}$ 时，沉淀中依然只有文石。SEM 观察结果与 XRD 结果一致。

因此，作者得出结论，当蒸发速率缓慢时，有利于文石的形成；当蒸发速率加快时，有利

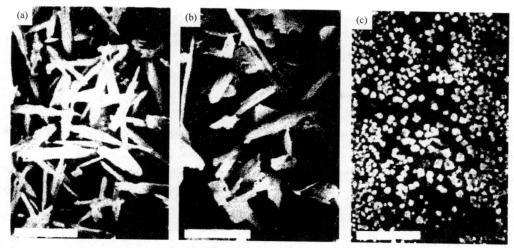

图 8.4 80℃时不同蒸发速率（μL·s⁻¹）下获得的 CaCO₃ 的 SEM 形貌

(a) 0.05；(b) 0.5；(c) 50

于方解石的形成。作者还认为方解石和文石在 Ca(HCO₃)₂ 水溶液中的成核是两个相互独立的步骤。

8.2.3 分解温度对碳酸钙晶体类型和颗粒形貌的影响

8.2.3.1 分解温度对 CaCO₃ 晶体类型的影响

Jiang 等[2]对 Ca(HCO₃)₂ 饱和溶液在 70℃、80℃和90℃、搅拌速度 100r·min⁻¹、分解 60min 获得的 CaCO₃ 的晶相组成进行了 XRD 表征，图谱如图 8.5 所示。从图 8.5 中可以看出，70℃时获得的 CaCO₃ 中，除了主晶相方解石外，还含有大约 37.4% 的亚稳态球霰石相和 6.2% 的文石相。在 80℃时，样品中的方解石相含量有较大增加，亚稳态球霰石相和文石相的含量都有所降低。而分解温度升高到 90℃时，方解石相的含量进一步增加，球霰石相含量进一步减小，文石相完全消失。

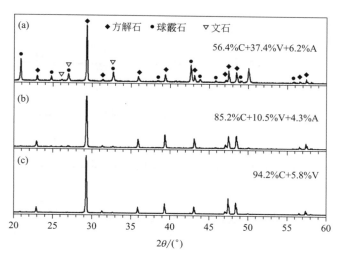

图 8.5 不同分解温度（℃）下制备的 CaCO₃ 的 XRD 图谱

(a) 70；(b) 80；(c) 90

这些结果说明 Ca(HCO₃)₂ 饱和溶液在 70～90℃ 温度范围内分解时，方解石是主要结晶相，其含量随温度升高而增加，而文石和球霰石含量则随温度升高而降低。分解温度越低，蒸发速度越慢，文石越容易形成，我们的结论与 Giordani 和 Beruto[1] 的结论是一致的。

8.2.3.2　分解温度对 CaCO₃ 颗粒形貌的影响

Jiang 等[2] 还对 Ca(HCO₃)₂ 饱和溶液在 70℃、80℃ 和 90℃、搅拌速度 100r·min⁻¹、分解 60min 获得的 CaCO₃ 的颗粒形貌进行了 SEM 观察，如图 8.6 所示。在 70℃ 的分解样品中，除了大的菱面体晶粒和小颗粒的团聚体，还含有较多的片状晶体和少量棒状晶体。80℃ 时，菱面体晶粒的体积变小，小颗粒团聚体的数量变多，片状晶体的数量大幅减少，而棒状晶体的数量变化不明显。90℃ 时，只发现了大量的菱面体晶粒和少量的片状晶体。菱方体、球形或片状、棒状或针状分别是方解石、球霰石、文石的典型形貌，因此 SEM 形貌反映出的晶相组成和上述 XRD 结果是吻合的。值得注意的是，在不同分解温度下得到的片状样品中，有少量具有规则的超结构，如箭头所示。

图 8.6　不同分解温度（℃）下制备的 CaCO₃ 的 SEM 形貌
(a) 70；(b) 80；(c) 90

8.2.4　分解时间对碳酸钙晶体类型和颗粒形貌的影响

8.2.4.1　分解时间对 CaCO₃ 晶体类型的影响

许冬东[3] 对 Ca(HCO₃)₂ 饱和溶液在 90℃、搅拌速度 100r·min⁻¹、分解 30min、60min、90min 和 120min 得到的 CaCO₃ 粉体进行了 XRD 表征，结果如图 8.7 所示。反应 30min 得到

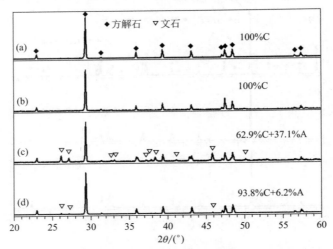

图 8.7　不同分解时间（min）制备的 CaCO₃ 的 XRD 图谱
(a) 30；(b) 60；(c) 90；(d) 120

的 $CaCO_3$ 粉体全部为方解石相。反应进行到 60min 时，开始生成文石相，其含量在反应进行到 90min 时达到最大值。随着反应的进一步进行，文石相的含量又逐渐减少。

8.2.4.2 分解时间对 $CaCO_3$ 颗粒形貌的影响

许冬东[3]还对 $Ca(HCO_3)_2$ 饱和溶液在 90℃、搅拌速度 $100r \cdot min^{-1}$、分解 30min、60min、90min 和 120min 得到的 $CaCO_3$ 颗粒形貌进行了 SEM 观察，结果如图 8.8 所示。反应 30min 的样品中很难找到片状或棒状的颗粒，全部为菱方体颗粒。反应 60min 的样品中主要是菱方体颗粒，发现了少量棒状和片状颗粒。而反应 90min 样品的颗粒形貌与前两个样品有显著不同，出现了大量棒状颗粒。反应 120min 得到的样品中棒状颗粒的数量显著减少。SEM 反映出的晶相组成与上述 XRD 结果总体是吻合的。

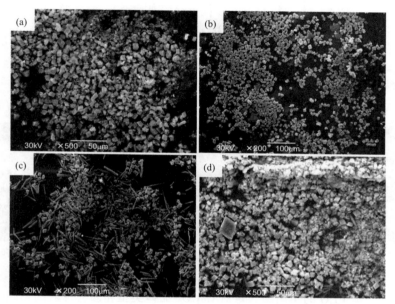

图 8.8 不同分解时间（min）制备的 $CaCO_3$ 的 SEM 形貌

（a）30；（b）60；（c）90；（d）120

8.2.5 表面活性剂对碳酸钙晶体类型和颗粒形貌的影响

8.2.5.1 PEG 6000 对 $CaCO_3$ 晶体类型和颗粒形貌的影响

Jiang 等[2]还研究了分子量为 6000 的聚乙二醇（PEG 6000）（PEG 的加入量为 $CaCO_3$ 理论生成量的 2%，质量分数）存在时 $Ca(HCO_3)_2$ 饱和溶液在 70℃、80℃和 90℃、搅拌速度 $100r \cdot min^{-1}$、分解 60min 获得的 $CaCO_3$ 的晶相组成和颗粒形貌，如图 8.9 和图 8.10 所示。

70℃得到的 $CaCO_3$ 中球霰石相的含量很低，主要是方解石相和文石相，如果忽略球霰石相，方解石和文石的含量分别是 53.5% 和 46.5%。80℃得到的 $CaCO_3$ 中文石含量升高到近 90%，而 90℃得到的 $CaCO_3$ 中文石的含量有所降低，为 76.7%。与不加 PEG 6000 的样品相比，PEG 6000 的加入促进文石的生成，抑制方解石相和球霰石相的生成。

图 8.10 显示的颗粒形貌与上述 XRD 结果吻合。70℃得到的样品中存在较多菱方体和棒状颗粒，分别是方解石和文石。80℃得到的样品中大多数为棒状文石颗粒，还有少量菱方体方解石颗粒。90℃得到的样品中存在较多棒状文石颗粒和少量菱方体方解石颗粒。此外，70℃和80℃得到的 $CaCO_3$ 中还含有少量树叶状的超结构，如图 8.10(b) 插图所示。

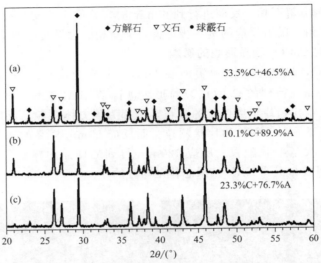

图 8.9　PEG 6000 存在时不同分解温度（℃）下制备的 CaCO₃ 的 XRD 图谱

(a) 70；(b) 80；(c) 90

图 8.10　PEG 6000 存在时不同分解温度（℃）下制备的 CaCO₃ 的 SEM 图像

(a) 70；(b) 80；(c) 90

8.2.5.2　不同分子量 PEG 的不同加入量对 CaCO₃ 晶体类型和颗粒形貌的影响

许冬东[3]系统地研究了不同分子量 PEG 的不同加入量对 CaCO₃ 晶体类型和颗粒形貌的影响。分解温度 90℃、搅拌速度 100r·min⁻¹、分解时间 60min，PEG 的分子量选取 2000、6000 和 10000，各自的加入量分别选择 2%、4%、6% 和 8% 四个值。对分解制得的样品进行了 XRD 表征和 SEM 观察，计算得到的物相组成分别列于表 8.1～表 8.3，SEM 颗粒形貌如图 8.11～图 8.13 所示，这些结果相互吻合得很好。

表 8.1　PEG 2000 不同添加比例所得 CaCO₃ 的物相组成

晶相	组成/%				
	0%	2%	4%	6%	8%
文石	0	0	9.7	71.6	47.2
球霰石	5.8	0	0	0	0
方解石	94.2	100	90.3	28.4	52.8

表 8.2　PEG 6000 不同添加比例所得 CaCO₃ 的物相组成

晶相	组成/%				
	0%	2%	4%	6%	8%
文石	0	10.1	76.7	76.9	70.2
球霰石	5.8	0	0	0	0
方解石	94.2	89.9	23.3	23.1	29.9

表 8.3 PEG 10000 不同添加比例所得 CaCO₃ 的物相组成

晶相	组成/%				
	0%	2%	4%	6%	8%
文石	0	65.4	24	0	71.8
球霰石	5.8	0	0	0	0
方解石	94.2	34.6	76	100	52.8

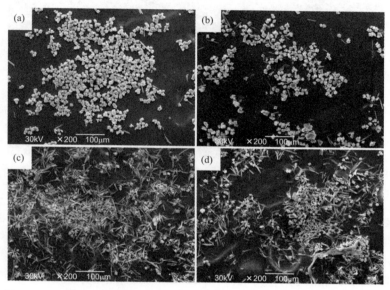

图 8.11 添加不同质量分数（%）PEG 2000 得到的 CaCO₃ 的 SEM 图像
(a) 2；(b) 4；(c) 6；(d) 8

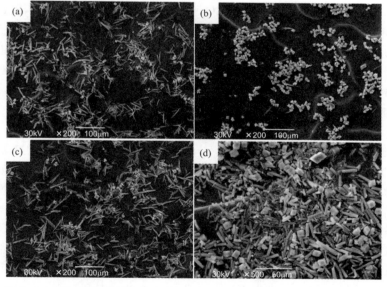

图 8.12 添加不同质量分数（%）PEG 6000 得到的 CaCO₃ 的 SEM 图像
(a) 2；(b) 4；(c) 6；(d) 8

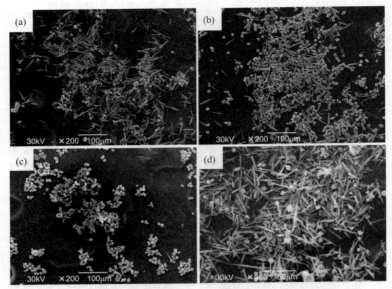

图 8.13 添加不同质量分数 （%） PEG 10000 得到的 $CaCO_3$ 的 SEM 图像
(a) 2；(b) 4；(c) 6；(d) 8

这些结果表明，通过改变不同分子量 PEG 的添加量，可以调控 $CaCO_3$ 产物中文石相的含量，使之达到 70% 以上。分子量越大的 PEG，对文石相的形成越有利，较低的添加量就可以使文石相大量生成。比如添加 6% 的 PEG 2000 时文石相的含量超过 70%，添加 4% 的 PEG 6000 时文石相的含量就超过 70%，而添加 2% 的 PEG 10000 时文石相的含量可达 65%。但是 PEG 10000 的添加量在 4% 和 6% 时文石相反而降低，作者未对此做出进一步解释。

目前对此广泛接受的解释是因为 PEG 分子中有极性 OH^- 基团，而且分子中 O 存在孤对电子，其电负性较高，通过电荷匹配作用吸引 Ca^{2+} 与之配位，提供成核位点，从而降低界面能，因而有利于高能量的非稳态文石型 $CaCO_3$ 晶体的生成。另外，从晶体生长的动力学角度来看，当 PEG 被吸附在 $CaCO_3$ 晶体表面时，晶体的活性在一些特定方向上受到很大抑制，晶体在这个方向的生长速度也会减慢[4]，从而对 $CaCO_3$ 的结晶、形态、晶型和组成产生重要影响，形成棒状的文石型晶型。PEG 分子量越大，所含极性基团 OH^- 相对数量越大，因而分子量越大的 PEG 越有利于文石相的生长。

8.2.5.3 脂肪酸对 $CaCO_3$ 晶体类型和颗粒形貌的影响

（1）油酸

Zeng 等[5]研究了油酸存在时 $Ca(HCO_3)_2$ 溶液在不同分解温度下分解产物的晶体类型和颗粒形貌，XRD 图谱及计算得到的物相组成如图 8.14 所示，TEM 颗粒形貌如图 8.15 所示。70℃热分解产物中主晶相是方解石，还有数量相近的球霰石和文石。而 80℃热分解产物中球霰石变成了主晶相，方解石和文石的数量大大降低。90℃和 100℃热分解产物的物相组成类似，与 80℃分解产物相比，方解石的数量显著增加，甚至超过了 70℃分解产物中的方解石，成为主晶相；球霰石含量大大降低，与 70℃分解产物中的球霰石基本持平；而文石的数量有所增加，但仍低于 70℃分解产物中的文石数量。70℃和 80℃热分解产物中文石的数量与 Giordani 和 Beruto 的结论[1]一致，即低温下的溶液蒸发速率低，有利于文石的生成，但是方解石相的含量与 Giordani 和 Beruto 的结论相反。事实上，虽然油酸在 $Ca(OH)_2$-CO_2 反应体系中不改变产物的晶体类型[6,7]，但是在 $CaCl_2$-Na_2CO_3 反应体系中可以改变产物的晶体类型[8]。

因此，作者认为方解石相在 80℃热分解产物中的异常偏低是由于热分解速率和油酸共同作用的结果，而后者的作用机理作者尚在研究。而在更高温度下，球霰石向方解石和文石相发生了转变，这也与 Nan 等的研究结果一致[9]。另外，值得注意的是，在 90℃和 100℃的热分解反应体系中出现了 0.5~1mm 具有黏性的软颗粒，作者认为这些颗粒主要是由油酸组成的，这在一定程度上降低了反应体系中油酸的浓度并降低油酸对球霰石相生成和稳定的效果，也会导致球霰石相向方解石和文石相转变。

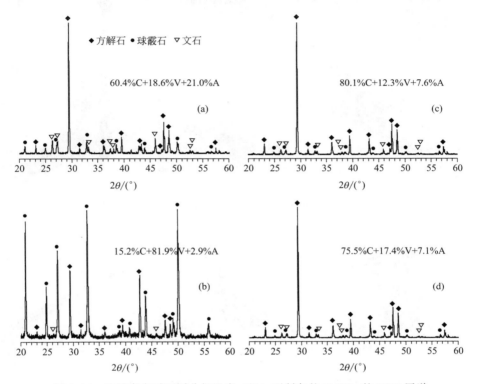

图 8.14　油酸存在时不同分解温度（℃）下制备的 CaCO₃ 的 XRD 图谱

(a) 70；(b) 80；(c) 90；(d) 100

在 70℃热分解产物中观察到了由小菱方体组成的团聚体、板状、层状、棒状和针状颗粒。在 80℃热分解产物中观察到了许多球形颗粒附着在棒状和板状颗粒上以及一些菱方体和针状晶体。90℃热分解产物中则观察到许多菱方体、一些球形颗粒和少量棒状颗粒。100℃热分解产物中观察到的颗粒与 90℃热分解产物中类似。这些结果与 XRD 结果基本一致。

（2）月桂酸和硬脂酸

蒋久信等[10]在专利中报道了热分解温度为 90℃、搅拌速度 100r·min⁻¹、分解时间为 60min 条件下，月桂酸和硬脂酸对热分解体系中的分解产物颗粒形貌的影响，如图 8.16 所示。

当热分解反应体系中添加 2％的月桂酸时，分解产物中可以观察到菱方体颗粒及其团聚体、棒状和针状颗粒、少数片状颗粒。而当添加 4％的月桂酸时，分解产物主要是菱方体及其团聚体，有极少量片状颗粒，几乎观察不到棒状和针状颗粒。虽然蒋久信等人并未在专利中给出具体的物相组成，但是可以看出，添加 2％月桂酸的分解产物包含方解石、球霰石和文石相，而添加 4％月桂酸的分解产物是大量的方解石和少量的球霰石。当热分解反应体系中添加 6％的硬脂酸时，分解产物除了菱方体方解石和棒状文石外，还出现了相当多的树叶状和花状颗粒，这些通常被认为是具有超结构的 CaCO₃ 颗粒。

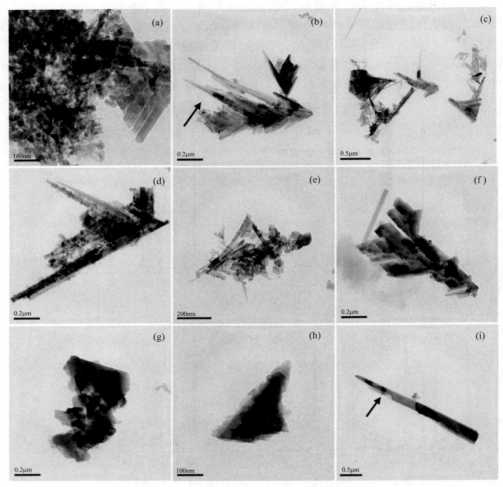

图 8.15　油酸存在时不同分解温度（℃）下制备的 CaCO₃ 的 TEM 图像
（a）～（c）70；（d），（e）80；（f），（g）90；（h），（i）100

图 8.16　不同添加剂存在时制备的 CaCO₃ 的 SEM 图像
（a）2％月桂酸；（b）4％月桂酸；（c）6％硬脂酸

8.2.6　搅拌状态对碳酸钙晶体类型和颗粒形貌的影响

8.2.6.1　不同搅拌速度对 CaCO₃ 晶体类型和颗粒形貌的影响

在上述 $Ca(HCO_3)_2$ 溶液热分解制备 $CaCO_3$ 的研究中，发现形成了具有超结构的 $CaCO_3$

颗粒[2,3,10]。这些超结构是在搅拌速度为 100r·min⁻¹ 的热分解过程中形成的，Jiang 等和张盈[11,12]认为搅拌状态不利于超结构的形成，这些超结构在静置状态下的热分解体系中更容易形成，因此研究了不同的搅拌速度对产物颗粒形貌的影响。但是结果出人意料，搅拌速度不但会影响产物的颗粒形貌，还会改变产物的晶体类型。作者首先对施加机械搅拌强度、80℃下热分解 60min 的产物中进行了 SEM 形貌观察，结果如图 8.17 所示。

图 8.17　不同搅拌速度下获得的 CaCO₃ 的 SEM 形貌

(a)～(c) 静置状态；(d) 100r·min⁻¹；(e) 500r·min⁻¹

不施加机械搅拌、80℃下热分解 60min 产物中包含少量菱方体、少量弯曲的针状或棒状晶粒和大量的片状、花状、叶轮状超结构。而在 500r·min⁻¹ 转速搅拌下产物没有任何超结构，只有大量菱方体颗粒和由小菱方体颗粒聚集而成的团聚体。这个结果从超结构的形成方面完全验证了作者的猜想，即静置状态有助于超结构的形成。但是，根据人们对 CaCO₃ 各晶相的典型颗粒形貌的理解，这些由片状组成的超结构应该是球霰石相，也就是说静置状态不但可以改变颗粒的形貌，而且改变了颗粒的晶体结构。

为此，作者又对不同搅拌速度下得到的产物进行了 XRD 分析，结果如图 8.18 所示。在不施加机械搅拌时，80℃下热分解 60min 的产物中球霰石是含量最多的晶相，达 48%，文石和方解石的含量大致相当，分别为 28% 和 24%。当施加 100r·min⁻¹ 的机械搅拌时，方解石的含量急剧增加，达到 85%，球霰石和文石的含量显著降低，分别为 11% 和 4%。而当搅拌转速增加到 500r·min⁻¹ 时，方解石的含量进一步增加，文石的含量没有显著变化，球霰石则完全消失。可见，搅拌速度确实改变了分解产物的晶体类型。

另外值得注意的是，在 $2\theta = 21°$ 左右出现了一个衍射强峰，其强度甚至超过了 $2\theta = 29.5°$ 左右方解石的最强峰。通过与 CaCO₃ 各晶相标准图谱的比对，球霰石和文石在 $2\theta = 21°$ 左右都存在衍射峰，分别对应晶面（002）和（110），但是强度都非常弱，相对强度分别为 5 和 1；然而在 $2\theta = 43.5°$ 后面也出现了一个较强衍射峰，此处对应球霰石（004）晶面的衍射，其衍射的相对强度为 3。因此可以判断 21° 和 43.5° 出现的衍射峰是球霰石相的衍射峰，结合 SEM 形貌，其异常的强度是由于在（002）和（004）面上出现了取向生长。

目前有很多关于搅拌对制备金属[13]、合金[14]、有机材料[15]和无机材料[16～19]影响的公开报道。这些研究表明，搅拌对颗粒形貌有很明显影响[14,20]，特别是对聚合物的影响。而搅

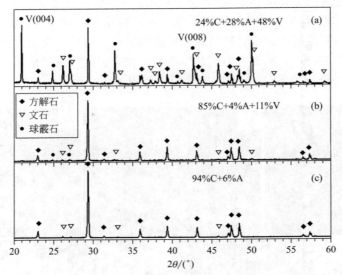

图 8.18 不同搅拌速度下获得的 $CaCO_3$ 的 XRD 图谱

(a) 静置状态；(b) 100r·min^{-1}；(c) 500r·min^{-1}

拌对这些材料的晶型却没有明显影响[20]。尽管关于搅拌对 $CaCO_3$ 晶型和形貌影响的研究并不充足，但得到的结果都是相似的[21]。在 $CaCl_2$ 溶液的碳化过程中，Han 等[15]发现，在低速搅拌下，会形成细小球霰石颗粒，这些小颗粒聚集成致密的颗粒，而在高速搅拌下则很少出现聚集的球霰石颗粒。Periago 等[19]发现机械搅拌可以加速 $Ca(OH)_2$ 悬浊液的碳化过程，对 $CaCO_3$ 颗粒的尺寸和形貌也有轻微的影响，但却不能改变 $CaCO_3$ 的晶型。

作者从原子排列的微观角度解释了搅拌对热分解产物晶体类型的影响。如图 8.19(a)、(b) 所示，Ca^{2+} 阳离子和 CO_3^{2-} 阴离子一层一层地排列，在 (0001) 面内，方解石和球霰石中 Ca^{2+} 之间的距离分别为 4.96Å 和 4.2Å[21]。因此，方解石中 Ca^{2+} 之间较小的库仑斥力造成了方解石比球霰石热力学更稳定。在没有搅拌的反应系统中，Ca^{2+} 的排列仅仅受温度的影响，这有利于热力学最不稳定的球霰石相的结晶。然而，在搅拌的干扰下，球霰石中 Ca^{2+} 的不稳定排列的平衡被破坏，离子趋向于以更稳定的方式排列。如图 8.19(c) 所示，平行四边形里的两个 Ca^{2+} 脱离晶体表面。为了最大限度地减小库仑斥力，面内的一个 Ca^{2+} 移动到 (0001) 面上相当于晶面间距的三分之一的距离，另一个 Ca^{2+} 移动到 (0001) 面下相同的距离，如图 8.19(b) 所示。Ca^{2+} 移动后的排列方式同方解石非常相似，如图 8.19(a) 所示。

8.2.6.2 PEG 6000 参与下不同搅拌速度对 $CaCO_3$ 晶体类型和颗粒形貌的影响

Jiang 等和张盈[11,12]还研究了在热分解体系中加入 PEG 6000 时不同搅拌速度对 $CaCO_3$ 晶体类型和颗粒形貌的影响。热分解温度和时间分别为 80℃ 和 60min，PEG 6000 的加入量为 2%，分解产物的 XRD 和 SEM 表征结果如图 8.20 和图 8.21 所示。

随着搅拌的加强，球霰石的含量从 16% 减少到 12% 甚至完全消失，而热力学更加稳定的文石和方解石相的数量从 84% 增加到 100%。在静置分解体系中形成了少量花状和叶轮状超结构，在 100r·min^{-1} 的低强度搅拌体系中发现了少量树叶状的超结构，而在 500r·min^{-1} 的高强度搅拌体系中则没有发现超结构。这个结果与不加 PEG 6000 的结果类似，不同的是 PEG 6000 的加入促进了文石相的生成。这也证明了作者的观点，即搅拌有利于稳定相的形成，不利于热力学不稳定相球霰石的形成。

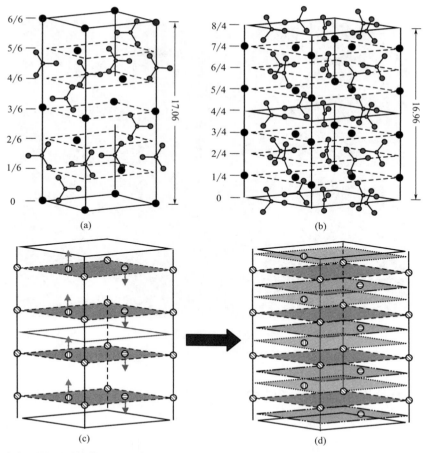

图 8.19　方解石的原子结构（a）、球霰石的原子结构（b）、球霰石结构中（0001）晶面 Ca^{2+} 的排列
以及在搅拌影响下的移动方向（c）及移动后 Ca^{2+} 的排列及移动过程（d）

（●Ca；●O；●C；⊕ 向上移动 1/3 晶面间距；⊖ 向下移动 1/3 晶面间距；◎ 不移动）

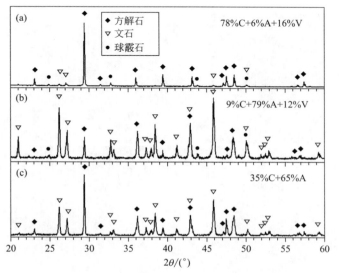

图 8.20　PEG6000 参与下，不同搅拌速度下获得的 $CaCO_3$ 的 XRD 图谱

（a）静置状态；（b）100r·min^{-1}；（c）500r·min^{-1}

图 8.21 PEG6000 参与下，不同搅拌速度下获得的 $CaCO_3$ 的 SEM 形貌

(a)，(b) 静置状态；(c) 100r·min^{-1}；(d) 500r·min^{-1}

8.2.7 热分解体系中碳酸钙超结构的形成机理

许冬东在其硕士论文中对热分解体系中 $CaCO_3$ 超结构的形成机理进行了初步探索[3]。在分解温度为 80℃、无搅拌以及添加不同种类和质量的表面活性剂的条件下，对饱和 $Ca(HCO_3)_2$ 溶液进行热分解，获得大量的超结构 $CaCO_3$，如图 8.22 所示。其中选取的表面活性剂包括油酸、棕榈酸、硬脂酸和各种分子量的聚乙二醇，添加量分别为理论 $CaCO_3$ 质量的 2%、4%、6% 和 8%。

图 8.22 静置条件下热分解获得的不同 $CaCO_3$ 超结构的 SEM 形貌

(a)，(b) 雪花状；(c) 花状；(d)，(e) 树叶状；(f) 伞状

　　作者对上述条件下得到的 $CaCO_3$ 颗粒的形貌进行归纳，总结出超结构的三种形成路径，如图 8.23 所示。所有 $CaCO_3$ 超结构的中心都存在一个圆团颗粒，作者认为各种超结构的形成都起源于这个圆团颗粒。路径 a 是圆团颗粒外围长出针尖（a-1），针尖继续生长，出现较长的针状（a-2）；当针尖到达一定程度后，针状停止生长，开始向两侧发展，针状逐渐变宽，成为树叶状（a-3）。路径 b 是圆团颗粒向外呈六面形生长（b-1），可以发现六面形在各个顶点方向生长速度较快，继续发展，六面形逐渐向雪花状发展（b-2），继续生长，成为标准的雪花状（b-3）。路径 c 是圆团颗粒向外长出薄片状，所有薄片未在同一平面生长（c-1），随着薄片继续生长，围绕圆团在不同平面各自发展为多片层叠状（c-2），最后发展成为紧密状态，成为伞状（c-3）。

图 8.23　超结构 $CaCO_3$ 的三种形成路径

参 考 文 献

[1] Giordani M，Beruto D. Effect of vaporization rate on calcium carbonate nucleation from calcium hydrogen carbonate aqueous solutions. Journal of Crystal Growth，1987，84：679-682.

[2] Jiang J X，Ye J Z，Zhang G W，et al. Polymorph and morphology control of $CaCO_3$ via temperature and PEG during the decomposition of $Ca(HCO_3)_2$. Journal of the American Ceramics Society，2012，95 (12)：3735-3738.

[3] 许冬东. 热分解制备 $CaCO_3$ 粉体及其晶体生长机理研究. 武汉：湖北工业大学，2016.

[4] Zhao Z X，Zhang L，Dai H X，et al. Surfactant-assisted solver hydrothermal fabrication and characterization of high-surface-area porous calcium carbonate with multiple morphologies. Microporous and Mesoporous Materials，2011，138：191-199.

[5] Zeng H Y，Yan Z L，Jiao M R，et al. A novel preparation method of calcium carbonate particles：thermal decomposition from calcium hydrogen carbonate solution. Key Engineering Materials，2016，697：113-118.

[6] Jiang J X，Liu J，Liu C，et al. Roles of oleic acid during micropore dispersing preparation of nano-calcium carbonate particles. Applied Surface Science，2011，257：7047-7053.

[7] Wang C Y，Sheng Y，Bala H，et al. A novel aqueous-phase route to synthesize hydrophobic $CaCO_3$ particles in situ. Materials Science and Engineering C，2007，27：42-45.

[8] Wang C Y，Zhao X，Zhao J Z，et al. Biomimetic nucleation and growth of hydrophobic vaterite nanoparticles with oleic acid in a methanol solution. Applied Surface Science，2007，253：4768-4772.

[9] Nan Z D，Chen X N，Yang Q Q，et al. Structure transition from aragonite to vaterite and calcite by the assistance of SDBS. Journal of Colloid and Interface Science，2008，325：331-336.

[10] 蒋久信，许冬东，张盈，等. 一种不同结构和形貌碳酸钙粉体的制备方法. 中国发明专利，ZL 201210161303.2. 2014.

[11] Jiang J X，Zhang Y，Xu D D，et al. Can agitation determine the polymorphs of calcium carbonate during the decomposition of calcium bicarbonate. CrystEngComm，2014，16：5221-5226.

[12] 张盈. 微纳米碳酸钙粉体的制备及晶型与形貌的调控. 武汉：湖北工业大学，2015.

[13] Hernández F C R，Sokolowski J H. Effects and on-line prediction of electromagnetic stirring on microstructure refinement of the 319 Al-Si hypoeutectic alloy. Journal of Alloys and Compounds，2009，480：416-421.

[14] Lin X，Tong L L，Zhao L N，et al. Morphological evolution of non-dendritic microstructure during solidification under stirring. Transactions of Nonferrous Metals Society of China，2010，20.

[15] Han Y S，Hadiko G，Fuji M，et al. Crystallization and transformation of vaterite at controlled pH. Crystal Growth，2006，289：269-274.

[16] Supothina S，Rattanakam R. Effect of stirring and temperature on synthesis yield and crystallization of hydrothermally synthesized $K_2W_4O_{13}$ nanorods. Materials Chemistry and Physics，2011，129：439-445.

[17] Zeng S B，Xu X L，Wang S K，et al. Sand flower layered double hydroxides synthesized by co-precipitation for CO_2 capture：Morphology evolution mechanism，agitation effect and stability. Materials Chemistry and Physics，2013，140：159-167.

[18] Zou D，Ma Y Q，Qian S B，et al. Morphology and photoluminescence properties of YBO_3：Eu^{3+} (5%) tuned by B^{3+} source，stirring speed，pH value and post-annealing. Journal of Alloys and Compounds，2013，574：142-148.

[19] López-Periago A M，Pacciani R，Vega L F，et al. A breakthrough technique for the preparation of high-yield precipitated calcium carbonate. Journal od Supercritical Fluids，2010，52 (3)：298-305.

[20] Guan M Y，Shang T M，He X H，et al. Synthesis of silver nanoplates without agitation and surfactant. Rare Metal Materials and Engineering，2011，40 (12)：2069-2071.

[21] Mann S，Heywood B R，Rajam S，et al. Interfacial control of nucleation of calcium carbonate under organized stearic acid monolayers. Proceedings of the Royal Society A，1989，423：457-471.